抽水蓄能机组调节系统建模、优化与评估

Modeling, Optimization and Evaluation of Pumped Storage Unit Regulation System

周建中　许颜贺　著

科学出版社

北京

内 容 简 介

本书针对抽水蓄能机组调节系统精确建模与辨识、先进控制策略与状态评估面临的关键科学问题与技术难题，以抽水蓄能水-机-电耦合复杂系统分析、系统科学与人工智能理论为基础，按照模型构建、参数辨识、控制优化、系统集成的递进式结构体系进行全面阐述。

本书适合从事非线性系统建模与辨识、自动控制、状态评估和水电生产过程自动化相关学科高年级本科生、研究生学习参考使用，同样也适合从事抽水蓄能机组建模、辨识、控制工作的研究人员和抽水蓄能领域的工程技术人员参考借鉴。

图书在版编目（CIP）数据

抽水蓄能机组调节系统建模、优化与评估 = Modeling, Optimization and Evaluation of Pumped Storage Unit Regulation System / 周建中，许颜贺著. —北京：科学出版社，2021.5

ISBN 978-7-03-065003-0

Ⅰ. ①抽… Ⅱ. ①周… ②许… Ⅲ. ①抽水蓄能机组-系统建模-研究 Ⅳ. ①TM312

中国版本图书馆CIP数据核字（2020）第074487号

责任编辑：范运年　霍明亮 / 责任校对：王萌萌
责任印制：吴兆东 / 封面设计：蓝正设计

科学出版社 出版
北京东黄城根北街 16 号
邮政编码：100717
http://www.sciencep.com
北京九州迅驰传媒文化有限公司 印刷
科学出版社发行　各地新华书店经销
*
2021 年 5 月第 一 版　开本：720 × 1000 1/16
2021 年 5 月第一次印刷　印张：25
字数：500 000
定价：168.00 元
（如有印装质量问题，我社负责调换）

前　言

随着我国能源结构改革的不断深入以及智能电网的快速发展，抽水蓄能电站作为可再生能源的"巨型储能电池"，以其调峰填谷的独特运行特性，发挥着调节负荷、促进电力系统节能和维持电网安全稳定运行的功能，逐步成为我国电力系统有效的、不可或缺的调节手段，得到了快速发展与大规模建设。截至 2018 年底，国家电网投资建成抽水蓄能电站规模 1923 万 kW，在建规模为 3015 万 kW。预计至 2025 年，抽水蓄能电站总装机容量将达到 1 亿 kW，约占全国电力总装机比重的 4%。在大力开发抽水蓄能电站的背景下，一批高水头、大容量的抽水蓄能机组不断投入运行。高水头、大容量的抽水蓄能机组，输水管道布置长、布置形式复杂，加之可逆式水泵水轮机的强非线性以及复杂水-机-电耦合特性，抽水蓄能机组的控制呈现高度复杂特性，电力系统的安全稳定运行面临严峻挑战。

抽水蓄能机组调节系统是一类由可逆式水泵水轮机、过水系统、调速器、发电机/电动机和励磁系统耦合构成的复杂时变、非线性动力系统。在电力调度部门发布负荷指令后，由调节系统完成机组启停、工况转换的操控，其为机组调节控制的核心系统。受水力、机械、电气等因素的影响，抽水蓄能机组水机电磁耦合动力过程极其复杂，工况转换过程可逆性的瞬变规律难以精确描述，建立能精确反映全工况不同暂态过程动态响应规律且满足实时性要求的调节系统模型一直是国际学术和工程界的研究重点与难点。进一步，抽水蓄能机组可逆式的结构设计以及各工况之间的复杂切换方式，使得可逆式水泵水轮机流道内流态紊乱、水力瞬变规律呈现不确定性，由此引发的压力脉动和空化等水力瞬变现象对机组轴系系统及其压力管道系统的安全运行构成严重的威胁。因此，在建立调节系统精确模型的基础上，进一步研究调节系统的先进控制策略与状态评估方法，对于提高机组控制系统动态响应品质和运行稳定性具有重要的理论意义与工程应用价值。

全书共分 6 章，第 1 章阐述抽水蓄能机组运行特点、控制优化与状态评估的研究现状，阐明辨识、控制理论与状态评估发展趋势以及最新研究方向；第 2 章讨论分析抽水蓄能机组调节系统全工况建模与模型参数辨识方法；第 3 章引入非线性 PID 控制、分数阶 PID 控制以及预测-模糊 PID 控制等控制理论，提出复杂工况激励下抽水蓄能机组调节系统控制优化策略与方法；第 4 章研究甩负荷、水泵断电工况的机组导叶关闭规律优化方法，分析极端工况对机组设备状态的影响；第 5 章在理论与技术研究成果的基础上，设计开发抽水蓄能机组调节系统控制优化与性能评估应用系统，并阐述应用系统各模块的原理与功能；第 6 章以将理论成果与创新方法落地应用为目标，介绍作者研发的抽水蓄能机组调节系统在线监测系统与一体化装置，重点阐述一体化装置的设计原理与系统集成。

本书相关研究内容主要来源于作者承担的我国抽水蓄能电站建设的绝对主力——国网新源控股有限公司的多项科研攻关项目、国家自然科学基金"'S'区水力瞬变下抽水蓄能机组低水头并网及调频优化控制研究(51809099)"，以及相关国家重点研发计划课题的最新研究成果，并在工程实践中获得广泛应用。

在本书的撰写过程中，周建中教授负责本书内容的拟定与审定工作，并撰写第1章、第5章和第6章，许颜贺负责第2章和第3章的撰写工作，作者所在实验室近年来毕业和在读的部分博士研究生也参与了本书相关章节的撰写工作，张楚、郑阳、张云程、张楠参与了第4章的撰写工作。赖昕杰、时有松、刘宝楠等协助周建中负责全书校订和插图绘制工作。书中的部分内容是作者在抽水蓄能相关研究领域工作成果的总结，在研究过程中得到了相关单位、企业以及有关专家、同仁的大力支持，同时本书也吸收了国内外专家学者在这一研究领域的最新研究成果，在此一并表示衷心的感谢。

由于抽水蓄能机组调节系统建模、优化与评估的理论和方法在实际工程应用中的影响因素较多，加之作者水平有限，书中不足之处在所难免，恳请广大专家同行和读者批评指正。

作　者

2020 年 11 月

目　　录

第1章 绪 论

在绿色能源快速发展以及能源结构深化改革背景下，我国抽水蓄能电站建设发展迅速，可逆式抽水蓄能机组研发、制造、应用和维护向高水头、大容量、智能化方向发展，抽水蓄能技术代表了世界先进水平。抽水蓄能电站以其调峰填谷的独特运行特性，发挥着调节负荷、促进电力系统节能和维持电网安全稳定运行的功能，逐步成为我国电力系统不可或缺的调节手段。我国已建成的抽水蓄能电站单机容量大、布置复杂、引水道长，可逆式水泵水轮机的运行方式、固有的"S"特性区域和"驼峰"特性区域，使得抽水蓄能电站机组调节系统的控制呈现高度复杂特性。

进一步，抽水蓄能机组可逆式的结构设计以及各工况之间的复杂切换方式，使得可逆式水泵水轮机流道内流态紊乱、水力瞬变规律呈现不确定性，机组空载开机、工况切换过渡过程引发的压力脉动和空化现象较常规水轮发电机组更为普遍；机组发生发电方向甩负荷与抽水方向水泵断电工况等大波动激励扰动时，由此引发的水力瞬变对机组轴系系统及其压力管道系统的安全运行构成严重的威胁，不利于机组安全稳定运行。上述特点不仅对抽水蓄能机组调节、电站稳定运行造成极大的困难，而且给机组的安全高效运行带来一系列亟待解决的国际学术前沿问题和工程技术难题。其中，控制优化和状态评估理论与技术是机组调节系统可靠运行的关键，亟须研究发展与之相适应的理论、方法和工程应用系统。

为此，本书针对上述关键问题，研究抽水蓄能机组精细化建模与模型参数辨识方法，在此基础上对抽水蓄能机组运行过程中的复杂工况控制问题展开深入研究，提出多种抽水蓄能机组调节系统先进控制策略，为我国投产或在建的抽水蓄能电站机组的控制提供理论依据与技术支持。特别地，针对机组极端运行工况，研究过渡过程对抽水蓄能机组调节系统设备设施的影响并提出相应的应对措施。此外，为了提高我国抽水蓄能机组调节系统设备设施在线监测与状态评估能力，本书设计并开发了一套抽水蓄能机组调节系统在线监测与一体化装置和控制优化与性能评估系统，实现了抽水蓄能机组调节系统过渡过程计算、嵌入式仿真与测试、控制优化、故障诊断与性能评估等功能，为抽水蓄能机组安全稳定运行提供了有力的技术支撑。

1.1 抽水蓄能电站地位与建设现状

国家经济社会的发展离不开电能，随着电力行业的不断发展以及国家提出清洁低碳、绿色发展的能源目标，水电、风电、太阳能发电等清洁可再生能源得到了快速的发展[1]。水电能源作为一种清洁可再生能源，在非化石能源中占有举足轻重的地位。我国水资源蕴含量极为丰富，水电装机规模居世界第一，近年来水电装机规模稳步增长，占全国装机总量的20.9%。到2020年底，水电装机容量将达到3.8亿kW，风电总装机容量为2.1亿kW，太阳能总装机容量突破1.1亿kW[2]。然而，风力发电和太阳能发电具有随机性、波动性和间歇性的特点，其大规模接入电网将对电网调峰和运行控制带来巨大的挑战，同时也给电网的安全稳定运行造成了严重的威胁。

近年来，随着风光等清洁可再生能源占电力市场份额的不断增长及电网安全稳定运行要求的不断提高，加快建设抽水蓄能电站的必要性和重要性日益突出。目前，全球抽水蓄能电站总装机容量约为1.4亿kW，日本、美国和欧洲诸国的抽水蓄能电站装机容量占全球的80%以上[3]。"十二五"期间，我国抽水蓄能电站规模稳步增长，装机规模不断跃升，新增抽水蓄能投产装机容量612万kW，年均增长率达6.4%。到2015年底，全国抽水蓄能总装机容量达到2303万kW，水电装机占全国水电总装机容量的7.2%，如表1-1所示。近几年，陆续开工建设了黑龙江荒沟、河北丰宁、山东文登、安徽绩溪、海南琼中、广东深圳等抽水蓄能电站，如表1-2所示。

表1-1 "十二五"抽水蓄能电站指标及完成情况表

项目	2010年装机/万kW	2015年预期/万kW	2015年实际/万kW	年均增长率/%
抽水蓄能电站	1691	3000	2303	6.4

表1-2 "十二五"全国开工和投产抽水蓄能电站情况表

电网区域	开工项目	投产项目
华北电网	丰宁(一期、二期)、文登、沂蒙	呼和浩特
华东电网	绩溪、金寨、长龙山	仙游
华中电网	天池、蟠龙	黑麋峰、宝泉
东北电网	敦化、荒沟	蒲石河
南方电网	琼中、深圳、梅州一期、阳江一期	惠州

随着国家能源结构的转型升级，要求抽水蓄能占比快速大幅提高，然而我国抽水蓄能电站装机总容量仍然偏小，目前仅占全国电力总装机的1.5%。因此，《水电发展"十三五"规划》[4]强调，我国需加快抽水蓄能电站建设布局，以适应新能源大规模开发需要，保障电力系统安全运行，如表1-3所示。其中，东北电网、华东电网、华北电网、华中电网和西北电网重点开工抽水蓄能电站建设项目达到

48 项，总装机容量为 5875 万 kW，如表 1-4 所示。截至 2020 年，我国抽水蓄能电站新增投产 1697 万 kW，集中于东北、华北、华东、华中和华南等经济中心及新能源大规模发展和核电不断增长区域，抽水蓄能电站总装机容量将达到 4000 万 kW，2025 年总装机容量将突破 9000 万 kW。

表 1-3　"十三五"抽水蓄能电站发展布局

电网区域	2020 年		"十三五"	
	装机规模/万 kW	占全国的比例/%	开工规模/万 kW	占全国的比例/%
华北电网	847	21.4	1200	20
华东电网	1276	32.3	1600	26.7
华中电网	679	17.2	1300	21.7
东北电网	350	8.9	1000	16.6
西北电网	—	—	600	10
南方电网	788	20	300	5
西藏地区	9	0.2	—	—
总计	3949	100.0	6000	100.0

表 1-4　"十三五"抽水蓄能电站重点开工项目

电网区域	省(区、市)	项目所在地	总装机容量/万 kW
东北电网	辽宁	清原、庄河、兴城	380
	黑龙江	尚志、五常	220
	吉林	蛟河、桦甸	240
	内蒙古(东部)	芝瑞	120
华东电网	江苏	句容、连云港	255
	浙江	宁海、缙云、磐安、衢江	540
	福建	厦门、周宁、永泰、云霄	560
	安徽	桐城、宁国	240
华北电网	河北	抚宁、易县、尚义	360
	山东	莱芜、潍坊、泰安二期	380
	山西	垣曲、浑源	240
	内蒙古(西部)	美岱、乌海	240
华中电网	河南	大鱼沟、花园沟、宝泉二期、五岳	480
	江西	洪屏二期、奉新	240
	湖北	大幕山、上进山	240
	湖南	安化、平江	260
	重庆	栗子湾	120

电网区域	省(区、市)	项目所在地	总装机容量/万 kW
西北电网	新疆	阜康、哈密天山	240
	陕西	镇安	140
	宁夏	牛首山	80
	甘肃	昌马	120
南方电网	广东	新会	120
	海南	三亚	60
总计	—		5875

1.2　抽水蓄能机组运行特点与挑战性问题

抽水蓄能发电具有无污染、运行灵活、成本低廉、调节能力强等特点,是国家能源发展计划中具有重要地位的可再生清洁能源。其中,抽水蓄能机组具有调峰填谷的运行特点以及启停速度快、工况转换灵活等特性,能够快速响应电力系统调频调相、削峰填谷、旋转和事故备用的需求,有效地缓解间歇性能源出力波动给电力系统带来的不利影响,增强电网对风电、光电的消纳能力[5]。

抽水蓄能机组的运行方式在常规水电机组发电工况和发电调相工况的基础上增加了抽水工况、抽水调相工况,以及发电、抽水、调相三种工况之间的转换,如图 1-1 所示,且一日之内开机、停机、工况切换频繁,平均每小时工况切换次数可达 0.25 次。

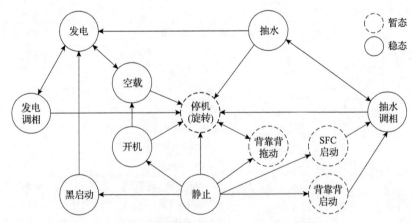

图 1-1　抽水蓄能机组复杂工况转换示意图

虽然抽水蓄能机组具有上述突出优点,但由于可逆式水泵水轮机全特性存在

水轮机反 "S" 特性区域和水泵驼峰区域两个运行不稳定的区域,如图 1-2 所示,导致低水头水轮机启动并网困难、低水头调相转发电不稳定、机组空载振荡、水泵启动过程中的水压振荡以及调节系统机械部件疲劳磨损等问题突出[6]。

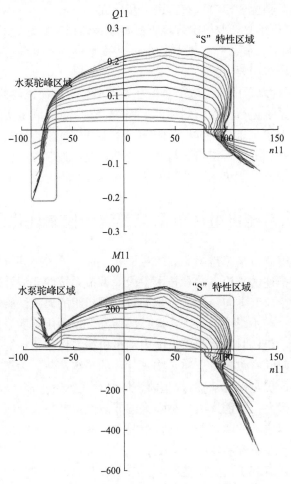

图 1-2 可逆式水泵水轮机不稳定运行区域示意图

抽水蓄能机组调节系统是一个包含压力过水系统、电液随动系统、微机调速器、可逆式水泵水轮机、发电电动机等部件的复杂非线性闭环控制系统,作为抽水蓄能机组的核心控制系统,承担着控制机组启停与工况转换、稳定机组频率和调节机组功率的重任。因此,为解决上述挑战性问题,亟待建立高精度的抽水蓄能机组调节系统模型,通过在线性能测试和仿真建模,开展抽水蓄能机组控制策略与状态评估研究。虽然国内外学术与工程界在抽水蓄能机组调节系统辨识建模、控制策略及状态评估等方面开展了一系列的研究和应用,但已有工作在系统性和深入程度方面，均不能满足大装机容量抽水蓄能电站对调节系统控制性能及其状态评估的迫切需求，主要的不足有以下几方面。

(1)抽水蓄能机组调节系统是一个复杂的时变、非线性系统，对其进行非线性特征参数辨识与高精度建模仿真有待进一步研究。

(2)抽水蓄能机组复杂变工况环境下的控制策略研究缺乏针对性和高效性。

(3)现有的调节系统故障诊断与状态评估技术难以完全满足抽水蓄能机组控制系统的实际工程应用要求。

(4)我国对于抽水蓄能机组调节系统在线监测技术的研究尚处于起步阶段，抽水蓄能机组调节系统运行特性监测平台工程学的研究难以满足实际工程的需求。

为此，针对上述难点与关键科学问题，本书开展抽水蓄能机组调节系统的精细化建模，在此基础上分析机组运行动态特性，提出控制参数优化整定、过渡过程控制优化以及调节系统状态评估等方法，具有重要的理论与工程应用价值。

1.3　抽水蓄能机组调节系统辨识与控制优化研究现状

抽水蓄能机组调节系统辨识研究的意义在于提供了一种获取抽水蓄能机组调节系统精确模型描述的理论方法和技术手段。调节系统的非线性辨识分为参数辨识和模型辨识两个研究方向，参数辨识通过使用机组的离线试验数据或在线运行数据来辅助建模，在不影响机组正常运行的情况下，利用其测量信号数据，即可辨识获得电液随动机构时间常数、发电电动机机械惯性常数、综合调节系数及过水系统水流惯性时间常数等具有实际物理意义的系统参数，为指导机组在复杂工况下的最优化运行奠定模型基础。模型辨识则结合系统运行输入-输出数据和神经网络等机器学习模型，借助这类模型强大的非线性拟合与表征能力来直接构造控制变量和系统输出之间的隐含非线性映射关系，实现对可逆式水泵水轮机等环节运行过程非线性动态特性和复杂状态变化规律的解析。此外，高精度的非线性调节系统辨识模型还有利于自适应控制、自校正控制、神经网络控制、模型预测控制等先进控制理论的实施与应用。

在抽水蓄能机组调节系统控制领域，传统比例-积分-微分(proportion integral differential, PID)控制器因具有结构简单可靠、控制参数易于调整、设计工况点控制效果良好等优势，被我国抽水蓄能电站广泛采用。但是，由于抽水蓄能机组调节系统不确定性及强非线性环节的存在，随着运行工况偏移和现场环境的变化，传统 PID 控制器往往难以在全工况获得满意的控制品质，机组低水头运行时容易产生不稳定甚至振荡发散的现象。因此，在参数辨识和模型辨识研究获取调节系统精确结构参数和数学模型的基础上，相关领域研究人员进一步研究调节系统控制参数优化整定方法，探索新型控制规律。

1.3.1　抽水蓄能机组调节系统辨识研究现状

作为现代控制理论的三大主要分支之一，美国模糊系统学者 Zadeh[7]曾给系统辨识如下定义：辨识就是在输入和输出数据的基础上，从一类给定的模型中，确定一个与待辨识系统等价的模型。著名的辨识专家，瑞典学者 Ljung[8]给出了应用更为广泛的定义：辨识是按照某个准则从一类模型中选择一个与待辨识系统输出数据拟合最好的模型。系统辨识为动态系统状态估计和先进控制理论应用提供了精确的数学模型与结构参数，同时也对系统稳定性分析、控制参数优化整定、先进控制器优化设计有着重要的理论支持作用。抽水蓄能机组调节系统作为抽水蓄能电站的核心组成，深入认知其运行过程存在的非线性动态特性和复杂状态变化规律，对开展机组运行稳定性分析、调节系统控制参数优化整定和新型控制器设计有着重要意义，也为提高机组控制品质、改善电站生产运行效率、降低机组在"S"特性区域的运行风险和保障互联电力系统安全稳定运行提供了模型与理论的重要支撑。

1. 调节系统参数辨识

目前，抽水蓄能机组调节系统参数辨识相关研究尚处于起步阶段，国内外期刊文献鲜有针对抽水蓄能机组参数辨识的研究，鉴于传统水轮机调节系统与可逆式水泵水轮机调节系统的结构与运行方式具有相似性，面向传统水轮发电机组调节系统参数辨识的相关文献可为抽水蓄能机组参数辨识研究提供有益的参考与借鉴。此外，考虑到抽水蓄能机组参数时变、工况多变、非最小相位等特性，且可逆式水泵水轮机、过水系统、电液随动系统等环节的复杂非线性难以用数学方程准确地解析表达，频率响应法、阶跃响应法、脉冲响应法、最小二乘法等[9-12]基于线性系统辨识理论的经典时域和频域辨识方法不再适用，基于梯度或二阶梯度的最优化方法也常因目标函数不可微而受到限制。当前，对非线性水轮发电机组调节系统进行参数辨识的研究通常采用启发式无梯度优化算法，其基本思路是通过定义系统输出与模型输出之间误差的适应度函数，将参数辨识问题转化为参数优化问题，借助智能优化算法来获取模型结构中的未知参数。进一步，由于粒子群、引力搜索、差分进化等智能算法强大的非线性寻优能力和求解过程不要求目标函数连续可导等特性，基于智能优化的调节系统非线性模型参数辨识方法受到了研究者的广泛关注。

Li 等[13]和 Chen 等[14]研究并建立了能够真实反映水轮机、液压执行机构非线性和过水系统弹性水击效应的水电机组控制系统模型，提出了结合社会思考和个体思考特性的改进引力搜索算法，实现了非线性水轮机调节系统的高精度参数辨识。Zhang 等[15]则提出了基于高斯变异和柯西变异改进引力搜索的调节系统参数辨识方法，其中柯西变异具有较强的全局开采能力，有助于增加算法早期种群的多样性，避免陷入局部最优，高斯变异具备较强的局部开发能力，能够保证进化后期较快的收敛，多组试验表明该算法在调节系统参数辨识研究中具有较好的优化效果。Xu 等[16]在此基础上提出了改进菌群觅食趋化性-引力搜索算法，通过分析抽水蓄能机组调节系统不同环节输出和参数摄动对辨识精度的影响，建立了一种结合辨识参数权重和改进菌群觅食趋化性-引力搜索算法的自适应整体参数辨识模型。Chen 等[17]对比分析了蚁狮优化算法和未知参数观测器、同步参数观测器这两种现代观测器方法在水电机组调节系统参数辨识问题上的性能表现，结果表明现代观测器方法在系统存在未知扰动项时仍能保持较好的参数估计鲁棒性。杨小东等[18]使用改进遗传算法辨识水轮发电机组调节系统参数，研究结果表明所提算法能够克服传统时域辨识法和频域辨识法的缺点，有效地对非线性环节进行辨识。刘昌玉等[19]为提高人工鱼群算法的全局优化能力和鲁棒性能，提出了一种基于蚁群算法的改进型人工鱼群算法，并将其应用于水轮机-引水管道参数辨识，获得了较传统算法更快的收敛速度和更精确的参数辨识结果。唐锋[20]探讨了粒子群算法在水轮发电机模型参数辨识中的适用性，提出了基于全局信息融合的粒子群算法，有效地提高了算法优化辨识的泛化能力、收敛速度以及模型的辨识精度。

2. 调节系统模型辨识

考虑到抽水蓄能机组这一非线性系统结构复杂、参数多变，受水-机-电耦合多重因素影响，调节系统整体模型辨识研究主要借助模糊系统、神经网络、支持向量机、相关向量机、高斯过程回归等数据驱动模型强大的非线性拟合与表征能力，实现对调节系统内在特性的精确描述。当前，针对抽水蓄能机组调节系统的模型辨识研究正处于快速更新与迭代过程，尚未形成完整的学科与研究体系，学界对调节系统整体模型辨识的相关研究主要集中在模糊模型辨识和神经网络模型辨识两个方面。

1) 模糊模型辨识

作为模糊模型的一类重要组成，T-S 模糊模型由模糊空间划分后对应的局部线性模型加权组合而成，具备复杂非线性系统描述能力，且保持了局部线性模型的结构清晰和计算简便特性，是一种有效的复杂系统建模的工具与方法，在水轮发电机组与抽水蓄能机组调节系统整体模型辨识研究中获得了广泛应用。

Li 等[21]提出了一类基于模糊 C 回归空间划分的超平面原型聚类方法，并将这种聚类方法运用在 T-S 模糊模型辨识中，获得了极佳的前件参数辨识效果。Li 等[22]推导了超平面原型聚类局部模型加权距离极小的模糊空间划分算法，自适应的模糊空间划分策略显著地提高了系统动态响应的描述能力和模糊模型辨识的精度。进一步，Li 等[23]提出基于混沌引力搜索算法的 T-S 模糊模型优化策略，使用超平面聚类算法 NFCRMA 辨识 T-S 模糊模型，采用混沌引力搜索算法优化辨识模型参数，水电机组模型辨识结果表明这种优化策略有效地改善了模糊辨识模型的精度和泛化能力。Li 等[24]意识到超平面原型聚类相比超球面原型聚类更适合 T-S 模糊模型前件参数辨识，然而传统的钟形高斯隶属度函数设计的出发点是超球面原型聚类，针对这一需求构造了一类特殊的超平面高斯隶属度函数，进一步提高了模糊模型建模精度，对抽水蓄能机组调节系统进行辨识的结果表明，所提 T-S 模糊模型辨识方法具有更高的精度和鲁棒性。Yan 等[25]则使用改进的混合回溯搜索算法实现了 T-S 模糊模型聚类空间的自适应划分，通过对模糊聚类数量和聚类中心的同步优化，在增强建模精度的同时减少模糊规则数量进而降低了模型的复杂度。Zhou 等[26]为提高抽水蓄能机组调节系统模糊模型的辨识精度，提出使用受控自回归模型(controlled auto regressive，CAR)筛选辨识模型的输入和输出变量，引入可变长度树形优化减法聚类获得最优聚类性能，并通过多种工况下的抽水蓄能机组整体模型辨识实验，验证了所提模糊模型辨识策略的有效性。

2) 神经网络模型辨识

根据网络拓扑结构与内部信息流向的不同，神经网络可以分为反向传播(back propagation，BP)神经网络、多层感知机(multi layer perception)、极限学习机(extreme learning machine，ELM)、回声状态网络(echo state network，ESN)、埃尔曼网络(Elman)、广义回归神经网络(generalized regression neural network，GRNN)、循环神经网络(recurrent neural network，RNN)等数十种类型，因其强大的非线性拟合与预测能力，这些神经网络模型被广泛地应用于非线性系统的建模辨识。基于神经网络的水轮发电机组或抽水蓄能机组模型辨识的关键在于如何使用系统的输入、输出数据，通过反向传播、梯度下降、智能优化等训练算法迭代求取网络内部各神经元的权重和偏置，辨识获得能够有效地描述机组非线性特性的高精度模型。

景雷等[27]在分析水电机组调节系统参数异参同构特性的基础上，通过给出神经网络可辨识性的定义，实验并论证了水电机组的神经网络辨识效果。赵林明[28]建立了基于虚拟输入的新型人工神经网络水轮机模型，并在官厅水电站某机组建模过程中验证了神经网络模型描述水力发电机组非线性特性的有效性和可行性。王淑青等[29]设计并实现了基于自适应神经模糊系统(adaptive network-based fuzzy inference system，ANFIS)的水轮机非线性辨识模型，并采用梯度下降和最小二乘方法分别训练获取 ANFIS 模型的条件参数和结论参数，研究结果表明 ANFIS 模型兼具模糊系统的推理功能和神经网络的强非线性学习能力，能获得优于传统 BP 神经网络模型的辨识精度和辨识效率。Kishor 等[30-32]结合多层感知器 MLP 神经网络和非线性自回归外推模型结构(neural network auto-regressive with exogenous input，NNARX)，建立了长过水系统弹性水击和刚性水击以及不同水轮机条件下的机组整体模型，研究结果表明 NNARX 结构的辨识模型能够有效地刻画水力发电机组的非线性特征，研究还进一步实现了基于神经网络辨识模型的水力机组预测控制。郭君等[33]将 BP 神经网络和 RBF 神经网络应用于水轮发电机组动态建模，研究结果显示 RBF 神经网络模型的训练时间比 BP 神经网络模型更短。刘益剑[34]将贝叶斯-高斯神经网络引入水轮发电机组模型辨识当中，并结合滑动窗口数据驱动算法和细菌觅食优化算法实现了模型参数的在线推理。

　　上述相关研究文献从不同的角度和不同的思路实现了高精度的水轮发电机组调节系统非线性模型辨识，研究成果对抽水蓄能机组调节系统的精细化建模、系统稳定性分析、非线性智能控制优化等研究方向均起到了推动作用。需要指出的是，模糊模型和神经网络模型的训练过程主要基于经验风险最小化准则，仍然存在过学习、过拟合的问题，且建模性能和泛化外推能力有待考量，有必要尝试引入基于结构风险最小化准则，模型学习过程能够较好地折中权衡经验风险和置信范围的支持向量机一类模型。此外，目前针对水轮发电机组模型非线性系统辨识的研究大多未考虑噪声和离群值的影响，直接使用含有噪声和离群点的现场数据进行建模会严重影响到辨识模型的精度和泛化推广能力，仍需进一步研究提高辨识模型的鲁棒性和稳定性的方法。

1.3.2　抽水蓄能机组调节系统控制优化研究现状

　　当前，国内外针对抽水蓄能电站调节系统控制的研究相对较少，大都采用经典 PID 控制，在电站建设初期经过调试整定之后的 PID 控制参数可以满足抽水蓄能机组主要工况的控制需求。但是，在低水头空载工况下经典的 PID 控制不能较好地调节机组的水力波动、转速摆动和频率振荡等失稳问题，模型预测控制、模糊控制、分数阶 PID 控制等新型控制策略的兴起，为抽水蓄能机组这一复杂非线性系统控制领域的研究开辟了新的途径。

1. PID 控制及其改进

　　为克服传统 PID 控制器在控制过程中存在的不足，神经网络[35-38]、模糊理论[39-42]、自适应控制[43,44]、分数阶理论[45-48]以及先进参数整定方法被引入 PID 控制，显著地提高了传统 PID 控制器的控制效果。

　　针对传统 PID 控制器在控制过程中采用固定控制参数无法根据工况变化在线自整定参数的问题，结合模糊推理和 PID 控制器，李均[49]设计了一种模糊自适应 PID 控制器，根据模糊规则进行推理得到 PID 控制器参数，实现 PID 参数的自适应调整。进一步，针对模糊规则从操作者经验中提取，需经过反复试验且耗费大量时间等问题，李均[49]提出采用粒子群算法优化模糊推理规则；仿真实验表明与传统 PID 控制器相比，模糊 PID 控制器具有更好的动态性能，其超调量、稳定时间和稳态误差等指标均小于 PID 控制器，且具有较强的鲁棒性。抽水蓄能机组调节系统是一个复杂非线性系统,为提高抽水蓄能机组的控制效果,Li 等[50]尝试将模糊 PID 控制器引入抽水蓄能机组控制,提出了一种改进引力搜索方法对模糊 PID 控制器的隶属度函数参数进行优化。为验证所提方法的有效性,基于抽水蓄能电站机组的仿真平台设计了空载频率扰动试验,对比了分别采用 PID、NPID (nonlinear PID) 和 Fuzzy-PID 控制并运用不同优化方法进行控制参数优化的控制效果,试验结果验证了所提方法的有效性。

赵志高等[51]受电场力平衡作用原理启发并结合专家控制经验,提出了一种启发式自适应 PID 控制器,根据误差和误差变化实时调整 PID 控制器参数,并引入人工羊群算法进行控制器参数整定,实现了复杂工况下抽水蓄能机组的自适应控制。受可逆式水泵水轮机"S"特性区域的影响,抽水蓄能机组在低水头下空载开机启动时极易进入不稳定运行状态,导致无法同期并网。为提高抽水蓄能机组在低水头空载运行的稳定性,王跃[52]提出了一种双微分通道 PID 控制器,两个微分通道具有不同的控制参数和采样时间,增加了微分环节的调节范围,仿真结果显示,与传统并联式 PID 控制器相比,双微分通道 PID 控制器可有效地提高抽水蓄能机组低水头空载运行稳定性。郭再泉等[53]设计了一种免疫小波神经网络 PID 控制器,利用小波神经网络的强大逼近能力实现 PID 的控制器参数的最优整定,引入免疫算法优化训练小波神经网络的权重和阈值,克服了小波神经网络收敛速度慢、容易陷入局部极值等缺陷,水轮机调节系统负荷扰动实验表明免疫小波神经网络 PID 控制器可获得更小的超调量和更短的稳定时间,具有更好的控制效果。包居敏等[54]结合模糊控制、神经网络和自适应 PID 控制,提出了一种模糊神经网络自适应 PID 控制算法,同时具有模糊控制简单有效的非线性控制作用、神经网络自学习能力和 PID 控制的精确性,该算法无须建立精确的数学模型,根据被控对象当前运行状态实现 PID 控制器参数的自适应整定,水轮机组调速系统频率扰动和负荷扰动实验表明所提出的控制器可获得更快的响应速度和更好的控制效果。

分数阶 PID 控制器是整数阶 PID 控制器的广义化形式,其微分阶次和积分阶次不再限定为整数,可以是小数,因此比整数阶 PID 控制器多两个可调节的参数,具有更好的灵活性和鲁棒性,大量研究实验表明分数阶 PID 控制器可获得比传统整数阶 PID 控制更好的控制效果。针对传统整数阶 PID 控制器难以在低水头空载工况下保证抽水蓄能机组的稳定运行,许颜贺等[55]研究建立了基于对数投影变换的可逆式水泵水轮机全特性曲线模型,引入分数阶 PID 控制器代替传统 PID 控制器,采用粒子群算法进行分数阶 PID 控制器参数优化,抽水蓄能机组低水头空载开机和空载孤网频率扰动仿真实验结果表明,与传统 PID 控制器相比,分数阶 PID 控制器可有效地改善机组的动态性能。Xu 等[56]设计了一种多场景模式下鲁棒非脆弱分数阶 PID 控制器,将常用的系统动态性能评价指标与系统的超调量进行加权组合成多个新的目标函数,仿真实验验证了所提控制策略的有效性。进一步,

Xu 等[57]结合模糊控制和分数阶 PID 控制,提出了一种自适应快速模糊分数阶 PID 控制器,采用 Oustaloup 滤波器近似算法实现分数阶微积分数值计算,并运用菌群觅食趋化性-引力搜索算法优化自适应快速模糊分数阶 PID 控制器参数,不同水头下抽水蓄能机组空载开机、空载频率扰动和控制器鲁棒性分析仿真实验结果表明,与整数阶 PID 控制器和分数阶 PID 控制器相比,自适应快速模糊分数阶 PID 控制器可有效地抑制机组低水头空载工况在"S"特性区域的转速振荡,具有较好的控制性能和鲁棒性。

2. 模型预测控制

模型预测控制是通过借鉴现代控制理论的思想,在实际工业应用中发展和完善起来的一类计算机控制算法,经过 30 多年的快速发展,模型预测控制的理论和技术取得了重大进展,因其模型要求低、控制性能优异、算法简单、易于实现以及在线反馈校正等优势,已被广泛地应用于炼油、石化、化工、电力、船舶、航空、城市交通等领域[58-74]。

Zheng 等[75]提出一种同步发电机励磁调节系统的非线性多模态智能模型预测控制方法,以线性水轮机模型、三阶发电机模型和简化励磁机模型共同构成励磁调节系统预测控制器内模,以水轮机机组频率和发电机机端电压稳定为控制目标,采用一种新型树种算法(tree seed algorithm, TSA),结合精英解保存和阶梯式控制策略实现控制律在线智能优化,单机无穷大系统电压扰动、联络线三相短路等情景仿真实验结果表明,提出的模型预测控制方法在维持电力系统电压稳定与抑制机组频率波动方面均具有明显优势。Zheng 等[76]将模型预测控制引入多区域电网负荷频率控制,提出了基于分布式模型预测控制的电网负荷频率控制,为减轻由于模型预测控制(model predictive control, MPC)的长预测时域带来的在线计算负担,采用离散 Laguerre 函数拟合 MPC 的预测控制律序列,避免在线优化的"维数灾"问题,三区九机标准互联系统和两区四机水-火电混合互联系统仿真实验结果验证了所提方法的有效性及优越性。Li 等[77]提出了一种基于最小二乘法抽水蓄能机组非线性广义预测控制算法,基于抽水蓄能机组调节系统输入输出先验数据,采用最小二乘法进行离线参数辨识获得预测控制的 CARIMA(controlled auto regressive integrated moving average)模型,在控制过程中,利用遗忘因子递推最小二乘法基于当前实际系统输出进行在线参数更新,不同水头下空载开机和空载频率扰动仿真实验验证了所提策略的有效性。为提高抽水蓄能机组低水头运行稳定性,Xu 等[78]结合模型预测控制和模糊控制设计了一种自适应工况预测模糊 PID 控制器,具有机组运行工况点预测和"S"特性区域的状态预测及规避功能,仿真实验结果表明,自适应工况预测模糊 PID 控制器可有效地避免机组进入"S"特性区域,机组转速周期振荡次数和超调量均小于传统方法,且具有较强的鲁棒性。

1.4 抽水蓄能机组调节系统状态评估研究现状

抽水蓄能电站在电力系统中担负着调峰填谷、调频调相、旋转备用等多重任务，运行方式较常规水电机组增加了水泵工况及水泵-水轮机两种工况的转换，且一日之内开机、停机、工况切换频繁，所以过负荷、过电压、设备故障、运行方式破坏等各种事故出现概率大大增加。上述的运行特点和各种频繁发生的事故，不仅严重危及抽水蓄能电站自身安全、稳定运行，而且影响电力系统的安全稳定和供电质量。因此，亟待开展抽水蓄能机组调节系统性能评估研究。抽水蓄能机组调节系统性能评估研究现状主要分为故障诊断、状态趋势预测与状态评估。

1.4.1 故障诊断研究现状

抽水蓄能机组故障诊断旨在通过对机组运行数据进行监测与分析，判别机组当前的运行健康状态，即正常运行或发生故障。针对故障状态，需进一步地确定故障发生部位及程度，以制定适当的机组维护策略。传统机组故障诊断方法主要通过人工观察与分析实现，此方式依赖于必要的先验知识和专家经验，若缺乏相应的理论与技术基础，则难以保证诊断精度，故而在实际应用中受到了极大的限制。近年来，随着人工智能及大数据分析技术的不断发展与融合，越来越多的智能算法被引入抽水蓄能机组故障诊断领域之中，并取得了一系列的研究成果。利用智能算法的自学习机制实现机组故障诊断，降低了诊断过程中的人工参与度，有效地提升了诊断精度及计算效率，推动了电站智能化建设的进程。目前常用的抽水蓄能机组智能故障诊断方法有专家系统、人工神经网络、支持向量机和故障树等。

1. 专家系统

专家系统[79]是一种能够利用领域内人类专家知识和经验，通过一系列规则对故障过程进行推理和判断，模拟人类专家决策过程，进而实现故障定位并给出相应决策建议的智能计算机程序系统。因其系统中包含大量与待解决问题相关的专家知识，提升了对问题进行有效分析的效率和能力，因此，基于专家系统的智能分析方法在机械设备故障诊断领域获得了广泛应用。王青华等[80]根据抽水蓄能电站机组特点，采用模块化思想构建了一个抽水蓄能机组振动故障诊断专家系统，实现了机组故障的智能诊断，有助于现场人员对于机组状态进行更为深入的了解；毛成等[81]通过分析水电机组运行特点，收集机组运行过程中发生故障的特征及原因，构建诊断知识库，形成水电机组故障诊断专家系统，达到为机组运行维护提供指导的目的。周叶等[82]在 HM9000ES 水电机组远程在线监测分析系统的基础上，开发了一套开放式水电机组故障诊断专家系统软件平台，充分地集成了领域内专家的诊断经验，结合三峡诊断中心的建设，实现了故障的准确诊断。基于专家系统的故障诊断方法在解决难以用数学模型描述的问题上具有一定的优势，但专家知识库和推理机制的建立一直是诊断过程中的难点。此外，为提升专家系统的分析能力，如何有效地进行知识库的维护与更新也是值得深入研究的问题。

2. 人工神经网络

人工神经网络（artificial neural network，ANN）是一种模仿大脑神经网络结构和思考机理的智能分析系统，通过大量神经元互相连接形成的复杂网络结构，实现信息的分布储存和并行处理。作为人工智能领域研究的典型代表，ANN 以其在容错性、大规模并行处理、自学习、自组织和自适应方面所拥有的优越性能，在机械设备故障诊断领域获得了广泛关注[83-85]。卢娜[86]提出了基于蚁群初始化小波神经网络的水电机组振动故障诊断方法，结合蚁群算法的优点对小波神经网络参数进行学习，克服了算法对初始参数敏感的缺陷，获得较好的诊断结果；李辉等[87]针对水电机组振动信号的非平稳特性，提出了一种基于集成经验模态分解（ensemble empirical mode decomposition，EEMD）的奇异谱熵和自组织特征映射神经网络的水电机组故障诊断方法；谢玲玲等[88]结合邻域粗糙集理论在降低故障特征冗余度方面的优点，建立了基于改进邻域粗糙集和概率神经网络的水电机组振动故障诊断模型。尽管相关研究已证明，利用不同神经网络模型进行故障诊断分析可获得较好的结果，但其在实际应用中仍存在一定的局限性，表现在：网络模型训练需要大量样本，训练时间长，存在过拟合现象，泛化能力较弱等。

3. 支持向量机

支持向量机（support vector machine，SVM）是由 Cortes 等[89]提出的基于结构风险最小化原则的广义线性分类器。区别于 ANN，SVM 通过将样本数据映射到高维空间，求解最大分类间隔进而得到最优超平面，适合于各类数据样本尤其是小样本下的故障诊断问题。此外，SVM 还具有建模简单、理论完备、泛化能力强等优点，被广泛地应用于水电机组故障诊断的研究之中。张孝远[90]将模糊 Sigmoid 核函数与支持向量机进行结合，提出了一种改进的一对一方法，将二类模糊支持向量机推广到多类，并成功地解决了水电机组的故障诊断问题；彭文季等[91]应用最小二乘支持向量机和信息融合技术对水电机组振动故障进行诊断，获得了较高的诊断精度；张勋康等[92]利用变模态分解方法获取水电机组振动故障特征，并将其作为支持向量机输入，实现机组故障模式的识别与诊断。尽管 SVM 在水电机组故障诊断中表现出优异的性能，但当样本规模增大时，模型训练时耗显著增加，极大地限制了其在实际工程中的应用。

4. 故障树

基于故障推理的故障树诊断方法是一种将系统故障形成原因按树状逐级细化的图形演绎方法，该方法先选定系统的典型故障事件作为顶事件，随后找出导致顶事件发生的各种可能因素或因素组合，最后找出各因素出现的直接原因，遵循此方法逐级向下演绎，一直追溯出引起故障的全部原因，然后把各级事件用相应的符号和适合于它们之间逻辑关系的逻辑门与顶事件相连接，建成一棵以顶事件为根，中间事件为节，底事件为叶的若干级倒置故障树。

通过分析抽水蓄能电站故障本体与故障原因、关联状态量间的内在联系，构建适合抽水蓄能电站设备的故障树诊断模型，直观形象地呈现复杂多样的设备故障与组成部件之间的逻辑关系，全面系统地诊断出所有可能引起设备故障发生的因素，为现场运行维护人员提供必要的故障维护决策支持。故障树构建的过程为对整个抽水蓄能电站设备进行深层次分析的过程，需要对设备的设计、安装、生产运行、技术资料等进行深入的研究分析，熟悉了解设备的内部构造、不同元件故障对整体的影响程度，找出各元件之间的逻辑关系并分析故障和故障原因之间的逻辑关系，将其以图形的方式表示出来。

1.4.2 状态趋势预测研究现状

故障诊断方法虽然能够对机组当前运行状态给出决策建议，但属于事后维修范畴，此时机组故障已然发生或部件已经失效，已经影响机组安全稳定运行，为电站带来不同程度的经济损失。因此，完备的抽水蓄能机组维修决策支持体系除了包含高精度、高鲁棒性的机组故障诊断技术，还应结合故障预测技术共同管理机组运行。故障预测是指在故障发生或部件失效前，依据机组运行状态变化趋势，提前发现机组运行异常，预测机组可能出现故障。有效的故障预测技术不仅可以判断出机组潜在故障，预防机组事故停机，更有利于制定科学合理的检修计划，节省非计划检修费用，提升电厂综合经济效益。抽水蓄能机组故障预测包含三方面任务：①依据设备当前监测信息，结合运行参数历史变化状态，准确预测机组设备状态变化趋势；②在机组设备状态变化趋势预测的基础上，研究可靠的劣化水平评价方法，给出机组随时间推移下的劣化状态及剩余寿命；③研究机组健康评价准则，根据机组不同部件的劣化水平，评估机组当前健康状态，并给出相应的维修决策建议。由上可知，准确的机组运行状态趋势预测是故障预测任务的基础，对判断机组故障发生概率，及时防止故障带来的经济损失具有重要意义。目前，机组运行状态趋势预测研究方法主要包括时间序列模型、支持向量回归与人工神经网络等。

1. 时间序列模型

时间序列模型是根据观测到的时间序列数据建立的预测数据与历史数据间的参数关系模型，包括自回归(auto regression，AR)模型、滑动平均(moving average，MA)模型和自回归移动平均(auto regression moving average，ARMA)模型等适用于平稳信号的模型及差分整合移动平均自回归(auto regressive integrated moving average，ARIMA)模型等处理非平稳信号的模型。基于时间序列模型，高波等[93]利用 EMD 分解了网络变化流量信号，并采用 ARMA 模型准确刻画了自相似网络的流量变化趋势，提高了预测的准确度。田波等[94]针对风力发电功率的非线性和非平稳特性，提出了改进的 EMD 方法，对分解后的每个本征模态分量建立 ARMA 模型，通过叠加重构获得了准确的风电功率预测值。孙慧芳等[95]通过差分方法将水电机组上机架振动信号转化为平稳时间序列，采用 AR 模型较好地拟合了水电机组振动信号。崔建国等[96]则结合智能优化算法优化 ARMA 模型阶数，应用至航空发电机寿命预测，降低了预测的相对误差。

虽然时间序列模型能够根据观测数据较好地建立拟合关系，但要求时序数据稳定或经过差分后稳定，只能得到时间序列的线性关系，而对于抽水蓄能机组振动信号等常见观测信号而言，其强烈的非平稳、非线性特点为时间序列模型的应用带来了困难。

2. 支持向量回归

支持向量回归(support vector regression，SVR)是支持向量机由分类问题转向回归问题的拓展应用，通过将 SVM 中的损失函数转换成敏感度损失函数，得到SVR 的无约束损失函数，并类似地通过引入松弛变量等进行求解。由于 SVR 可以采用核函数将数据映射至高维空间，解决了时间序列模型无法处理的非线性拟合问题，同时具有原始速度快、泛化能力强的特点，在趋势预测领域得到了广泛应用。如付文龙等[97]结合变分模态分解(variational mode decomposition，VMD)与SVR，通过对 VMD 分解后的信号进行相空间重构，得到状态矩阵，并以此构建SVR 的输入、输出数据，对每个分解信号进行预测模型训练，整合各自的预测结果作为最终信号预测值，将其应用至水电机组振动监测数据上，结果表明所提方法能够有效地预测机组振动趋势。齐保林等[98]针对大型机组振动峰峰值预测问题，通过选取合适的核函数、不敏感损失函数等参数，采用 SVR 得到的具备较低预测误差的设备状态趋势预测模型。王喜平等[99]针对夏季电力负荷波动大和易受天气温度等影响的特点，结合 ARIMA 模型和 SVR 模型各自特点，提出了 ARIMA-SVR混合预测模型，首先通过 ARIMA 线性预测电力负荷，然后利用 SVR 预测模型修正 ARIMA 预测残差，结果表明其混合预测模型预测精度高于单一预测模型。

虽然 SVR 训练速度快、具备非线性拟合能力，得到了大量研究，但与 SVM 类似，SVR 在面对大量数据时由于需要求解函数的二次规划问题，需大量的存储空间，同时其核函数的选取标准目前尚未统一，无法根据数据分布特点自适应地选取合适的核函数，限制了其工程实际应用。

3. 人工神经网络

人工神经网络因其具备强大的非线性拟合能力与灵活度，因此在趋势预测中也得到了广泛关注与研究。Senjyu 等[100]利用 RNN 对时间序列的拟合特性，通过差分计算获得网络的输入与输出数据，较好地预测风力发电机的功率变化。杨秀媛等[101]则通过对风速数据建立时间序列模型，将风速特性的基本参数作为神经网络的输入变量，同时提出了滚动式权值调整方法，有效地提高了风速预测的精度。而在水电机组运行状态趋势预测方面，陈畅等[102]利用长短期记忆网络 (long short-term memory，LSTM) 预测水电机组运行状态，通过归一化处理水轮机组流式监测数据并结合滑动窗口获得 LSTM 训练集与测试样本集，在优化 LSTM 网络层数、隐含层节点数后，建立了高精度的水轮机组时间序列预测模型。王博维等[103]设计了基于传感器和并行神经网络的水电机组状态监测方法，拟合了水电机组设备劣化曲线，结合设备运行状态、设备故障风险较好地反映了设备的运行状态。代开锋[104]依据机组运行负荷划分了水电机组运行工况，运用小波分解提取各工况的特征值作为神经网络的输入建立预测模型，分析机组未来的振动趋势变化，进而及早地发现机组异常从而采取相应措施。

虽然以上各种方法均能较精确地预测水电机组下一步的变化趋势，但大多属于单步预测范畴，即预测时长较短，缺乏实际意义。而当需要更早地获知机组变化趋势时，需采用滚动预测的方式将单步预测模型扩展至多步预测，此时由于每次的预测误差不断叠加，预测精度迅速下降，无法满足工程实际需求。因此，亟须研究适用于长期预测的高精度抽水蓄能机组运行状态多步趋势预测方法，尽可能早地获取机组早期故障征兆，彻底地避免机组事故停机的发生，最大限度地提高电厂经济效益与运行安全。

1.4.3　状态评估研究现状

在对系统未来的运行状况进行预测后，还需对机组的运行状况做出简要的评价。现阶段，随着对抽水蓄能运行稳定性的重视，其运行状况分析已逐渐被国内外研究学者所关注，并开展了行之有效的研究，取得了一定的研究成果。然而，多数研究仍集中在故障诊断分析领域。目前，应用于水电机组、风电机组、变压器等设备的状态性能评估方法主要包括专家系统、BP 智能算法、概率统计、模糊评判等。专家系统的应用需要结合知识库，但知识库一直存在更新方面的问题，因此不能准确且全面地做出评价；神经网络在使用时需要数量较多的实验数据，对该方法的实用性造成了一定的影响，造成了实际应用中的局限性[105]。现阶段，对抽水蓄能机组运行状态进行综合评估的研究未见报道，因此评估方法的选择问题值得进行探讨。在对指标因素性能进行定量分析时，模糊评判方法具有广泛性与普及性，模糊评判的实现过程规避了神经网络等方法所存在的问题，并不需要过度依赖数据样本，使该方法在运行状态综合评估和故障诊断方面的应用成为可能。

在实际综合评价过程中，常会遇到模型中具有多层指标和多个指标，这些指标量彼此制约、相互影响，因此判断各指标的权重成为非常重要的一步。层次分析法[105](analytical hierarchy process，AHP)可以依据定性分析，对这些多个准则的非定量问题进行处理。在解决复杂问题时，层次分析法将其分解为各个指标，然后按照所属关系构建出递阶层次模型，然后在相应层次内对不同因素进行两两相互对比，进而获得这些指标的相对性总排序。层次分析法问世于 20 世纪 70 年代，由美国杰出的运筹学家 Saaty 提出[106]。那个时期是科学分析及评价向前发展的黄金时期，很多被后人广泛使用的评价方法均产生于那个时期[107,108]。1988 年我国于天津举行了首届国际层次分析法研讨会议。

模糊数学由美国的 Zadeh 开创[109]，他作为控制论领域的专家，于 1965 年发表了一个新的数学概念——模糊集合，一个新的数学分支由此诞生。模糊性不是由主观原因导致的，其成因是因为不同事物存在区别，然而这些区别并非有准确的评判界限，存在着不确定性。模糊化是将事物本质存在的不确定性加以量化，使其转变成确定性，从而可以做出准确判断。当分析决策的问题是不确定的时，模糊理论凸显了较强的适应性。利用层次分析法和模糊理论相结合建立对应的模糊层次综合评价模型，可以有效地规避各自存在的缺点，同时对优点进行整合处理[110,111]。

参 考 文 献

[1] 谈广鸣, 舒彩文. 清洁能源与优质电源论析[J]. 水电与新能源, 2016(1): 74-77.

[2] 国家发展和改革委员会, 国家能源局. 电力发展"十三五"规划[R]. 北京: 国家发展和改革委员会, 2016.

[3] 周荣, 胡平. 部分国家抽水蓄能项目发展状况[J]. 水利水电快报, 2015, 36(11): 17-20.

[4] 国家发展和改革委员会, 国家能源局. 水电发展"十三五"规划[R]. 北京: 国家发展和改革委员会, 2016.

[5] 陆佑楣, 潘家铮. 抽水蓄能电站[M]. 北京: 水利电力出版社, 1992.

[6] 梅祖彦. 抽水蓄能发电技术[M]. 北京: 机械工业出版社, 2000.

[7] Zadeh L A. From circuit theory to system theory[J]. Proceedings of the IRE, 1962, 50(5): 856-865.

[8] Ljung L. Convergence analysis of parametric identification methods[J]. IEEE Transactions on Automatic Control, 1978, 23(5): 770-783.

[9] Bonnett S C, Wozniak L. Adaptive speed control of hydrogenerators by recursive least squares identification algorithm[J]. IEEE Transactions on Energy Conversion, 1995, 10(1): 162-168.

[10] de Jaeger E, Janssens N, Malfliet B, et al. Hydro turbine model for system dynamic studies[J]. IEEE Transactions on Power Systems, 1994, 9(4): 1709-1715.

[11] Hannett L, Feltes J W, Fardanesh B. Field tests to validate hydro turbine-governor model structure and parameters[J]. IEEE Transactions on Power Systems, 1994, 9(4): 1744-1751.

[12] Trudnowski D J, Agee J C. Identifying a hydraulic-turbine model from measured field data[J]. IEEE Transactions on Energy Conversion, 1995, 10(4): 768-773.

[13] Li C S, Zhou J Z. Parameters identification of hydraulic turbine governing system using improved gravitational search algorithm[J]. Energy Conversion and Management, 2011, 52(1): 374-381.

[14] Chen Z H, Yuan X H, Tian H, et al. Improved gravitational search algorithm for parameter identification of water turbine regulation system[J]. Energy Conversion and Management, 2014, 78(30): 306-315.

[15] Zhang N, Li C S, Li R H, et al. A mixed-strategy based gravitational search algorithm for parameter identification of hydraulic turbine governing system[J]. Knowledge-based Systems, 2016, 109: 218-237.

[16] Xu Y H, Zhou J Z, Zhang C, et al. A parameter adaptive identification method for a pumped storage hydro unit regulation system model using an improved gravitational search algorithm[J]. Simulation Transactions of the Society for Modeling and Simulation International, 2017, 93(8): 679-694.

[17] Chen Z H, Yuan X H, Yuan Y B, et al. Parameter identification of integrated model of hydraulic turbine regulating system with uncertainties using three different approaches[J]. IEEE Transactions on Power Systems, 2017, 32(5): 3482-3491.

[18] 杨小东, 董宸, 卢文华, 等. 基于遗传算法的水轮发电机组调速系统参数辨识[J]. 电力系统保护与控制, 2006, 34(1): 27-30.

[19] 刘昌玉, 何雪松, 李崇威, 等. 用于水轮机-引水管道参数辨识的改进型人工鱼群算法[J]. 电力自动化设备, 2013, 33(11): 54-58.

[20] 唐锋. 基于全局信息融合粒子群算法的水轮发电机模型参数辨识[J]. 水电能源科学, 2015(8): 129-131.

[21] Li C S, Zhou J Z, Chang L, et al. T-S fuzzy model identification based on a novel hyperplane-shaped membership function[J]. IEEE Transactions on Fuzzy Systems, 2017, 25(5): 1364-1370.

[22] Li C S, Zhou J Z, Fu B, et al. T-S fuzzy model identification with a gravitational search-based hyperplane clustering algorithm[J]. IEEE Transactions on Fuzzy Systems, 2012, 20(2): 305-317.

[23] Li C S, Zhou J Z, Xiao J, et al. Hydraulic turbine governing system identification using T-S fuzzy model optimized by chaotic gravitational search algorithm[J]. Engineering Applications of Artificial Intelligence, 2013, 26(9): 2073-2082.

[24] Li C S, Zou W, Zhang N, et al. An evolving T-S fuzzy model identification approach based on a special membership function and its application on pump-turbine governing system[J]. Engineering Applications of Artificial Intelligence, 2018, 69: 93-103.

[25] Yan S Q, Zhou J Z, Zheng Y, et al. An improved hybrid backtracking search algorithm based T-S fuzzy model and its implementation to hydroelectric generating units[J]. Neurocomputing, 2018, 275: 2066-2079.

[26] Zhou J Z, Zheng Y, Xu Y H, et al. A heuristic TS fuzzy model for the pumped-storage generator-motor using variable-length tree-seed algorithm-based competitive agglomeration[J]. Energies, 2018, 11(4): 944.

[27] 景雷, 叶鲁卿, 周泰经. 水轮发电机组的神经网络可辨识性研究[J]. 水电能源科学, 1997(2): 17-23.

[28] 赵林明. 人工神经网络的虚拟输入方法及其在水轮机建模中的应用[J]. 华北水利水电学院学报, 1995, 16(2): 62-66.

[29] 王淑青, 李朝晖. 基于自适应模糊神经网络的水轮机特性辨识研究[J]. 武汉大学学报(工学版), 2006, 39(2): 24-27.

[30] Kishor N, Singh S P, Raghuvanshi A S. Adaptive intelligent hydro turbine speed identification with water and random load disturbances[J]. Engineering Applications of Artificial Intelligence, 2007, 20(6): 795-808.

[31] Kishor N, Singh S P. Simulated response of NN based identification and predictive control of hydro plant[J]. Expert Systems with Applications, 2007, 32(1): 233-244.

[32] Kishor N, Saini P, Singh P. Small hydro power plant identification using nnarx structure[J]. Neural Computing and Applications, 2005, 14(3): 212-222.

[33] 郭君, 董朝霞. 基于神经网络的水轮发电机组的建模分析[J]. 电力系统及其自动化学报, 2003, 15(6): 37-40.

[34] 刘益剑. 水轮发电机组 BGNN 模型辨识控制及控制器参数优化研究[D]. 武汉: 武汉大学, 2009.

[35] 张建强, 时岩, 冯海峰. 基于 BP 神经网络模糊 PID 的主动悬架控制研究[J]. 制造业自动化, 2019, 41(2): 58-61, 76.

[36] 袁建平, 施一萍, 蒋宇, 等. 改进的 BP 神经网络 PID 控制器在温室环境控制中的研究[J]. 电子测量技术, 2019, 42(4): 19-24.

[37] 胡宗镇, 赵延立. 基于改进型 BP 神经网络自整定的 PID 控制[J]. 电脑与信息技术, 2019, 27(1): 11-13.

[38] 胡琼. 基于 RBF 神经网络 PID 的摆销链式 CVT 速比控制策略研究[J]. 陕西煤炭, 2019, 38(2): 10-15, 48.

[39] 张兆东, 徐小亮, 杨杨, 等. 基于模糊 PID 控制策略的液压缸试验台加载系统设计[J]. 南京理工大学学报, 2019, 43(1): 78-85.

[40] 王婵, 马月辉, 于正航. 基于模糊 PID 的双注浆泵同步系统的仿真与研究[J]. 石家庄铁道大学学报(自然科学版), 2019, 32(1): 97-101, 130.

[41] 李振兴. 基于模糊自适应 PID 控制的汽车用锻压镁合金性能研究[J]. 热加工工艺, 2019(5): 167-169.

[42] 胡改玲, 桂亮, 权双璐, 等. 串联模糊 PID 控制的四旋翼无人机控制系统设计[J]. 实验技术与管理, 2019, 36(3): 132-135.

[43] 段友祥, 任辉, 孙歧峰, 等. 基于异步优势执行器评价器的自适应 PID 控制[J]. 计算机测量与控制, 2019, 27(2): 70-73, 78.

[44] 陈宇寒, 肖玲斐, 卢彬彬. 融合蜂群优化航空发动机自适应 PID 控制[J]. 控制工程, 2019, 26(2): 229-235.

[45] 张驰, 谭南林, 周挺, 等. 基于分数阶 PID 控制器的地铁列车优化控制研究[J]. 铁道学报, 2018, 40(10): 8-14.

[46] 许艳英, 包宋建. 改进粒子群算法优化的五连杆机器人分数阶 PID 控制器[J]. 中国工程机械学报, 2018, 16(5): 431-435.

[47] 魏立新, 王浩, 穆晓伟. 基于粒子群算法倒立摆分数阶 PID 参数优化[J]. 控制工程, 2019, 26(2): 196-201.

[48] 李伟, 张美婷, 赵俊锋, 等. 含有分数阶 PID 控制器的随机动力系统可靠性分析[J]. 动力学与控制学报, 2019, 17(1): 65-72.

[49] 李均. 模糊自适应 PID 控制器在水轮机调节系统中的应用[J]. 中国水能及电气化, 2011(4): 53-57.

[50] Li C S, Mao Y F, Zhou J Z, et al. Design of a fuzzy-PID controller for a nonlinear hydraulic turbine governing system by using a novel gravitational search algorithm based on Cauchy mutation and mass weighting[J]. Applied Soft Computing, 2017, 52: 290-305.

[51] 赵志高, 周建中, 张勇传, 等. 抽水蓄能机组复杂空载工况增益自适应 PID 控制[J]. 电网技术, 2018, 42(12): 3918-3927.

[52] 王跃. 抽水蓄能机组调速器双微分通道的 PID 控制算法[J]. 电网与清洁能源, 2014, 30(1): 114-116.

[53] 郭再泉, 赵翱东. 基于免疫小波神经网络 PID 的水轮机调速控制研究[J]. 大电机技术, 2014 (4): 77-80.

[54] 包居敏, 唐良宝. 水轮机调节系统的模糊神经网络控制[J]. 计算机应用研究, 2007, 24 (11): 167-168, 177.

[55] 许颜贺, 周建中, 薛小明, 等. 抽水蓄能机组空载工况分数阶 PID 调节控制[J]. 电力系统自动化, 2015, 39 (18): 43-48.

[56] Xu Y H, Zhou J Z, Zhang Y C, et al. Parameter optimization of robust non-fragile fractional order PID controller for pump turbine governing system[C]. Proceedings of the 2016 6th International Conference on Instrumentation and Measurement, Computer, Communication and Control (IMCCC), Harbin, 2016.

[57] Xu Y H, Zhou J Z, Xue X, et al. An adaptively fast fuzzy fractional order PID control for pumped storage hydro unit using improved gravitational search algorithm[J]. Energy Conversion and Management, 2016, 111: 67-78.

[58] 朱翔宇. 基于预测控制的精馏塔温度控制系统的研究[D]. 沈阳: 东北大学, 2012.

[59] 张健中. 一类连续化工生产过程的模型辨识及非线性预测控制研究[D]. 哈尔滨: 哈尔滨工业大学, 2010.

[60] 易洁芯, 张松, 吴剑. 基于自适应控制的石油产量预测方法与模型研究[J]. 重庆理工大学学报(社会科学), 2015, 29 (10): 33-37.

[61] 许锋, 张艺, 罗雄麟, 等. 化工过程强非线性系统的变模型自适应预测控制[J]. 化工自动化及仪表, 2004, 31 (6): 32-35.

[62] 王睿敏. 石油钻机系统的永磁同步电机模型预测控制研究[D]. 兰州: 兰州交通大学, 2018.

[63] 董新. 轻烃预分馏自动控制的优化及改进[D]. 西安: 西安石油大学, 2014.

[64] 曾静. 聚合反应过程的分布式模型预测控制策略研究[D]. 沈阳: 东北大学, 2008.

[65] Zong Y, Kullmann D, Thavlov A, et al. Application of model predictive control for active load management in a distributed power system with high wind penetration[J]. IEEE Transactions on Smart Grid, 2012, 3 (2): 1055-1062.

[66] Xue C, Song W, Wu X, et al. A constant switching frequency finite-control-set predictive current control scheme of a five-phase inverter with duty-ratio optimization[J]. IEEE Transactions on Power Electronics, 2018, 33 (4): 3583-3594.

[67] Mayne D Q, Rawlings J B, Rao C V, et al. Constrained model predictive control: Stability and optimality[J]. Automatica, 2000, 36 (6): 789-814.

[68] Jiang J, Li X, Deng Z, et al. Thermal management of an independent steam reformer for a solid oxide fuel cell with constrained generalized predictive control[J]. International Journal of Hydrogen Energy, 2012, 37 (17): 12317-12331.

[69] Huang J, Yang B, Guo F, et al. Priority sorting approach for modular multilevel converter based on simplified model predictive control[J]. IEEE Transactions on Industrial Electronics, 2018, 65 (6): 4819-4830.

[70] Howard T M, Green C J, Kelly A. Receding horizon model-predictive control for mobile robot navigation of intricate paths[C]. 7th International Conference on Field and Service Robotics, Cambridge, 2009.

[71] Ebadollahi S, Saki S. Wind turbine torque oscillation reduction using soft switching multiple model predictive control based on the gap metric and kalman filter estimator[J]. IEEE Transactions on Industrial Electronics, 2018, 65 (5): 3890-3898.

[72] Eaton J W, Rawlings J B. Model-predictive control of chemical processes[J]. Chemical Engineering Science, 1992, 47 (4): 705-720.

[73] Donoso F, Mora A, Cárdenas R, et al. Finite-set model-predictive control strategies for a 3l-npc inverter operating with fixed switching frequency[J]. IEEE Transactions on Industrial Electronics, 2018, 65 (5): 3954-3965.

[74] Deng M, Inoue A, Ishibashi N, et al. Application of an anti-windup multivariable continuous-time generalised predictive control to a temperature control of an aluminium plate[J]. International Journal of Modelling, Identification and Control, 2007, 2(2): 130-137.

[75] Zheng Y, Zhou J Z, Zhu W L, et al. Design of a multi-mode intelligent model predictive control strategy for hydroelectric generating unit[J]. Neurocomputing, 2016, 207: 287-299.

[76] Zheng Y, Zhou J Z, Xu Y H, et al. A distributed model predictive control based load frequency control scheme for multi-area interconnected power system using discrete-time Laguerre functions[J]. ISA Transactions, 2017, 68: 127-140.

[77] Li C S, Mao Y F, Yang J D, et al. A nonlinear generalized predictive control for pumped storage unit[J]. Renewable Energy, 2017, 114: 945-959.

[78] Xu Y H, Zheng Y, Du Y, et al. Adaptive condition predictive-fuzzy PID optimal control of start-up process for pumped storage unit at low head area[J]. Energy Conversion and Management, 2018, 177: 592-604.

[79] 张强, 剡昌锋, 王慧滨, 等. 基于规则与案例推理的汽轮发电机组故障诊断专家系统[J]. 电力科学与工程, 2018, 34(6): 52-59.

[80] 王青华, 杨天海, 沈润杰, 等. 抽水蓄能机组振动故障诊断专家系统[J]. 振动与冲击, 2012, 31(7): 158-161, 170.

[81] 毛成, 刘洪文, 李小军, 等. 基于知识库的水电机组故障诊断专家系统[J]. 华电技术, 2015, 37(9): 25-28, 32, 78.

[82] 周叶, 唐澍, 潘罗平. HM9000ES 水电机组故障诊断专家系统的设计与开发[J]. 中国水利水电科学研究院学报, 2014, 12(1): 104-108.

[83] 陈格. 人工神经网络技术发展综述[J]. 中国科技信息, 2009(17): 88-89.

[84] Gunerkar R S, Jalan A K, Belgamwar S U. Fault diagnosis of rolling element bearing based on artificial neural network[J]. Journal of Mechanical Science and Technology, 2019, 33(2): 505-511.

[85] Jami A, Heyns P S. Impeller fault detection under variable flow conditions based on three feature extraction methods and artificial neural networks[J]. Journal of Mechanical Science and Technology, 2018, 32(9): 4079-4087.

[86] 卢娜. 基于多小波的水电机组振动特征提取及故障诊断方法研究[D]. 武汉: 武汉大学, 2014.

[87] 李辉, 焦毛, 杨晓萍, 等. 基于 EEMD 和 SOM 神经网络的水电机组故障诊断[J]. 水力发电学报, 2017, 36(7): 83-91.

[88] 谢玲玲, 雷景生, 徐菲菲. 基于改进的邻域粗糙集与概率神经网络的水电机组振动故障诊断[J]. 上海电力学院学报, 2016, 32(2): 181-187.

[89] Cortes C, Vapnik V. Support vector machine[J]. Machine Learning, 1995, 20(3): 273-297.

[90] 张孝远. 融合支持向量机的水电机组混合智能故障诊断研究[D]. 武汉: 华中科技大学, 2012.

[91] 彭文季, 郭鹏程, 罗兴锜. 基于最小二乘支持向量机和信息融合技术的水电机组振动故障诊断研究[J]. 水力发电学报, 2007, 26(6): 137-142.

[92] 张勋康, 陈文献, 杨洋, 等. 基于 VMD 分解和支持向量机的水电机组振动故障诊断[J]. 电网与清洁能源, 2017, 33(10): 134-138.

[93] 高波, 张钦宇, 梁永生, 等. 基于 EMD 及 ARMA 的自相似网络流量预测[J]. 通信学报, 2011, 32(4): 47-56.

[94] 田波, 朴在林, 郭丹, 等. 基于改进 EEMD-SE-ARMA 的超短期风功率组合预测模型[J]. 电力系统保护与控制, 2017, 45(4): 72-79.

[95] 孙慧芳, 付婧, 郑云峰. 基于 AR 模型的水电机组振动信号趋势预测[J]. 湖南农机, 2014, 41(2): 62-63.

[96] 崔建国, 赵云龙, 董世良, 等. 基于遗传算法和 ARMA 模型的航空发电机寿命预测[J]. 航空学报, 2011, 32(8): 1506-1511.

[97] 付文龙, 周建中, 张勇传, 等. 基于 OVMD 与 SVR 的水电机组振动趋势预测[J]. 振动与冲击, 2016, 35(8): 36-40.

[98] 齐保林, 李凌均. 基于 SVR 的设备状态趋势预测方法[J]. 矿山机械, 2007(2): 110-113.

[99] 王喜平, 王雅琪. 夏季短期电力负荷 ARIMA-SVR 组合预测模型[J]. 黑龙江电力, 2016, 38(2): 104-108.

[100] Senjyu T, Yona A, Urasaki N, et al. Application of recurrent neural network to long-term-ahead generating power forecasting for wind power generator[C]. The Power Systems Conference and Exposition, Atlanta, 2006.

[101] 杨秀媛, 肖洋, 陈树勇. 风电场风速和发电功率预测研究[J]. 中国电机工程学报, 2005, 25(11): 1-5.

[102] 陈畅, 李晓磊, 崔维玉. 基于 LSTM 网络预测的水轮机机组运行状态检测[J]. 山东大学学报(工学版), 2019, 49(3): 1-8.

[103] 王博维, 刘爱莲, 杜景琦. 基于并行神经网络的水电机组振动状态劣化研究[J]. 电力科学与工程, 2018, 34(9): 59-66.

[104] 代开锋. 基于特征的水电机组状态趋势预测[D]. 武汉: 华中科技大学, 2005.

[105] 杨天时. 大型风电机组综合性能评估系统研究[D]. 北京: 华北电力大学, 2011.

[106] 刘坦. 判断矩阵的一致性和权重向量的求解方法研究[D]. 曲阜: 曲阜师范大学, 2008.

[107] Fodor J, Roubens M. Fuzzy Preference Modelling and Multicriteria Decision Support[M]. Dordrecht: Kluwer Academic Publishers, 1994.

[108] 李颖, 李传龙, 马龙, 等. 动态加权模糊核聚类算法[J]. 计算机工程与设计, 2009(24): 5584-5587.

[109] 王新民, 赵彬, 张钦礼. 基于层次分析和模糊数学的采矿方法选择[J]. 中南大学学报(自然科学版), 2008, 39(5): 875-880.

[110] Herrera-Viedma E, Herrera F, Chiclana F, et al. Some issues on consistency of fuzzy preference relations[J]. European Journal of Operational Research, 2004, 154: 98-109.

[111] 郑圆圆, 陈再良. 模糊理论的应用与研究[J]. 苏州大学学报(工科版), 2011(1): 52-58.

第2章 抽水蓄能机组调节系统全工况建模方法

抽水蓄能机组调节系统是一类由可逆式水泵水轮机、过水系统、调速器、发电/电动机和励磁系统构成的时变、非线性复杂动力系统，受水力、机械、电气等因素的影响，水机电磁耦合动力过程极为复杂，从而导致系统建模困难，难以精确地描述工况转换过程可逆性的变化规律，因此，建立能精确地反映全工况不同暂态过程动态响应规律且满足实时性要求的仿真模型一直是国际学术和工程界的研究重点与难点。进一步，建立抽水蓄能机组调节系统精确的数学模型有助于研究机组的运行特性和动态响应，为机组调节系统的控制器设计提供基础，对保证机组的安全稳定运行具有重要作用。

此外，抽水蓄能机组调节系统的数学模型由多维状态变量和参数组成的微分方程耦合建立，模型的参数是精确刻画其动态特性的关键，模型参数的辨识准确度决定了所建立模型的精确程度。对于非线性系统辨识，神经网络、模糊理论和支持向量机等辨识方法因具有充分逼近复杂非线性系统的能力而获得了众多研究者的关注，但是这些智能辨识方法过于依赖系统的试验样本数量的支持、泛化能力差，且难以提供具体的物理参数。近年来，智能优化算法在参数辨识领域得到了广泛的应用，并取得了众多具有代表性的研究成果。基于智能优化算法的参数辨识本质上可等价为寻找参数最优解的过程：通过实际系统的状态变量的动态响应，对模型参数进行迭代寻优，直到找到使辨识模型的状态响应与实际系统响应吻合的一组参数作为辨识结果，为非线性系统的辨识提供了新思路。

针对抽水蓄能机组调节系统全工况建模、参数辨识和数值仿真计算等科学问题，本章归纳总结调节系统各环节的数学模型，重点介绍水轮机、可逆式水泵水轮机的线性及非线性模型和同步发电机不同阶次的模型，探讨各类型模型的适用范围，建立包含调速和励磁系统的机组调节系统仿真模型，为后续章节抽水蓄能机组调节系统复杂工况控制优化、极端工况控制优化、状态评估以及仿真测试一体化装置开发提供模型基础。此外，为提高调节系统参数的辨识精度，本章将改进回溯搜索算法(improved back search algorithm，IBSA)、混合策略引力搜索算法(mixed-strategy gravitational search algorithm，MSGSA)和灰狼群优化(grey wolf optimizer，GWO)算法等智能优化算法引入抽水蓄能机组调节系统模型的参数辨识中，构建基于智能优化算法的抽水蓄能机组调节系统参数辨识理论方法体系，实现抽水蓄能机组调节系统模型参数的高精度辨识。

2.1　抽水蓄能机组调节系统建模与数值仿真

针对抽水蓄能机组调节系统全工况建模的关键问题，本节深入研究调节系统各个环节的数学建模方法。针对可逆式水泵水轮机建立线性解析模型、内特性模型以及基于 Suter 变换和对数投影法的全特性模型；针对过水系统分析弹性水击模型、刚性水击模型、等效电路模型以及特征线模型；同时，给出了上下游水库、调压室、分岔管道等边界条件方程。最终建立抽水蓄能机组调节系统全工况数学模型。

2.1.1　可逆式水泵水轮机数学模型

可逆式水泵水轮机作为一类特殊的水轮机，可以在发电、抽水这两个完全相反的运行工况中互相转换，由于抽水蓄能机组运行在抽水工况时通常不调节导叶开度，此时的可逆式水泵水轮机可等效为固定功率的水泵，运行状态较为单一；而运行在发电工况时，则可通过调节导叶开度使机组在不同的运行工况点间切换，故需对发电工况的可逆式水泵水轮机模型进行高精度建模。

对可逆式水泵水轮机进行数学建模的核心在于刻画其转速、流量、机械力矩、水头等状态量随导叶开度变化的动态响应规律。常用的可逆式水泵水轮机数学模型大都是在稳态特性曲线的基础上，通过数学方法处理获得，大致可以分为线性解析模型[1-4]、内特性模型[5,6]、全特性模型[7-9]和自动编码器-偏最小二乘极限学习机模型。

1. 可逆式水泵水轮机线性解析模型

可逆式水泵水轮机的稳态特性曲线可以表示为导叶开度、水头、转速与机械力矩和流量之间的映射关系，如式(2-1)所示。

$$\begin{cases} M_t = M_t(a,n,H) \\ Q = Q(a,n,H) \end{cases} \tag{2-1}$$

式中，M_t 为可逆式水泵水轮机力矩；Q 为可逆式水泵水轮机流量；a 为导叶开度；n 为可逆式水泵水轮机转速；H 为可逆式水泵水轮机工作水头。

式(2-1)表示的映射关系为非线性函数，在可逆式水泵水轮机稳态工况点附近对其进行泰勒级数展开，忽略二阶及以上导数项，可得到可逆式水泵水轮机常用线性六参数(六个传递参数的简称)模型：

$$\begin{cases} m_\mathrm{t} = e_x x + e_y y + e_h h \\ q = e_{qx} x + e_{qy} y + e_{qh} h \end{cases} \tag{2-2}$$

式中，x、y、h、m_t 和 q 分别表示可逆式水泵水轮机的转速、导叶开度、水头、力矩和流量的相对偏差值；$e_x = \dfrac{\partial m_\mathrm{t}}{\partial x}$、$e_y = \dfrac{\partial m_\mathrm{t}}{\partial y}$ 和 $e_h = \dfrac{\partial m_\mathrm{t}}{\partial h}$ 分别表示可逆式水泵水轮机力矩对转速、导叶开度和水头的传递参数；$e_{qx} = \dfrac{\partial q}{\partial x}$、$e_{qy} = \dfrac{\partial q}{\partial y}$ 和 $e_{qh} = \dfrac{\partial q}{\partial h}$ 分别表示可逆式水泵水轮机流量对转速、导叶开度和水头的传递参数。

由式(2-2)描述的可逆式水泵水轮机线性模型是研究抽水蓄能机组动态过程的常用模型，仅需通过机组综合特性曲线和目标工况点的机组状态量便可求解式(2-2)中的六个传递参数，可方便地描述可逆式水泵水轮机的动态过程。但是，由于式(2-2)中六个传递参数是固定工况点的傅里叶展开解，导致其只能适用于运行在该工况点附近的小扰动动态过程研究。因此，方红庆[10]通过对传递参数的计算公式进行推导，推求了六个传递参数与可逆式水泵水轮机转速和水头之间的关系，如式(2-3)所示。

$$\begin{cases} e_x = e_{xm}\sqrt{(h+1)}, & e_y = e_{ym}(h+1), & e_h = e_{hm} \\ e_{qx} = e_{qxm}, & e_{qy} = e_{qym}\sqrt{(h+1)}, & e_{qh} = e_{qhm} / (x+1) \end{cases} \tag{2-3}$$

式(2-3)中变量下标 m 表示相应参数的额定工况。通过式(2-3)可将线性六参数转换为与可逆式水泵水轮机转速和水头相关的变六参数，线性六参数模型由此可拓展为可刻画机组非线性特性的六参数模型，在保留了可逆式水泵水轮机模型的数学解析形式的同时，能更好地反映可逆式水泵水轮机的非线性动态特性。

2. 可逆式水泵水轮机内特性模型

内特性模型是由常近时[11]提出的描述水轮机特性的方法，这种方法基于水轮机的物理原理，通过已知的设备结构运动规律，推出由水轮机内特性参数表示的力矩、流量、转速等物理状态解析表达式，如式(2-4)～式(2-10)所示。

$$M_H = M_c(1 + \xi_p) + \Omega_M D^2 \frac{\mathrm{d}Q_H}{\mathrm{d}t} - \Omega_J D^5 \frac{\mathrm{d}\omega_H}{\mathrm{d}t} \tag{2-4}$$

$$M_c = \rho Q_c \left(\frac{\cot \alpha}{2\pi b_0} + \frac{r^2}{F^2} \right)(1 + \xi_p) + \Omega_M D^2 \frac{\mathrm{d}Q_H}{\mathrm{d}t} - \Omega_J D^5 \frac{\mathrm{d}\omega_H}{\mathrm{d}t} \tag{2-5}$$

$$\omega_H = \omega_0 + \frac{1}{J}\int_0^t M_H \mathrm{d}t \tag{2-6}$$

$$\xi_p = -\sigma_p \frac{\mathrm{d}q_H}{\mathrm{d}\tau} \tag{2-7}$$

$$\begin{cases} -\sigma_1(1+\chi_1)\dfrac{\mathrm{d}q_H}{\mathrm{d}\tau}, & \gamma_i > \gamma_H \\[2mm] -\sigma_1(1+\chi_2)\dfrac{\mathrm{d}q_H}{\mathrm{d}\tau}, & \gamma_0 < \gamma_i \leqslant \gamma_H \end{cases} \tag{2-8}$$

$$Q_H = Q_c\sqrt{1+\xi_p} \tag{2-9}$$

$$\eta_c = \frac{M_c\omega_c}{\rho g Q_c H_{z0}} \tag{2-10}$$

式 (2-4)～式 (2-10) 中，M_H 为水轮机动态力矩；M_c 为静态力矩；Q_H 为动态流量；ω_H 为转轮动态角速度；ξ_p 为水头变化相对值；γ_i 为比转速；γ_0 为初始比转速；γ_H 为动态比转速；Ω_M 和 Ω_J 为水轮机惯性常数；D 为水轮机转轮直径；α 为导叶出口水流与圆周方向的夹角；Q_c 为静态流量；η_c 为静态效率；ρ 为水的密度；H_{z0} 为水轮机动态水头；ω_c 为水轮机动态角速度。

水轮机内特性模型不依赖试验获取的综合特性曲线，在某些无法获取完整水轮机特性资料的情况下能提供求解水轮机动态过程的解析模型，实践表明，内特性模型运用在水轮机过渡过程计算时具有良好的精度和工程实用性。但是该模型在刻画小开度运行状态的水轮机效率特性时不够精确，工程应用中获取水轮机某些结构参数时也存在一定障碍，降低了该模型的适用性。

3. 可逆式水泵水轮机全特性模型

可逆式水泵水轮机全特性曲线包括流量特性曲线和力矩特性曲线，全特性曲线描述了可逆式水泵水轮机的单位流量和单位力矩与单位转速和导叶开度之间的非线性关系，公式表示如下：

$$\begin{cases} M_{11} = f_M(a, n_{11}) \\ Q_{11} = f_Q(a, n_{11}) \end{cases} \tag{2-11}$$

式中，Q_{11}、n_{11} 和 M_{11} 分别为单位流量、单位转速和单位转矩；a 为导叶开度。

某抽水蓄能电站可逆式水泵水轮机流量和力矩特性曲线如图 2-1 所示。根据某一导叶开度下机组单位转速-单位流量和单位转速-单位力矩关系绘制等开度线，多条等开度线构成了机组的全特性曲线，描述了机组在各个工况下单位流量和单位力矩与单位转速和导叶开度间的映射关系。依据机组的不同运行工况，全特性曲线可分为五个区域，即水轮机工况区、水轮机制动工况区、反水泵工况区、水泵工况区和水泵制动工况区。对于流量特性曲线，基于单位转速和单位流量为零构建笛卡儿坐标系，第一象限以 $M_{11}=0$ 作为边界，上下分别为水轮机工况区和水轮机制动工况区，第二象限为水泵制动工况区，第三象限为水泵工况区，第四

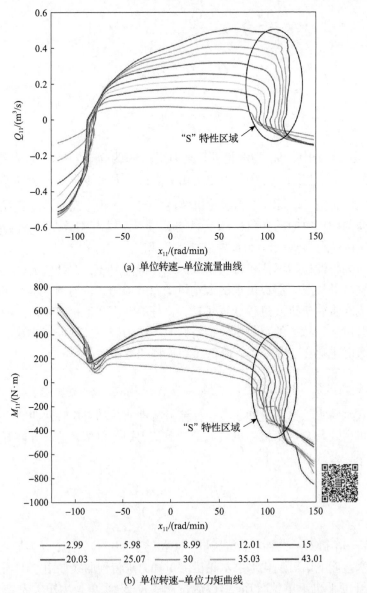

(a) 单位转速–单位流量曲线

(b) 单位转速–单位力矩曲线

图 2-1　某抽水蓄能电站可逆式水泵水轮机流量和力矩特性曲线(彩图扫二维码)

象限为反水泵工况区。同理，对于力矩特性曲线，基于单位转速和单位力矩为零构建笛卡儿坐标系，第一象限为水轮机工况区，第二象限以 $Q_{11}=0$ 为分界线，左右两侧分别为水泵工况区和水泵制动工况区，第三象限为转速和流量为负，为正常水泵工况区，第四象限同样以 $Q_{11}=0$ 为分界线，上下两侧分别为水轮机制动工况区和反水泵工况区。

在抽水蓄能机组调节系统仿真计算中，可将可逆式水泵水轮机流量特性曲线和力矩特性曲线转换为离散数据存储为二维数据表，在每个采样时刻，根据数据表进行插值计算获得当前机组的流量和力矩。较为常用的插值方法为一元三点拉格朗日插值法：

$$L_n(x) = \sum_{i=0}^{n} \left(\prod_{j=0, j \neq i}^{n} \frac{x - x_i}{x_i - x_j} \right) y_i \tag{2-12}$$

二元三点拉格朗日插值法：

$$\begin{cases} z(x,y) = \sum_{i=p}^{p+2} \sum_{j=q}^{q+2} \left(\prod_{\substack{k=p \\ k \neq i}}^{p+2} \frac{x - x_k}{x_i - x_k} \right) \left(\prod_{\substack{l=q \\ l \neq j}}^{q+2} \frac{y - y_l}{y_j - y_l} \right) z_{ij} \\ x_p < x < x_{p+1}, \quad y_q < y < y_{q+1} \end{cases} \tag{2-13}$$

可逆式水泵水轮机的插值是基于单位转速和导叶开度的，故选用二元三点拉格朗日插值法，依据插值公式即可求解机组当前的流量和力矩。

从可逆式水泵水轮机的全特性曲线(图 2-1)可看出，曲线两端呈现出"S"形状[12,13]，在"S"特性区域，可逆式水泵水轮机全特性曲线出现了严重的开度线交叉、聚集和扭卷现象，特别是在流量特性曲线的反"S"特性区域，同一组单位转速和导叶开度对应着三个或多个单位流量和单位力矩，导致多值性问题[14-16]。可逆式水泵水轮机的"S"特性区域是抽水蓄能机组的不稳定运行区域，对机组的安全稳定运行的影响主要集中在以下几方面。

(1)在低水头空载启动时，受"S"特性的影响，机组将会在水轮机工况区、水轮机制动工况区和反水泵工况区来回转换，造成机组转速连续振荡难以稳定，最终导致机组无法同期并网发电。

(2)在抽水蓄能机组发电甩负荷工况，导叶完全关闭之前机组有可能进入"S"特性区域发生振荡现象，此时机组流量将在正负值之间来回波动直至导叶完全关闭，由此引发的水力瞬变将会对机组振动、轴承安全及其压力管道系统的安全运行构成严重的威胁[17]。

(3)可逆式水泵水轮机的"S"特性将会导致模型仿真插值计算的多值性问题，

造成插值偏差过大或插值与迭代无法进行。

因此，亟须开展抽水蓄能机组可逆式水泵水轮机全特性曲线"S"特性研究，克服"S"特性引起的插值计算困难，提高可逆式水泵水轮机的建模精度。国内外相关学者针对上述问题提出了一系列全特性曲线变换方法，包括：辅助网格法、等开度线长度法、对数曲线投影法和 Suter 变换及其改进方法等。下面主要对改进 Suter 变换和对数曲线投影法进行详细介绍。

1) 改进 Suter 变换

改进 Suter 变换[18]通过无因次参数将原始曲线转换成 WH 和 WM 特性曲线，公式如式(2-14)所示：

$$\begin{cases} WH(x,y) = \dfrac{h(y+C_y)^2}{n^2+q^2+C_h h} \\[2mm] WM(x,y) = \dfrac{(m+k_1 h)(y+C_y)^2}{n^2+q^2+C_h h} \\[2mm] x = \arctan[(q+k_2\sqrt{h})/n], \quad n \geqslant 0 \\[1mm] x = \pi + \arctan[(q+k_2\sqrt{h})/n], \quad n < 0 \end{cases} \tag{2-14}$$

根据改进 Suter 变换得到 WH(x,y) 和 WM(x,y) 曲线如图 2-2 所示，其中 k_1=10，k_2=0.9，C_y=0.2，C_h=0.5。

从图 2-2 可知，经改进 Suter 变换后的可逆式水泵水轮机全特性曲线不存在"S"特性区域，曲线不存在交叉、重叠和扭卷现象，有效地解决了插值计算的多值性问题，可获得较好的插值效果。

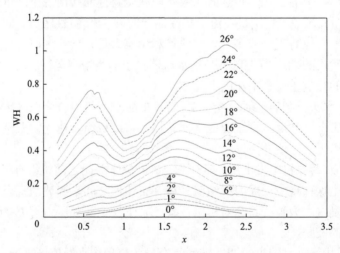

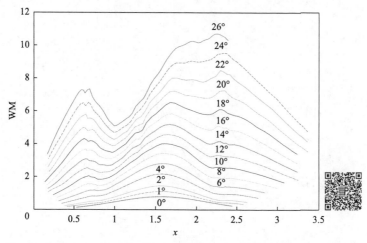

图 2-2　可逆式水泵水轮机全特性曲线改进 Suter 变换图(彩图扫二维码)

2)对数曲线投影法

针对 Suter 变换存在的等开度线分布不均、小开度难以描述、曲线交叉重叠及多值性问题,林宵汉等[19]提出了一种可逆式水泵水轮机全特性曲线描述新方法——对数曲线投影法。该方法保留了全特性曲线的原始纵坐标单位流量和单位转速不变,仅对横坐标进行投影变换,有效地解决了多值性问题。具体而言,对数曲线投影变换是一种以 $x = \alpha_1 / e^{v_1}$ 为横坐标来描述可逆式水泵水轮机特性的方法,其中,α_1 为相对单位转速;v_1 为相对单位流量,其转换公式如式(2-15)所示,变换后的 Q_{11}-x、M_{11}-x 曲线如图 2-3 所示[20,21]。由图 2-3 可知,对数投影变换后的全特性曲线分布均匀且不同开度的曲线变化趋势一致,有效地解决了多值问题。

$$\begin{cases} \alpha_1 = n_{11} / n_{11r} \\ v_1 = Q_{11} / Q_{11r} \\ x = \alpha_1 / e^{v_1} \end{cases} \tag{2-15}$$

式中,n_{11r} 为额定单位转速;Q_{11r} 为额定单位流量。

4. 自动编码器-偏最小二乘极限学习机模型

本节在改进 Suter 变换的基础上,提出了一种基于自动编码器-偏最小二乘极限学习机的可逆式水泵水轮机模型,通过自动编码器对特性曲线进行特征提取,获取更能表征可逆式水泵水轮机内在特性的网络权值,利用偏最小二乘回归替换传统极限学习机模型的广义逆矩阵计算过程,消除了输出层网络权值的多重共线性[22-24]。最后,通过对某抽水蓄能电站可逆式水泵水轮机全特性曲线的建模实例,验证了所提模型的有效性。

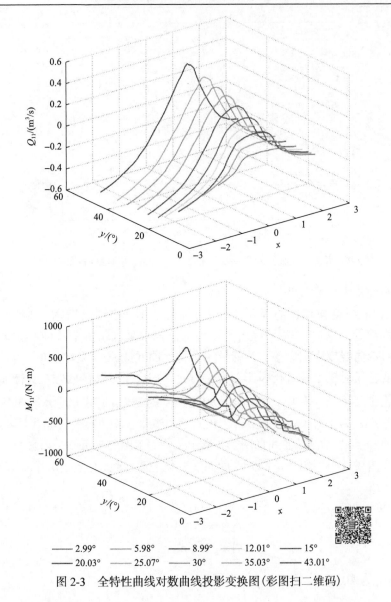

图 2-3 全特性曲线对数曲线投影变换图（彩图扫二维码）

1）极限学习机

极限学习机是一种单隐含层前馈神经网络[25]。与传统反向传播神经网络相比，极限学习机网络通过随机生成的方式得到模型的输入权值及隐含层偏置，且隐含层输出权值通过求 MP 广义逆的方式获得，因此，极限学习机的训练速度远大于传统反向传播神经网络模型。给定一组训练样本 $(\boldsymbol{x}_k, \boldsymbol{y}_k), k = 1, 2, \cdots, N$，其中 $\boldsymbol{x}_k \in \mathbf{R}^p$ 为输入层数据，$\boldsymbol{y}_k \in \mathbf{R}^p$ 为输出层数据，则激励函数为 g，隐含层节点数为 L 的极限学习机网络模型可表述为

$$f_L = \sum_{i=1}^{L} \boldsymbol{\beta}_i g(\boldsymbol{a}_i \cdot \boldsymbol{x}_k + b_i) = \hat{\boldsymbol{y}}_k, \quad k = 1, 2, \cdots, N \tag{2-16}$$

式中，f_L 为模型输出；$\boldsymbol{a}_i$、$\boldsymbol{\beta}_i$ 和 b_i 分别表示输入权值、输出权值和隐含层偏置。

极限学习机网络的训练目标是寻找最优的 $\boldsymbol{a}_i$、$\boldsymbol{\beta}_i$ 和 b_i，使得 $\sum_{k=1}^{N} \|\hat{\boldsymbol{y}}_k - \boldsymbol{y}_k\| = 0$，即

$$f_L = \sum_{i=1}^{L} \boldsymbol{\beta}_i g(\boldsymbol{a}_i \cdot \boldsymbol{x}_k + b_i) = \boldsymbol{y}_k, \quad k = 1, 2, \cdots, N \tag{2-17}$$

式(2-17)可以简化为

$$\boldsymbol{H\beta} = \boldsymbol{Y} \tag{2-18}$$

式中

$$\boldsymbol{H} = \begin{bmatrix} \boldsymbol{h}(\boldsymbol{x}_1) \\ \vdots \\ \boldsymbol{h}(\boldsymbol{x}_N) \end{bmatrix} = \begin{bmatrix} g(a_1 \cdot x_1 + b_1) & \cdots & g(a_L \cdot x_1 + b_L) \\ \vdots & & \vdots \\ g(a_1 \cdot x_N + b_1) & \cdots & g(a_L \cdot x_N + b_L) \end{bmatrix}_{N \times L} \tag{2-19}$$

$$\boldsymbol{\beta} = \begin{bmatrix} \boldsymbol{\beta}_1^{\mathrm{T}} \\ \vdots \\ \boldsymbol{\beta}_L^{\mathrm{T}} \end{bmatrix}_{L \times m}, \quad \boldsymbol{Y} = \begin{bmatrix} \boldsymbol{y}_1^{\mathrm{T}} \\ \vdots \\ \boldsymbol{y}_N^{\mathrm{T}} \end{bmatrix}_{N \times m} \tag{2-20}$$

式中，$\boldsymbol{H}$ 是 ELM 关于训练样本的隐含层输出矩阵。极限学习机的系数矩阵 $\boldsymbol{\beta}$ 可通过求解下述方程的最小二乘解获得

$$\left\| \boldsymbol{H\hat{\beta}} - \boldsymbol{Y} \right\| = \left\| \boldsymbol{HH}^{\dagger}\boldsymbol{Y} - \boldsymbol{Y} \right\| = \min_{\boldsymbol{\beta}} \left\| \boldsymbol{H\beta} - \boldsymbol{Y} \right\| \tag{2-21}$$

式中，$\boldsymbol{H}$ 的 Moore-Penrose(MP)广义逆与 $\boldsymbol{Y}$ 的内积为 $\boldsymbol{\beta}$，计算公式可以表示为

$$\hat{\boldsymbol{\beta}} = \boldsymbol{H}^{\dagger}\boldsymbol{Y} = \left(\boldsymbol{H}^{\mathrm{T}}\boldsymbol{H} \right)^{-1} \boldsymbol{H}^{\mathrm{T}}\boldsymbol{Y} \tag{2-22}$$

根据岭回归理论，在对角矩阵 $\boldsymbol{H}^{\mathrm{T}}\boldsymbol{H}$（或 $\boldsymbol{HH}^{\mathrm{T}}$）中加入一个正则化的常数 $\dfrac{1}{C}$，可以增强极限学习机训练结果的泛化能力和网络的稳定性，因此极限学习机的最终输出权值可以表示为

$$\boldsymbol{\beta}^* = \left(\boldsymbol{H}^{\mathrm{T}}\boldsymbol{H} + 1/C \right)^{-1} \boldsymbol{H}^{\mathrm{T}}\boldsymbol{Y} \tag{2-23}$$

2) 自动编码器

与传统反向传播神经网络相比，ELM 模型的收敛速度快，泛化性能好。但是 ELM 模型的输入权值和隐含层偏置是随机生成的，相对独立于建模数据，不能有效地反映建模数据的特点和内在联系。自动编码器(autoencoder, AE)是 Rumelhart 等[26]提出的一种基于反向传播算法的无监督学习模型，它的主要思想是通过无监督学习无限地逼近一个恒等式，使得自动编码器的输入和输出相同。为了获得能够充分地反映建模数据内在联系的初始权值和隐含层偏置，引入自动编码器技术对输入数据进行训练，得到能表征其特性的神经网络参数，并将其作为 ELM 模型的初始权值。在此基础上，建立基于自动编码器的 ELM(AE-ELM)模型。为了对传统基于反向传播的自动编码器技术进行改进，Kasun 等[27]于 2013 年提出了基于极限学习机设计思想的快速自动编码器技术，避免了重复迭代训练，加快了收敛速度。

基于快速自动编码器技术的极限学习机模型可以分为以下两个阶段。

阶段 1：利用快速自动编码器建立输入样本 $X \to X$ 间的函数映射关系，以此求得可以充分地反映建模数据特点和内在联系的隐含层输出权值 $\boldsymbol{\beta}$。

阶段 2：以阶段 1 所得的隐含层输出权值转置 $\boldsymbol{\beta}^{\mathrm{T}}$ 作为初始输入权值，建立输入为 X，输出为 Y 的极限学习机模型，并对极限学习机模型进行训练。

快速自动编码器是一种基于 ELM 神经网络的无监督学习算法，其特点是输入权值和隐含层偏置向量是依据 Johnson 引理生成的随机正交向量，而输出权重采用极限学习机方法获得。

假设快速自动编码器的输入层节点个数为 N_p，隐含层节点个数为 N_L，根据 N_p 和 N_L 的大小，快速自动编码器可以分为 3 种结构：① $N_p > N_L$，压缩自编码结构；② $N_p < N_L$，稀疏自编码结构；③ $N_p = N_L$，等维自编码结构。本节中 $N_p < N_L$，给定一组训练样本 $(\boldsymbol{x}_k, \boldsymbol{y}_k), k = 1, 2, \cdots, N$，快速自动编码器的隐含层输出可以表示为

$$h(\boldsymbol{x}_k) = g(\boldsymbol{a}^{\mathrm{T}} \boldsymbol{x}_k + \boldsymbol{b}), \quad k = 1, 2, \cdots, N \tag{2-24}$$

式中，$h(\boldsymbol{x}_k) \in \mathbf{R}^{N_L}$ 表示样本 $\boldsymbol{x}_k$ 的输出；$\boldsymbol{a} = [a_1, a_2, \cdots, a_N]$ 和 $\boldsymbol{b} = [b_1, b_2, \cdots, b_N]$ 分别表示正交输入权值和正交隐元偏置；$g(\cdot)$ 表示激励函数。

快速自动编码器的隐含层输出矩阵可以通过求解如式(2-25)所示的最优化问题得到

$$\min_{\boldsymbol{\beta}} \quad O_{\beta} = \min_{\boldsymbol{\beta}} \frac{1}{2}\|\boldsymbol{\beta}\|^2 + \frac{C}{2}\|X - H\boldsymbol{\beta}\|^2 \tag{2-25}$$

式中，X 表示输入数据矩阵；H 表示隐含层输出；C 表示训练误差的惩罚因子。

O_{β} 关于 $\boldsymbol{\beta}$ 的一阶导数可以表示为

$$\Delta_\beta = \boldsymbol{\beta} - C\boldsymbol{H}^{\mathrm{T}}(\boldsymbol{X} - \boldsymbol{H}\boldsymbol{\beta}) = 0 \tag{2-26}$$

由式(2-26)可得，隐含层输出权值可以表示为

$$\boldsymbol{\beta} = (I/C + \boldsymbol{H}^{\mathrm{T}}\boldsymbol{H})^{-1}\boldsymbol{H}^{\mathrm{T}}\boldsymbol{X} \tag{2-27}$$

3) 偏最小二乘回归

偏最小二乘回归(partial least squares regression, PLSR)是 Wold 等[28]提出的一种多元统计分析方法。PLSR 有三种主要特点：①PLSR 能够处理多重共线性问题；②PLSR 适宜于小样本的情况，即样本数量小于变量维数的情况；③PLSR 模型同时考虑了自变量和因变量所包含的信息。给定一组观测数据样本 $\boldsymbol{S} = (\boldsymbol{x}_i, \boldsymbol{y}_i)$，$i = 1, 2, \cdots, N$，其中 $\boldsymbol{x}_i \in \mathbf{R}^p$ 和 $\boldsymbol{y}_i \in \mathbf{R}^q$ 分别表示自变量和因变量，p 和 q 分别表示自变量和因变量的维数。PLSR 的目的是建立自变量和因变量的线性关系，其建模过程如下所示。

步骤 1：记 $\boldsymbol{X} = (x_1, x_2, \cdots, x_p)_{n \times p}$ 和 $\boldsymbol{Y} = (y_1, y_2, \cdots, y_q)_{n \times q}$ 分别表示自变量和因变量矩阵，对 $\boldsymbol{X}$ 和 $\boldsymbol{Y}$ 进行标准化得到标准矩阵，分别记为 $\boldsymbol{E}_0$ 和 $\boldsymbol{F}_0$。

步骤 2：利用偏最小二乘回归分别提取 $\boldsymbol{E}_0$ 和 $\boldsymbol{F}_0$ 的第一对得分向量 $\boldsymbol{u}_1$ 和 $\boldsymbol{v}_1$。其中，$\boldsymbol{u}_1$ 和 $\boldsymbol{v}_1$ 可以分别表示为自变量和因变量的线性组合，$\boldsymbol{u}_1$ 和 $\boldsymbol{v}_1$ 应该尽可能多地包含所在变量组的信息，且 $\boldsymbol{u}_1$ 和 $\boldsymbol{v}_1$ 间的线性相关关系应该尽可能得大，则可以建立因变量 $\boldsymbol{Y}$ 和第一个得分向量 $\boldsymbol{u}_1$ 间的回归模型。

步骤 3：计算 $\boldsymbol{E}_0$ 和 $\boldsymbol{F}_0$ 的残差矩阵 $\boldsymbol{E}_1$ 和 $\boldsymbol{F}_1$，若残差矩阵 $\boldsymbol{F}_1$ 中的元素满足迭代停止条件，则步骤 2 建立的回归模型满足精度要求，停止迭代；否则分别用 $\boldsymbol{E}_1$ 和 $\boldsymbol{F}_1$ 替代 $\boldsymbol{E}_0$ 和 $\boldsymbol{F}_0$，跳转到上一步，进行下次迭代。

4) 基于自动编码器和偏最小二乘回归的极限学习机模型

与极限学习机模型类似，AE-ELM 模型的隐含层输出权值通过基于最小二乘回归的 MP 广义逆求取，这为偏最小二乘回归在 AE-ELM 模型中的应用创造了有利条件。本节利用偏最小二乘回归替代 AE-ELM 模型的 MP 广义逆求取隐含层输出权值，提出了一种基于自动编码器和偏最小二乘回归的极限学习机模型(AE-PLSR-ELM)，能够有效地消除 AE-ELM 模型隐含层输出矩阵的多重共线性问题，提高了 AE-ELM 模型计算结果的泛化性能和鲁棒性。根据上述关于 AE-ELM 模型和偏最小二乘回归的描述，AE-PLSR-ELM 建模的关键在于建立 AE-ELM 模型隐含层输出矩阵 $\boldsymbol{H}$ 和输出矩阵 $\boldsymbol{Y}$ 间的偏最小二乘回归模型。根据 2.1.1 节的描述可得，AE-ELM 模型隐含层输出矩阵 $\boldsymbol{H}$ 是一个由 L 个隐含层输出变量构成的 $N \times L$ 矩阵，输出矩阵 $\boldsymbol{Y}$ 是一个 $N \times q$ 矩阵。若 AE-PLSR-ELM 模型的输入矩阵为 $\boldsymbol{X}$，输出矩阵为 $\boldsymbol{Y}$，则 AE-PLSR-ELM 模型的详细建模过程如下所示。

步骤 1：首先构建样本数据为 $X \to Y$ 的快速自动编码器，随机生成正交输入权值 a 和正交隐元偏置 b，隐元个数为 N_L。

步骤 2：计算快速自动编码器的隐含层输出矩阵 H_{AE}。

步骤 3：根据式 (2-27) 计算快速自动编码器隐含层输出权值 β。

步骤 4：以步骤 3 所得的输出权值 β^T 为输入权值，构建样本数据为 $X \to Y$ 的 AE-PLSR-ELM 模型，隐含层偏置仍为 b，根据式 (2-19) 计算模型的隐含层输出矩阵 H。

步骤 5：分别以 H 和 Y 作为自变量和因变量矩阵，建立 PLSR 模型，令 $E_0 = H$ 和 $F_0 = Y$。

步骤 6：利用偏最小二乘回归分别提取 E_0 和 F_0 的第一对得分向量 u_1 和 v_1。u_1 和 v_1 可以表示为

$$\begin{cases} u_1 = E_0 \omega_1 \\ v_1 = F_0 c_1 \end{cases} \tag{2-28}$$

式中，$\omega_1 = [\omega_{11}, \omega_{12}, \cdots, \omega_{1L}]^T$ 和 $c_1 = [c_{11}, c_{12}, \cdots, c_{1L}]^T$ 分别表示 E_0 和 F_0 的载荷向量，$\|\omega_1\| = 1$，$\|c_1\| = 1$。u_1 和 v_1 应该满足以下两个条件。

(1) u_1 和 v_1 应该尽可能多地包含 E_0 和 F_0 的信息。

(2) u_1 和 v_1 间的线性相关关系应该尽可能得大。

则 ω_1 和 c_1 可以通过求解如下所示的条件极值问题求得

$$\begin{aligned} \max \quad & (u_1, v_1) = (E_0 \omega_1, F_0 c_1) = \omega_1^T E_0^T F_0 c_1 \\ \text{s.t.} \quad & \omega_1^T \omega_1 = \|\omega_1\|^2 = 1 \\ & c_1^T c_1 = \|c_1\|^2 = 1 \end{aligned} \tag{2-29}$$

根据拉格朗日乘子法可得

$$L = \omega_1^T E_0^T F_0 c_1 - \lambda_1 (\omega_1^T \omega_1 - 1) - \lambda_2 (c_1^T c_1 - 1) \tag{2-30}$$

则 L 关于 ω_1、c_1、λ_1 和 λ_2 的一阶偏导数可以表示为

$$\begin{cases} \dfrac{\partial L}{\partial \omega_1} = E_0^T F_0 c_1 - 2\lambda_1 \omega_1 = 0 \\[2mm] \dfrac{\partial L}{\partial c_1} = F_0^T E_0 \omega_1 - 2\lambda_2 c_1 = 0 \\[2mm] \dfrac{\partial L}{\partial \lambda_1} = -(\omega_1^T \omega_1 - 1) = 0 \\[2mm] \dfrac{\partial L}{\partial \lambda_2} = -(c_1^T c_1 - 1) = 0 \end{cases} \tag{2-31}$$

由式(2-31)可以推导出

$$2\lambda_1 = 2\lambda_2 = \boldsymbol{\omega}_1^{\mathrm{T}} \boldsymbol{E}_0^{\mathrm{T}} \boldsymbol{F}_0 \boldsymbol{c}_1 = \langle \boldsymbol{E}_0 \boldsymbol{\omega}_1, \boldsymbol{F}_0 \boldsymbol{c}_1 \rangle \tag{2-32}$$

则式(2-29)所示条件极值问题的目标函数可以表示为

$$\theta_1 = 2\lambda_1 = 2\lambda_2 = \boldsymbol{\omega}_1^{\mathrm{T}} \boldsymbol{E}_0^{\mathrm{T}} \boldsymbol{F}_0 \boldsymbol{c}_1 \tag{2-33}$$

同时有

$$\boldsymbol{E}_0^{\mathrm{T}} \boldsymbol{F}_0 \boldsymbol{c}_1 = \theta_1 \boldsymbol{\omega}_1 \tag{2-34}$$

$$\boldsymbol{F}_0^{\mathrm{T}} \boldsymbol{E}_0 \boldsymbol{\omega}_1 = \theta_1 \boldsymbol{c}_1 \tag{2-35}$$

$$\boldsymbol{E}_0^{\mathrm{T}} \boldsymbol{F}_0 \boldsymbol{F}_0^{\mathrm{T}} \boldsymbol{E}_0 \boldsymbol{\omega}_1 = \theta_1^2 \boldsymbol{\omega}_1 \tag{2-36}$$

式中，$\boldsymbol{\omega}_1$ 为矩阵 $\boldsymbol{E}_0^{\mathrm{T}} \boldsymbol{F}_0 \boldsymbol{F}_0^{\mathrm{T}} \boldsymbol{E}_0$ 的特征向量，θ_1^2 表示特征值，由式(2-34)和式(2-35)可以推导得出 $\boldsymbol{\omega}_1$ 和 $\boldsymbol{c}_1$ 的值，进一步通过式(2-28)求得第一对得分向量 $\boldsymbol{u}_1$ 和 $\boldsymbol{v}_1$。

步骤 7：根据式(2-37)建立 $\boldsymbol{E}_0$ 和 $\boldsymbol{u}_1$ 与 $\boldsymbol{F}_0$ 和 $\boldsymbol{v}_1$ 回归方程：

$$\begin{cases} \boldsymbol{E}_0 = \boldsymbol{u}_1 \boldsymbol{\alpha}_1^{\mathrm{T}} + \boldsymbol{E}_1 \\ \boldsymbol{F}_0 = \boldsymbol{v}_1 \boldsymbol{\gamma}_1^{\mathrm{T}} + \boldsymbol{F}_1 \end{cases} \tag{2-37}$$

式中，$\boldsymbol{\alpha}_1 = [\alpha_{11}, \alpha_{12}, \cdots, \alpha_{1L}]$ 和 $\boldsymbol{\gamma}_1 = [\gamma_{11}, \gamma_{12}, \cdots, \lambda_{1L}]$ 表示回归系数；$\boldsymbol{E}_1$ 和 $\boldsymbol{F}_1$ 表示残差矩阵。$\boldsymbol{\alpha}_1$ 和 $\boldsymbol{\gamma}_1$ 的最小二乘估计可以通过式(2-38)计算：

$$\begin{cases} \boldsymbol{\alpha}_1 = \dfrac{\boldsymbol{E}_0^{\mathrm{T}} \boldsymbol{u}_1}{\|\boldsymbol{u}_1\|^2} \\ \boldsymbol{\gamma}_1 = \dfrac{\boldsymbol{F}_0^{\mathrm{T}} \boldsymbol{v}_1}{\|\boldsymbol{v}_1\|^2} \end{cases} \tag{2-38}$$

步骤 8：若残差矩阵 $\boldsymbol{F}_1$ 中的元素满足迭代停止条件，则式(2-37)建立的回归模型满足精度要求，停止迭代；否则分别用 $\boldsymbol{E}_1$ 和 $\boldsymbol{F}_1$ 替代 $\boldsymbol{E}_0$ 和 $\boldsymbol{F}_0$，跳转到步骤 6，计算第二对得分向量 $\boldsymbol{u}_2$ 和 $\boldsymbol{v}_2$：

$$\begin{cases} \boldsymbol{u}_2 = \boldsymbol{E}_1 \boldsymbol{\omega}_2 \\ \boldsymbol{v}_2 = \boldsymbol{F}_1 \boldsymbol{c}_2 \end{cases} \tag{2-39}$$

重复步骤 7 可以得到 E_0 关于 u_1 和 u_2，F_0 关于 v_1 和 v_2 的回归方程：

$$\begin{cases} E_0 = u_1 a_1^{\mathrm{T}} + u_2 a_2^{\mathrm{T}} + E_2 \\ F_0 = v_1 \gamma_1^{\mathrm{T}} + v_2 \gamma_2^{\mathrm{T}} + F_2 \end{cases} \tag{2-40}$$

回归系数 a_2 和 γ_2 的最小二乘估计可以表示为

$$\begin{cases} a_2 = \dfrac{E_1^{\mathrm{T}} u_2}{\|u_2\|^2} \\ \gamma_2 = \dfrac{F_1^{\mathrm{T}} v_2}{\|v_2\|^2} \end{cases} \tag{2-41}$$

步骤 9：重复步骤 6～步骤 8，计算 E_0 和 F_0 的所有主成分，r 为自变量矩阵 E_0 的秩，则 E_0 和 F_0 可以表示为

$$\begin{cases} E_0 = u_1 a_1^{\mathrm{T}} + u_2 a_2^{\mathrm{T}} + \cdots + u_r a_r^{\mathrm{T}} + E_r = U a^{\mathrm{T}} + E_r \\ F_0 = v_1 \gamma_1^{\mathrm{T}} + v_2 \gamma_2^{\mathrm{T}} + \cdots + v_r \gamma_r^{\mathrm{T}} + F_r = V \gamma^{\mathrm{T}} + F_r \end{cases} \tag{2-42}$$

式中，E_r 和 F_r 为残差矩阵，E_r 和 F_r 的元素非常小，通常当成噪声处理。

u_k 和 v_k 之间的关系可以描述为

$$v_k = u_k b_1, \quad k = 1, 2, \cdots, r \tag{2-43}$$

则 F_0 可以转化为

$$F_0 = V \gamma^{\mathrm{T}} + F_r = \sum_{i=1}^{r} u_1 b_1 \gamma_1^{\mathrm{T}} + u_2 b_2 \gamma_2^{\mathrm{T}} + \cdots + u_r b_r \gamma_r^{\mathrm{T}} + F_r = U B \gamma^{\mathrm{T}} + F_r \tag{2-44}$$

式中，$U = E_0 W$，$W = \{w_1; w_2; \cdots; w_r\}$；$B = \{b_1; b_2; \cdots; b_r\}$，则 F_0 关于 E_0 的回归方程可以表示为

$$\hat{F}_0 = E_0 W B \gamma^{\mathrm{T}} + F_r \tag{2-45}$$

由 $E_0 = H$ 和 $F_0 = Y$ 可得，隐含层输出权值向量可以表示为

$$\hat{\beta}_{\mathrm{PLS}} = W B \gamma^{\mathrm{T}} \tag{2-46}$$

综合上述建模过程，基于自动编码器-偏最小二乘回归的极限学习机模型如图 2-4 所示。

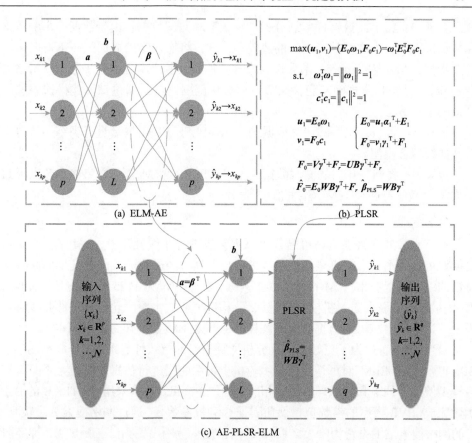

图 2-4　基于自动编码器–偏最小二乘回归的极限学习机模型

5）基于 AE-PLSR-ELM 的可逆式水泵水轮机建模

为提高可逆式水泵水轮机非线性建模的精度，应用上述自动编码器–偏最小二乘回归极限学习机模型对某抽水蓄能机组可逆式水泵水轮机进行建模，借助所提 AE-PLSR-ELM 模型强大的拟合能力来表征可逆式水泵水轮机全特性曲线的非线性映射关系，将可逆式水泵水轮机的流量和力矩特性曲线转换成可用于实时仿真的神经网络模型。在采用改进 Suter 变换进行曲线预处理的基础上，使用两个 AE-PLSR-ELM 模型对特性曲线分别建模，模型的输入为相对流量角 x 和相对导叶开度 y，模型输出分别为 WH 和 WM 特性，选取图 2-2 所示经改进 Suter 变换后的全特性曲线作为样本数据，对 AE-PLSR-ELM 模型进行训练。

基于 AE-PLSR-ELM 的可逆式水泵水轮机建模具体步骤如下所示。

步骤 1：对电站提供的可逆式水泵水轮机全特性曲线进行改进 Suter 变换处理，获取相应的 WH、WM 曲线。

步骤 2：从曲线上提取数据点，转换成模型可用的输入输出样本对形式。

步骤 3：将上述数据样本划分为训练数据和测试数据，由于数据样本的量纲和数量级不同，为方便神经网络的建模和计算，将输入输出数据归一化处理。

步骤 4：设置 Sigmoid 函数作为隐含层神经元激活函数，基于柯尔莫哥洛夫 (Kolmogrov) 经验公式确定隐含层节点的数量范围，然后通过试算建模误差选择合适的节点数量。

步骤 5：将归一化后的训练数据送入 AE-PLSR-ELM 模型进行训练，获得全特性曲线拟合模型。

步骤 6：将归一化后的测试数据送入 AE-PLSR-ELM 模型，将输出数据反归一化获得 WH 特性和 WM 特性的测试输出。

6) 实例分析

本节对某抽水蓄能电站可逆式水泵水轮机进行非线性建模，采用改进 Suter 变换对可逆式水泵水轮机全特性曲线进行预处理，经过改进 Suter 变换后获得全特性曲线 WH 特性和 WM 特性的样本数据，样本容量为 1125 组，采用自动编码器–偏最小二乘极限学习机模型进行训练，构造可逆式水泵水轮机全特性曲线仿真模型。选择其中 90% 的数据作为训练样本，剩余 10% 数据作为测试样本。

(1) 参数设置。为了更好地对比分析所提模型的有效性，采用 Bagtree、SVR、BP 神经网络、ELM 对可逆式水泵水轮机全特性曲线进行仿真建模作为对照组。各模型使用的训练和测试样本数据相同。其中，Bagtree 模型采用 MATLAB 的 Bag 函数完成。SVR 模型的参数包括惩罚因子 C 和核参数 σ，通过网格搜索算法获取，C 的网格搜索范围设置为 $[2^{-8}, 2^8]$，σ 的网格搜索范围设置为 $[2^{-5}, 2^5]$；BP 神经网络模型的训练算法采用 trainlm，最大迭代次数为 500 次，目标误差为 10^{-5}，隐含层节点个数设置采用试错法；ELM 模型的隐含层节点个数计算方法与 BP 神经网络相同。

(2) 结果对比分析。为评价分析全特性曲线仿真模型模拟值和实际值的差异，采用 3 个评价指标对模型进行综合比较。这 3 个指标包括：均方根误差 (root mean square error，RMSE)、平均绝对误差 (mean absolute error，MAE) 和平均绝对百分误差 (mean absolute percentage error，MAPE)。评价指标计算公式如下：

$$RMSE = \sqrt{\frac{1}{N}\sum_{i=1}^{N}[f_s(i) - f_o(i)]^2} \tag{2-47}$$

$$MAE = \frac{1}{N}\sum_{i=1}^{N}|f_s(i) - f_o(i)| \tag{2-48}$$

$$MAPE = \frac{1}{N}\sum_{i=1}^{N}\frac{|f_s(i) - f_o(i)|}{f_o(i)} \times 100\% \tag{2-49}$$

式中，$f_s(i)$ 为第 i 个样本的模拟值；$f_o(i)$ 为第 i 个样本的实际值；N 表示样本集
的大小。

　　基于 AE-PLSR-ELM 模型模拟的 WH 特性和 WM 特性三维空间曲面分别如
图 2-5 和图 2-6 所示。通过图 2-5 和图 2-6 可以看出：基于 AE-PLSR-ELM 模型模
拟的 WH 特性和 WM 特性三维空间曲面都是光滑均匀的，因其导数连续，容易保
证水击计算过程的收敛性，适用于抽水蓄能机组非线性建模、控制优化和过渡过
程的计算。此外，还可以根据研究与工程应用的实际需求，采用该模型对 WH 特
性和 WM 特性曲面进行加密与延拓，使得曲面上不同开度线之间的过渡更为平滑，
方便更全面地获取机组不同工况的工作特性。

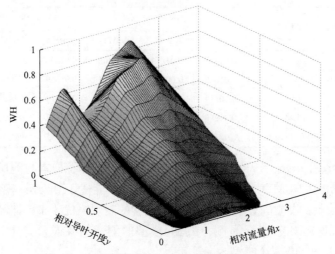

图 2-5　WH 特性的 AE-PLSR-ELM 模型三维曲面

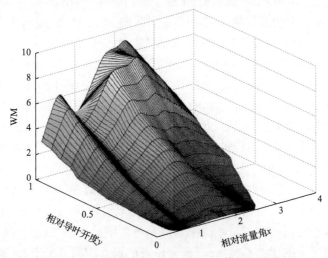

图 2-6　WM 特性的 AE-PLSR-ELM 模型三维曲面

　　Bagtree、SVR、BP、ELM、AE-PLSR-ELM 模型的 WH 特性样本训练和测试精度计算结果如表 2-1 所示，由表 2-1 可知，5 种全特性曲线仿真模型均具有较好的训练和测试精度，均能较好地对机组的 WH 特性进行建模。通过对比 5 种模型的 RMSE、MAE 和 MAPE 指标，可以发现 AE-PLSR-ELM 模型在训练样本和测试样本的误差指标表现均优于其他 4 个模型，训练样本 RMSE 低至 0.00229，MAE 为 0.00130，MAPE 为 0.00599，测试样本 RMSE 低至 0.00217，MAE 为 0.00142，MAPE 为 0.00697，说明 AE-PLSR-ELM 模型有效地提高了可逆式水泵水轮机 WH 特性曲线建模精度。

表 2-1　5 种不同模型 WH 特性建模误差指标统计

特性曲线	模型	训练样本			测试样本		
		RMSE	MAE	MAPE	RMSE	MAE	MAPE
	Bagtree	0.01827	0.01214	0.13402	0.02034	0.01404	0.16405
	SVR	0.01019	0.00711	0.05071	0.01069	0.00749	0.05963
WH	BP	0.00317	0.00222	0.02438	0.00324	0.00236	0.02524
	ELM	0.00290	0.00207	0.02198	0.00297	0.00234	0.02467
	AE-PLSR-ELM	0.00229	0.00130	0.00599	0.00217	0.00142	0.00697

　　通过对比 Bagtree、SVR 模型和 BP、ELM 模型的训练样本与测试样本结果可以看出，以 BP 和 ELM 为代表的神经网络模型的性能优于 Bagtree 模型和 SVR 模型，其中 Bagtree 模型的表现最差，ELM 模型的表现略优于 BP 神经网络模型，以测试样本的 RMSE 指标为例，ELM 模型的测试结果误差为 0.00297，低于 Bagtree、SVR 和 BP 三个模型。

　　通过对比 ELM 和 AE-PLSR-ELM 模型的训练样本与测试样本指标可以看出，AE-PLSR-ELM 模型的误差指标表现明显优于 ELM 模型，对训练样本的拟合性能而言，AE-PLSR-ELM 模型的 RMSE、MAE 和 MAPE 值分别为 0.00229、0.00130 和 0.00599，较 ELM 模型所取得的 0.00290、0.00207 和 0.02198 分别降低了 21.03%、37.19%和 72.75%；对测试样本来说，AE-PLSR-ELM 模型的 RMSE、MAE 和 MAPE 值分别为 0.00217、0.00142 和 0.00697，较 ELM 模型所取得的 0.00297、0.00234 和 0.02467 分别降低了 26.94%、39.32%和 71.75%。由此可见，AE-PLSR-ELM 模型克服了单一极限学习机模型的不稳定性和多重共线性的缺点，能够有效地提高 ELM 模型的泛化能力和拟合精度。

　　AE-PLSR-ELM 模型与 Bagtree、SVR、BP、ELM 的 WH 特性测试样本误差对比曲线分别如图 2-7 所示。从图 2-7 的 WH 特性测试误差曲线可以看出：AE-PLSR-ELM 模型在所有测试样本点的预测精度均明显优于 Bagtree 和 SVR 模型；除了在少量测试点的优势不明显，其余测试点的误差均明显小于 BP 和 ELM 模型。

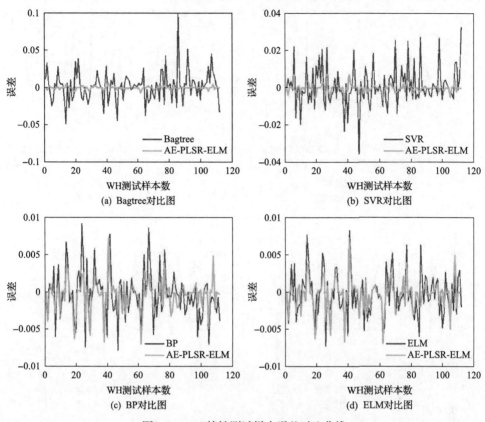

图 2-7　WH 特性测试样本误差对比曲线

　　Bagtree、SVR、BP、ELM、AE-PLSR-ELM 模型的 WM 特性样本训练和测试精度计算结果如表 2-2 所示，AE-PLSR-ELM 模型与 Bagtree、SVR、BP、ELM 的 WM 特性测试样本误差对比曲线分别如图 2-8 所示。从表 2-2 和图 2-8 可以得到与表 2-1 和图 2-7 相一致的结论：相对于 Bagtree 模型和 SVR 模型，BP、ELM 和 AE-PLSR-ELM 三种基于神经网络结构的仿真模型具有更好的训练和测试精度；AE-PLSR-ELM 模型能够克服单一 ELM 模型不稳定性和多重共线性的缺点，获得更为优秀的拟合性能和泛化能力，其建模精度更高。

表 2-2　5 种不同模型 WM 特性建模误差指标统计

特性曲线	模型	训练样本			测试样本		
		RMSE	MAE	MAPE	RMSE	MAE	MAPE
WM	Bagtree	0.18222	0.12422	0.14329	0.21125	0.15082	0.18732
	SVR	0.10730	0.07476	0.05411	0.11193	0.07852	0.06372
	BP	0.03227	0.02232	0.02680	0.03508	0.02601	0.03050
	ELM	0.02656	0.01713	0.01582	0.02950	0.02081	0.02110
	AE-PLSR-ELM	0.02315	0.01269	0.00539	0.02027	0.01306	0.00615

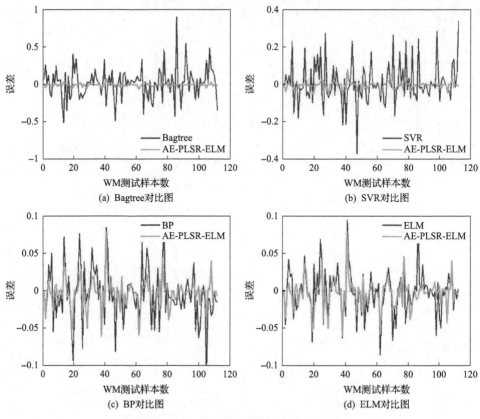

图 2-8　WM 特性测试样本误差对比曲线

　　WH 特性与 WM 特性的测试误差与实际值的回归分析散点图如图 2-9 所示。从图 2-9 可以看出,单一 ELM 模型的误差散点图在 $y=0$ 轴线附近的分布较为发散,而 AE-PLSR-ELM 模型即使对于真实值较大的测试样本点,其误差散点分布仍然较为紧密,证明了 AE-PLSR-ELM 模型在可逆式水泵水轮机全特性曲线建模方面的优越性。

2.1.2　过水系统数学模型

　　过水系统是抽水蓄能电站的重要水工建筑,主要由上水库、引水隧洞、上游调压室、压力钢管、蜗壳、可逆式水泵水轮机、尾水管、下游调压室、尾水隧洞和下水库组成。过水系统中存在着水流惯性、水体及过水管道弹性,同时机组导叶的开启与关闭将会导致管道中水流的流速及压力的变化,因此过水系统中的流体动态过程极其复杂。目前,根据不同的研究思路,过水系统的数学模型可大致分为一维有压过水系统非恒定流模型、弹性水击模型、刚性水击模型以及以特征线法、电路模拟法为代表的数值求解模型。

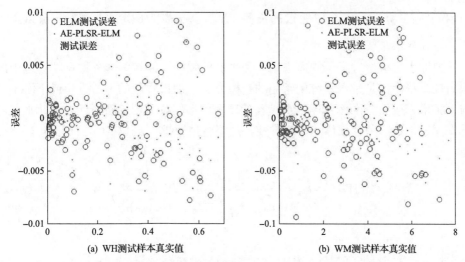

(a) WH测试样本真实值　　　(b) WM测试样本真实值

图 2-9　WH 特性与 WM 特性的测试误差与实际值的回归分析散点图

1. 等效简化模型

过水系统的数学模型主要关注的是管道中的水流压力和流量的关系，根据牛顿第二定律和质量守恒定律管道中的水流流动特性可用动量方程和连续方程来描述，一维有压过水系统非恒定流模型的动量方程和连续方程[29,30]如式 (2-50) 所示：

$$\begin{cases} \dfrac{\partial H(x,t)}{\partial x} + \dfrac{1}{gA} \cdot \dfrac{\partial Q(x,t)}{\partial t} + \dfrac{f\,|\,Q(x,t)\,|}{2gDA^2} \cdot Q(x,t) = 0 \\[3mm] \dfrac{c^2}{gA} \cdot \dfrac{\partial Q(x,t)}{\partial x} + \dfrac{\partial H(x,t)}{\partial t} = 0 \end{cases} \tag{2-50}$$

式中，H 为测压管水头；Q 为管道流量；f 为摩阻系数；x 为管道长度；c 为水击波速；A 为管道断面面积；D 为管道直径；g 为重力加速度；t 为离散时间步长。

经过推导，管段 AB 的上游进口断面与下游出口断面间流量与水压之间的关系可用式 (2-51) 描述。

$$\begin{bmatrix} H_A(s) \\ Q_A(s) \end{bmatrix} = \begin{bmatrix} \cosh(rl) & -Z_c \sinh(rl) \\ -\dfrac{\sinh(rl)}{Z_c} & \cosh(rl) \end{bmatrix} \begin{bmatrix} H_B(s) \\ Q_B(s) \end{bmatrix} \tag{2-51}$$

式中

$$\begin{cases} r = \dfrac{1}{c}s + \dfrac{fQ_r}{2cDA} \\[3mm] Z_c = \dfrac{cQ_r}{gAH_r} + \dfrac{fcQ_r^2}{2gA^2 Hs} \end{cases}$$

s 为拉普拉斯算子；l 为 AB 管段的长度；H_r、Q_r 分别为额定水头和额定流量。

1）弹性水击模型

弹性水击模型考虑了管道中水体和管道的弹性，能较为充分地反映管道中的水力动态特性，是过水系统中常用的建模方法。如果管段的上游进口或下游出口与上游水库或下游水库相连，水库容量较大，水位波动可忽略不计，因此水位可看作固定常数。考虑水体和管道弹性，忽略管道摩擦，式（2-51）可简化如下：

$$G_h(s) = \frac{H(s)}{Q(s)} = -2h_w \frac{e^{\frac{T_r}{2}s} - e^{-\frac{T_r}{2}s}}{e^{\frac{T_r}{2}s} + e^{-\frac{T_r}{2}s}} = -2h_w \frac{\sinh\left(\frac{T_r}{2}s\right)}{\cosh\left(\frac{T_r}{2}s\right)} \tag{2-52}$$

式中，$T_r = \dfrac{2L}{c}$ 为水击相长；$h_w = \dfrac{cQ_r}{2gAH_r}$ 为管道特性参数。

显然从式（2-52）可以看出，压力管道数学模型为双曲正切函数，双曲正切函数通常无法被直接应用于数值仿真计算中，泰勒级数展开被应用于近似双曲正切函数，具体公式如下：

$$\tanh(x) = \frac{\sinh(x)}{\cosh(x)} = \frac{x + \frac{1}{3!}x^3 + \cdots}{1 + \frac{1}{2!}x^2 + \frac{1}{4!}x^4 + \cdots} \tag{2-53}$$

根据具体需要选择模型展开阶次可获得不同阶次的水击模型。二阶、三阶和四阶弹性水击模型[31-33]如式（2-54）～式（2-56）所示：

$$G_h(s) = \frac{H(s)}{Q(s)} = -h_w \frac{T_r s}{1 + \frac{1}{2}fT_r s + \frac{1}{8}T_r^2 s^2} \tag{2-54}$$

$$G_h(s) = \frac{H(s)}{Q(s)} = -h_w \frac{T_r s + \frac{1}{24}T_r^3 s^3}{1 + \frac{1}{8}T_r^2 s^2} \tag{2-55}$$

$$G_h(s) = \frac{H(s)}{Q(s)} = -h_w \frac{T_r s + \frac{1}{24}T_r^3 s^3}{1 + \frac{1}{8}T_r^2 s^2 + \frac{1}{384}T_r^4 s^4} \tag{2-56}$$

2）刚性水击模型

当管道长度较短时，忽略水流受到的摩擦阻力以及水体和管壁的弹性，采用刚性水击模型描述管道中流量与水压之间的关系，刚性水击数学模型[34,35]如式 (2-57) 所示：

$$h = -T_w \frac{\mathrm{d}q}{\mathrm{d}t} \qquad (2\text{-}57)$$

$$q = \frac{Q}{Q_r} \qquad (2\text{-}58)$$

$$T_w = \frac{Q_r L}{g H_r A} \qquad (2\text{-}59)$$

式中，h 为水压相对值；q 为流量相对值；Q_r 为额定流量；T_w 为水流惯性时间常数；L 为压力引水管道长度；g 为重力加速度；H_r 为额定水头；A 为压力引水管道断面面积；Q 为管道流量。

2. 特征线模型

前面已经介绍的抽水蓄能电站过水系统的弹性水击模型和刚性水击模型均采用传递函数模型描述管道中水流流量与水压间的关系，显然此类水击模型仅仅适用于抽水蓄能机组小波动过渡过程计算。当进行大波动过渡过程计算时，系统参数变化幅度较大，传递函数模型无法准确地反映管道中的水流流动特性，为此一些数值计算方法被用来求解压力过水管道内非恒定流的偏微分方程。本节介绍特征线法求解非恒定流的动量方程和连续方程，构建能精确地反映管道中水流动态特性的过水系统数学模型。

1) 有压管道模型

采用特征线法对有压管道进行数值求解，首先，将式 (2-50) 中的偏微分方程组转化为特征线 $\frac{\mathrm{d}x}{\mathrm{d}t} = \pm a$ 上的常微分方程组，如式 (2-60) 与式 (2-61) 所示：

$$C^+: \begin{cases} \dfrac{\mathrm{d}H}{\mathrm{d}t} + \dfrac{a}{gA}\dfrac{\mathrm{d}Q}{\mathrm{d}t} + \dfrac{af}{2gDA^2}Q|Q| = 0 \\ \dfrac{\mathrm{d}x}{\mathrm{d}t} = a \end{cases} \qquad (2\text{-}60)$$

$$C^-: \begin{cases} \dfrac{\mathrm{d}H}{\mathrm{d}t} - \dfrac{a}{gA}\dfrac{\mathrm{d}Q}{\mathrm{d}t} - \dfrac{af}{2gDA^2}Q|Q| = 0 \\ \dfrac{\mathrm{d}x}{\mathrm{d}t} = -a \end{cases} \qquad (2\text{-}61)$$

特征线法原理示意图如图 2-10 所示,将管道分为 N 段,每段的长度为 $\Delta x=L/N$,时间步长为 $\Delta t=\Delta x/c$,对角线 AP 称为正水锤特征线,表示 t_0 时刻在 A 点传出一正向水锤波,经过 Δt 时刻,到达 P 点,传播距离为 ΔL。对上述方程沿 AP 和 BP 分别积分,可获得沿正特征线 C^+(即水锤波传播方向与水流方向相同)和沿负特征线 C^-(即水锤波传播方向与水流方向相反)[36-38]:

$$\begin{cases} C^+ : Q_{t+\Delta t}^P = C_m - C_a H_{t+\Delta t}^P \\ C^- : Q_{t+\Delta t}^P = C_n + C_a H_{t+\Delta t}^P \end{cases} \tag{2-62}$$

式中

$$\begin{cases} C_m = Q_t^A + C_a H_t^A - C_f Q_t^A \left| Q_t^A \right| \\ C_n = Q_t^B - C_a H_t^B - C_f Q_t^B \left| Q_t^B \right| \\ C_a = gA/c \\ C_f = f\Delta t/(2DA) \end{cases}$$

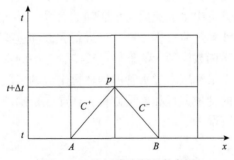

图 2-10　特征线法原理示意图

在每个采样时刻,采用特征线法,管道节点 p 处的流量及水压可根据上一时刻相邻节点 A 和 B 处的流量及水压计算得出,具体公式如下:

$$\begin{cases} Q_{t+\Delta t}^P = \dfrac{1}{2}(C_m + C_n) \\ H_{t+\Delta t}^p = \dfrac{1}{2}(C_m - C_n) \end{cases} \tag{2-63}$$

2)边界条件

采用特征线法进行抽水蓄能机组过渡过程计算仿真时,压力过水管道节点处的流量和压力可根据上述方程直接求解,但过水系统中通常会有特定的元件和水工建筑,包括上下游水库、分岔管道、调压室等。针对以上过流部件,仅仅考虑特征线方程无法计算节点处的水流状态，因此过流部件的自身数学模型应同时考虑。接下来本节将对以上关键节点的边界方程进行简单的推导。

（1）上下游水库。抽水蓄能电站的上下游均设有水库，在进行机组过渡过程计算时，尽管上下游水库均有水进出，但由于水库库容较大且过渡过程时间较短，在几十秒内，因此可认为上下游水库水位在整个过渡过程计算中均保持恒定。

上游水库边界条件示意图如图 2-11 所示，节点 $i=0$ 代表上游水库与引水隧洞交界处，该节点仅满足特征线方程的 C^- 方程：

$$Q_{t+\Delta t}^0 = C_n^1 + C_a H_{t+\Delta t}^0 \tag{2-64}$$

式中，$C_n^1 = Q_t^1 - C_a H_t^1 - C_f Q_t^0 \left| Q_t^1 \right|$。由于该节点处水位为恒定值，满足 $H_{t+\Delta t}^0 = H_{t+m\Delta t}^0 = H_0^0$，结合上述负特征线方程，节点 $i=0$ 的流量和水压计算公式如下所示：

$$\begin{cases} H_{t+\Delta t}^0 = H_0^0 \\ Q_{t+\Delta t}^0 = C_n^1 + C_a H_0^0 \end{cases} \tag{2-65}$$

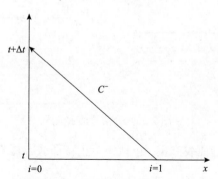

图 2-11　上游水库边界条件示意图

下游水库边界条件示意图如图 2-12 所示，节点 $i=N$ 代表尾水管末端与下游水库交界处，该节点仅满足特征线方程的 C^+ 方程：

$$Q_{t+\Delta t}^N = C_p^{N-1} + C_a H_{t+\Delta t}^N \tag{2-66}$$

式中，$C_p^{N-1} = Q_t^{N-1} - C_a H_t^{N-1} - C_f Q_t^N \left| Q_t^{N-1} \right|$。由于该节点处水位为恒定值，满足 $H_{t+\Delta t}^N = H_{t+m\Delta t}^N = H_0^N$，结合上述正特征线方程，节点 $i=N$ 的流量和水压计算公式如下所示：

$$\begin{cases} H_{t+\Delta t}^N = H_0^N \\ Q_{t+\Delta t}^N = C_p^{N-1} + C_a H_0^N \end{cases} \tag{2-67}$$

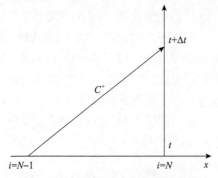

图 2-12　下游水库边界条件示意图

(2)分岔管道。当前，抽水蓄能电站常常具有较长的引水管道，且常共用一条引水隧洞和尾水隧洞，采用分岔管道分别连接各个机组，最终同样采用分岔管道汇入尾水隧洞流入下游水库。分岔管道在抽水蓄能电站过水系统中较为常见，其示意图如图 2-13 所示。

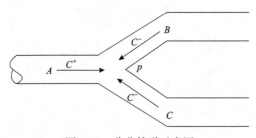

图 2-13　分岔管道示意图

节点 p 满足三个特征线方程，包括一个正特征线方程 C^+ 和两个负特征线方程 C^-，如式 (2-68) 所示：

$$\begin{cases} Q_{t+\Delta t}^{p1} = C_p^A - C_{a\text{I}}H_{t+\Delta t}^{p1} \\ Q_{t+\Delta t}^{p2} = C_n^B + C_{a\text{II}}H_{t+\Delta t}^{p2} \\ Q_{t+\Delta t}^{p3} = C_n^C + C_{a\text{III}}H_{t+\Delta t}^{p3} \end{cases} \tag{2-68}$$

分岔管的三个分管共用一个公共节点 p，因此 p 处的水压相同，同时结合流量守恒方程：

$$\begin{cases} H_{t+\Delta t}^{p1} = H_{t+\Delta t}^{p2} = H_{t+\Delta t}^{p3} = H_{t+\Delta t}^{p} \\ Q_{t+\Delta t}^{p1} = Q_{t+\Delta t}^{p2} + Q_{t+\Delta t}^{p3} \end{cases} \tag{2-69}$$

将式 (2-61) 代入式 (2-60)，可直接推导出节点 p 处的水压，如式 (2-62) 所示，

再将 p 处的水压代入各自的特征线方程即可计算出 A、B 和 C 处的流量。

$$H_{t+\Delta t}^{p} = \frac{C_p^A - C_n^B - C_n^C}{C_{aI} + C_{aII} + C_{aIII}} \tag{2-70}$$

（3）调压室。调压室是抽水蓄能电站过水系统的重要组成部件，主要承担减弱由机组过渡过程引起的压力管道中的极限水压强度，保障压力管道系统安全的任务。调压室种类众多，主要包括直筒式调压室、阻抗式调压室、差动式调压室、气垫式调压室、双室式调压室和溢流式调压室等，分别具有不同的特点，可根据具体实际情况选用不同的调压室。本节主要介绍阻抗式调压室的数学模型及边界方程，其结构示意图如图 2-14 所示。

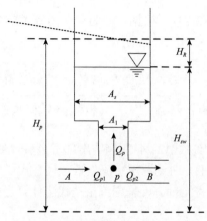

图 2-14　阻抗式调压室结构示意图

分别以上游压力管道 C^+ 方向和下游压力管道 C^- 方向的特征线方程作为阻抗式调压室节点边界方程，如式（2-71）所示：

$$\begin{cases} Q_{t+\Delta t}^{p1} = C_p^A - C_{aI} H_{t+\Delta t}^{p1} \\ Q_{t+\Delta t}^{p2} = C_n^B + C_{aII} H_{t+\Delta t}^{p2} \end{cases} \tag{2-71}$$

调压室左右两侧分别与上下游压力管道相连，节点 p 为公共节点，因此节点 p 处水头相等，同时考虑流量守恒方程，节点 p 处水流状态满足式（2-72）：

$$\begin{cases} Q_{p1} = Q_{p2} + Q_p \\ H_{p1} = H_{p2} = H_p \end{cases} \tag{2-72}$$

阻抗式调压室数学模型可用调压室水位与流量之间的关系和调压室内部水头方程描述，如式（2-73）所示：

$$\begin{cases} H_p = H_{sw} + H_R \\ H_R = K_s |Q_s| Q_s \\ K_s = \dfrac{K_R(Q_s)}{2gA_1^2} \\ H_{sw} = H_{sw0} + \dfrac{(Q_p + Q_{p0})}{2A_s} \Delta t \end{cases} \tag{2-73}$$

式中，H_p、Q_p 为调压室底部压强、流量；A_1 为阻抗孔口面积；A_s 为调压室的面积；H_{sw} 为调压室水面高程；H_R 为流入流出调压室水头损失；K_s 为调压室流入流出阻抗系数；Q_s 为调压室流入流出流量；K_R 为底部孔口流量损失系数，与孔口流量的流向有关。

联立式(2-71)～式(2-73)，根据上一时刻压力管道的水流状态，可推导出阻抗式调压室的流量 Q_p，如式(2-74)所示：

$$Q_p = \frac{C_{p1}C_{aI} + C_{M2}C_{aII} - (C_{aI} + C_{aII})H_{sw0} - Q_{s0}(C_{aI} + C_{aII}) \Delta t \big/ (2A_s)}{(C_{aI} + C_{aII}) \Delta t \big/ (2A_s) + (C_{aI} + C_{aII}) R_s |Q_p| + 1} \tag{2-74}$$

从式(2-74)可以看出，式(2-74)两侧均出现了当前时刻的调压室流量 Q_p，为了实现仿真计算，可用上一时刻调压室流量近似代替式(2-74)等号右边的 Q_p。若要求取更加精确的调压室流量，可采用流量迭代法计算当前时刻流量，具体步骤如下所示。

步骤 1：假设 Q_p' 为 Q_p 的初始迭代值，并且让 Q_p' 等于上一计算时刻的调压室流量 $Q_p = Q_p'$。

步骤 2：根据式(2-74)更新流量 Q_p。

步骤 3：将计算出的结果 Q_p 与原来给定的迭代值相比较，如果满足 $|Q_p - Q_p'| < \delta$，Q_p 为当前时刻调压室的流量，如果不满足，设置 $Q_p = \left| \dfrac{1}{2}(Q_p' + Q_p) \right|$ 并代替式(2-74)等号右边的 Q_p，其中 δ 是较小的正实数，一般取 $\delta = 10^{-6} \sim 10^{-5}$。

步骤 4：重复步骤 2 和步骤 3，直到满足条件求出最终调压室流量。

3. 电路模拟模型

抽水蓄能机组复杂过水系统电路等效法的建模思路如图 2-15 所示。①研究物理系统，建立数学模型，即有压过水管道的双曲偏微分方程。②利用电路等效法建立有压管道、调压室、可逆式水泵水轮机组、阀门、上下游水库等模块的等效电路网络。③应用多维基尔霍夫电压和电流定理建立整个过水系统的电路拓扑结构的隐式微分方程集。④利用标准微分方程的离散解法(如龙格-库塔法)求解等效电路网络的常微分矩阵方程。

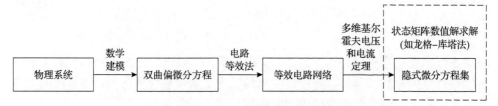

图 2-15　抽水蓄能机组复杂过水系统电路等效法的建模思路

1) 有压管道电路等效模型

采用电路模拟法,将有压过水管道的双曲偏微分方程与等效电路网络进行类比,建立有压管道电路等效模型。

针对长度为 dx 的均匀传输线微分元,用如图 2-16 所示的集中参数电路来等效,列写回路 KVL 方程和节点 KCL 方程,略去 2 次项,则均匀传输线的偏微分方程[39]为

$$\begin{cases} \dfrac{\partial u(x,t)}{\partial x} + L_0 \dfrac{\partial i(x,t)}{\partial t} + R_0 i(x,t) = 0 \\ \dfrac{\partial i(x,t)}{\partial x} + C_0 \dfrac{\partial u(x,t)}{\partial t} + G_0 u(x,t) = 0 \end{cases} \tag{2-75}$$

式中,i 为位置 x 处的电流;u 为位置 x 处的电压;R_0 为单位长度的导线电阻;L_0 为单位长度上的电感;C_0 为单位长度上的电容;G_0 为单位长度上的漏电导。

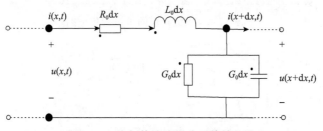

图 2-16　均匀传输线微分元等效电路

比较式(2-50)和式(2-75)可以看出,有压过水管道和均匀传输线具有相似的数学模型,其基本方程为双曲型偏微分方程,故可将过水管道模型类比等效成等效电路模型求解,比较有压过水系统的双曲型偏微分方程和均匀传输线的双曲型偏微分方程,即可计算出过水系统单位长度上的等效电阻 R'、等效电感 L'、等效

电容 C' 和等效漏电导 G'。因此，可以得到有压管道的电路等效方程：

$$\begin{cases} \dfrac{\partial H}{\partial x} + L' \cdot \dfrac{\partial Q}{\partial t} + R'(Q) \cdot Q = 0 \\ \dfrac{\partial H}{\partial t} + \dfrac{1}{C'} \cdot \dfrac{\partial Q}{\partial x} = 0 \end{cases} \tag{2-76}$$

式中，H 为微小管段水头；Q 为微小管段流量；等效电容 C' 反映单位长度下水体和管壁弹性的参数；等效电感 L' 反映单位长度下水流惯性的参数；等效电阻 R' 反映单位长度下水流受到的摩擦阻力的参数；等效漏电导 G' 为零。

根据传输线集中参数电路微分元 T 型和 Γ 型等值电路的等价关系，可以类似地得到长度为 dx 的有压微管段的 T 型和 Γ 型等效电路(图 2-17 和图 2-18)。

$$\begin{cases} C' = \dfrac{g \cdot A}{a^2} \\ L' = \dfrac{1}{g \cdot A} \\ R' = \dfrac{\lambda \cdot |\overline{Q}|}{2 \cdot g \cdot D \cdot A^2} \end{cases} \tag{2-77}$$

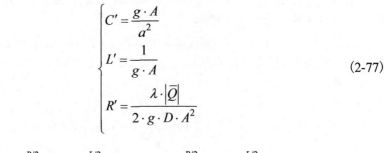

图 2-17 有压微管段的 T 型等效电路

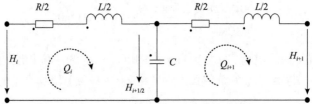

图 2-18 有压微管段的 Γ 型等效电路

T 型等效电路对应的等效方程和二端口传递矩阵分别如式(2-78)和式(2-79)所示。

$$\begin{cases} C\dfrac{\mathrm{d}H_{i+1/2}}{\mathrm{d}t} = Q_i - Q_{i+1} \\[2mm] H_{i+1} + \dfrac{L}{2}\dfrac{\mathrm{d}Q_{i+1}}{\mathrm{d}t} + \dfrac{R}{2}Q_{i+1} = H_i - \left(\dfrac{L}{2}\dfrac{\mathrm{d}Q_i}{\mathrm{d}t} + \dfrac{R}{2}Q_i \right) = H_{i+1/2} \end{cases} \tag{2-78}$$

式中，$C=C'\mathrm{d}x$；$L=L'\mathrm{d}x$；$R=R'\mathrm{d}x$。

$$\begin{bmatrix} H_i \\ Q_i \end{bmatrix} = \begin{bmatrix} \left(\dfrac{\gamma^2}{2}+1 \right) & \left\{ \dfrac{\gamma^2}{2C_s}\left[1 + \left(\dfrac{\gamma^2}{2}+1 \right) \right] \right\} \\[3mm] C_s & \dfrac{\gamma^2}{2}+1 \end{bmatrix} \begin{bmatrix} H_{i+1} \\ Q_{i+1} \end{bmatrix} \tag{2-79}$$

式中，$\gamma^2 = C_s(L_s + R)$，γ 为表征管道水锤波传播特性的参数。

Γ 型等效电路对应的等效方程和二端口传递矩阵分别如式 (2-80) 和式 (2-81) 所示。

$$\begin{cases} L\dfrac{\mathrm{d}Q_i}{\mathrm{d}t} + RQ_i + H_{i+1/2} - H_i = 0 \\[2mm] C\dfrac{\mathrm{d}H_{i+1/2}}{\mathrm{d}t} + Q_{i+1} - Q_i = 0 \\[2mm] H_{i+1} - H_{i+1/2} = 0 \end{cases} \tag{2-80}$$

$$\begin{bmatrix} H_i \\ Q_i \end{bmatrix} = \begin{bmatrix} \gamma^2 + 1 & \dfrac{\gamma^2}{C_s} \\[3mm] C_s & 1 \end{bmatrix} \begin{bmatrix} H_{i+1} \\ Q_{i+1} \end{bmatrix} \tag{2-81}$$

如果将整段管道分成 n 个这样的微管段，每一小段都能等效成 T 型电路，则可得到整段管道的 T 型电路等效级联模型如图 2-19 所示。

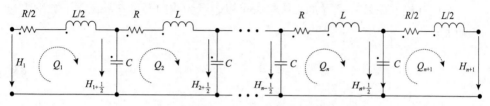

图 2-19　整段管道的 T 型电路等效级联模型

2) 调压室电路等效模型

基于前面电路模拟法类比等效可以得到阻抗式调压室的平面示意图及其电路

等效模型如图 2-20 所示，同时可以推导出模型基本方程(式(2-82))[40]。

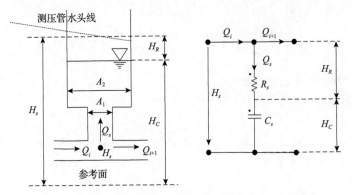

图 2-20　阻抗式调压室的平面示意图及其电路等效模型

$$\begin{cases} H_s = H_C + H_R \\ H_R = K_s |Q_s| Q_s \\ Q_s = A_2 \dfrac{\mathrm{d}H_C}{\mathrm{d}t} \\ K_s = \dfrac{K_R Q_s}{2g A_1^2} \end{cases} \tag{2-82}$$

式中，H_R 为流入流出调压室水头损失；K_s 为调压室流入流出阻抗系数；H_s、Q_s 为调压室底部压强、流量；A_1 为阻抗孔口面积；A_2 为调压室的面积；H_C 为调压室水面高程；K_R 为底部孔口流量损失系数，与孔口流量的流向有关，相应的等效电路参数为 $C_s = A_2$，$R_s = K_s|Q_s|$。

上述调压室模型在动态仿真计算时，调压室水位及流量变化会影响等效电容和电阻参数的计算，因此每次迭代计算前都要根据上一时刻的状态更新等效电路参数。

3) 阀门电路等效模型

阀门在输水系统中诱导的水头损失可以表示为阀门开度 θ 的函数，数学表达式如下：

$$H_v = \frac{K_v(\theta)}{2g A_{\mathrm{ref}}^2} \cdot |Q_i| \cdot Q_i \tag{2-83}$$

式中，Q_i 为阀门过流量；K_v 为阀门流量系数；A_{ref} 为阀门所在管段截面面积。因此，阀门在电路等效拓扑网络中可以看作一个滑动变阻器，如图 2-21 所示。阀门可调电阻可表示为

$$R_v(\theta) = R'(\theta)\left|Q_i\right| = \frac{K_v(\theta)}{2gA_{\mathrm{ref}}^2}\left|Q_i\right| \tag{2-84}$$

式中，$R'(\theta)$ 为阀门的阻抗系数，可由阀门流量系数转化而来，$R'(\theta)$ 与阀门开度 θ 的关系可由表 2-3 表示。

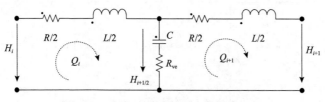

图 2-21　阀门在输水管道中等效电路图

表 2-3　阀门阻抗系数与开度关系表

$\theta / (°)$	90	80	70	60	50	40
$R'(\theta)$	9.85×10^{-5}	1.64×10^{-4}	3.28×10^{-4}	9.05×10^{-4}	0.0025	0.00697
$\theta / (°)$	30	20	10	1	0.1	0.01
$R'(\theta)$	0.02045	0.07435	0.40844	53.3471	7261.1334	1045154.8546

2.1.3　调速器数学模型

　　与传统水电机组不同，抽水蓄能机组调速器需要胜任水泵和水轮机两种不同工作模式下的控制工作。在水轮机方向上，调速器调节对象大体包括机组的频率、导叶开度以及有功功率；在水泵方向上，调速器主要进行导叶开度控制。目前，微机调速器广泛地应用于现代抽水蓄能电站的可逆式水泵水轮机调速控制中。微机调速器由微机调节器和电液随动装置构成，结构框图如图 2-22 所示。

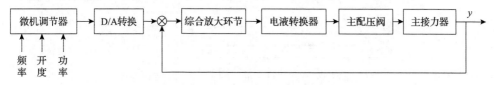

图 2-22　微机调速器基本结构框图

1. 微机调节器数学模型

　　微机调节器是调速器的控制中心，根据机组反馈的机/网频率、导叶开度及实时功率等状态信息，实现控制模式切换和控制信号输出等功能。电液随动装置为执行机构，将微机调节器输出的电信号转换为控制机组导叶动作的机械信号。

微机调节器广泛地使用如图 2-23 所示的并联 PID 控制方式,如式(2-85)所示,

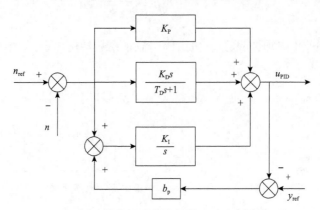

图 2-23　微机调节器中并联 PID 控制结构

$$u_{PID}(s) = \left(K_P + \frac{K_D s}{T_D s + 1} + \frac{K_I}{s} \right)(n_{ref} - n) + b_p(y_{ref} - y) \tag{2-85}$$

式中,s 为拉普拉斯算子;K_P、K_I、K_D 分别为比例、积分、微分系数;T_D 为微分环节时间常数;u_{PID} 为微机调速器控制信号;n_{ref} 为转速给定值;y_{ref} 为导叶开度给定值;n 为转速;y 为导叶开度;b_p 为永态转差系数。

2. 伺服系统数学模型

液压随动装置部分为调速器的执行机构,主要作用是根据调速器控制信号调节主接力器行程,进而控制活动导叶的开度。液压随动装置主要由综合放大环节、电液转换器、主配压阀和主接力器组成。考虑系统非线性的液压随动装置的传递函数框图如图 2-24 所示。

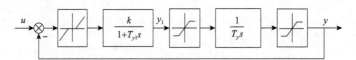

图 2-24　考虑系统非线性的液压随动装置的传递函数框图

图 2-24 中,k 为放大系数,T_{y1} 和 T_y 分别为主配压阀、主接力器时间常数。主配压阀简化为一个一阶惯性环节,主接力器简化为一个积分环节。两者共同组成一个闭环控制系统。

1) 死区非线性

死区也称为失灵区,可用式(2-86)表达其性质:

$$y = \begin{cases} u-c, & u \geqslant c \\ 0, & -c < u < c \\ u+c, & u \leqslant -c \end{cases} \tag{2-86}$$

式中，c 为死区大小；u 为死区环节输入；y 为死区环节输出。

2) 饱和非线性

饱和非线性即输出限幅，主配压阀和主接力器环节均有输出限幅，其中，主配压阀饱和环节用于限制主接力器的位移速率，主接力器饱和环节用于表征接力器位移的边界。饱和非线性环节的数学表达见式(2-87)。

$$y = \begin{cases} y_{\min}, & u \leqslant y_{\min} \\ u, & y_{\min} < u \leqslant y_{\max} \\ y_{\max}, & u > y_{\max} \end{cases} \tag{2-87}$$

式中，u 和 y 分别为饱和环节的输入和输出；$y_{\max}$ 和 $y_{\min}$ 分别为饱和环节的输出限制幅值。

2.1.4　发电/电动机数学模型

抽水蓄能机组中的发电/电动机在水泵工况时作为电动机使用，在发电工况时作为同步发电机使用，在不同的应用场合，同步发电机可采用不同阶次的数学模型进行描述，不同阶次的模型对发电机的电磁特性、功角特性以及绕组动态特性的处理方式各不相同，建模分析时可根据不同的需求选择相应的模型。由于同步发电机的模型推导已十分完善[41]，本节按照同步发电的特性分别对其五阶、三阶、一阶模型进行分析。

1. 发电/电动机五阶模型

同步发电机的七阶模型是用 $dq0$ 坐标系表示的方程组，全面地考虑了定子绕组、转子绕组和阻尼绕组的动态特性，能精确地描述发电机内部各状态的动态响应。在小规模互联电力系统中使用同步发电机七阶模型可以精确地描述系统各状态的演变规律，但在大规模互联电力系统中使用该模型可能会导致分析过程中出现"维数灾"。同步发电机七阶模型可表示为

电压方程：
$$\begin{bmatrix} u_d \\ u_q \\ u_f \\ u_D \\ u_Q \end{bmatrix} = \begin{bmatrix} -R_s i_d \\ -R_s i_q \\ R_f i_f \\ R_D i_D \\ R_Q i_Q \end{bmatrix} + \frac{\mathrm{d}}{\mathrm{d}t} \begin{bmatrix} \psi_d \\ \psi_q \\ \psi_f \\ \psi_D \\ \psi_Q \end{bmatrix} + \omega \begin{bmatrix} -\psi_d \\ \psi_q \\ 0 \\ 0 \\ 0 \end{bmatrix} \tag{2-88}$$

磁链方程：
$$
\begin{bmatrix} \psi_d \\ \psi_q \\ \psi_f \\ \psi_D \\ \psi_Q \end{bmatrix} = \begin{bmatrix} X_{dd} & 0 & X_{df} & X_{dD} & 0 \\ 0 & X_{qq} & 0 & 0 & X_{qQ} \\ X_{fd} & 0 & X_{ff} & X_{fD} & 0 \\ X_{Dd} & 0 & X_{Df} & X_{DD} & 0 \\ 0 & X_{Qq} & 0 & 0 & X_{QQ} \end{bmatrix} \begin{bmatrix} i_d \\ i_q \\ i_f \\ i_D \\ i_Q \end{bmatrix}
\tag{2-89}
$$

转子运动方程：
$$
\begin{cases} T_a \dfrac{\mathrm{d}\omega}{\mathrm{d}t} = m_t - m_e - D(\omega - 1) \\ \dfrac{\mathrm{d}\delta}{\mathrm{d}t} = \omega_b(\omega - 1) \end{cases}
\tag{2-90}
$$

式中，各物理量均为标幺值，u_d、u_q、u_f、u_D 和 u_Q 分别为定子绕组 d 轴电压、定子绕组 q 轴电压、励磁绕组电压、转子 D 轴阻尼绕组电压和转子 Q 轴阻尼绕组电压；i_d、i_q、i_f、i_D 和 i_Q 分别为定子绕组 d 轴电流、定子绕组 q 轴电流、励磁绕组电流、转子 D 轴阻尼绕组电流和转子 Q 轴阻尼绕组电流；ψ_d、ψ_q、ψ_f、ψ_D 和 ψ_Q 分别为定子绕组 d 轴磁链、定子绕组 q 轴磁链、励磁绕组磁链、转子 D 轴阻尼绕组磁链和转子 Q 轴阻尼绕组磁链；δ 和 ω 为发电机功角和转子角速度；ω_b 为角频率基值；T_a 为机组惯性时间常数；D 为机组阻尼常数；m_t 和 m_e 分别为原动机力矩和电磁力矩。

当忽略定子绕组的暂态特性时，即 ψ_d 和 ψ_q 恒定，可将七阶模型降阶为五阶模型，在较好地描述发电机特性的同时，减少了部分计算量。同步发电机五阶模型表示为

$$
\begin{cases}
u_d = E_d'' + X_{q\Sigma}'' i_q - r i_d \\
u_q = E_q'' - X_{d\Sigma}'' i_d - r i_q \\
\dfrac{\mathrm{d}E_q'}{\mathrm{d}t} = \dfrac{1}{T_{do}'} \left[E_f - \dfrac{X_{d\Sigma} - X_1}{X_{d\Sigma}' - X_1} E_q' + \dfrac{X_{d\Sigma} - X_{d\Sigma}'}{X_{d\Sigma}' - X_1} E_q'' - \dfrac{(X_{d\Sigma}'' - X_1)(X_{d\Sigma} - X_{d\Sigma}')}{X_{d\Sigma}' - X_1} i_d \right] \\
\dfrac{\mathrm{d}E_q''}{\mathrm{d}t} = \dfrac{1}{T_{do}''} \left[\dfrac{X_{d\Sigma}'' - X_1}{X_{d\Sigma}' - X_1} T_{do}'' \dfrac{\mathrm{d}E_q'}{\mathrm{d}t} - E_q'' + E_q' - (X_{d\Sigma}' - X_{d\Sigma}'') i_d \right] \\
\dfrac{\mathrm{d}E_d'}{\mathrm{d}t} = \dfrac{1}{T_{vqo}''} [-E_d'' + (X_{q\Sigma} - X_{q\Sigma}'') i_q] \\
\dfrac{\mathrm{d}\omega}{\mathrm{d}t} = \dfrac{1}{T_a} [m_t - m_e - D(\omega - 1)] \\
\dfrac{\mathrm{d}\delta}{\mathrm{d}t} = \omega_b(\omega - 1)
\end{cases}
\tag{2-91}
$$

式中，E_d'' 为 d 轴次暂态电势；E_d' 为 d 轴暂态电势；X_q'' 为 q 轴次暂态电势；X_d'' 为 d 轴次暂态电势；r 为转子绕组；E_q' 为 q 轴暂态电势；E_q'' 为 q 轴次暂态电势；T_{d0}' 为 d 轴暂态时间常数；T_{d0}'' 为 d 轴次暂态时间常数；T_{q0}'' 为 q 轴次暂态时间常数；$X_{d\Sigma}$ 为 d 轴总电抗；X_1 为转子绕组电抗；$X_{d\Sigma}'$ 为 d 轴暂态总电抗；$X_{d\Sigma}''$ 为 d 轴次暂态总电抗；$X_{q\Sigma}''$ 为 q 轴次暂态总电抗。

2. 发电/电动机三阶模型

由于同步发电机高阶模型在大规模互联电力系统分析中可能引发"维数灾"问题，在实际工程应用中，通常选择同步发电机三阶模型。三阶模型忽略了 d 轴和 q 轴绕组的暂态特性，仅考虑励磁绕组的电磁暂态，在减少了计算维度的同时，能满足电力系统分析和电压调节器设计的需求。同步发电机三阶模型表示为

$$\begin{cases} \dfrac{\mathrm{d}\delta}{\mathrm{d}t} = \omega_b(\omega - 1) \\[2mm] \dfrac{\mathrm{d}\omega}{\mathrm{d}t} = \dfrac{1}{T_a}[m_t - m_e - D(\omega - 1)] \\[2mm] \dfrac{\mathrm{d}E_q'}{\mathrm{d}t} = \dfrac{1}{T_{d0}'}[E_f - E_q' - (X_{d\Sigma} - X_{d\Sigma}')i_d] \end{cases} \tag{2-92}$$

式中

$$\begin{cases} m_e \approx p_e = \dfrac{E_q' V_s}{X_{d\Sigma}'}\sin\delta - \dfrac{V_s^2}{2}\dfrac{X_{d\Sigma}' - X_{q\Sigma}}{X_{d\Sigma}' X_{q\Sigma}}\sin(2\delta) \\[2mm] i_d = \dfrac{E_q' - V_s\cos\delta}{X_{d\Sigma}'} \end{cases} \tag{2-93}$$

式中，E_q' 为 q 轴暂态电动势；E_f 为励磁电动势；V_s 为母线电压；$X_{d\Sigma}$ 为同步发电机 d 轴总同步电抗；$X_{q\Sigma}$ 为 q 轴总同步电抗；$X_{d\Sigma}'$ 为 d 轴总暂态电抗；T_{d0}' 为 d 轴暂态时间常数；p_e 为发电机电磁力矩。

当进一步忽略励磁绕组的暂态特性时，即 E_q' 恒定，由此可将三阶模型简化为二阶模型：

$$\begin{cases} \dfrac{\mathrm{d}\delta}{\mathrm{d}t} = \omega_b(\omega - 1) \\[2mm] T_a\dfrac{\mathrm{d}\omega}{\mathrm{d}t} = m_t - \dfrac{E_q' V_s}{x_{d\Sigma}'}\sin\delta + \dfrac{V_s^2}{2}\dfrac{X_{d\Sigma}' - X_{q\Sigma}}{X_{d\Sigma}' X_{q\Sigma}}\sin(2\delta) - D(\omega - 1) \end{cases} \tag{2-94}$$

3. 发电/电动机一阶模型

发电/电动机中的电磁暂态响应远比可逆式水泵水轮机调节系统的机电响应快。为简化分析，通常在抽水蓄能机组调节系统建模中忽略发电机的复杂电磁因素，即忽略发电/电动机转子和励磁调节器的电磁暂态，认为强行励磁能在扰动或故障后保证发电/电动机机端电压稳定，只考虑转子运动的动态过程，其表达成微分方程形式如式(2-95)所示。

$$T_a \frac{\mathrm{d}x}{\mathrm{d}t} = m_t - m_g - (e_g - e_x)x \tag{2-95}$$

式中，$m_t=\Delta M_t/M_r$ 为发电/电动机的主动力矩偏差相对值；$m_g=\Delta M_g/M_r$ 为负荷阻力矩偏差相对值；$x=\Delta n/n_r$ 为机组转速偏差相对值；e_x 为可逆式水泵水轮机的自调节系数；e_g 为发电/电动机的自调节系数，即发电/电动机力矩对转速的偏导数，其值对不同的电网取值不同，一般为 0.4~2.0；$T_a=J \cdot n_r^2/(91.2P_r)$ 为机组惯性时间常数，其中 J 为机组转动部件的转动惯量，n_r 为额定转速，P_r 为额定功率。

发电/电动机方程在不同的工作模式下可以根据式(2-95)作如下调整：

(1)当断路器断开时，发电/电动机与电网解列，负荷力矩 $m_g=0$，$e_n=0$。

(2)当并入无穷大电网稳定运行时，负载力矩 $m_g=m_t$，转速稳定在电网频率。

2.1.5 调节系统特性分析与数值仿真

基于现有抽水蓄能调节系统模型难以协调全工况计算精度及在线仿真实时性之间的博弈关系的问题，本节对前面所建抽水蓄能机组调节系统精细化模型从空间尺度及时间尺度进行离散分析，推导出适用于大空间尺度的水头修正公式，采用显式龙格-库塔法及隐式 Radau ⅡA 方法对不同尺度时间离散模型进行求解，分析不同求解方法下的模型稳定性。进一步，通过对调速器模型进行主配压阀阶跃响应试验、主接力器阶跃响应试验及最速开关机试验，将仿真结果与实测数据对比，验证所建模型的有效性。进一步，通过时空离散分析及全工况仿真模型校验，得到一种基于电路等效理论的抽水蓄能机组调节系统实时精细化电路等效模型(real-time accurate equivalent circuit model，RAECM)，该模型不受库朗稳定条件制约，在满足全工况计算精度的前提下，能保证在线仿真实时性。

1. 调节系统时空离散分析

在求解式(2-50)这样的双曲偏微分方程时，其收敛的必要条件是差分格式划分网格精细化程度必须受控于微分方程的离散步长。库朗稳定性条件[42]通过水击波速 c 将管道的空间分段步长 $\mathrm{d}x$ 和仿真时间步长 $\mathrm{d}t$ 联系起来，即 $\mathrm{d}t \leqslant \mathrm{d}x/c=\mathrm{d}T$， d$T$ 为管道的分段时间步长。因此，反映到全流道输水系统时间-空间离散上，要求模型的仿真时间步长必须受控于管道的分段时间步长。

1) 模型变空间步长离散分析

基于分布参数理论的特征线法 (model of characteristic, MOC) 是目前应用最广泛的求解有压管道非恒定流的方法。在利用调整波速法[43]进行管路划分时，由于其分布式参数特征，仿真时间步长为管路空间分段步长。这就决定了特征线法常采用小尺度空间步长离散，精度较高但编程复杂；采用大尺度空间步长离散时，仿真时间步长同样被放大，导致截断误差增大，计算精度不能满足要求甚至不收敛。

基于电路等效理论的集总参数模型首先根据电站实际的管路布置形式建立等效电路拓扑网络，根据基尔霍夫定律列写系统隐式矩阵形式的非线性常微分方程，然后根据管道空间分段步长确定矩阵维数。与传统特征线法相比，其优势在于管路空间分段步长不再受仿真时间步长限制，在满足计算精度的前提下，可以通过适当地增加管道空间分段步长，使模型计算阶数和数据流复杂程度显著减少，有效地协调模型计算精度与仿真实时性之间的博弈关系。

分别设置空间分段时间步长 dT 为 0.02s、0.05s、0.1s 及 0.5s 的电路等效模型，计算甩全负荷工况下机组的过渡过程并与 MOC 模型进行比较，两种模型的仿真时间步长均为 0.02s。如表 2-4 和图 2-25 所示，随着 dT 增加，蜗壳末端压力最大值逐渐降低，尾水管进口压力脉动最小值逐渐增大。分析原因可知，随着管路空间分段的增加，由基本管段中心到末端，管道摩阻及水体弹性需要考虑，否则因空间分段步长造成的截断误差会逐渐增大，影响计算精度。因此，在大尺度空间步长离散时，需要对电路等效模型进行修正。结合电路等效理论集总参数特点，若修正点位于基本管右侧，修正公式如式 (2-96) 所示，若修正点位于基本管左侧，修正公式如式 (2-97) 所示：

$$H_R = H'_{j,C} - \frac{R}{2}Q^t_{j,R} - \frac{L}{2}\frac{Q^t_{j,R} - Q^{t-1}_{j,R}}{\Delta t} \tag{2-96}$$

$$H_L = H'_{j,C} + \frac{R}{2}Q^t_{j,L} + \frac{L}{2}\frac{Q^t_{j,L} - Q^{t-1}_{j,L}}{\Delta t} \tag{2-97}$$

式中，H_R、H_L 为第 j 段单元管修正后水头；$H'_{j,C}$ 为第 j 段单元管修正前水头（即单元管中心点水头）；$Q^t_{j,R}$ 和 $Q^{t-1}_{j,R}$ 分别为第 t 和第 $t-1$ 时刻第 j 段基本管右侧流量；$Q^t_{j,L}$ 和 $Q^{t-1}_{j,L}$ 分别为第 t 和第 $t-1$ 时刻第 j 段基本管左侧流量；Δt 为仿真时间步长。

表 2-4　甩全负荷工况变尺度分段等效电路模型与特征线对比表

模型	分段步长	转速上升		蜗壳末端水头/m				尾水管进口压力脉动/m			
		峰值/%	时间/s	最大	修正	最小	修正	最小	修正	最大	修正
特征线	dT=0.02s	33.0	6.1	782.0	—	508.1	—	39.94	—	96.6	—
等效电路	dT=0.02s	33.0	6.1	780.7	781.8	508.9	508.1	41.55	40.18	94.8	96.34
	dT=0.05s	33.0	6.1	777.6	780.3	511.1	508.9	43.73	39.67	90.48	94.57
	dT=0.08s	33.0	6.1	775.8	780.1	512.4	509.5	46.2	40.15	89.36	95.31
	dT=0.5s	33.0	6.1	766.1	781.4	522.5	508.2	51.12	37.83	82.28	95.86

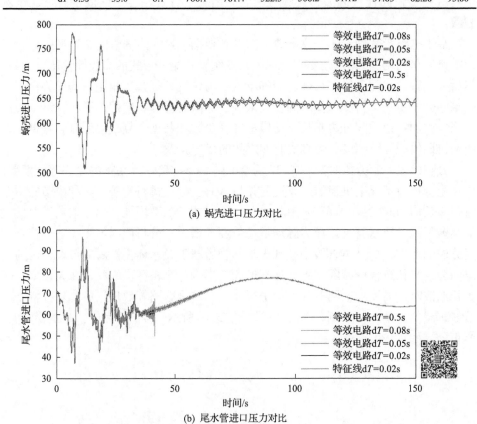

图 2-25　修正后变尺度分段等效电路模型与特征线对比图(彩图扫二维码)

　　如表 2-4 和图 2-25 所示，小尺度(dT<0.05s)空间离散模型由于管路分段数足够多，分段误差不足以影响计算精度，所以修正前后数值相近，均能满足工况仿真要求；大尺度空间离散模型经修正后，相比未修正小尺度模型计算精度更高，与 MOC 模型仿真结果更加吻合。在仿真计算中，MOC 模型分段步长为 0.02s，计算效率较低，然而经水头误差修正后的大空间尺度电路等效模型在精度上与

MOC 模型相当，计算效率得到显著提高。

2) 模型变时间步长离散分析

对于具有隐式矩阵形式的非线性常微分方程组(式(2-79))，进一步整理可得式(2-98)

$$X = -A^{-1}BX + A^{-1}C = EX + F \qquad (2\text{-}98)$$

式中，E 为系统特征矩阵，其特征值 $s_k (s_k = \sigma_k + \mathrm{j}\omega_k, k = 1, 2, \cdots)$ 表征系统稳定性，σ_k 为阻尼系数，ω_k 反映系统的振荡频率。实数特征值代表阻尼模态对应于抽水蓄能机组刚性水击，复数特征值代表振动模态对应于弹性水击。

如图 2-26 所示，在甩负荷工况过渡过程仿真中，随着空间分段步长增加，特征点数目减少，对应的系统维度减少，模型解算效率提高，并且 RAECM 所有特征点均分布于复平面左侧，对应所有 s_k 均处于负阻尼状态，满足系统稳定条件[44]。所有的复数特征点在复平面上呈对称分布，反映了弹性水击影响下水锤波在过水管路中往返运动特征。

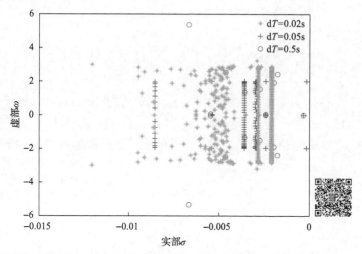

图 2-26　甩负荷工况下不同空间分段步长 RAECM 特征点分布图(彩图扫二维码)

为了保证抽水蓄能机组调节系统实时精细化电路等效模型在全工况范围内的计算精度，需要对不同求解算法下不同仿真时间步长的 RAECM 进行稳定性分析，分析内容如下所示。

(1) 显式龙格-库塔法。四阶显式龙格-库塔(Runge-Kutta, R-K)法[45]因其求解简单、编程容易，成为求解全微分方程组的传统方法并得到广泛应用，其数学表达式如式(2-91)所示：

$$\begin{cases} y_{n+1} = y_n + \dfrac{\Delta t}{6}(k_1 + 2k_2 + 2k_3 + k_4) \\[2mm] k_1 = f(t_n, y_n) \\[2mm] k_2 = f\left(t_n + \dfrac{\Delta t}{2}, y_n + \dfrac{\Delta t}{2} \cdot k_1\right) \\[2mm] k_3 = f\left(t_n + \dfrac{\Delta t}{2}, y_n + \dfrac{\Delta t}{2} \cdot k_2\right) \\[2mm] k_4 = f(t_n + \Delta t, y_n + \Delta t \cdot k_3) \end{cases} \tag{2-99}$$

式中，y_n 和 y_{n+1} 分别为抽水蓄能机组调节系统第 n 时刻和第 $n+1$ 时刻的模型输出；$\Delta t = t_{n+1} - t_n$ 为仿真时间步长；$f(t, y)$ 为式 (2-98) 所表征的模型函数。

(2) 隐式龙格-库塔法。基于拉道求积公式的隐式 R-K 法 (隐式 Radau ⅡA 法) 如式 (2-100) 所示，为非线性全微分方程组，该方法具有求解无条件收敛、数值稳定域更广、时间与空间步长独立等优点。

$$\begin{cases} y_{n+1} = y_n + \Delta t \displaystyle\sum_{i=1}^{2} b_i k_i \\[3mm] k_i = f\left(t_n + c_i \Delta t, y_n + \Delta t \cdot \displaystyle\sum_{j=1}^{2} a_{ij} \cdot k_j\right), \quad i = 1,2 \end{cases} \tag{2-100}$$

式中，c_i、b_i、a_{ij} 均为常数，由隐式 Radau ⅡA 法的 Butcher 阵列可得 $c_1=1/3$、$c_2=1$、$a_{11}=5/12$、$a_{12}=-1/12$、$a_{21}=3/4$、$a_{22}=1/4$、$b_1=3/4$、$b_2=1/4$。

四阶显式 R-K 法和隐式 Radau ⅡA 法的稳定性函数如式 (2-101) 和式 (2-102) 所示：

$$R_1(z) = 1 + z + \frac{z^2}{2} + \frac{z^3}{6} + \frac{z^4}{24} \tag{2-101}$$

$$R_2(z) = \frac{1 + \dfrac{z}{3}}{1 - \dfrac{2z}{3} + \dfrac{z^2}{6}} \tag{2-102}$$

式中，$z = \mathrm{d}T \cdot s_k$，$|R(z)| \leqslant 1$ 是式 (2-98) 数值求解的稳定条件[46]。分析空间离散步长 $\mathrm{d}T$=0.05s 的 RAECM 在不同仿真时间步长 ($\mathrm{d}T$ 为 0.02s、0.05s、0.1s 时) 求解的稳定性如图 2-26 所示。当空间离散步长 $\mathrm{d}T$ 满足库朗条件时，系统数值求解的稳定性特征点均在特征圆之内，这说明四阶显式 R-K 法和隐式 Radau ⅡA 法均能保证系统求解稳定 (图 2-27(a) 与 (b))；当时间离散步长大于空间离散步长时 (图 2-27(c))，$\mathrm{d}T$ 的增大导致 z 值增大，进而使特征点在复平面上的分布超出四阶显式 R-K 法的

稳定域，出现求解不稳定的现象，隐式 Radau ⅡA 法则仍能保证求解的绝对收敛。

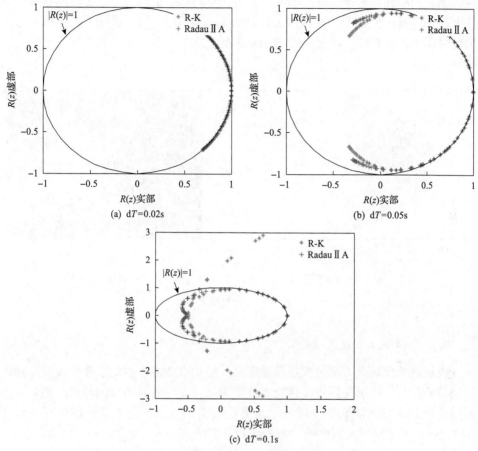

图 2-27　不同时间离散步长 RAECM 稳定性分析图

（3）显式 R-K 法与隐式 Radau ⅡA 法比较。四阶显式 R-K 法是用于求解非线性常微分方程组的主流方法。复杂抽水蓄能机组调节系统精细化模型的本质是具有隐式矩阵形式的非线性常微分方程。因此，采用显式差分法去求解具有隐式特征的系统，不仅严格受到库朗条件限制，并且时间与空间步长联系密切。相比四阶显式 R-K 法，隐式 Radau ⅡA 稳定性更好，时间步长与空间步长独立，但是内部的迭代求解使得模型的解算速度要劣于四阶显式 R-K 法。

如图 2-28（a）所示，四阶显式 R-K 法的绝对稳定域分布在复平面左面的有限区域（黑色和灰色区域），颜色越深稳定性越强，如果抽水蓄能机组调节系统模型运行于极端恶劣工况下，有压过水系统中可能会产生高频压力脉动，这会导致特征点 s_k 的虚部 ω_k 增大，特征点分布超出显式 R-K 法的绝对稳定域，模型的数值求解失稳。如图 2-28（b）所示，隐式 Radau ⅡA 法的绝对稳定域覆盖于复平面纵轴左侧所有区域及右侧的部分区域，稳定性要优于四阶显式 R-K 法，在大尺度时间步长下，仍能保证求解稳定。因此，如果抽水蓄能机组模型运行于库朗稳定性条件下，可选用四阶显式 R-K 法保证计算效率；当机组运行于极端工况下或采用大尺度时间步长仿真时，采用隐式 Radau II A 法求解更有利于系统全工况范围运行稳定。

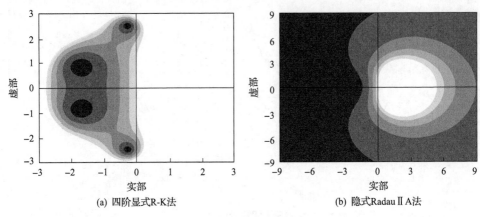

(a) 四阶显式R-K法　　　　　　　　　　(b) 隐式RadauⅡA法

图 2-28　绝对稳定域

2. 调节系统全工况数值仿真

能精确地反映全工况过渡过程动态品质的抽水蓄能机组调节系统模型是开展控制参数优化、机组关闭规律优化、性能测试及在线实时仿真的前提。因此，本节结合电站现场实测数据，进行抽水蓄能机组调节系统全工况数值仿真，验证RAECM 在全工况下的适应性、精确性和稳定性。

1) 实时精细化电路等效模型验证及全工况仿真

复杂抽水蓄能机组调节系统全工况仿真包括静态(无水)试验和动态(有水)试验。静态试验是将调速器设备与现场环境融合后的磨合测试，该试验是机组转机前的最后一道检测，是开展动态试验的前提。为了验证 RAECM 调速器模块的仿真精度，测试模型在无水试下的性能指标，设置主配压阀阶跃试验、主接力器(导叶)阶跃响应试验及最速开关机试验。动态试验是抽水蓄能机组在调试运行期间对各个工况及其工况转换进行测试，获得过渡过程各动态性能指标的试验。本节分别设置大波动工况及小波动工况，以验证 RAECM 在动态试验下的合理性及仿真精度。

2) 电站情况及仿真模型设置

以某抽水蓄能电站机组单管单机试运行期间各工况过渡过程为背景，针对该电站全流道输水系统实际布置情况，调节系统各模块在不同工况下真实运行参数

（抽水蓄能电站机组实际物理参数见表 2-5，有压过水系统各管段基本参数见表 2-6，上下游调压室基本参数见表 2-7），建立如图 2-29 所示的单管单机抽水蓄能机组等效电路网络拓扑图。采用基于改进 Suter-BP 神经网络的可逆式水泵水轮机插值模型解决水力-机械结合部耦合问题。按照 2.1.3 节建立调速器非线性模型。在满足库朗条件和求解稳定性条件的基础上，选取 $dT=0.5s$ 对全流道管路进行空间离散，并采用水头修正公式对离散截断误差进行补偿，得到复杂抽水蓄能机组 RAECM。进一步，设置主配压阀阶跃响应试验、主接力器阶跃响应试验和开关机时间试验并与现场实测数据进行对比，验证 RAECM 调速器模块模型精度。设置甩负荷工

表 2-5   抽水蓄能电站机组实际物理参数

转轮直径/m	安装高程/m	额定转速/(r/min)	额定流量/(m³/s)	额定水头/m	额定功率/MW	可逆式水泵水轮机参数			
						k_1	k_2	C_y	C_h
3.85	93	500	62.09	540	306	10	0.9	0.2	0.5

表 2-6   有压过水系统各管段基本参数

管段	长度/m	当量直径/m	等效面积/m²	调整波速/(m/s)	综合损失系数	备注
Lr1	444.23	6.197	30.16	1100	0.01489	上游水库至上调压室
Lr2	983.55	4.368	14.99	1200	0.02604	调压室至蜗壳
Lr3	170.4	4.304	14.55	1100	0.01013	尾水管至下调压室
Lr4	1065.2	6.577	33.97	1000	0.01479	下调压室至下游水库

表 2-7   上下游调压室基本参数

调压室	高程/m	面积/m²	阻抗孔面积/m²	流入损失系数	流出损失系数
上游调压室	678.49～687.50	12.57	12.57	0.001475	0.00108
	688.50～757.00	63.62			
下游调压室	91.10～130.00	15.90	15.90	0.0009217	0.0006767
	130.00～189.00	95.03			
	189.00～195.50	519.98			

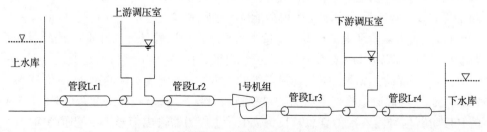

图 2-29   单管单机全流道系统管道布置拓扑图

况、水泵断电工况等极端工况试验，并与 MOC 模型、现场实测数据（采用 QuantumXMX840A-P 高速数据采集系统）进行对比，验证 RAECM 在大波动工况下的稳定性及适应性。设置空载开机及空载稳定运行试验，并与线性模型、现场实测数据进行对比，验证 RAECM 在小波动工况下的各动态指标仿真精度。

3）无水试验仿真

本节以 2.1.3 节建立的调速器非线性模型为基础，微机调节器采用并联增量型 PID 控制器与实际电站所用调节器保持一致，设置主配压阀阶跃响应试验、主接力器阶跃响应试验及最速开关机试验，将仿真数据与福伊特厂家调试的实测数据进行对比分析，分模块验证 RAECM 的合理性和仿真精度。在不同调节模式下，调速器各物理参数设置不同，但必须与现场试验所设置的参数严格保持一致，其初始参数设置如表 2-8 所示，各非线性环节参数设置如表 2-9 所示。

表 2-8　调速器模型初始参数设置

模式	比例增益 K_P	积分增益 K_I	微分增益 K_D	微分时间 T_{ID}	永态转差率 b_p	测频时间常数 T_c	主配时间常数	主接时间常数
频率调节	0.3	0.03	0.1	1	0	0.1	0.05	0.2
开度调节	0.9	0.13	0	1	4	0.1	0.05	0.2

表 2-9　调速器模型各非线性环节参数设置

频率死区	随动装置死区	比例放大系数 K_0	主配限幅环节		主接限幅环节		限速环节	
			$\delta_{p\min}$	$\delta_{p\max}$	$\delta_{j\min}$	$\delta_{j\max}$	$L_{\text{lim\_open}}$	$L_{\text{lim\_close}}$
0.0006	0.0137	7	−0.0131	0.00786	0	1.12	0.0124	−0.00747

（1）主配压阀阶跃响应试验。主配压阀阶跃响应试验用于测试主配压阀模块响应速度及非线性环节设置的合理程度。在试验的第 3s、6s、12s、18.5s、27s、36s 时刻依次对主配压阀模块单独施加−1%、+1%、−2%、+2%、−5%、+5%的阶跃信号输入，仿真时长为 50s。主配压阀的输出信号 y_B 的响应曲线如图 2-30 所示，主配压阀模型在不同阶跃信号下其仿真曲线与现场实测数据均能吻合，模型对微机调节器模拟不同工况输入信号的适应性较好，这说明在考虑随动死区、主配压阀限幅等非线性环节后，主配压阀模型能准确地反映调速器的真实运行状况。

（2）主接力器阶跃响应试验。主接力器阶跃响应试验又称导叶阶跃试验，该试验既要进行 5%以上的大幅度扰动，以测试电液转换系统的速动性，也要进行 1%～5%的小幅度扰动，以测试电液转换系统的灵敏性。在仿真试验的第 3s、9s、18.5s、26s、35s、47s 时刻依次对主接力器单独施加+1%、−1%、−2%、+2%、−5%、+5%的开度阶跃信号输入，仿真总时长为 60s。主接力器输出信号、主配压阀输出信号的变化曲线与厂家（福伊特公司）在相同阶跃设置下主接力器输出实测录波数据

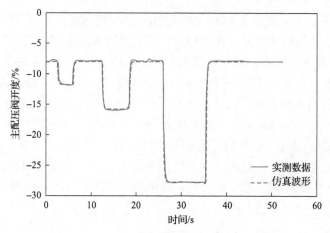

图 2-30 主配压阀阶跃响应输出曲线对比图

对比如图 2-31 所示。仿真结果显示，基于主配压阀-主接力器的两级液压执行机构非线性模型，考虑现场录波时的噪声干扰，主配压阀输出响应曲线与实测数据在变化幅值上会略有差异，但是曲线的动作规律相同，且阶跃信号越大，模型仿真曲线越接近于真实情况。在主接力器（即导叶开度）阶跃响应曲线与实测数据曲线对比中，曲线的动作趋势及阶跃响应幅值大致相同，仿真精度较高。值得注意的是，在每次阶跃的稳定区间中，受环境噪声影响，导叶开度的录波数据略有波动，模型稳定值基本等于实测值在该时间区间中取值的平均值，这进一步说明液压执行机构非线性模型的随动装置死区设置符合实际情况。

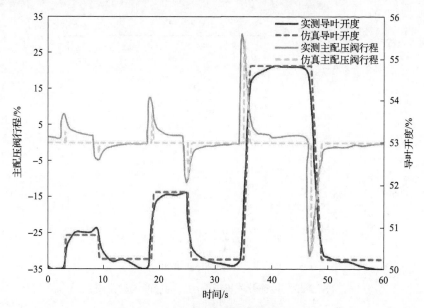

图 2-31 主接力器阶跃响应结果对比图

（3）最速开关机试验。最速开关机试验是检验调速器模型仿真精度及响应速度的重要环节，如果调速器模型在相同条件下的导叶开度输出与实测导叶录波数据误差较大，将会直接影响控制参数优化及机组关闭规律优化成果的工程应用价值。在最速开关机试验中，分别在第 3s、42s 对液压执行机构施加最大导叶开度即 ±112%额定开度的阶跃信号输入，仿真时长为 100s。设置最大导叶开度阶跃信号的目的是验证液压执行机构的限幅、限速等非线性环节的合理性。

如图 2-32(a)所示，在机组开机和关机过程中，主配压阀行程迅速进入饱和状态，并在开机过程和关机过程快结束时以一定速率相对缓慢地回到原点。仿真试验正确揭示了主配压阀带动主接力器运动的物理本质，主配压阀行程的仿真结果

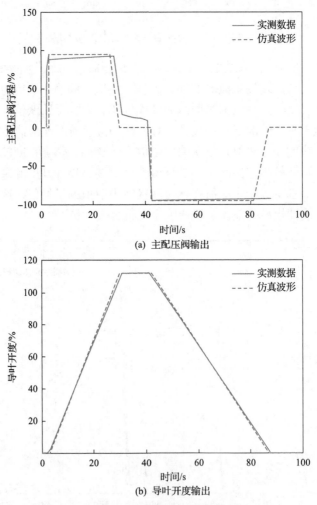

(a) 主配压阀输出

(b) 导叶开度输出

图 2-32　最速开关机试验动态响应曲线对比图

与实测数据具有相同的运动规律，随动装置死区及主配压阀限速等非线性环节设置合理。如图 2-32(b)所示，仿真模型在限速、限幅等非线性环节作用下，精确还原了工程实际中的导叶开度响应规律，导叶开启、关闭曲线及最大幅值与现场录波数据完全吻合，模型仿真所得导叶最快全开时间为 27s、最快关闭时间为 45s，与厂家设置参数一致，说明本节所建调速器非线性模型能准确地匹配真实调速器对不同反馈信号的响应结果，能可靠地应用于工程实际中。

4) 大波动工况仿真

水泵断电和甩负荷是影响抽水蓄能电站安全稳定运行最重要的大波动极端工况，同时也是检验仿真模型有效性和稳定性的典型工况，主要分为以下几个典型工况。

(1)水泵断电工况。设置上库水位为 731.9m，下库水位为 167.7m，流量为 $-49.37\text{m}^3/\text{s}$、机组出力为 279.93MW，跳开断路器时间为 7.82s，与现场数据采集时机组实际运行状况严格保持一致。将实测导叶开度数据输入到抽水蓄能机组 RAECM 中，得到水泵断电工况过渡过程中的各指标变化，并与 MOC 模型及现场实测数据对比。如图 2-33 所示，该导叶控制规律下水泵断电过渡过程全特性运行轨迹经历水泵工况区、水泵制动工况区、水轮机工况区及小部分的水轮机工况制动区，轨迹线虽然跨越工况恶劣的驼峰区和反"S"特性区域，但表 2-10 中仿真计算结果与实测值吻合较好，验证了 RAECM 的有效性和稳定性。综合分析图 2-34 及表 2-10，按照实际导叶关闭规律，RAECM 的各指标与 MOC 模型及现场实测指标数据的变化趋势基本相同，仿真曲线与实测曲线在较大部分尤其是指标极值区域具有较好的吻合度。

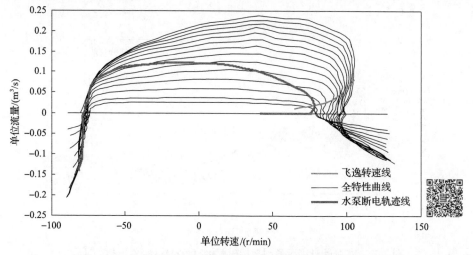

图 2-33　水泵断电工况全特性曲线运行轨迹图(彩图扫二维码)

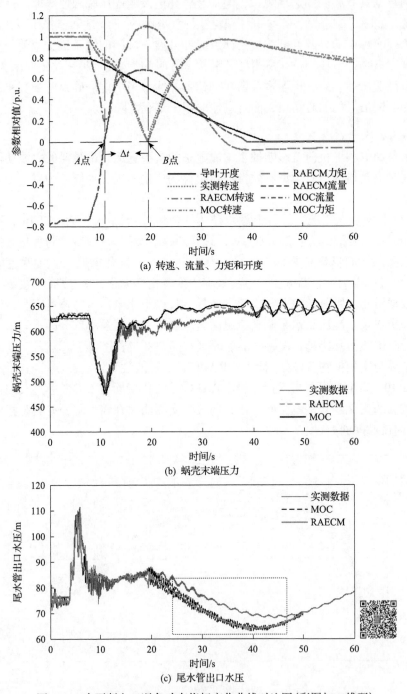

(a) 转速、流量、力矩和开度

(b) 蜗壳末端压力

(c) 尾水管出口水压

图 2-34　水泵断电工况各动态指标变化曲线对比图(彩图扫二维码)

表 2-10　水泵断电工况各动态指标参数对比

指标	蜗壳末端水头				转速上升		尾水管进口水头			
	最小值 /m	误差 /%	最大值 /m	误差 /%	上升率 /%	上升时间 /s	最小值 /m	误差 /%	最大值 /m	误差 /%
实测值	474.9	—	646	—	0.97	34.46	68.09	—	110.2	—
MOC	477.2	0.36	650.4	0.68	0.97	34.46	63.23	7.14	111.2	0.91
RAECM	473.2	0.48	647	0.16	0.97	34.46	64.19	5.73	110.7	0.46

如图 2-34(a)所示，按照实际导叶关闭规律，RAECM 的转速、力矩、流量指标的变化曲线与 MOC 模型仿真结果、现场实测数据曲线保持一致，且能准确地计算转矩反调值、反转流量峰值、反转转速峰值等关键指标。在此需要指出的是，在 B 点之前，可逆式水泵水轮机运行于全特性曲线水泵工况区与水泵制动工况区，转速为负值，然而现场录波系统采用齿盘测频方式，录波数据均为正值，为便于与实测值对比，模型仿真的转速数据在 B 点之前做绝对值处理。通过 RAECM 仿真结果分析可知，水泵断电工况发生后，转轮反转所需时间(B 点)大约为流量反向流动所需时间(A 点)的 2 倍，在 Δt 时间内，适当地减慢导叶关闭速度，充分地利用水流与转轮的异向特性可以有效地降低机组转速。由图 2-34(b)与(c)可知，相比现场实测数据，RAECM 与 MOC 模型的参数变化曲线更为接近，两种仿真模型计算结果与实测数据相比，虽然误差在允许范围之内，但是在某些地方仍存在差异(图 2-34(c)中虚线框内)，分析原因如下：①可逆式水泵水轮机模型试验资料和真实机组特性之间的差异；②仿真模型中有压过水系统的参数，如管道糙率、水击波速、摩阻系数与真实水道系统存在差异；③导叶关闭后，真实机组运行过程中尾水管压力脉动会导致实测值与仿真值在极值和变化过程上存在差异。由图 2-34 可知，RAECM 和 MOC 仿真曲线与实测曲线相比，变化趋势一致，仿真数值较实测数值留有一定的变化裕度，符合工程中电站过渡过程的计算要求。分析图 2-34(b)与(c)可知，经过 42.8s，导叶全关之后，MOC 模型仿真的蜗壳末端水头和尾水管出口水头出现了不衰减的高频振荡，而 RAECM 由于采用了稳定域更广的隐式 RadauⅡA 法求解，压力脉动呈逐渐衰减状态，且振荡幅值较小，与现场实测曲线更加吻合。

(2)甩负荷工况。甩负荷工况包括甩 100%、75% 及 50% 负荷，这里仅进行甩 75% 及 50% 负荷工况仿真试验，并与现场录波数据进行对比，分析 RAECM 的有效性、稳定性与模型精度。

甩 75% 负荷工况时，初始参数设置如下：上库水位为 729.3m，下库水位为 169.4m，初始流量为 45.80m³/s，初始力矩相对值为 0.7318，初始导叶开度相对值为 0.69，仿真时间为 50s，参数设置与现场试验初始工况严格保持一致。将现场录波得到的导叶开度值直接输入 RAECM 中，得到甩负荷工况各动态指标过渡过程，如表 2-11、图 2-35 所示。在图 2-35 中，RAECM 与 MOC 模型仿真转速的波动次数和曲线趋势均与实测数据吻合，最大转速出现时间保持一致。如图 2-35 和表 2-11 所示，相比 MOC 模型，RAECM 仿真所得蜗壳末端压力与尾水管进口压力变化曲线与实测录波数据曲线更为接近，仿真精度更高。RAECM 在导叶全关后采用隐式 Radau II A 算法求解，在输水管道中的水压脉动更接近于真实值，而 MOC 模型求解却表现出不衰减的水压振荡。

表 2-11　甩 75%负荷工况各动态指标参数对比

指标	蜗壳末端水头				转速上升		尾水管进口水头			
	最小值/m	误差/%	最大值/m	误差/%	上升率/%	上升时间/s	最小值/m	误差/%	最大值/m	误差/%
实测值	534.6	—	748.1	—	24.8	5.3	51.65	—	96.95	—
MOC	516.6	3.36	724.4	3.17	24.5	5.3	54.64	5.78	94.59	2.43
RAECM	533.1	0.28	737.9	1.36	23.7	5.3	51.77	0.23	96.97	0.02

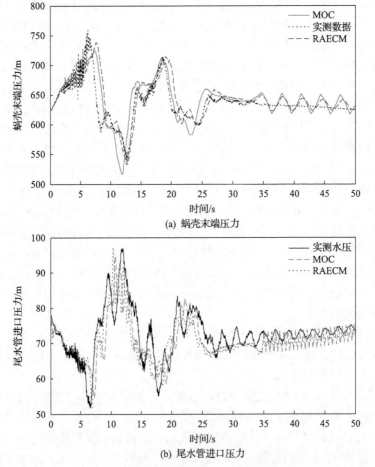

(a) 蜗壳末端压力

(b) 尾水管进口压力

图 2-35　甩 75%负荷工况水压指标对比图

　　甩 50%负荷工况时，初始参数设置如下：上库水位为 729.3m，下库水位为 169.4m，初始流量为 32.37m³/s，初始力矩相对值为 0.509、初始导叶开度相对值为 0.5186、仿真时间为 60s，参数设置与现场试验初始工况严格保持一致。将现场录波得到的导叶开度值直接输入 RAECM 中，得到甩负荷工况各动态指标过渡过程如表 2-12、图 2-36 所示。与甩 75%负荷工况相比，甩 50%负荷的过渡过程转速指标波动次数和转速上升率减少，蜗壳和尾水管水压变化幅值相对缓和。由图 2-37 可知，甩 50%负荷工况与甩 75%负荷工况相比，以较小导叶开度穿过飞逸线进入水轮机制动工况区，并且立即返回到水轮机工况区，过渡过程在"S"特性区域停留时间较短，穿越"S"特性区域的次数比甩 75%负荷工况少一次，因此其过渡过程动态指标要好于甩 75%负荷工况。分析表 2-12 及图 2-35，RAECM 和 MOC 模型所得尾水管进口水压幅值与实测录波数据相比分别存在 10.6%及 12.9%的最大误差，尾水管进口水压实测数据曲线变化剧烈、毛刺较多，推测在现场实际采样时可能遇到了强烈的噪声干扰。在进行调节保证计算时，对于蜗壳峰值及尾水管最小值常按照额定水头的 7%与水压波动最大幅值的 10%进行模型修正，以保证设计值具有更高的安全裕度，因此，RAECM 在抽水蓄能电站调节保证计算中具有较高的应用价值。

表 2-12　甩 50%负荷工况各动态指标参数对比

指标	蜗壳末端压力				转速上升		尾水管进口水头			
	最小值/m	误差/%	最大值/m	误差/%	上升率/%	上升时间/s	最小值/m	误差/%	最大值/m	误差/%
实测值	584.3	—	727.8	—	15.9	5.14	52.3	—	92.67	—
MOC	564.5	3.39	715.6	1.68	18.3	5.2	59.09	12.9	88.32	4.69
RAECM	572.4	2.04	727.6	0.03	17.6	5.32	57.84	10.6	86.5	6.66

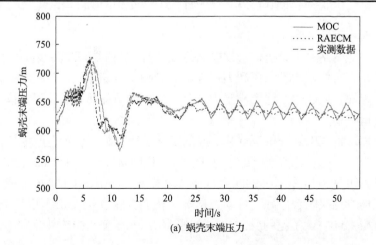

(a) 蜗壳末端压力

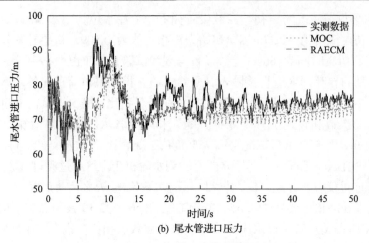

(b) 尾水管进口压力

图 2-36　甩 50%负荷工况水压指标对比图

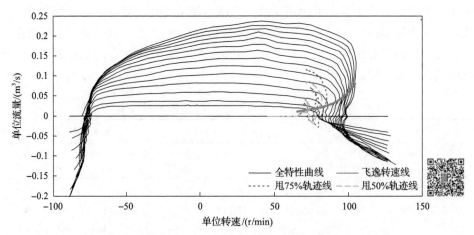

图 2-37　甩负荷工况全特性曲线运行轨迹图(彩图扫二维码)

5) 小波动工况仿真

抽水蓄能电站过水管道较常规电站复杂，且空载工况下机组运行远离设计工况点，转轮区可能产生的水压和力矩脉动会影响运行稳定性，对机组并网产生不利影响。因此，RAECM 除了满足大波动工况下调节品质要求，必须满足电站小波动工况运行稳定性。

根据抽水蓄能电站开机至空载工况的实际运行参数，设置上库水位为 729m，下库水位为 169m，空载导叶开度为 18.4%，机组转速达到 90%额定转速时切入 PID 控制。如图 2-38 所示，相同运行参数设置下，RAECM 和 MOC 模型的空载开机工况仿真结果吻合较好，各动态指标变化能准确地反映机组实际运行状态。为验证 RAECM 空载工况的稳定性，绘制阀门后水压变化曲线并分别与现场实测数据及 MOC 模型仿真结果对比，如图 2-39(a)所示，水头特征参数如表 2-13 所示，滤除数据采集噪声，实测阀门后水压处于波动状态，RAECM 与 MOC 模型均考虑水体及管壁弹性影响，其变化曲线与现场实测曲线基本吻合，相比 MOC 模型，RAECM 的水头波动裕度更大。在保证计算效率的同时，RAECM 解决了刚性水击模型不能仿真管道任意特征节点(阀门、调压室等)处压力变化的问题。为验证 RAECM 空载运行的电能质量，绘制空载稳定后机组转速曲线并与实测滤波数据及线性模型仿真曲线对比如图 2-39(b)所示，刚性水击模型的转速相对值为 1 并保持绝对稳定，RAECM 考虑了电站过水系统实际管路布置形式、水体、管壁弹性、水流摩擦损失等水力因素对机组转速的影响，其转速变化曲线波动状态与实测数据更加吻合，能真实地反映机组空载运行的实际情况。表 2-13 所示空载稳定工况下，RAECM 的机组转速摆动相对值为±0.3%，满足国标规定并网同期带 (−0.5%～+1%)要求。

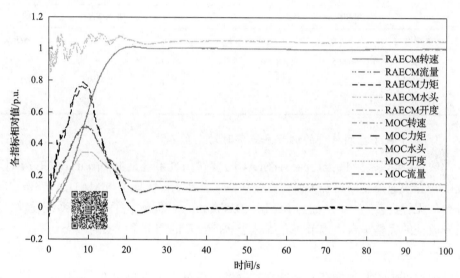

图 2-38　空载开机工况各动态指标变化曲线对比(彩图扫二维码)

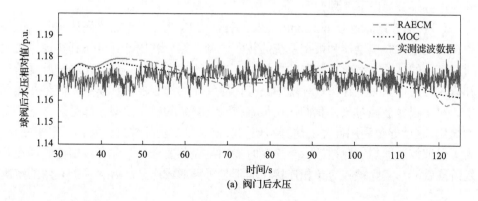

(a) 阀门后水压

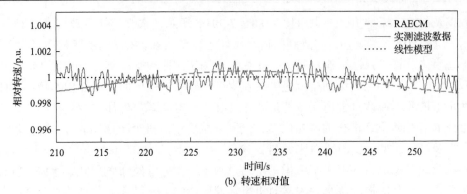

(b) 转速相对值

图 2-39　空载稳定工况各动态指标变化曲线对比

表 2-13　空载稳定工况各动态指标参数对比

指标	阀门后水头				转速动态指标	
	最小值/m	误差/%	最大值/m	误差/%	最小值/p.u.	最大值/p.u.
实测值	626.4	—	638.3	—	0.9971	1.003
MOC	627.5	0.18	635.6	0.42	—	—
RAECM	623.7	0.43	639.4	0.17	0.9969	1.003
刚性水击	—	—	—	—	1	1

3. 基于数字空间系统的调节系统实时动态仿真

数字空间系统(digital space, dSPACE)实时仿真系统是由德国 dSPACE 公司开发的一套快速控制原型开发及半实物仿真工作平台,实现了与 MATLAB/Simulink 平台的无缝连接[47-49],从而与 MATLAB/Simulink 共同构成了一套从系统设计、开发到验证的完整平台。本节将介绍基于 dSPACE 的调节系统实时动态仿真。

1) dSPACE 实时仿真系统简介

根据 dSPACE 实时仿真系统在控制器开发过程中所起到的不同作用,可以将其应用方式分为以下 3 种。

(1) 快速控制原型(rapid control prototyping, RCP)。在控制器设计与研制过程中,首先是建立控制器和被控系统的数学模型,然后利用计算机仿真实现,再次通过完善的试验方案对控制器的各项性能进行测试和优化,最后在经过反复验证和修改过后得到一个在仿真环境中具有优异性能的控制器仿真模型。但是在实际中,对于很多被控对象,我们往往很难得到其精确的数学模型,都是进行了一定的简化,这就导致利用计算机仿真实现的被控对象与实际被控对象有一定的差异。为了保证控制器与实际被控对象连接时能满足控制要求,开发者希望控制器在开发阶段就能与实际被控对象相连接,而不是等到形成产品之后。一个有效的解决方案是利用实时硬件平台实现控制器，然后通过硬件平台的 I/O 接口与实际被控对象进行连接，这就是快速控制原型的基本思想。RCP 技术的核心就是要缩短硬件实现的周期，而 dSPACE 的突出优点就是能实现从仿真模型到硬件实现的快速转换，其与被控对象的连接端口也仅仅需要非常简单的设置。dSPACE 作为控制器与实际被控对象形成闭环后，可以通过试验来测试控制算法的性能，如果性能不理想，可以很快地进行修改或重新设计，直到获得满意的控制算法。

(2)半实物仿真(hardware-in-the-loop simulation，HILS)。在控制器开发完成并形成产品后，需要在闭环下对其功能和性能进行全面测试，但考虑到控制器可能仍存在一些缺陷，如果直接与被控对象连接，可能会有安全隐患。除此之外，在很多情况下，将控制器布置到现场与实际被控对象一起做试验还会产生较高的经济成本，并且某些试验在现场可能并不允许做。因此，一个理想的解决方案就是利用硬件模拟被控对象，然后与控制器形成闭环，这就是半实物仿真的思想。dSPACE 具有丰富的 I/O 接口和较高的实时性，是实现被控对象实时仿真的理想平台，能非常方便地与控制器形成闭环。采用半实物仿真的技术后，就可以在控制器应用到现场之前，对其各项功能和性能指标进行完整的测试，显著降低了经济成本，消除了与实际被控对象进行试验可能出现的安全隐患。

(3)控制系统实时动态仿真运算。dSPACE 本身可以作为一个控制系统实时动态仿真的平台，既仿真控制器，又仿真被控系统。

2)dSPACE 实时仿真系统的特点

dSPACE 的硬件部分主要包括处理器和丰富的输入输出接口，输入输出接口的使用和配置非常简单。软件部分主要包括 RTI、ControlDesk、MLIB/MTRACE 等，RTI 的主要功能是实现 Simulink 仿真模型的实时代码生成和下载，ControlDesk 是面向图形的仿真界面开发环境，用户可以根据实际需求非常方便地搭建自己所需的控制界面。

dSPACE 实时仿真系统具有许多其他仿真系统无法比拟的优点[50]，主要包括以下几方面。

(1)组合性强：dSPACE 系统具有高度的集成性和模块性，其在设计中考虑了多数用户对处理器性能和 I/O 配置的需求，设计了一系列标准组件，用户可以根据实际需求灵活地选择处理器和 I/O 配置。

(2)过渡性好，易于掌握和使用：dSPACE 实现了从 Simulink 框图到硬件实时仿真的直接过渡，物理概念清晰，开发流程简单。

(3)对产品型实时控制器支持性强：基于 dSPACE 的快速控制原型开发技术使控制器能非常方便地在实际控制对象上进行闭环测试，缩短了控制器从实验室研发到形成产品的流程。

(4)快速性好：在对模型的结构或者参数进行修改后，可以在短周期内完成硬件实现和闭环试验，大大加速了控制器的开发过程。

(5)性价比高：dSPACE 作为一个开发平台，可以反复利用，并且能广泛地应用到各种控制器的开发和测试中。

(6)基于 PC 和 Windows 操作系统易于掌握和使用。

(7)实时性好：由于在仿真过程中外围测试软件只能通过内存映射来读取试验数据，而不会对实时运算的代码造成中断，所以 dSPACE 能充分地保证仿真的实时性。

3) 基于 dSPACE 的实时仿真平台开发步骤

dSPACE 与 MATLAB/Simulink 共同构成了从实时仿真系统设计、开发到测试的完整平台，开发步骤[51]可以概括如下。

步骤 1：建立控制器和被控系统的数学模型。

步骤 2：Simulink 离线仿真。利用 MATLAB/Simulink 平台建立控制器和被控对象的仿真模型，对控制系统进行离线仿真，并不断完善仿真模型。

步骤 3：I/O 接口配置和初始化设置。在 Simulink 中，保留需要下载到 dSPACE 的部分，然后从 RTI 库中拖入所需的 I/O 模块，并进行设置。

步骤 4：RTW 实时代码生成和下载。利用 RTW 将仿真模型自动转换为 C 代码，并完成编译连接和下载，将仿真模型下载为 dSPACE 处理器中实时仿真代码。

步骤 5：dSPACE 仿真测试。利用软件工具 ControlDesk 与实时仿真系统进行交互，更改模型参数，显示和存储试验数据。

4) 仿真实例

在 dSPACE 实时仿真平台上实现了抽水蓄能调节系统的实时动态仿真，建模所需要的参数采用某抽水蓄能电站的实际参数，仿真步骤如下所示。

(1)确定机组基本参数。抽水蓄能电站机组主要参数如表 2-14 所示。

表 2-14　抽水蓄能电站机组主要参数

参数名称	指标	参数名称	指标
可逆式水泵水轮机型号	HLN-LJ-550	机组惯性时间常数	10.8s
额定转速	250r/min	最小净水头/扬程	177.56m/190.97m
水轮机额定水头	195m	最大净水头/扬程	212.84m/222.58m
水轮机额定流量	176.2m³/s	水泵工况最大/最小扬程流量	126.7m³/s/151.3m³/s
水轮机工况出口直径	3.57m	水轮机空载流量	29.6m³/s
水轮机工况进口直径	5.259m	机组飞轮力矩	19300t·m²
飞逸转速	410r/min	机组导叶关闭时间	30~35s

HLN-LJ-550 型可逆式水泵水轮机的力矩特性曲线和流量特性曲线分别如图 2-40 和图 2-41 所示。

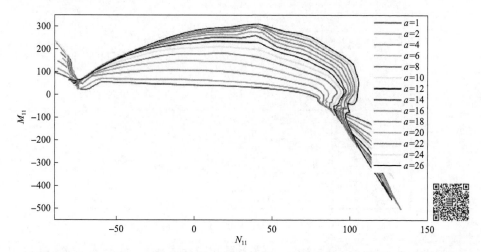

图 2-40　HLN-LJ-550 型可逆式水泵水轮机的力矩特性曲线(彩图扫二维码)

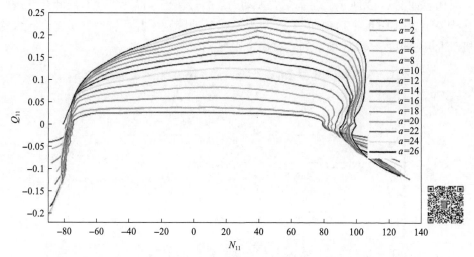

图 2-41　HLN-LJ-550 型可逆式水泵水轮机的流量特性曲线(彩图扫二维码)

(2)进行水轮机工况开机过程仿真。水轮机工况开机过程实时仿真如图 2-42 所示，机组初始状态为停机等待，调速器接到开机命令后立即进入开机过程，将导叶开度快速开启至第一开机开度，当机组转速上升到 90%额定转速时，调速器切换到 PID 调节，控制机组转速逐渐稳定到额定转速，机组转入空载稳定工况运行。利用 Controldesk 设计仿真界面，可以获得：①波形显示，即实时显示仿真过程中机组转速、导叶开度、水压等曲线；②模型参数设置，即手动设置和更改仿真模型的参数；③仿真控制，即仿真开始、停止及仿真时间设置。

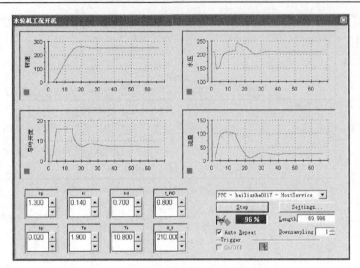

图 2-42　水轮机工况开机过程实时仿真

(3)进行抽水转发电过程仿真。抽水蓄能机组从水泵运行状态转到发电状态的实时仿真如图 2-43 所示,在水泵失去动力后,转速迅速减小,此时导叶开度按照直线关闭规律关闭到 30%满开度,等到机组转速降到零并反转后,机组进入水轮机工况开机过程,最后稳定到空载稳定工况。

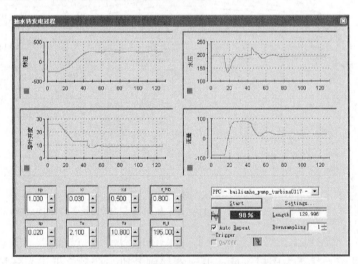

图 2-43　抽水转发电过程实时仿真

5)仿真平台应用

基于 dSPACE 的抽水蓄能机组调节系统实时仿真平台对抽水蓄能机组调速器及其仿真测试设备的开发都能起到重要作用。

(1)抽水蓄能机组调节系统半实物仿真。在抽水蓄能机组调速器的开发过程中，可以利用 dSPACE 充当调节系统的被控部分，与抽水蓄能机组调速器构成闭环，从而对调速器的功能和性能进行测试，抽水蓄能机组调节系统半实物仿真平台结构框图如图 2-44 所示。

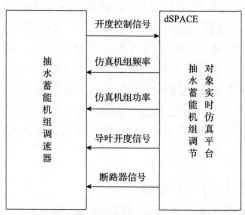

图 2-44　抽水蓄能机组调节系统半实物仿真平台结构框图

(2)抽水蓄能机组调速器快速控制原型。如图 2-45 所示，在抽水蓄能机组调节系统仿真测试仪的开发过程中，dSPACE 可以充当抽水蓄能机组调速器，与仿真测试仪形成闭环，辅助仿真测试仪进行各项试验功能的测试。另外，该平台上便于对调速控制策略进行反复修改，是进行可逆式水泵水轮机调速控制策略研究和测试的理想平台。

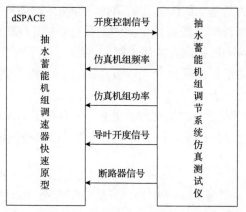

图 2-45　抽水蓄能机组调速器快速控制原型结构框图

2.2　抽水蓄能机组调节系统模型参数辨识

本节针对抽水蓄能机组调节系统非线性模型参数辨识的特殊要求，引入正交技术、混沌局部搜索算子、弹性球边界处理条件和自适应变异尺度系数策略，提出改进鸟群算法(improved bird swarm algorithm，IBSA)算法；针对抽水蓄能机组调节系统结构复杂、参数多变、强非线性的特点，提出一种抽水蓄能机组调节系统稀疏-鲁棒-最小二乘支持向量机(sparse-robust-least square support vector machine，S-R-LSSVM)辨识模型，通过引入极大线性无关组实现了支持向量的稀疏化，降低了模型的复杂度，基于改进的正态分布加权函数，增强了模型对于噪声和离群点的鲁棒性；本节将混沌搜索策略引入灰狼群优化(graywolf optimizer，GWO)算法提出一种基于混沌搜索的改进灰狼群优化算法；同时，本节提出一种混合策略改进万有引力搜索算法(mixed-strategy based gravitational search algorithm，MS-GSA)进行调节系统参数辨识，实现复杂工况下抽水蓄能机组调节系统模型参数的精确辨识。

2.2.1　基于粒子群算法的模型参数辨识

在确定机组调节系统非线性模型结构后，其参数辨识实际上可以等价为参数优化问题进行求解。基于智能优化算法的参数辨识方法具有不需要将带辨识对象进行线性化假设、辨识误差函数定义简单等特点，本节主要介绍粒子群和引力搜索等优化算法及特征参数辨识策略与算法在抽水蓄能机组调节系统中的应用。

1. 参数辨识算法

1)粒子群算法

粒子群优化算法是基于群体觅食运动的一种演化计算技术。粒子群优化算法将每个优化问题的解看作 D 维搜索空间中的没有质量、体积的粒子，用适应度函数的值来区别每个粒子所处位置的优劣程度。第 i 个粒子的位置表示为 $X_i=[x_{i1}, x_{i2}, \cdots, x_{iD}]$，它所经历的最好位置为 $P_i=[p_{i1}, p_{i2}, \cdots, p_{iD}]$，称作 P_{best}；群体中所有粒子搜索到的全局最好位置表示为 $P_g=[p_{g1}, p_{g2}, \cdots, p_{gD}]$，称作 G_{best}。每个粒子依据 P_{best} 和 G_{best} 确定速度在搜索空间内实现位置更新，所有粒子如此循环直至达到最大迭代次数或者满足优化条件结束。粒子的更新速度、位置和惯性权重如式(2-103)～式(2-105)所示。

$$v_{id}^{k+1} = \omega v_{id}^{k} + c_1 \mathrm{rand}_1 \left(p_{id}^{k} - x_{id}^{k} \right) + c_2 \mathrm{rand}_2 \left(p_{gd}^{k} - x_{gd}^{k} \right) \tag{2-103}$$

$$x_{id}^{k+1} = x_{id}^{k} + v_{id}^{k+1} \tag{2-104}$$

$$\omega = \omega_{\max} - \frac{\omega_{\max} - \omega_{\min}}{\mathrm{Iter}} \mathrm{iter} \tag{2-105}$$

式中，$1 \leqslant d \leqslant D$；$c_1$ 和 c_2 为加速常数 rand_1 和 rand_2 在[0,1]上的随机数；k 为迭代次

数；ω 为惯性权重；$\omega_{\max}$ 为最大权重；$\omega_{\min}$ 为最小权重；Iter 为最大迭代次数；iter 为当前迭代次数。

2) 万有引力搜索算法

万有引力搜索算法基于牛顿万有引力定律和第二运动定律，因其结构简单、易于实现且具有较好的全局搜索能力，已被广泛地应用于各类优化问题的求解。引力搜索算法(gravitational search algorithm，GSA)模仿自然界中广泛存在的万有引力现象，空间中带质量的粒子的位置代表优化问题的解，粒子位置的优劣由其对应的适应度值决定，质量较大的粒子具有较好的适应度值，粒子之间相互吸引并向质量较大的粒子移动。随着算法不断地进行迭代，空间中的所有粒子将聚集在质量最大的粒子附近，最终找到质量最大的粒子，质量最大粒子的位置为待优化问题的全局最优解，所对应的适应度值为全局最优值。接下来将具体介绍 GSA 算法的数学描述。

假设求解空间中有 N 个粒子，定义第 i 个粒子位置如式(2-106)所示：

$$X_i = \left[x_i^1, \cdots, x_i^d, \cdots, x_i^D \right], \quad i = 1, \cdots, N \tag{2-106}$$

式中，D 为粒子的维度；x_i^d 为第 i 个粒子在第 d 维上的位置。

粒子的质量可分为主动引力质量、被动引力质量及惯性质量，引力质量及惯性质量可通过粒子的适应度函数值计算。通常假设引力质量与惯性质量相等，粒子质量定义如下：

$$\begin{cases} m_i(t) = \dfrac{\text{fit}_i(t) - \text{worst}(t)}{\text{best}(t) - \text{worst}(t)} \\ M_i(t) = m_i(t) \bigg/ \displaystyle\sum_{j=1}^N m_j(t) \end{cases} \tag{2-107}$$

式中，$\text{fit}_i(t)$ 为第 i 个粒子的适应度值；$M_i(t)$ 为第 i 个粒子的质量。对于极小化问题，$\text{best}(t)$ 和 $\text{worst}(t)$ 的定义如式(2-108)所示，同理可知极大值问题求解时 $\text{best}(t)$ 和 $\text{worst}(t)$ 的定义。

$$\begin{cases} \text{best}(t) = \min \text{fit}_j(t) \\ \text{worst}(t) = \max \text{fit}_j(t) \end{cases} \tag{2-108}$$

根据牛顿万有引力定律，第 i 个粒子受到第 j 个粒子的作用力定义为

$$F_{ij}^d(t) = G(t) \frac{M_i(t) \times M_j(t)}{R_{ij}(t) + \varepsilon} \left[x_j^d(t) - x_i^d(t) \right] \tag{2-109}$$

式中，M_i 为第 i 个粒子的被动引力质量；M_j 为第 j 个粒子的主动引力质量；$G(t)$ 为

万有引力时间常数；ε 为一个很小的常数；$R_{ij}(t)$ 为粒子 i 与粒子 j 之间的欧氏距离，$R_{ij}(t) = \|X_i(t), X_j(t)\|_2$。

实际上引力时间常数 $G(t)$ 会随着时间的推移逐渐减小，定义为

$$G(t) = G_0 \cdot \exp\left(-\alpha \cdot \frac{t}{\text{max\_it}}\right) \tag{2-110}$$

式中，G_0 为引力常数的初始值；α 为固定不变的衰减因子；t 为当前迭代次数；max_it 为最大迭代次数。

第 i 个粒子受到来自其他粒子的引力合力用引力的随机加权和可以表示为

$$F_i^d(t) = \sum_{j=1, j \neq i}^{N} \text{rand}_j F_{ij}^d(t) \tag{2-111}$$

式中，rand_j 为[0,1]区间的随机数。

根据牛顿第二运动定律，第 i 个粒子的运动加速度 $a_i^d(t)$ 可依据式(2-112)计算获得

$$a_i^d(t) = \frac{F_i^d(t)}{M_i(t)} \tag{2-112}$$

依据当前时刻粒子的位置、速度和加速度，可进一步推求粒子在下一时刻的位置和速度，解空间中粒子位置和速度的更新公式如式(2-113)所示：

$$\begin{cases} v_i^d(t+1) = \text{rand}_i \times v_i^d(t) + a_i^d(t) \\ x_i^d(t+1) = x_i^d(t) + v_i^d(t+1) \end{cases} \tag{2-113}$$

式中，$v_i^d(t)$ 为粒子 i 在第 d 维上的移动速度；rand_i 为[0,1]区间的随机数。

3)改进万有引力搜索算法

改进万有引力搜索算法主要包括如下机制。

(1)精英引导策略。尽管万有引力搜索算法与粒子群算法相比具有更好的全局搜索能力，但粒子群算法结构更加简单，更加容易实现，因此到目前为止仍然被广泛地应用于各类优化问题的求解。粒子群算法的速度更新策略与万有引力搜索算法不同，粒子群算法采用粒子的个体记忆和群体信息交换引导粒子速度的更新，具体公式如下：

$$\begin{cases} v_i^d(t+1) = w(t)v_i^d(t) + c_1 \cdot r_1 \cdot [\boldsymbol{P}_{\text{best}}^d(t) - x_i^d(t)] + c_2 \cdot r_2 \cdot [\boldsymbol{G}_{\text{best}}^d(t) - x_i^d(t)] \\ x_i^d(t+1) = x_i^d(t) + v_i^d(t) \end{cases} \tag{2-114}$$

式中，r_1 和 r_2 为 $[0,1]$ 区间的随机数；c_1 和 c_2 为正的常数；w 为惯性权重；$\boldsymbol{P}_{\text{best}}$ 为粒子 i 所经历的最好位置；$\boldsymbol{G}_{\text{best}}$ 为所有粒子曾经经历过的最好位置。

在保留原始万有引力搜索算法速度更新策略的基础上，结合粒子群算法的特点，引入种群精英粒子 G_{best} 增加粒子的记忆能力和社会信息交换能力，改进后的算法速度更新公式如式(2-115)所示：

$$v_i^d(t+1) = r_1 v_i^d(t) + c_1 \cdot r_2 \cdot a_i^d(t) + c_2 \cdot r_3 \cdot [\boldsymbol{G}_{\text{best}}^d(t) - x_i^d(t)] \tag{2-115}$$

式中，$\boldsymbol{G}_{\text{best}}$ 为全体粒子所经历过的最优位置，在迭代过程中不断更新；r_1、r_2、r_3 均为 $[0,1]$ 区间内的随机数；c_1、c_2 为学习因子，其中 $c_1 = 1 - \dfrac{\text{iteration}^3}{\text{Max\_it}^3}$，$c_2 = \text{iteration}^3 / \text{Max\_it}^3$。

(2) 自适应万有引力常数衰减因子。在万有引力常数函数 $G(t)$ 的计算公式中引力衰减指数 α 又直接影响 $G(t)$ 的变化速度，当 α 值较大时，$G(t)$ 以很快的速度下降，算法的收敛速度加快，反之当 α 值较小时，$G(t)$ 的下降速度较慢，算法的收敛速度变缓。传统的 GSA 算法中 α 在迭代过程中为固定不变的常数，限制了算法性能，为提高 GSA 算法的搜索性能，本节提出一种自适应万有引力常数衰减因子：

$$\alpha(t) = \alpha_0 + \varpi \cdot \sinh[\delta \cdot (t / \text{max\_it} - \theta)] \tag{2-116}$$

式中，α_0 为万有引力常数衰减因子的初始值；t 为当前迭代次数；max_it 为最大迭代次数；ϖ 和 δ 为缩放因子，$\varpi \in [0,1]$，$\delta > 1$；θ 为移位因子。通过调节以上三个参数可以获得最优的万有引力常数衰减因子变化过程。

为了展示万有引力常数衰减因子随着迭代次数的变化过程，传统的万有引力常数衰减因子以及本节提出的自适应万有引力常数衰减因子变化过程如图 2-46 所示。图 2-46(a) 展示了万有引力常数衰减因子 $\alpha(t)$ 的变化，图 2-46(b) 展示了相应的万有引力常数 $G(t)$ 的变化。具体参数设置如下：$\alpha_0 = 20$，$G_0 = 100$，$\varpi = 1$，$\delta = 10$，$\theta = 0.35$。从图 2-46 可以看出，在算法迭代早期万有引力常数具有较大的值，可以加强算法的探索能力，在算法迭代后期万有引力常数具有较小的值，可有效地提高算法的收敛性。

(3) 变异操作。采用自适应的柯西高斯变异增加种群的多样性避免算法早熟和陷入局部极小值。柯西变异和高斯变异的概率密度分布函数如式(2-117)所示：

$$\begin{cases} f(z) = \dfrac{1}{\sqrt{2\pi}\sigma} \exp[-(z-u)^2 / (2\sigma^2)] \\ f(z) = \dfrac{1}{\pi} \dfrac{\gamma}{\gamma^2 + (z-z_0)^2} \end{cases} \tag{2-117}$$

式中，u 为均值，σ^2 为方差，$N(u,\sigma^2)$ 为正态分布（高斯分布）；$\gamma > 0$ 为比例参数，z_0 为峰值位置，$C(z_0,\gamma^2)$ 为柯西分布。高斯分布和柯西分布的概率密度函数曲线如图 2-47 所示。

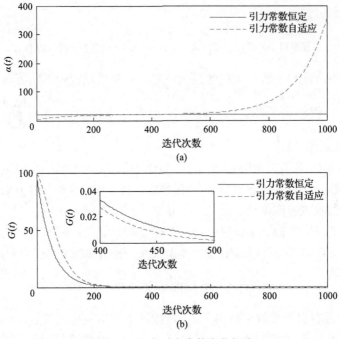

图 2-46   万有引力常数变化规律

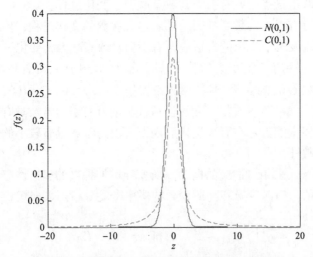

图 2-47   高斯分布和柯西分布概率密度函数曲线

由图 2-47 可知，标准正态分布范围较小，更适合应用于算法后期提高其局部搜索能力，加快算法收敛于最优值，而柯西分布概率密度函数具有更宽的分布范围，因此可以被用在算法早期提高其探索能力，增加种群的多样性，避免算法早熟和陷入局部极值。粒子位置变异操作公式如下所示：

$$X_{\text{new}} = X\{1 + \beta[\eta N(0,1) + (1-\eta)C(0,1)]\} \tag{2-118}$$

为确保变异策略的有效性且保证算法种群大小不变，将原有粒子与经变异操作新产生的粒子混合，根据适应度值的好坏优选出前 N 个较好的粒子作为当前新的种群。

2. 参数辨识策略

已知对象模型的参数辨识问题，可以转化为优化问题。优化的目标为实际系统与辨识系统间的偏差，一般用系统输出差值表示，优化变量为待辨识参数。在假定辨识系统模型能真实反映实际系统的前提下，通过对未知参数的寻优，使辨识系统输出与实际系统输出趋于一致，如果辨识系统模型与实际系统"模型"相同，则可认为辨识系统参数与实际系统参数相同，从而辨识出实际系统参数。辨识系统模型选择如图 2-48 所示。

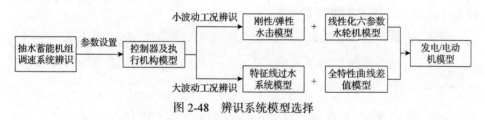

图 2-48　辨识系统模型选择

由此可知，目标函数(适应度函数)在基于智能优化的参数辨识中具有重要作用，目标函数需要反映实际系统与辨识系统间的偏差，一般选取实际系统中的可测状态量与辨识系统进行比较。相关研究多选用系统最后环节输出构造目标函数，传统目标函数(traditional objective function，TOF)定义为

$$C_{\text{TOF}}(\theta) = \sum_{k=1}^{K} [x(k) - \hat{x}(k)]^2 \tag{2-119}$$

式中, x 为实际系统最后环节输出; $\hat{x}$ 为辨识系统最后环节输出; k 为采样点, $\theta = [K_{\text{P}}, K_{\text{I}}, K_{\text{D}}, T_y, T_w, T_a, e_g]$ 为需辨识参数向量。

然而，在实际工程中，系统的可测输出量不止一项，除了最后环节，其他环节输出也是参数向量 θ 的函数，且可能对参数向量具有不同的观测效果，反映出更多的参数信息。因此，在可逆式抽水蓄能机组调节系统辨识中，可以考虑选择调速器控制信号输出 σ，调速器电液随动系统位移 y，可逆式水泵水轮机力矩 m_t，机组转速 x 为系统输出项，构造目标函数。改进的目标函数定义为

$$C_{IOF}(\theta) = \sum_{k=1}^{K} \sum_{j=1}^{n} w_j [z_j(k) - \hat{z}_j(k)]^2 \qquad (2\text{-}120)$$

式中，实际系统输出向量 $z = [\sigma, y, m_t, x]$；辨识系统输出向量 $\hat{z} = [\hat{\sigma}, \hat{y}, \hat{m}_t, \hat{x}]$；权重向量 $w = [w_1, w_2, w_3, w_4]$；N 为采样数；n 为系统输出数。

在 IOF 中，选择了四种系统输出，每个系统输出均是待辨参数的函数，均能反映辨识参数相关信息，但它们的信息"反映度"可能并不相同，在目标函数中对参数辨识的贡献也不一样，需要为它们赋予不同权重。系统输出是待辨参数的函数，当辨识的参数偏离真实值时，实际系统的不同环节输出与辨识系统的对应环节输出间的偏差可能不一致，各环节实际系统与辨识系统间的偏差反映了系统输出对参数变化的敏感度。如果在同一参数偏差下，环节输出偏差越大，则该环节越能反映参数的变化情况，携带的参数信息也就越多，更能"测量"辨识参数与实际参数的偏离程度，在目标函数中能起到更大作用，应赋予更大的权重。

系统输出赋权重工作在实验室环境下完成，模拟实际系统。设定一组参数为实际系统的真实参数 θ^*，得到系统各环节真实输出。在真实参数的基础上给参数施加一定的偏移量 Δ，记录偏移情况下的系统各环节输出，依据各环节输出的偏移量计算权重。具体步骤如下所示。

步骤 1：设定系统真实参数 θ^*，仿真得到系统环节输出 z_i^*，$i = 1, 2, 3, 4$。

步骤 2：给参数施加偏移量 $\theta_j = \theta_j^* \times (1 + \Delta\%)$，仿真得到系统输出 $z_i^{\Delta j}$，$j = 1, \cdots, m$，m 为参数向量维数。

步骤 3：计算第 i 个权重，$W_i = \sum_{i=1}^{m} \sum_{k=1}^{N} [z_i^*(k) - z_i^{\Delta j}(k)]^2$，$i = 1, 2, 3, 4$。

步骤 4：权重归一化，$w_i = \dfrac{W_i}{\sum W}$。

基于 IGSA 的可逆式抽水蓄能机组调节系统辨识策略如图 2-49 所示。首先，施加一定输入信号激励实际系统，采集实际系统各环节的动态响应过程 $[\sigma, y, m_t, x]$；其次，为辨识系统进行参数初始化，并给其施加相同的系统输入，采集环节输出 $[\hat{\sigma}, \hat{y}, \hat{m}_t, \hat{x}]$；再次，实际系统输出与辨识系统输出构造适应度函数 $C(\theta)$；最后，用 IGSA 优化 $C(\theta)$，将每次循环得到的最优值 $\hat{\theta}$ 更新辨识系统参数，仿真得到新的辨识系统输出，依次类推，直至得到满意的辨识参数。

3. 实例验证

运用某抽水蓄能电站仿真测试数据验证基于 IGSA 的抽水蓄能机组调节系统辨识策略的可实现性和精度。调节系统线性和非线性模型辨识结果如表 2-15 和表 2-16

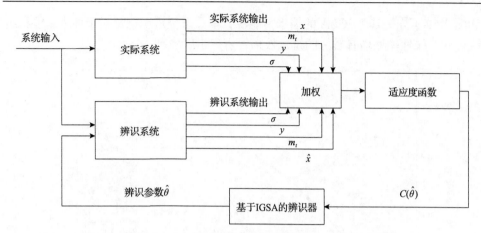

图 2-49　基于 IGSA 的可逆式抽水蓄能机组调节系统辨识策略

表 2-15　调节系统线性模型辨识结果

模型参数	参数原始值	参数辨识值	辨识精度
K_P	4.0	3.86	0.0350
K_I	0.4	0.39	0.0250
K_D	5.0	4.93	0.0140
T_y	0.2	0.2	0
T_w	3.7	3.59	0.0297
ex	−0.21	−0.2	0.0476
ey	1	0.98	0.0200
eh	0.97	0.95	0.0206
eqx	0	0	0
eqy	1.0	1.01	0.0100
eqh	0.9	0.86	0.0444

表 2-16　调节系统非线性模型辨识结果

模型参数	参数原始值	参数辨识值	辨识精度
K_P	1.2300	1.1300	0.0813
K_I	0.1600	0.1600	0
K_D	1	1.1000	0.100
T_y	0.2000	0.2100	0.0499
T_w	3.7000	3.5400	0.0432
T_a	10.800	10.930	0.01203
en	0.1620	0.1600	0.01234

所示，抽水蓄能机组调节系统模型辨识对比如图 2-50 所示。由表 2-15、表 2-16

和图 2-50 可知，基于 IGSA 的抽水蓄能机组调节系统辨识策略对于抽水蓄能机组线性和非线性模型均有较好的辨识效果，辨识精度较高。

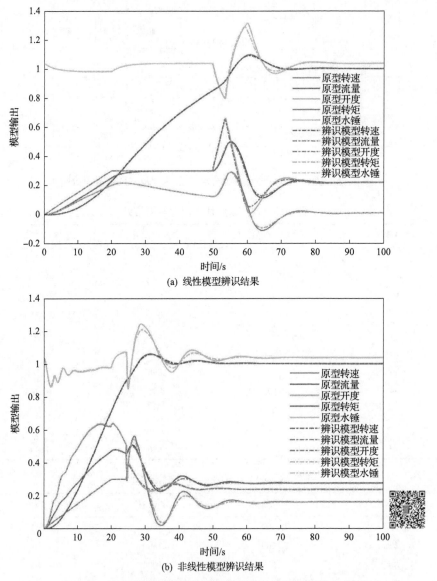

(a) 线性模型辨识结果

(b) 非线性模型辨识结果

图 2-50　抽水蓄能机组调节系统模型辨识对比(彩图扫二维码)

2.2.2　基于改进回溯搜索算法的模型参数辨识

抽水蓄能机组调节系统参数辨识和模型参数的不确定性分析都可以看作一类最优化问题，本节基于改进回溯搜索算法(improved backtrace algorithm，IBSA)和差分进化自适应 Metropolis 算法 (differential evolution adaptive Metropolis, DREAM)，结合前面所述抽水蓄能机组调节系统非线性模型，研究抽水蓄能机组调节系统参数辨识及其不确定性分析的问题框架和求解思路。

1. 参数辨识方法

针对研究对象模型结构已知而参数未知的辨识问题，通常需要构造一类关于待辨识参数的优化估计模型，并通过最优化方法进行求解。基于智能优化算法的非线性系统参数辨识基本思路如下：以待辨识参数集为决策变量，将所建立非线性模型多环节仿真输出结果与真实系统实测值的偏差最小作为优化目标，通过智能优化算法在决策空间内不断进化迭代，得到目标函数最小的参数组合为最终辨识结果。

对于抽水蓄能机组调节系统的参数辨识问题而言，一个有效的辨识模型如图 2-51 所示。

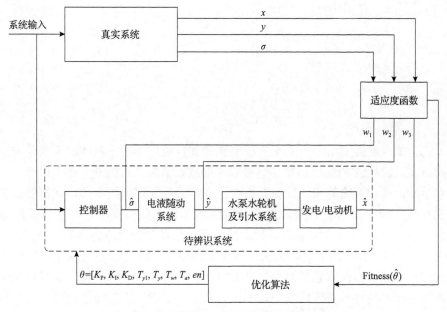

图 2-51　抽水蓄能机组调节系统参数辨识模型

以 2.1 节所述抽水蓄能机组调节系统非线性模型为研究对象，其待辨识参数集为 $\hat{\theta} = [K_P, K_I, K_D, T_{y1}, T_y, T_w, T_a, en]$，对真实系统和待辨识模型施加相同的输入激励，采集获取真实调节系统的微机调节器控制输出 σ，电液随动系统输出 y，机组转速信号 x，通过 IBSA 优化算法不断优化调整 $\hat{\theta}$ 的值获取模型相应的输出 $\hat{\sigma}, \hat{y}, \hat{x}$，为使模型输出与真实系统输出偏差最小，综合考虑调节系统多环节输出

后目标函数设置为 $\text{Fitness}(\hat{\theta}) = w_1(\sigma - \hat{\sigma})^2 + w_2(y - \hat{y})^2 + w_3(x - \hat{x})^2$，$w_1$、$w_2$、$w_3$ 为环节权重。需要指出的是，调节系统各环节的输出对参数辨识的贡献度不同，各环节的权重计算在实验室环境完成，通过参数摄动的方式，计算多个环节输出对参数变化的敏感度[52-54]。

2. 实例验证

为验证基于 IBSA 的调节系统参数辨识与基于 DREAM 的调节系统参数辨识不确定性分析方法的有效性，本节基于第 2 章所述抽水蓄能机组调节系统非线性建模方法对我国某抽水蓄能电站机组建立仿真平台，由于缺乏现场试验数据，设置一组 $\theta = [K_P, K_I, K_D, T_{y1}, T_y, T_w, T_a, en]$ 作为真实值，记录各环节输出动态过程作为真实系统输出进行实验与分析。

为评估调节系统参数辨识的精度，采用参数误差(parameter error，PE)和平均参数误差(average parameter error，APE)指标来衡量其辨识结果的准确性，PE 与 APE 的计算公式如下所示：

$$\begin{cases} \text{PE} = \dfrac{|\theta_i - \hat{\theta}_i|}{\theta_i} \times 100\%, & i = 1, 2, \cdots, m \\ \text{APE} = \dfrac{1}{m} \sum_{i=1}^{m} (\text{PE})_i \end{cases} \tag{2-121}$$

选择抽水蓄能机组调节系统的频率扰动和负荷扰动两个典型试验工况进行仿真辨识实验，尽管 PID 控制器参数可以在可逆式水泵水轮机调速器上设置，为验证本节所提辨识策略的完整性和有效性，待辨识参数集仍包含 PID 控制器参数，分别在机组稳定运行状态时施加单位阶跃的频率和负荷扰动，仿真时长设置为 50s，采样频率设置为 100Hz，两种工况的真实参数分别设定为[8.7, 0.35, 1.9, 0.2, 0.02, 1.3, 10.8, 1.0]、[6.7, 0.45, 0.5, 0.18, 0.02, 1.3, 10.8, 0.9]。考虑到工程实际中获取的抽水蓄能机组调节系统测量数据通常包含环境干扰和测量噪声，其对调节系统参数辨识准确性和鲁棒性的干扰不可忽视，本节通过在调速器电气输出、导叶开度、机组转速环节分别添加使用 awgn 函数模拟的环境和测量噪声，进行不同信噪比下的参数辨识实验。

1) 频率扰动及负荷扰动试验

为验证本节所提 IBSA 算法的有效性，采用 PSO、GSA、BSA 优化算法作为对照组进行调节系统参数辨识实验。算法设置如下：PSO、GSA、BSA、IBSA 的种群规模均设置为 40，迭代次数设置为 200，其中 PSO 的系数 $w=0.5$，$c_1=c_2=2.0$，GSA 的 $G_0=30$，$b=10$，BSA 使用默认的扰动系数 $F=3 \cdot \text{rand}n$。待辨识参数的决策变量空间设置为真实值的[50%, 150%]，信噪比设置为 90dB，考虑到智能优化算法的随机性，每组实验重复 10 次，结果取其平均值。

表 2-17 和表 2-18 展示了两种不同工况下不同优化方法获得的参数辨识结果，从各算法的参数辨识精度 PE 和平均参数辨识精度 APE 指标可以看出，BSA 算法取得了和 GSA 相近或更优的辨识效果，它们均明显优于 PSO 算法的辨识精度，可能由于抽水蓄能机组调节系统内在强烈非线性和信号噪声的原因，PSO 未能成功辨识电液随动系统相关时间常数等参数。IBSA 的辨识精度相比传统 BSA 有了较大的提高，这说明所述正交初始化、混沌局部搜索等改进策略有效地提高了算法的搜索性能和收敛精度。值得指出的是 IBSA 在频率扰动工况下最大参数辨识误差仅为 0.017，远低于 GSA 的 0.127 和 BSA 的 0.072，负荷扰动工况下尽管 T_{y1} 误差有所增长，但仍然明显优于对照组结果。

表 2-17　频率扰动工况参数辨识结果对比

θ_i	真实值	PSO		GSA		BSA		IBSA	
		$\hat{\theta}_i$	PE	$\hat{\theta}_i$	PE	$\hat{\theta}_i$	PE	$\hat{\theta}_i$	PE
K_P	8.7	8.428	0.031	8.617	0.010	8.687	0.001	8.703	0.000
K_I	0.35	0.463	0.323	0.32	0.086	0.331	0.054	0.356	0.017
K_D	1.9	2.35	0.237	1.936	0.019	1.908	0.004	1.917	0.009
T_y	0.2	0.277	0.385	0.199	0.005	0.2	0.000	0.198	0.010
T_{y1}	0.02	0.01	0.500	0.021	0.050	0.019	0.050	0.02	0.000
T_w	1.3	1.445	0.112	1.135	0.127	1.207	0.072	1.293	0.005
T_a	10.8	9.523	0.118	11.457	0.061	11.54	0.069	10.883	0.008
en	1	1.205	0.205	0.918	0.082	0.958	0.042	0.996	0.004
APE		0.239		0.055		0.037		0.007	

表 2-18　负荷扰动工况参数辨识结果对比

θ_i	真实值	PSO		GSA		BSA		IBSA	
		$\hat{\theta}_i$	PE	$\hat{\theta}_i$	PE	$\hat{\theta}_i$	PE	$\hat{\theta}_i$	PE
K_P	6.7	7.351	0.097	6.638	0.009	6.726	0.004	6.71	0.001
K_I	0.45	0.415	0.078	0.448	0.004	0.445	0.011	0.451	0.002
K_D	0.5	0.45	0.100	0.412	0.176	0.427	0.146	0.481	0.038
T_y	0.18	0.197	0.094	0.183	0.017	0.21	0.167	0.172	0.044
T_{y1}	0.02	0.03	0.500	0.027	0.350	0.024	0.200	0.023	0.150
T_w	1.3	1.469	0.130	1.451	0.116	1.432	0.102	1.392	0.071
T_a	10.8	11.44	0.059	10.873	0.007	11.21	0.038	10.854	0.005
en	0.9	1.259	0.399	0.96	0.067	0.947	0.052	0.906	0.007
APE		0.182		0.093		0.090		0.040	

　　图 2-52(a)～(c) 和图 2-53(a)～(c) 展示了两种不同工况下真实参数和 IBSA 算法优化辨识参数对应的机组转速动态响应、导叶接力器输出、调速器电气输出，图 2-52(d)～(f) 和图 2-53(d)～(f) 分别展示了不同环节的辨识残差，可以看出，基于 IBSA 的辨识系统输出与实际系统输出之间误差极小，辨识精度极高。

　　图 2-54 展示了频率扰动和负荷扰动工况下不同优化算法的目标函数收敛曲线，从图 2-54 中可以看出，频率扰动工况下，PSO 经过 20 次迭代后陷入局部最优，提前收敛；GSA 和 BSA 经过前 80 代下降后趋于稳定，适应度函数值逼近全局最佳；IBSA 得益于优秀的初始解生成和局部搜索策略，相比 BSA 获得了较好的收敛速度和最终辨识精度。负荷扰动工况下 PSO 提前收敛到局部最优解，难以

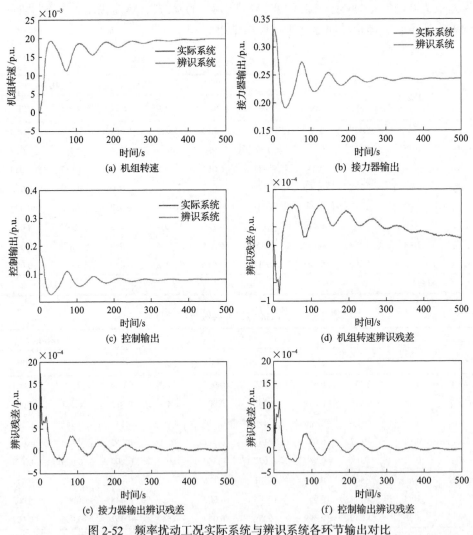

(a) 机组转速　　　　　　　　　　　(b) 接力器输出

(c) 控制输出　　　　　　　　　　(d) 机组转速辨识残差

(e) 接力器输出辨识残差　　　　　　(f) 控制输出辨识残差

图 2-52　频率扰动工况实际系统与辨识系统各环节输出对比

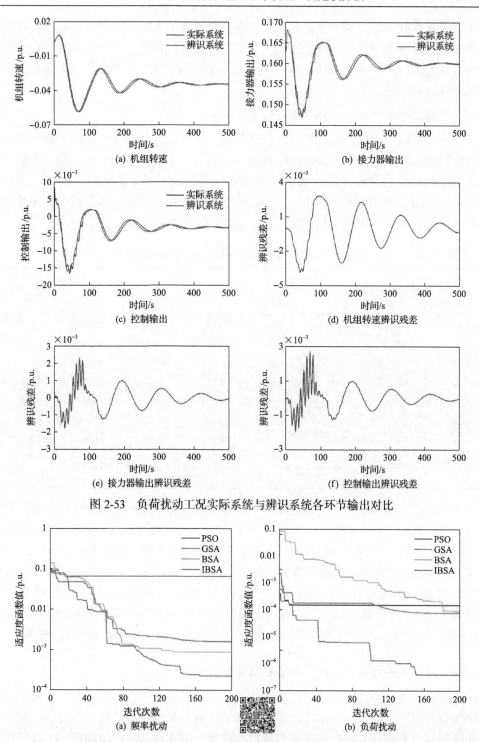

图 2-53　负荷扰动工况实际系统与辨识系统各环节输出对比

图 2-54　频率扰动和负荷扰动工况下不同优化算法适应度收敛曲线(彩图扫二维码)

· 100 ·

抽水蓄能机组调节系统建模、优化与评估

获取最优参数；GSA 初始下降较快，但适应度函数值下降到 10^{-3} 水平后精度提升缓慢；BSA 初始解性能较差，但因其合适的交叉变异策略，适应度函数值仍能维持下降趋势；IBSA 适应度函数值呈现平稳快速下降趋势，反映出 IBSA 良好的全局勘探和局部搜索能力。

2）测量信号信噪比对辨识精度的影响分析

工程实际中调节系统的测量数据通常包含环境噪声及测量噪声的干扰，不同强度噪声干扰下的参数辨识性能值得进一步研究，本节通过向频率扰动工况的调速器电气输出、导叶开度、机组转速输出信号添加不同方差的噪声信号，模拟 90dB、50dB、20dB 不同信噪比的参数辨识实验场景，选用上面参数辨识实验表现最优的 IBSA 算法作为优化算法，实验结果如表 2-19 所示。

表 2-19　不同信噪比条件下调节系统参数辨识结果

θ_i	真实值	90dB		50dB		20dB	
		$\hat{\theta}_i$	PE	$\hat{\theta}_i$	PE	$\hat{\theta}_i$	PE
K_P	8.7	8.703	0.000	8.65	0.006	8.542	0.018
K_I	0.35	0.356	0.017	0.35	0.000	0.341	0.026
K_D	1.9	1.917	0.009	1.887	0.007	2.234	0.176
T_y	0.2	0.198	0.010	0.195	0.025	0.172	0.140
T_{y1}	0.02	0.02	0.010	0.0193	0.035	0.026	0.300
T_w	1.3	1.293	0.005	1.28	0.015	1.387	0.067
T_a	10.8	10.883	0.008	10.92	0.011	10.583	0.020
en	1	0.996	0.004	0.983	0.017	0.979	0.021
APE		0.007		0.015		0.096	

从表 2-19 中可以看出，相比 90dB 高信噪比场景下优秀的辨识精度，50dB 场景下参数辨识误差有所增大，但整体效果良好，其中电液随动系统和过水系统因其死区、间隙、限幅等非线性环节的存在，相关参数的辨识误差较大。当信噪比降低到 20dB 时辨识误差显著增大，除了 K_p、T_a 等个别参数，其余参数辨识误差较大，难以满足工业现场与工程实际的要求。其中最大参数辨识误差达到了 0.300，平均参数辨识误差也达到了 0.096，电液随动系统相关时间常数未能成功辨识。这也说明有必要引入不确定性分析方法来量化评估随机观测噪声对参数辨识的影响。

2.2.3　基于改进万有引力搜索算法的模型参数辨识

针对模型结构已知而模型参数未知的抽水蓄能机组调节系统，基于选取的系统参数辨识精度准则，采用合适的参数辨识策略，从而获得能真实地反映抽水蓄能机组调节系统动态特性的模型参数，最终建立抽水蓄能机组精确模型。本节选取抽水蓄能机组调节系统线性仿真模型进行参数辨识研究。

1. 适应度函数

在基于群智能启发式优化算法的参数辨识中，粒子的质量、所受引力、加速度、速度及位置均与粒子的适应度值密切相关，因此构建合适的能充分地反映待辨识系统与实际系统之间误差的适应度函数是实现系统模型参数精确辨识的关键。传统适应度函数常常忽略系统的中间环节，仅仅考虑系统最后环节输出之间的输出误差，各环节之间模型参数相互耦合无法精确辨识。

实际复杂系统的可测输出往往不止一个，其中存在着众多中间环节，这些中间环节的输出响应随模型参数的变化而变化，不同的输出响应可以反映相应环节的模型参数变化规律，因此构建参数辨识适应度函数时可同时考虑系统的可测中间环节输出与最终环节输出相应的综合误差。针对抽水蓄能机组调节系统模型参数辨识，其模型框图如图 2-15 所示，本节选取调节系统的调速器控制输出 σ、执行机构输出 y、可逆式水泵水轮机力矩 m_t 和机组转速 n 用于构造参数辨识的适应度函数，其具体定义[55]如式(2-122)所示：

$$C_{\text{OF}}(\boldsymbol{\theta}) = \sum_{k=1}^{N}\sum_{j=1}^{m} w(j)[z_j(k) - \hat{z}_j(k)] \tag{2-122}$$

式中，$\hat{\boldsymbol{\theta}} = [\hat{K}_P, \hat{K}_I, \hat{K}_D, \hat{T}_{y1}, \hat{T}_y, \hat{h}_w, \hat{T}_a, \hat{e}_g]$ 为待辨识参数向量，K_P、K_I 和 K_D 分别为调节系统控制器比例、积分和微分环节系数；T_{y1}、T_y 分别为主配压阀、主接力器时间常数；h_w 为管道特性参数；T_a、e_g 分别为机组惯性时间常数和发电机自调节系数；$z = [\sigma, y, m_t, n]$ 为实际系统输出向量；$\hat{z} = [\hat{\sigma}, \hat{y}, \hat{m}_t, \hat{n}]$ 为辨识系统输出向量；N 为系统状态变量信号的采样数；m 为系统输出个数，本节中 $m=4$；$w = [w_1, w_2, w_3, w_4]$ 为系统输出权重向量，反映了系统输出对参数辨识的重要程度，可由系统输出对模型参数变化的敏感度决定。

2. 参数辨识策略

MS-GSA 在不同类型测试函数上的有效性已经得到充分验证，本节将 MS-GSA 应用于抽水蓄能机组调节系统模型参数辨识，基于 MS-GSA 抽水蓄能机组调节系统参数辨识策略如图 2-55 所示。基于建立的抽水蓄能机组调节系统模型，首先在参数范围内随机初始化待辨识参数向量 $\hat{\boldsymbol{\theta}} = [\hat{K}_P, \hat{K}_I, \hat{K}_D, \hat{T}_{y1}, \hat{T}_y, \hat{h}_w, \hat{T}_a, \hat{e}_g]$，分别对待辨识系统和实际系统施加同样的输入信号，按照同样的采样频率采集各环节系统输出 $z = [\sigma, y, m_t, n]$ 和 $\hat{z} = [\hat{\sigma}, \hat{y}, \hat{m}_t, \hat{n}]$ 构造适应度函数，进一步采用 MS-GSA 对适应度函数进行迭代优化，不断更新待辨识系统的模型参数，直到迭代停止，最终获得辨识参数。

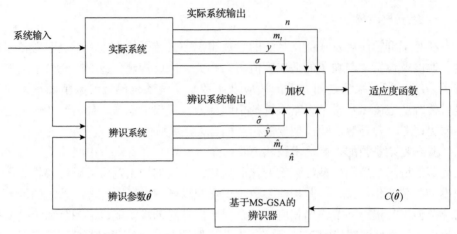

图 2-55　基于 MS-GSA 抽水蓄能机组调节系统参数辨识策略

下面本节将以 MS-GSA 为例介绍抽水蓄能机组调节系统参数辨识的具体步骤，其中 $\hat{\boldsymbol{\theta}} = [\hat{K}_P, \hat{K}_I, \hat{K}_D, \hat{T}_{yl}, \hat{T}_y, \hat{h}_w, \hat{T}_a, \hat{e}_g]$ 为优化变量，在优化过程中，优化变量映射为 MS-GSA 中的粒子位置向量，向量维数 $D=8$。基于 MS-GSA 抽水蓄能机组调节系统参数辨识的具体步骤如下所示。

步骤 1：算法初始化。设置算法参数，包括群体规模 N、最大迭代次数 T、引力常数初值 G_0、衰减指数初始值 α_0；确定优化参数范围 $X_{\min} = \left[x_{\min}^1, \cdots, x_{\min}^D \right]$，$X_{\max} = \left[x_{\max}^1, \cdots, x_{\max}^D \right]$，在此区间初始化群体位置 $x_i^d \in \left\{ x_{\min}^d, x_{\max}^d \right\}$，$i=1, \cdots, N$，$d=1, \cdots, D$；初始化群体速度向量为零；初始化历史最优适应度值 f_{opt} 和最优解 X_{opt}，设置迭代次数 $t=0$。

步骤 2：将粒子的位置向量作为系统的待辨识参数代入抽水蓄能机组调节系统模型并进行仿真计算，采集各环节输出响应与实际系统输出进行对比，依据式 (2-124) 计算种群中所有粒子的适应度值，依据式 (2-110) 更新引力时间常数 $G(t)$。

步骤 3：求出群体最优目标函数值 $f_{best}(t) = \min f_i(t)$ 和对应的粒子位置 $G_{best}(t)$，如果 $f_{best}(t) < f_{opt}$，则 $f_{opt} = f_{best}(t)$，$G_{opt} = G_{best}(t)$。

步骤 4：依据式 (2-107) 计算粒子质量 $M_i(t)$，依据式 (2-109) 和式 (2-108) 计算粒子引力 $F_i^d(t)$，依据式 (2-112) 计算加速度 $a_i^d(t)$，$i=1, \cdots, N$，$d=1, \cdots, D$。

步骤 5：依据式 (2-114) 更新粒子速度和位置。

步骤 6：判断粒子位置是否越界，如果越界，使例子位置等于边界位置。

步骤 7：判断当前是否需要种群变异，如果需要进行步骤 8，否则进行步骤 9。

步骤 8：依据式 (2-118) 产生变异粒子，将原来的粒子与新产生的粒子混合优选出前 N 个较好的粒子作为当前的种群。

步骤 9：$t=t+1$；如果 $t<T$，转至步骤 2，否则结束循环，得到最优目标函数值 f_{opt} 和最优解向量 G_{opt}，G_{opt} 为最优辨识参数 $\hat{\boldsymbol{\theta}}=[\hat{K}_{\text{P}},\hat{K}_{\text{I}},\hat{K}_{\text{D}},\hat{T}_{y1},\hat{T}_y,\hat{h}_w,\hat{T}_a,\hat{e}_g]$。

3. 实例验证

为验证基于 MS-GSA 抽水蓄能机组调节系统参数辨识的有效性，分别采用 GSA、IGSA、GGSA、GWO、MS-GSA 进行参数辨识实验并进行对比分析。基于上面建立的抽水蓄能机组调节系统线性仿真模型，采用仿真模型模拟实际系统，设定一组参数 $[K_{\text{P}},K_{\text{I}},K_{\text{D}},T_{y1},T_y,h_w,T_a,e_g]$ 作为系统真实模型参数值，在一定工况下进行仿真并采集各环节输出动态响应，作为参数辨识的实际系统输出数据。

本次实验在频率扰动工况下进行，利用仿真平台，对仿真系统施加 4% 的频率扰动作为系统激励信号，设定系统真实模型参数为 $\boldsymbol{\theta}=[1,0.7,0.3,0.08,0.2,0.5,1.5,6,0.8]$，仿真总时长为 50s，采样间隔为 0.01s。可逆式水泵水轮机六参数如表 2-20 所示。

表 2-20　可逆式水泵水轮机六参数

工况	ex	ey	eh	eqx	eqy	eqh
空载	−1.0567	0.9080	1.4191	−0.0574	0.7887	0.4571

实验中各算法参数设置如下所示。

GSA：种群规模为 30，迭代次数为 200，$G_0=20$，$\beta=6$。

IGSA：种群规模为 30，迭代次数为 200，$G_0=20$，$\beta=6$，$c_1=c_2=0.8$。

GGSA：种群规模为 30，迭代次数为 200，$G_0=20$，$\beta=6$。

GWO：种群规模为 30，迭代次数为 200。

MS-GSA：种群规模为 30，迭代次数为 200，$G_0=20$，$\beta=6$，$\varpi=0.1$，$\delta=10$，$\theta=0.35$。

为实现各算法在调节系统参数辨识中的性能对比，选取参数误差 PE 和平均参数误差 APE 作为参数辨识结果的衡量指标，计算公式如式 (2-123) 与式 (2-124) 所示。

$$\text{PE}=\frac{\left|\theta_i-\hat{\theta}_i\right|}{\theta_i}\times100\% \tag{2-123}$$

$$\text{APE}=\frac{1}{m}\sum_{i=1}^{m}\frac{\left|\theta_i-\hat{\theta}_i\right|}{\theta_i}\times100\% \tag{2-124}$$

　　针对各算法进行 30 次独立重复实验记录每次实验的最终值，结果取平均值。不同优化算法辨识得到的模型参数结果及辨识精度如表 2-21 所示，其中加粗为不同算法对同一待辨识参数在 30 次运算中得到的平均值的最优值。通过对比 MS-GSA 与其他算法的参数误差(PE)指标可以看出，MS-GSA 的辨识精度明显高于其他算法。具体而言，除了待辨识参数 T_y，MS-GSA 的参数误差远远低于其他算法，分别为 0.0090，0.00078，0.0551，0.1041，0.1133，0.0028，0.00024，0.0012 和 1.5×10^{-4}。主配压阀和主接力器环节相互耦合，因此参数 T_y 和 T_{y1} 较难辨识。

表 2-21　频率扰动试验中采用不同算法得到的辨识精度比较

θ_i	系统参数	辨识参数									
		GSA		IGSA		GGSA		GWO		MS-GSA	
		$\hat{\theta}_i$	PE	$\hat{\theta}_i$	PE	$\hat{\theta}_i$	PE	$\hat{\theta}_i$	PE	$\hat{\theta}_i$	PE
K_P	1.0	0.9756	0.0266	0.9633	0.5184	0.9780	0.0236	0.7752	0.2248	0.9910	**0.0090**
K_I	0.7	0.7028	0.0106	0.7010	0.1683	0.7048	0.0077	0.7392	0.0954	0.695	**7.8×10^{-4}**
K_D	0.3	0.2707	0.1162	0.1759	0.4136	0.2882	0.0574	0.0786	0.7381	0.2835	**0.0551**
T_{y1}	0.08	0.0851	0.1364	0.0754	0.2535	0.0899	0.1243	0.0423	0.5127	0.0883	**0.1041**
T_y	0.2	0.1716	0.1418	0.1275	0.3627	0.1781	**0.1095**	0.0704	0.6480	0.1773	0.1133
h_w	0.5	0.4850	0.0394	0.4894	0.0545	0.4832	0.0368	0.3116	0.4102	0.4986	**0.0028**
T_r	1.5	1.4970	0.0022	1.4751	0.0219	1.4733	0.0182	1.1267	0.2489	1.5003	**2.4×10^{-4}**
T_a	6.0	6.0209	0.0053	6.0456	0.0271	6.0038	0.0024	6.2189	0.0365	6.0066	**0.0012**
e_n	0.8	0.7999	7.5×10^{-4}	0.8054	0.0143	0.8002	3.7×10^{-4}	0.7992	0.0044	0.7999	**1.5×10^{-4}**

注：加粗的数字表示每行的最优值。

　　不同优化算法在辨识试验中得到的最优适应度函数值及平均参数误差(APE)如表 2-21 所示，最优适应度函数值代表算法在 30 次独立重复实验中所能获得的最优值，平均参数误差反映了系统的整体辨识精度。由表 2-22 可知，在算法优化迭代过程中，MS-GSA 可以搜索到更好的适应度函数值，低至 5.5×10^{-7}，且获得了更高的整体辨识精度。基于 MS-GSA 所得结果的辨识系统输出与实际系统输出对比如图 2-56 所示，结果显示辨识系统与实际系统的各个环节有较高的吻合度。

　　综上所述，实验结果显示，MS-GSA 具有较强的全局搜索能力，本节提出的基于 MS-GSA 参数辨识方法能获得较高精度的辨识结果。

表 2-22　频率扰动试验中不同算法得到的最优目标函数值及平均精度

最优值	GSA	IGSA	GGSA	GWO	MS-GSA
	8.8×10^{-4}	0.0021	8.1×10^{-4}	0.0104	5.5×10^{-7}
平均精度	0.0533	0.2038	0.0422	0.3243	0.03186

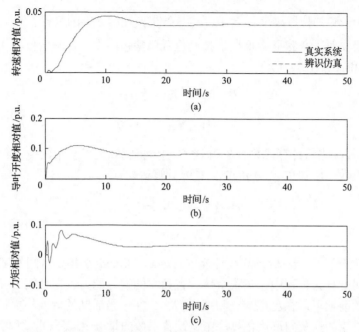

图 2-56　频率扰动试验中实际系统输出与辨识系统输出比较

2.2.4　基于灰狼算法的模型参数辨识

　　智能优化算法是在解空间中通过迭代寻优来获取最优解的算法，由于寻优机制的不完全随机性，智能优化算法容易出现早熟和陷入局部最优的问题，灰狼群算法[56]作为智能优化算法的一员，同样存在此类问题。在研究和工程应用中，为了解决早熟和局部最优的问题，通常对算法的搜索机制进行一定的改进，提高算法的遍历性，增强算法的寻优能力。

　　1. 灰狼群优化算法

　　灰狼群优化算法是一种基于自然界灰狼族群生活方式的元启发式搜索算法，该算法借鉴了灰狼群的等级制度，将个体分化为 α、β、δ、Ω 四个不同的种类，α 的位置代表着最优解，β 和 δ 分别为次优和第三优选解，Ω 则代表剩余的候选解。同时，灰狼群优化算法的搜索策略则借鉴了狼群的狩猎过程，包括搜寻、追捕、围困、进攻等机制，灰狼群在 α、β、δ 的领导下，通过不断更新灰狼个体的位置信息，使得 α 最终捕获猎物，即找出问题的最优解。下面为 GWO 算法在解决优化问题时具体步骤的数学描述。

　　假设灰狼群中有 N 条灰狼，其中第 j 条灰狼可以定义为如式(2-125)所示。

$$\boldsymbol{X}_j = [x_j^1, \cdots, x_j^k, \cdots, x_j^K], \qquad j = 1, 2, \cdots, N, \quad k = 1, 2, \cdots, K \qquad (2\text{-}125)$$

式中，K 为灰狼的位置维度；x_j^k 表示第 j 条灰狼在第 k 维的位置。

围困猎物时，灰狼群会根据猎物的位置调整包围圈，灰狼的位置更新方式如式(2-126)和式(2-127)所示。

$$D = \left| C \cdot X_o(i) - X(i) \right| \tag{2-126}$$

$$X(i+1) = X_o(i) - A \cdot D \tag{2-127}$$

式中，i 为算法当前计算代数；X_o 和 X 分别为猎物和某条灰狼的位置；A 和 C 为位置更新系数，由式(2-128)和式(2-129)计算得来。

$$A = 2a\text{rand}_1 - a \tag{2-128}$$

$$C = 2\text{rand}_2 \tag{2-129}$$

式中，a 随着计算代数从 2～0 线性递减；rand_1 和 rand_2 为[0,1]区间的随机向量。

在灰狼群狩猎过程中，灰狼个体存在独立的搜寻能力，这种能力使得灰狼群在狩猎活动前期可以在更广泛空间搜寻猎物，在狩猎活动的后期从更接近猎物的位置发动进攻，在灰狼群优化算法中，设置系数向量 a 来模拟此过程。a 随着计算代数从 2～0 线性递减，在算法运行前期，$a \in \{1,2\}$，则 $|A| > 1$，灰狼个体的下一代位置将朝远离猎物位置的方向更新；在算法运行后期，$a \in \{0,1\}$，则 $|A| < 1$，灰狼个体的下一代位置将更加接近猎物所在位置。系数向量 $C \in \{0,2\}$ 的设置，则考虑了猎物本身位置的不确定性对灰狼群位置更新的影响，提高了算法的随机搜索能力，降低了陷入局部最优的可能性。

真实灰狼群可以通过视觉来判断猎物与自身的距离，然而在抽象的搜索空间中，最优解的实际位置是未知的。所以，假设 α、β 和 δ 对猎物位置的判断比 Ω 更准确，则灰狼群的位置更新如式(2-130)～式(2-136)所示。

$$D_\alpha = \left| C_\alpha X_\alpha - X \right| \tag{2-130}$$

$$D_\beta = \left| C_\beta X_\beta - X \right| \tag{2-131}$$

$$D_\delta = \left| C_\delta X_\delta - X \right| \tag{2-132}$$

$$X_1 = X_\alpha - A_\alpha \cdot D_\alpha \tag{2-133}$$

$$X_2 = X_\beta - A_\beta \cdot D_\beta \tag{2-134}$$

$$X_3 = X_\delta - A_\delta \cdot D_\delta \tag{2-135}$$

$$X(i+1) = X_1 + X_2 + X_3 \tag{2-136}$$

综合上述对 GWO 算法的相关定义描述，GWO 算法在寻优问题中的运行步骤如下所示。

步骤 1：初始化灰狼群的位置。

步骤 2：计算灰狼群中所有个体初始位置对应的适应度，将适应度最佳的三个位置信息分别赋予 α、β 和 δ。

步骤 3：依据式 (2-130)～式 (2-136) 更新灰狼群的位置。

步骤 4：重复步骤 2～步骤 3，直到迭代次数达到最大值。

2. 改进灰狼群优化算法

在 GWO 优化算法中，灰狼群的初始位置是在搜索空间随机生成的，这种无序的初始方式赋予了算法一定的随机性，同时也降低了算法遍历性，虽然在运行的过程中，引入了随机因素来提升算法的全局搜索能力，但与其他群智能算法类似，灰狼群优化算法同样存在着陷入局部最优的可能性。为了提高算法的遍历性，提升算法跳出局部最优的能力，将混沌搜索策略引入灰狼群优化算法。

混沌是非线性确定性系统中一种具有随机性、遍历性和规律性的现象，混沌现象的特点使得由其衍生出的混沌搜索策略具有跳出局部最优的能力。混沌搜索的基本思想是将优化变量通过映射规则转换到混沌空间中，利用混沌变量进行搜索寻优，最后将最优解通过逆映射转换回原空间。Logistic 映射是混沌搜索中一种常用映射，其数学表达式为

$$x_{i+1} = \mu x_i (1 - x_i) \tag{2-137}$$

式中，x_i 为初始变量；μ 为转换系数，通常设置为 4。通过式 (2-137)，可以将任何位于 [0,1] 区间的 x_i 映射为一个确定的混沌序列。

在 Logistic 映射的基础上，衍生出了一种混沌搜索策略，其具体步骤如下所示。

步骤 1：选择需要映射的初始变量 x_i^n，n 为搜索代数。

步骤 2：根据式 (2-138) 将位于 $(x_{i.\min}, x_{i.\max})$ 区间的初始变量 x_i^n 转换成 $(0,1)$ 区间的混沌变量 cx_i^n。

$$cx_i^n = \frac{x_i^n - x_{i.\min}}{x_{i.\max} - x_{i.\min}} \tag{2-138}$$

步骤 3：根据式 (2-137) 计算下一代混沌变量 cx_i^{n+1}。

步骤 4：根据式 (2-139) 将混沌变量 cx_i^{n+1} 转换回初始空间变量 x_i^{n+1}。

$$x_i^{n+1} = x_{i.\min} + cx_i^{n+1} (x_{i.\max} - x_{i.\min}) \tag{2-139}$$

步骤 5：计算变量 x_i^{n+1} 的适应度，若适应度结果满足预设条件或迭代次数达到预设最大值，将 x_i^{n+1} 输出为最优解；否则重复步骤 2～步骤 5。

　　将上述混沌搜索策略与灰狼群优化算法相结合，有助于在算法运行前期扩大搜索范围，寻求优选解；同时，在算法运行后期提供跳出局部最优解的能力。改进灰狼群优化算法的流程如图 2-57 所示，具体步骤如下所示。

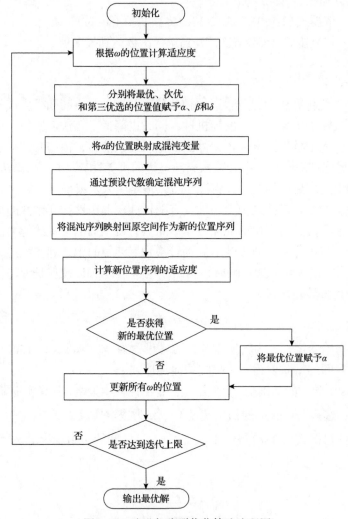

图 2-57　改进灰狼群优化算法流程图

　　步骤 1：初始化灰狼群的位置。

　　步骤 2：计算灰狼群中所有个体初始位置对应的适应度，将适应度最佳的三个位置信息分别赋予 α、β 和 δ。

　　步骤 3：通过式(2-137)将 α 的位置转换到混沌空间。

　　步骤 4：通过式(2-138)和式(2-139)确定一组混沌序列，并将混沌序列转换回原始空间。

步骤 5：计算步骤 4 产生的位置序列的适应度，将最优解赋予 α。

步骤 6：通过式(2-130)～式(2-136)更新灰狼群的位置。

步骤 7：重复步骤 2～步骤 6 直到迭代次数达到上限。

3. 实例验证

为了验证基于 CGWO 的抽水蓄能机组参数辨识方法的有效性，采用如图 2-58 所示的抽水蓄能机组并网运行系统模型进行参数辨识试验与分析。

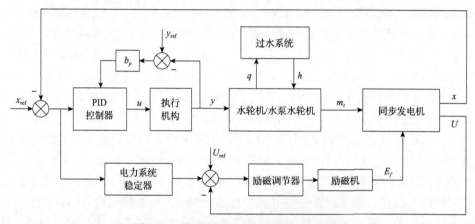

图 2-58　抽水蓄能机组调节系统模型框图

系统在仿真试验开始时运行在稳定状态，其系统参数设置如下所示。

引水管道及执行机构部分：T_y=0.25，T_w=0.68。

同步发电机及网侧部分：T_a=8，D=0.05，T_{d0}=5，ω_0=100π，V_s=1，$X'_{d\Sigma}=0.769$，$X_{q\Sigma}$=1.101，$X_{d\Sigma}$=0.769。

调节系统 PID 参数：K_P=5，K_I=25，K_D=0.1，b_p=0.05。

励磁系统参数：K_P=1，K_I=5，K_D=0.1，K_A=40，T_A=0.004，K_{pss}=15，T_w=5，T_1=0.3，T_2=0.5，T_3=0.3，T_4=0.5，K_E=1，S_E=0，T_E=0.002。

将上述参数值作为系统的真实值，对抽水蓄能机组并网运行系统进行仿真试验，记录系统状态的动态响应曲线作为参数辨识的基础。系统的仿真试验在两种情形下进行，一个为负荷调整工况，另一个为电压阶跃状态，在仿真时采集系统的机组转速信号、导叶开度信号、机械功率信号、有功功率信号、功角信号和机端电压信号。设定系统中六个主要参数[T_y, T_w, T_a, T_{d0}, K_A, T_A]为待辨识系统参数，使用前面的基于 CGWO 的参数辨识策略对六个主要参数进行辨识试验，验证提出的参数辨识方法的有效性。

为证明基于 CGWO 的参数辨识方法的优越性，将模型辨识的结果与基于粒子群算法(PSO)、引力搜索算法(GSA)和 GWO 算法的参数辨识结果进行比较分析。

为了能公平地比较不同优化算法的性能，将三种优化算法的种群数量统一设置为50，最大迭代次数设置为100，其他参数设置如下。①PSO：$\omega=0.6$，$c_1=c_2=2.0$。②GSA：G_0=30，$\beta=10$。③CGWO：n=10。为了避免智能优化算法在初始化及迭代过程中的随机性，四种辨识算法分别进行30次参数辨识试验，将30次试验的结果取平均值作为最终的辨识结果。

1) 负荷调整工况

负荷调整工况是抽水蓄能机组最常见的工况之一，通过调整导叶开度的给定值来调整机组的功率，在调节的过程中，机组的转速、功角、机端电压都会产生相应的变化，系统参数的变化将导致系统状态出现差异较大的动态响应过程，在该工况下对机组进行参数辨识具有实际意义。为了对比不同参数辨识方法的辨识精度，对辨识得出的参数向量使用式(2-137)和式(2-138)计算其参数误差和平均参数误差，通过比较不同辨识方法所得参数的PE及APE，可以量化地评价辨识方法的优劣程度。在负荷调整工况下，三种不同辨识方法的PE及APE如表2-23和表2-24所示。从表2-23和表2-24中可以看出，使用CGWO算法辨识得到的系统参数PE及APE均为最小，说明相比于基于PSO和GWO的参数辨识算法，基于CGWO的参数辨识算法能够更加精准地辨识出系统参数，验证了CGWO算法的寻优性能。

将通过四种不同辨识算法获得的参数值分别输入系统模型进行仿真，记录系统各状态的动态响应过程。使用辨识所得参数进行仿真的系统状态响应与原系统状态响应的对比如图2-59所示，从图2-59中可以明显地看出，在负荷调整工况下，使用基于CGWO的参数辨识算法所得到的参数进行系统仿真时，系统各状态响应与原系统状态响应吻合度更高。

表2-23　负荷调整工况不同算法参数辨识结果

参数	θ_i	PSO		GSA		GWO		CGWO	
		$\hat{\theta}_i$	PE	$\hat{\theta}_i$	PE	$\hat{\theta}_i$	PE	$\hat{\theta}_i$	PE
T_y	0.25	0.2934	0.1763	0.2154	0.1384	0.2718	0.0872	0.2513	0.0052
T_w	0.68	0.6479	0.0472	0.6527	0.0401	0.6641	0.2338	0.6794	0.0009
T_a	8	7.1853	0.1018	8.3549	0.0443	7.4273	0.0716	7.8149	0.0231
T_{a0}	5	5.2764	0.0552	4.8514	0.0297	5.1281	0.0256	4.9286	0.0142
K_A	40	38.2247	0.0438	39.5681	0.0107	38.5239	0.0369	39.8627	0.0034
T_A	0.004	0.00437	0.0925	0.00385	0.0375	0.00425	0.0625	0.00409	0.0225

表2-24　负荷调整工况试验中不同算法最优适应度函数值及平均精度

性能指标	PSO	GSA	GWO	CGWO
适应度函数平均值	0.1366	0.1091	0.0560	0.0049
APE平均值	0.0861	0.0501	0.0862	0.0115

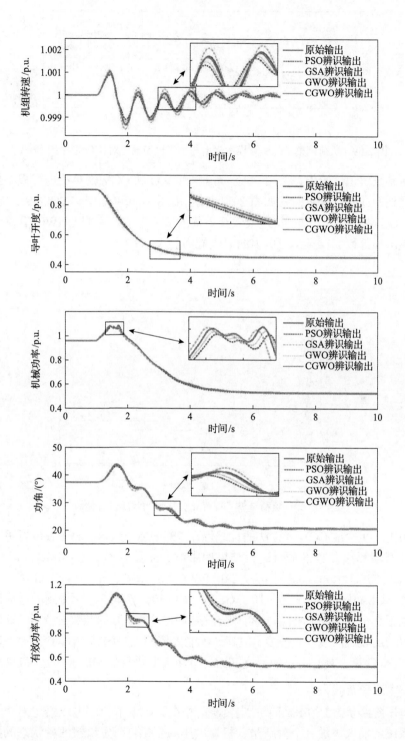

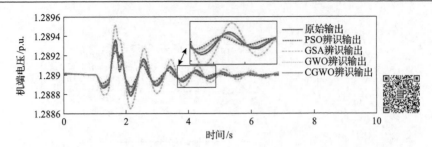

图 2-59　负荷调整工况实际模型输出与辨识模型输出对比(彩图扫二维码)

在参数辨识试验中，采用 PSO、GSA、GWO 和 CGWO 算法进行模型参数辨识所得到的适应度收敛曲线如图 2-60 所示。由图 2-60 可知，与 PSO、GSA 和 GWO 相比，CGWO 算法可以更快地收敛至更优的适应度值，说明 CGWO 算法可以更好地跳出局部最优，且具有更强的寻优能力。

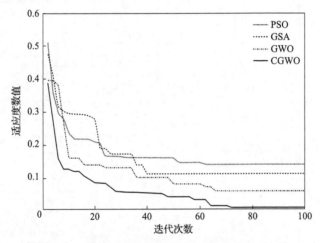

图 2-60　负荷调整工况优化算法平均收敛过程比较

为进一步验证 CGWO 算法的优越性，调整 PSO 与 GSA 的参数设置进行多次试验，观察算法参数设置对运行结果的影响，参数设置如下。PSO：$\omega = 0.6$，$c_1=c_2=2.0$。PSO1：$\omega = 0.8$，$c_1=c_2=2.0$。PSO2：$\omega = 0.6$，$c_1=c_2=1.5$。GSA：$G_0=30$，$\beta = 10$。GSA1：$G_0=40$，$\beta = 10$。GSA2：$G_0=30$，$\beta = 15$。所得到的适应度收敛曲线如图 2-61 所示。由图 2-61 可知，改变 PSO 与 GSA 的参数设置后，这两种算法所得到的收敛曲线发生改变，但其寻优能力依旧无法超越 CGWO 算法，进一步说明 CGWO 算法具有更强的寻优能力，且不需要进行烦琐的遍历迭代过程。

2)电压阶跃状态

电压阶跃状态是在机组带一定负载的情况下，调节机端电压给定值，为励磁控制系统的输入添加一个阶跃量，机端电压的变化将引发机组的各状态的振荡，

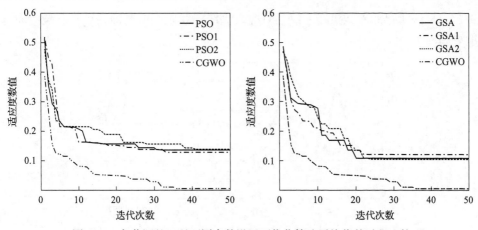

图 2-61　负荷调整工况不同参数设置下优化算法平均收敛过程比较

系统参数的变化也将导致各状态响应过程的差异，为进一步验证基于 CGWO 的参数辨识算法在抽水蓄能机组模型参数辨识中的有效性，选择电压阶跃状态进行参数辨识试验。

在电压阶跃状态下，四种不同辨识算法的 PE 及 APE 如表 2-25 和表 2-26 所示。从表 2-25 和表 2-26 中可以看出，使用 CGWO 算法辨识得到的系统参数 PE 及 APE 均为最小，进一步证明了相比于基于 PSO、GSA 和 GWO 的参数辨识算法，基于 CGWO 的参数辨识算法辨识性能更强，所得的参数具有更高的精确度。

表 2-25　电压阶跃状态不同算法参数辨识结果

参数	θ_i	PSO		GSA		GWO		CGWO	
		$\hat{\theta}_i$	PE	$\hat{\theta}_i$	PE	$\hat{\theta}_i$	PE	$\hat{\theta}_i$	PE
T_y	0.25	0.3015	0.2060	0.2012	0.1952	0.2825	0.1300	0.2459	0.0164
T_w	0.68	0.7479	0.0998	0.5238	0.2297	0.6125	0.0993	0.6917	0.0172
T_a	8	7.6135	0.0483	8.7901	0.0987	7.2851	0.0894	7.9361	0.0079
T_{a0}	5	4.2837	0.1432	4.5124	0.0975	5.3537	0.0707	5.1047	0.0209
K_A	40	37.1532	0.0711	40.2641	0.0066	41.2947	0.3236	39.6793	0.0080
T_A	0.004	0.00512	0.2800	0.00427	0.0675	0.00374	0.0650	0.00415	0.0375

表 2-26　负荷调整工况试验中不同算法最优适应度函数值及平均精度

性能指标	PSO	GSA	GWO	CGWO
适应度函数平均值	0.0651	0.0324	0.0257	0.0005
APE	0.1414	0.1158	0.0811	0.0180

使用辨识所得参数进行仿真的系统状态响应与原系统状态响应的对比如图 2-62 所示，从图 2-62 中可以明显地看出，在电压阶跃状态下，使用基于 CGWO 的参

数辨识算法所得的参数进行系统仿真时，系统各状态响应与原系统状态响应吻合度更高。

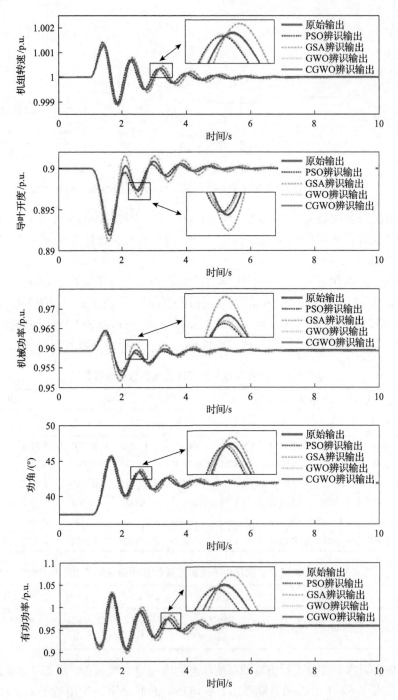

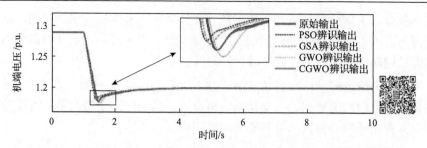

图 2-62　电压阶跃状态实际模型输出与辨识模型输出对比(彩图扫二维码)

采用四种算法进行模型参数辨识所得的适应度收敛曲线如图 2-63 所示。由图 2-63 可知，与 PSO 和 GWO 相比，CGWO 算法收敛至更优的适应度值，且收敛速度最快，再次证明了 CGWO 算法具有更强的寻优能力。

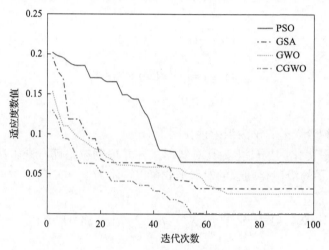

图 2-63　电压阶跃状态优化算法平均收敛过程比较

2.2.5　稀疏–鲁棒–最小二乘支持向量机模型参数辨识

本节提出一种抽水蓄能机组调节系统 S-R-LSSVM 辨识模型，通过引入极大线性无关组实现支持向量的稀疏化，降低模型的复杂度，基于改进的正态分布加权函数，增强模型对于噪声和离群点的鲁棒性。

1. 最小二乘支持向量机

最小二乘支持向量机是标准支持向量机的一种扩展形式，其模型的基本框架与支持向量机类似，均是根据 SRM 原理将原始数据集映射到高维特征空间并寻找最优参数以最大限度地减少模型误差，进而解决非线性分类、函数估计或回归问题。两者之间的主要区别在于最小二乘支持向量机采用拟合误差 ζ 的平方作为损失函数替代了支持向量机的一次函数，并且最小二乘支持向量机采用一组线性方程进行训练，而支持向量机采用二次规划求解，因而最小二乘支持向量机能有效地降低问题的求解复杂度并节省计算时间。

考虑一个给定的训练集 $\{(x_i, y_i), i = 1, 2, \cdots, N, x_i \in \mathbf{R}^n, y_i \in \mathbf{R}\}$，其中，$x_i$ 表示输入数据，y_i 表示输出数据，与支持向量机类似，最小二乘支持向量机首先建立一个回归方程用于拟合输入向量和输出向量间的线性关系：

$$y_i = \boldsymbol{w}^\mathrm{T} \phi(x_i) + b, \qquad i = 1, 2, \cdots, N \tag{2-140}$$

式(2-140)所示的函数表示 n 维空间中的超平面，其中，N 为训练样本的个数；$\boldsymbol{w}$ 表示超平面的单位法向量；b 表示原点到超平面的距离；$\phi(\cdot)$ 表示非线性映射函数。

然后依据结构风险最小化准则将回归模型转化为一个最优化问题：

$$\begin{aligned} \min \quad & \frac{1}{2}\|\boldsymbol{w}\|^2 + \frac{1}{2}\gamma \sum_{i=1}^{N} \zeta_i^2 \\ \text{s.t.} \quad & y_i = \left[\boldsymbol{w}^\mathrm{T} \phi(x_i) + b \right] + \zeta_i \\ & \zeta_i \geqslant 0, \qquad i = 1, \cdots, N \end{aligned} \tag{2-141}$$

式中，ζ_i 为拟合误差；γ 为误差惩罚因子。

将上述最优化问题转化为其对偶形式，并根据拉格朗日乘子法进行求解，式(2-141)所示的最优化问题的对偶形式可以表示为

$$L(\boldsymbol{w}, b, \zeta, \boldsymbol{a}) = \frac{1}{2}\boldsymbol{w}^\mathrm{T}\boldsymbol{w} + \frac{1}{2}\gamma \sum_{i=1}^{N} \zeta_i^2 - \sum_{i=1}^{N} a_i \left[\boldsymbol{w}^\mathrm{T} \phi(x_i) + b + \zeta_i - y_i \right] \tag{2-142}$$

式中，$a_i, i = 1, 2, \cdots, N$ 表示拉格朗日乘子。

根据 Karush-Kuhn-Tucker 条件，分别求 L 关于 $\boldsymbol{w}$、b、ζ 和 $\boldsymbol{a}$ 的一阶偏导数：

$$\begin{cases} \dfrac{\partial L}{\partial \boldsymbol{w}} = \boldsymbol{w} - \displaystyle\sum_{i=1}^{N} a_i \phi(x_i) = 0 \\[2mm] \dfrac{\partial L}{\partial b} = \displaystyle\sum_{i=1}^{N} a_i = 0 \\[2mm] \dfrac{\partial L}{\partial \zeta_i} = \gamma \zeta_i - a_i = 0 \\[2mm] \dfrac{\partial L}{\partial a_i} = \boldsymbol{w}^\mathrm{T} \phi(x_i) + b + \zeta_i - y_i = 0 \end{cases} \tag{2-143}$$

由式(2-143)可得如下所示方程组：

$$\begin{cases} \boldsymbol{w} = \sum_{i=1}^{N} a_i \phi(x_i) \\ \sum_{i=1}^{N} a_i = 0 \\ \gamma \zeta_i = a_i \\ \boldsymbol{w}^{\mathrm{T}} \phi(x_i) + b + \zeta_i = y_i \end{cases} \tag{2-144}$$

将式(2-144)转化为矩阵形式可得

$$\begin{bmatrix} \boldsymbol{I} & 0 & 0 & -\boldsymbol{Z} \\ 0 & 0 & 0 & -\boldsymbol{Y}^{\mathrm{T}} \\ 0 & 0 & \gamma\boldsymbol{I} & -\boldsymbol{I} \\ \boldsymbol{Z} & \boldsymbol{Y} & \boldsymbol{I} & 0 \end{bmatrix} \begin{bmatrix} \boldsymbol{w} \\ b \\ \zeta \\ \boldsymbol{a} \end{bmatrix} = \begin{bmatrix} 0 \\ 0 \\ 0 \\ y \end{bmatrix} \tag{2-145}$$

进一步由式(2-146)可得

$$\begin{bmatrix} 0 & \boldsymbol{Y}^{\mathrm{T}} \\ \boldsymbol{Y} & \boldsymbol{Z}\boldsymbol{Z}^{\mathrm{T}} + \gamma^{-1}\boldsymbol{I} \end{bmatrix} \begin{bmatrix} b \\ \boldsymbol{a} \end{bmatrix} = \begin{bmatrix} 0 \\ y \end{bmatrix} \tag{2-146}$$

式中，$\boldsymbol{Y} = [1,1,\cdots,1]^{\mathrm{T}}$ 为 N 维单位向量；$\zeta = [\zeta_1, \zeta_2, \cdots, \zeta_N]$；$\boldsymbol{y} = [y_1, y_2, \cdots, y_N]^{\mathrm{T}}$ 为输出向量；$\boldsymbol{a} = [a_1, a_2, \cdots, a_N]^{\mathrm{T}}$ 和 b 为最小二乘支持向量机模型的参数；$\boldsymbol{Z} = [\phi(x_1), \phi(x_2), \cdots, \phi(x_N)]^{\mathrm{T}}$；$\boldsymbol{Z}\boldsymbol{Z}^{\mathrm{T}} = K(x_i, x_j)$ 为最小二乘支持向量机的核函数矩阵。

通过式(2-146)可以求得 $\boldsymbol{a} = [a_1, a_2, \cdots, a_N]^{\mathrm{T}}$ 和 b 的值，可以得到最小二乘支持向量机回归模型：

$$f(x) = \sum_{i=1}^{N} a_i K(x_i, x) + b \tag{2-147}$$

最小二乘支持向量机模型中几种常用的核函数包括多项式核函数、Sigmod 核函数和径向基核函数(也称为高斯核函数)，核函数类型及其参数直接影响最小二乘支持向量机的建模和泛化性能，Suykens 等[57]曾对不同的核函数进行了比对分析，研究表明高斯核函数具有较好的适应性能，同时其参数优选难度和计算工作量较为均衡，因此，选择高斯核函数作为最小二乘支持向量机模型的核函数，如式(2-148)所示。

$$K(x_i, x_j) = \exp\left(-\frac{\|x_i - x_j\|^2}{\sigma^2}\right), \quad \sigma \in \mathbf{R} \tag{2-148}$$

式中，σ 表示高斯核函数的核参数宽度。

2. 稀疏-鲁棒-最小二乘支持向量机

尽管最小二乘支持向量机不再需要像传统支持向量机那样求解复杂的不等式约束凸二次规划问题，具有较低的计算复杂度和较高的求解速度，然而其最优化问题的目标函数中包含了所有训练样本的误差二次项，模型求解过程中这些误差项也被相应引入拉格朗日乘子中，导致最终所有的训练样本均被作为支持向量，使得模型的解缺乏稀疏性，影响最小二乘支持向量机的性能，并且随着样本数的增多，最优化问题的维数增长，增加了计算成本。此外，考虑到训练数据中可能存在的噪声和离群点，传统的损失函数使用误差的平方和，计算结果容易受到离群点的干扰。本节引入极大线性无关组和损失不敏感函数的概念，构造出一种具有稀疏性和鲁棒性的最小二乘支持向量机模型。

1) 基于极大线性无关组的支持向量稀疏化

首先推导超平面映射矩阵的基。特征空间中的样本向量 x_i 在超平面的映射可以表示为 $\phi(x_i)$，特征空间中的所有样本向量 $\{x_1, x_2, \cdots, x_i, \cdots, x_N\}$ 在超平面的映射可以组成一个映射矩阵 $A = \{\phi(x_1), \phi(x_2), \cdots, \phi(x_i), \cdots, \phi(x_N)\}$。若映射矩阵在超平面存在一组基 $\{\phi(\tilde{x}_1), \phi(\tilde{x}_2), \cdots, \phi(\tilde{x}_s)\}$，则 $\phi(\tilde{x}_1), \phi(\tilde{x}_2), \cdots, \phi(\tilde{x}_s)$ 线性无关，且超平面内的任一映射向量 $\phi(x_i)$ 可以表示为超平面映射矩阵基的线性组合。

$$\begin{bmatrix} \phi(x_1) \\ \phi(x_2) \\ \vdots \\ \phi(x_N) \end{bmatrix} = \begin{bmatrix} a_{11} & a_{12} & \cdots & a_{1s} \\ a_{21} & a_{22} & \cdots & a_{2s} \\ \vdots & \vdots & & \vdots \\ a_{N1} & a_{N2} & \cdots & a_{Ns} \end{bmatrix} \begin{bmatrix} \phi(\tilde{x}_1) \\ \phi(\tilde{x}_2) \\ \vdots \\ \phi(\tilde{x}_s) \end{bmatrix} \tag{2-149}$$

由上述分析可知可以采用超平面映射矩阵的基代替原特征向量的映射矩阵，进而提高解的稀疏性，降低 LSSVM 的模型复杂度。本节通过矩阵代数理论求取映射矩阵的极大线性无关组实现对 LSSVM 的稀疏化改进[58,59]。

其次，对超平面映射矩阵的基进行稀疏化改进。根据线性代数理论，若向量组 $\phi(x_1), \phi(x_2), \cdots, \phi(x_i), \cdots, \phi(x_N)$ 线性相关，则至少存在一个 $\phi(x_q)$，使得 $\phi(x_q) = \sum_{i=1, i \neq q}^{N} \lambda_i \phi(x_i)$，其中 $\lambda_i \in \mathbf{R}$，且 λ_i 不全为 0。则

$$K(x_q, x_q) = \phi(x_q)\phi(x_q) = \sum_{i=1, i \neq q}^{N} \sum_{j=1, j \neq q}^{N} \lambda_i \lambda_j K(x_i, x_j) \tag{2-150}$$

映射向量组 $\phi(x_1), \phi(x_2), \cdots, \phi(x_i), \cdots, \phi(x_N)$ 的极大无关组求解过程如下所示。

步骤 1：初始化极大无关组 $B = \{\phi(x_1)\}$，建立集合 $C = \varnothing$。

步骤 2：对于 $\phi(x_k), k = 2, 3, \cdots, N$，通过拉格朗日乘子法求极小值 $\min f(\lambda)$。

$$\min f(\lambda) = \min \left[\phi(x_k) - \sum_{\phi(x_k) \in C} \lambda_i \phi(x_i) \right]^{\mathrm{T}} \left[\phi(x_k) - \sum_{\phi(x_k) \in C} \lambda_i \phi(x_i) \right] \quad (2\text{-}151)$$

步骤 3：若求得的极小值为 0，则说明 $\phi(x_k)$ 可以由集合 B 中向量的线性组合表示，则摒弃 $\phi(x_k)$，将 $\phi(x_k)$ 加入集合 C 中，否则将 $\phi(x_k)$ 加入线性无关集合 B 中。

步骤 4：返回步骤 2，遍历所有 $\phi(x_k), k = 2, 3, \cdots, N$ 直到集合 B 中向量的个数不再增加，得到最终线性无关集合 B 与集合 C，则集合 B 为向量组 $\phi(x_1), \phi(x_2), \cdots,$ $\phi(x_i), \cdots, \phi(x_N)$ 的极大线性无关组，矩阵 A 中任一向量可以表示成集合 B 中向量的线性组合。

将极大线性无关集合 B 所对应的特征空间样本向量取出组成稀疏后的训练样本集 $\{(x_i, y_i), i = 1, 2, \cdots, K, x_i \in \mathbf{R}^n, y_i \in \mathbf{R}\}$，$K$ 为经稀疏化处理后训练样本集的大小。

2) 基于改进正态分布的鲁棒加权函数

由于 LSSVM 采用的损失函数为误差的平方和，且模型优化过程中正则化参数 γ 一直保持不变，目标函数的鲁棒性不足，容易受到训练数据中噪声信号和离群值的干扰，对于建模误差较大的数据点，LSSVM 会倾向于给予更大的敏感度去拟合与平衡，即异常样本对于目标函数的负面影响将会扩大，为此，一种有效的改进方法是在目标函数的经验风险项中引入加权系数，改进后的最优化问题数学表达式如下所示：

$$\begin{aligned} \min \quad & \frac{1}{2} \|w\|^2 + \frac{1}{2} \gamma \sum_{i=1}^{K} v_i \zeta_i^2 \\ \text{s.t.} \quad & y_i = w^{\mathrm{T}} \phi(x_i) + b + \zeta_i \\ & \zeta_i \geqslant 0, \quad i = 1, \cdots, K \end{aligned} \quad (2\text{-}152)$$

引入拉格朗日方程，

$$L(w, b, \zeta, a) = \frac{1}{2} w^{\mathrm{T}} w + \frac{1}{2} \gamma \sum_{i=1}^{K} v_i \zeta_i^2 - \sum_{i=1}^{K} a_i \left[w^{\mathrm{T}} \phi(x_i) + b + \zeta_i - y_i \right] \quad (2\text{-}153)$$

式中，$\{a_i\}, i = 1, 2, \cdots, K$ 为拉格朗日乘子；$\{v_i\}, i = 1, 2, \cdots, K$ 为加权因子。

与原始 LSSVM 类似，根据 KKT 条件对 a_i 和 b 进行求解，得到如下所示方程组：

$$\begin{bmatrix} 0 & 1 & \cdots & 1 \\ 1 & K(x_1,x_1)+\dfrac{1}{\gamma v_1} & \cdots & K(x_1,x_K) \\ \vdots & \vdots & & \vdots \\ 1 & K(x_K,x_1) & \cdots & K(x_K,x_K)+\dfrac{1}{\gamma v_K} \end{bmatrix} \begin{bmatrix} b \\ a_1 \\ \vdots \\ a_K \end{bmatrix} = \begin{bmatrix} 0 \\ y_1 \\ \vdots \\ y_K \end{bmatrix} \tag{2-154}$$

式中,加权因子 $\{v_i\}, i=1,2,\cdots,K$ 的求解通常使用 Suykens 等[60]提出的加权函数确定:

$$v_i = \begin{cases} 1, & |\zeta_i/\hat{s}| \leqslant c_1 \\ \dfrac{c_2-|\zeta_i/\hat{s}|}{c_2-c_1}, & c_1 < |\zeta_i/\hat{s}| \leqslant c_2 \\ 10^{-4}, & \text{其他} \end{cases} \tag{2-155}$$

式中, $\hat{s}=1.483\text{MAD}(\zeta_i)$ 为误差的标准偏差稳健性估计; $c_1=2.5$; $c_2=3$。

可以看出,该加权函数的实质是通过假设建模误差服从高斯分布,根据误差偏离平均值标准差的程度来确定加权系数的大小,然而实际工业现场的噪声和离群点不一定服从该分布,因而这种加权方式具有一定的局限性[61-63]。此外,对复杂非线性系统进行建模的过程中,建模数据的有效信息大多出现在工况的拐点处,稳态工况所包含的大量平稳数据反而仅能提供较小的信息熵,对于这些工况变化点即拐点数据,其建模误差通常介于平稳数据和离群点数据误差大小之间,这就要求加权函数能够着重考虑拟合误差处于中间的样本,同时削弱离群点数据和稳态冗余数据对模型的影响。为了平衡上述工况关键特征点、稳态数据、噪声和离群点数据在建模过程中的权重,引入基于改进正态分布的加权方法[64,65],权值函数表达式如下:

$$v_i = \begin{cases} \exp\left(\dfrac{(|\zeta_i|-\mu)^2}{u_1 s^2}\right), & |\zeta_i| < \mu \\ \exp\left(\dfrac{(|\zeta_i|-\mu)^2}{u_2 s^2}\right), & |\zeta_i| \geqslant \mu \end{cases} \tag{2-156}$$

式中, μ 为 $|\zeta_i|$ 的平均值; s 为 $|\zeta_i|$ 的标准差。 μ 和 s 可以表示为

$$\mu = \frac{1}{K}\sum_{i=1}^{K}|\zeta_i| \tag{2-157}$$

$$S = \sqrt{\frac{1}{K}\sum_{i=1}^{K}(|\zeta_i| - \mu)^2} \qquad (2\text{-}158)$$

采用改进正态分布的加权方法，当样本误差处于正态分布概率密度曲线的中间时，赋予样本较大的权值，当样本误差处于正态分布概率密度曲线的两端，即误差过大或过小时，赋予样本较小的权值。由于在正态分布的参数调整过程中，正态分布曲线对称轴两侧的分布同时发生变化，难以区分样本有效特征点和样本误差点对模型的影响程度。为此，引入两个宽度调整参数 u_1=9.7 和 u_2=7.6 来权衡正态分布的对称性特征，使得加权因子的分配更加合理。基于改进正态分布加权函数的最小二乘支持向量机模型对噪声和离群点引起的较大的误差损失不敏感，同时降低了对建模精度贡献度较小的稳态数据权重，从而有效地提高了模型辨识的精度和环境适应性。

3. 模型参数辨识策略

抽水蓄能机组调节系统模型辨识是指通过人工神经网络、模糊系统、支持向量机、最小二乘支持向量机等具备强大逼近和拟合能力的模型，对机组的输入、输出特性进行建模和辨识。针对抽水蓄能机组调节系统的复杂性、非线性和建模数据易受环境噪声干扰的特点，本节利用上节所述的稀疏-鲁棒-最小二乘支持向量机模型来精确地描述该系统。模型结构选择和模型参数优化是模型辨识的两个重要环节，传统方法首先通过经验选择或试凑法、假设检验等方式确定模型结构即模型输入变量，然后使用网格搜索或者智能优化算法获取模型最优参数，未能考虑模型结构与模型参数的相互影响，难以同时获得最优的模型结构与模型参数。有鉴于此，本节提出一种模型结构和参数同步优化的模型辨识策略，通过混合回溯搜索算法(hybrid backtracking search algorithm，HBSA)对 S-R-LSSVM 的模型结构和参数同时进行优化，提高建模精度，获得更为优秀的辨识性能与泛化能力。

1)模型结构和参数同步优化设计思想

对于抽水蓄能机组调节系统这类复杂时变非线性系统，通常采用非线性自回归(nonlinear auto regressive，NAR)的模型形式来描述系统输入和输出之间的非线性关系：

$$y(k) = f[y(k-1), y(k-2), \cdots, y(k-m), u(k-1), u(k-2), \cdots, u(k-n)] \qquad (2\text{-}159)$$

式中，$f(\cdot)$ 代表上面所述的稀疏-鲁棒-最小二乘支持向量机辨识模型；$y(k{-}m)$ 是系统的历史输出；$u(k{-}n)$ 是系统的历史控制输入；m、n 分别是用于建模的系统输出时滞和控制输入时滞。

对于上述 NAR 辨识模型，其首要问题在于模型结构的确定，即辨识过程中所选择使用的输入因子 $\{y(k-1),y(k-2),\cdots,y(k-m),u(k-1),u(k-2),\cdots,u(k-n)\}$，过多的输入变量会造成信息冗余并加重模型训练负担，影响到模型辨识的计算效率和辨识精度。然而输入变量的欠缺也可能导致模型无法获取足够的系统动态特性，致使模型欠拟合。一个理想的输入变量方案应该是具有合适的个数并且能够充分地描述系统非线性特征的集合。此外，S-R-LSSVM 的正则化参数 γ 和核函数参数 σ 对模型辨识的拟合精度和泛化能力有着重要的影响，如果 S-R-LSSVM 的核参数和正则化参数选择不当，会显著地降低建模精度和辨识性能。

针对辨识模型的结构选择和参数优化这两个重要环节，多数研究者通过经验选择或者试凑法、假设检验来挑选输入变量，然后借助网格搜索、遗传算法、粒子群算法等优化算法来获取模型最优参数，这种分开寻优的做法尽管取得了不错的建模效果，但是考虑到模型结构与模型参数是紧密联系而又相互影响的，将输入变量选择与模型超参数优化割裂开来的做法，限制了模型辨识精度和泛化能力的进一步提高。

通过前面分析可知，模型输入变量和模型参数的选择是影响 S-R-LSSVM 辨识精度和泛化能力的关键因素，为了保证获取最佳的模型结构和最优的模型参数，本节提出一种模型结构和参数同步优化的模型辨识策略，通过将上述问题转化为一个二进制-实数编码的多维参数优化问题，其中二进制编码用于输入变量优选，实数编码用于 S-R-LSSVM 参数优化，以期同时获得最优的模型结构与模型参数。

模型辨识过程中的输入选择实质上是一个离散状态变量的组合优化问题，通过对模型辨识所需输入变量的分析，结合工程实际，可以适当地选取较高阶次的 n 个历史输入和 m 个系统历史输出作为候选输入变量，此时模型的潜在输入因子维数为 $n+m$，将其编码为一个长度为 $n+m$ 的二进制变量，变量中每一维对应一个候选的输入变量，当变量为 0 时代表该输入因子被舍弃，当变量为 1 时代表该输入因子被选中作为模型辨识的输入，然后将 S-R-LSSVM 的正则化参数 γ 和核函数参数 σ 编码为一个长度为 2 的实数变量，此时 S-R-LSSVM 辨识所需要优化的变量维数为 $n+m+2$，可以通过构造某种具有二进制-实数混合优化能力的算法来进行求解，即可同时获得最优的模型输入变量、核函数参数和正则化参数。

2) 基于 HBSA 的 S-R-LSSVM 结构与参数同步优化流程

回溯搜索算法是 Civicioglu[66]提出的一种基于进化框架的随机优化算法，该算法只有一个控制参数，对初值不敏感，因此能够快速有效地求解不同的最优化问题，特别地，回溯搜索算法通过生成一个存储器，用于存储随机选择的历史种群，并用它来生成搜索方向矩阵。回溯搜索算法的具体流程已在 2.2.2 节介绍,从该算法的基本原理可知,传统的回溯搜索算法属于实数编码的优化算法,记为实数回溯搜索算法(real-coded backtracking search algorithm,RBSA),对于科学研究和工程应用领域的离散优化问题,需要修改算法种群的个体编码形式,由于模型辨识过程中的输入选择问题实际上是一个离散状态变量的组合优化问题,有必要使用相关的技术和手段将实数编码的 BSA 转换为二进制编码的 BSA 算法。

针对离散优化的需求,Ahmed 等[67]提出了回溯搜索算法的二进制版本,称为二进制回溯搜索算法(binary-coded backtracking search algorithm,BBSA),用来解决家庭能源管理系统的实时调度控制问题。在二进制回溯搜索算法中保持 BSA 的选择、交叉、变异的框架不变,种群中每个个体被编码成一个二进制向量,通过 Sigmoid 函数将个体的位置值转换至[0,1]空间:

$$S_{ij} = \frac{1}{1+e^{-w_{ij}}} \tag{2-160}$$

式中,w_{ij} 为个体位置值;S_{ij} 为转换后的个体位置值。

则二进制种群的个体编码 BP_{ij} 按如下公式更新:

$$BP_{ij} = \begin{cases} 0, & S_{ij} < 0.5 \\ 1, & S_{ij} \geqslant 0.5 \end{cases} \tag{2-161}$$

基于上述的实数回溯搜索算法(RBSA)和二进制回溯搜索算法(BBSA),本节构建一种具有二进制-实数编码的混合回溯搜索算法,针对抽水蓄能机组调节系统模型辨识过程中输入变量难以选择、模型参数需要调优的问题,通过将待优化的输入因子进行二进制编码,对 S-R-LSSVM 模型的正则化参数 γ 和核函数参数 σ 进行实数编码,结合回溯搜索优化算法在复杂问题优化求解方面的优异性能,同时优化获取最优的模型输入变量、核函数参数和正则化参数。

对于混合回溯搜索算法而言,进化种群中的每个个体包含 $n+m+2$ 个决策变量,其中前 $n+m$ 维二进制变量代表候选输入因子集合,编码值为 1 时该输入因子被选中作为 S-R-LSSVM 模型的输入,当编码值为 0 时该输入因子被舍弃。后 2 维实数变量包含模型的正则化参数 γ 和核函数参数 σ,用于优化调整模型辨识的建模精度和泛化性能。需要指出的是,对于混合回溯搜索算法内部的 RBSA 和 BBSA,种群的个体更新、交叉变异操作都是在各自的维度上进行的,混合种群中二进制变量和实数变量的优化过程相互独立。二进制-实数编码的混合回溯搜索算法的种群个体编码机制如图 2-64 所示。

图 2-64　二进制–实数编码的混合回溯搜索算法的种群个体编码机制

选取实测值与辨识模型输出的均方根误差作为适应度函数：

$$\text{Fitness} = \sqrt{\frac{1}{N}\sum_{t=1}^{N}[y(t)-\hat{y}(t)]^2} \tag{2-162}$$

式中，N 为样本总数；$y(t)$ 为系统在 t 时刻的实际输出；$\hat{y}(t)$ 为辨识模型在 t 时刻的预测输出。

基于混合回溯搜索算法的稀疏–鲁棒–最小二乘支持向量机模型结构与参数同步优化的步骤如下所示。

步骤 1：数据准备及预处理。将原始数据集归一化至[0,1]区间，将数据分为训练集和测试集，并确定初始候选输入向量。令混合回溯搜索算法种群大小为 N，种群个体维数为 $n+m+2$，最大迭代次数为 G。

步骤 2：随机生成初始种群，第 j 次迭代中的第 i 个个体可以表示为 $L_i(j)$，$i=1,2,\cdots,N$，$j=1,2,\cdots,G$，其中 S-R-LSSVM 的正则化参数 γ，RBF 核系数 σ 以实数表达，而每个特征的选择情况以"0-1"表示。

步骤 3：计算种群个体的适应度值 $f_i(j)$，$i=1,2,\cdots,N$。

步骤 4：随机生成历史种群 Old P，并根据步骤 1 中的选择更新历史种群，根据变异算子得到初始实验种群 T。

步骤 5：生成搜索方向矩阵 **map**，根据交叉算子得到最终实验种群。

步骤 6：计算当前种群个体的适应度值并根据选择 Ⅱ 算子更新下次迭代种群。

步骤 7：若迭代次数 $j<G$，则跳转至步骤 3，否则跳转至下一步。

步骤 8：挑选出最优个体 L_{best}，根据其前 $n+m$ 维确定最优输入集合，个体最后 2 维作为 S-R-LSSVM 模型的最优参数，利用训练样本建立最终的稀疏–鲁棒–最小二乘支持向量机辨识模型，此时可以使用测试数据集得到测试阶段的预测值，反归一化后获得辨识模型输出。

基于 HBSA 的 S-R-LSSVM 模型结构与参数同步优化建模示意图如图 2-65 所示。

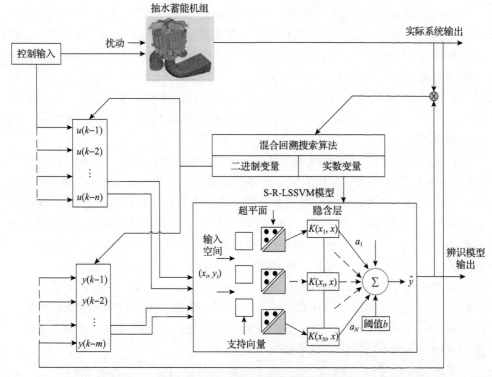

图 2-65　基于 HBSA 的 S-R-LSSVM 模型结构与参数同步优化建模示意图

4. 实例分析

为验证本节所提稀疏-鲁棒-最小二乘支持向量机和模型结构参数同步优化策略的有效性，将其分别应用于加入噪声和离群点的 sinc 函数、非线性微分方程以及抽水蓄能机组调节系统模型辨识中，并与极限学习机(ELM)、最小二乘支持向量机(LSSVM)和加权最小二乘支持向量机(WLSSVM)的模型辨识结果进行对比。

1)非线性函数拟合

本节以辛格函数 sinc 为例，它是正弦函数 sinx 和单调递减函数 1/x 的乘积，在数字信号处理等领域得到了广泛的应用，辛格函数 sinc 的数学表达式如下：

$$\mathrm{sinc}(x) = \frac{\sin(x)}{x} \tag{2-163}$$

对于该仿真函数，在[−10,10]区间内均匀产生 200 个 x 作为输入变量，计算其对应的输出值 y，利用这些 (x_i, y_i), $i = 1, 2, \cdots, 200$ 构建 200 组训练样本。为了同时验证模型的拟合和外推泛化能力，在[−12,12]区间内均匀地产生 240 组样本用于测试。

　　仿真实验中加入不同比例的噪声和离群点的方式：在训练样本集的期望输出加入均值为 0 方差为 0.02 的高斯白噪声，并随机选择不同比例的训练样本，在被选中的训练样本原值的基础上叠加相应比例的扰动转换为离群点。具体而言，加入噪声和离群值的方式分为 4 种。方式 A：在加入高斯白噪声的基础上选择训练样本数量的 5% 调整为离群点。方式 B：在加入高斯白噪声的基础上加入 10% 的离群点。方式 C：加入高斯白噪声和 15% 的离群点。方式 D：加入高斯白噪声和 20% 的离群点。

　　将 sinc 函数数据加入噪声和离群点后，应用 S-R-LSSVM 与 ELM、LSSVM、WLSSVM 模型进行训练和预测验证，各仿真模型的具体参数设置：ELM 模型隐含层采用 Sigmoid 激活函数，隐藏层神经元节点个数通过循环验证获得；LSSVM 选取 RBF 高斯核函数，核参数 σ 和正则化参数 C 通过网格搜索获得，C 的网格搜索范围设置为 $[2^{-8}, 2^{8}]$，σ 的网格搜索范围设置为 $[2^{-6}, 2^{6}]$；WLSSVM 采用 Suykens 论文推荐的鲁棒估计损失函数，核函数、正则化参数计算方式同 LSSVM。

　　利用 ELM、LSSVM、WLSSVM 和 S-R-LSSVM 对按照 4 种不同方式加入高斯白噪声和离群点后的 sinc 函数进行训练和预测验证，预测值和实际值的对比如图 2-66 所示，图 2-66 中 sinc 函数曲线周围离散的点为训练样本集中的离群点。各模型的性能评价指标计算结果如表 2-27 所示。

　　由表 2-27 可知，在 4 种不同方式加入高斯白噪声和离群点的情景下，S-R-LSSVM 模型的测试结果均优于其他模型。由图 2-66 可以看出，本节所提模型能够较好地对 4 种情景下的 sinc 函数进行预测，能够较好地逼近实际值，特别地，由图 2-66(d) 可知，即使加入了大量的噪声和离群值，本节所提模型仍然具有较高的建模精度和泛化能力，能够较好地跟随 sinc 函数输出。对表 2-27 进行详细分析可知，添加不同噪声和离群值的场景下，ELM 模型的测试期误差远大于其他

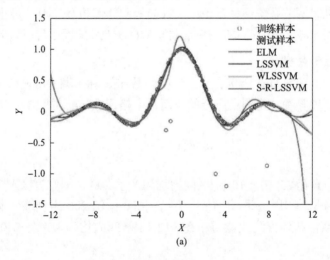

(a)

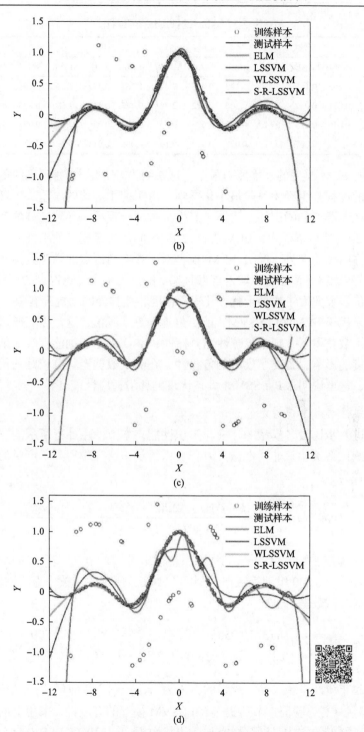

图 2-66 含噪声和离群点的 sinc 函数预测结果(彩图扫二维码)

表 2-27　sinc 函数测试结果对比

模型类型	5%			10%			15%			20%		
	RMSE	MAE	MAPE	RMSE	MAE	MAPE	RMSE	MAE	MAPE	RMSE	MAE	MAPE
ELM	0.462	0.160	2.53	1.123	0.433	7.48	1.268	0.497	7.80	2.141	0.728	12.20
LSSVM	0.071	0.052	0.91	0.206	0.122	2.48	0.225	0.161	2.68	0.296	0.152	2.70
WLSSVM	0.056	0.033	0.61	0.070	0.035	0.63	0.093	0.046	0.85	0.092	0.042	0.78
S-R-LSSVM	0.019	0.007	0.11	0.028	0.010	0.15	0.045	0.013	0.21	0.046	0.013	0.20

模型，说明 ELM 模型的外推能力最差，这是因为 ELM 作为神经网络的一种，其模型训练的过程基于经验风险最小化准则，由于使用传统的误差二次函数作为代价函数，在离群点和噪声的干扰下，产生了过拟合现象，导致模型的泛化能力下降。由图 2-66 还可以看出，ELM 在[−12,12]区间的边缘测试效果极差，不能准确地跟踪目标曲线的走势，说明 ELM 模型对于含有离群点的训练数据非常敏感；LSSVM 虽然能够平衡结构风险和经验风险，但是由于少量离群点的存在，误差二次方的代价函数放大了这种干扰，其建模精度相比神经网络提高有限；WLSSVM 的预测结果优于 ELM 和 LSSVM，能更好地逼近实际值，这是因其通过剪枝法和误差加权函数获得了一定的稀疏性和鲁棒性；S-R-LSSVM 则能有效地削弱离群点对建模精度的影响，提高了模型的鲁棒性，在测试数据上具有较好的辨识效果和泛化能力，这也说明 S-R-LSSVM 具备优良的环境适应性能。

2)非线性动态系统辨识

为更进一步比较各模型的建模与辨识性能，本节使用如下所示的非线性动态系统作为测试案例，该非线性微分方程在系统辨识研究中得到了广泛的应用，其数学表达式为

$$y(k+1) = \frac{y(k)y(k-1)y(k-2)u(k-1)(y(k-2)-1)+u(k)}{1+y^2(k-2)+y^2(k-1)} \tag{2-164}$$

式中，$u(k)$ 为控制输入量；$y(k+1)$ 为系统输出量。采用[−2,2]区间的均匀随机信号作为输入，产生 800 组训练数据，采用式(2-165)所示的函数作为测试输入信号，产生 800 组测试数据。

$$u(k) = \begin{cases} \sin(3\pi k/250), & k \leqslant 500 \\ 0.25\sin(2\pi k/250)+0.2\sin(3\pi k/50), & k > 500 \end{cases} \tag{2-165}$$

对于此非线性系统，模型辨识的输入为 $[y(k), y(k-1), y(k-2), u(k), u(k-1)]$，输出为 $y(k+1)$。为验证本节所提 S-R-LSSVM 模型的有效性，采用上面的 4 种添加噪声和离群点的方式对训练样本加入干扰数据，并与 ELM、LSSVM 和 WLSSVM

3 种辨识方法进行对比。图 2-67(a) 为加入噪声和离群点后的训练样本集目标输出序列,图 2-67(b) 为测试样本集目标输出序列。

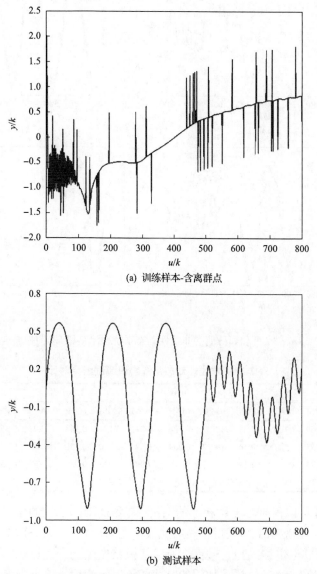

(a) 训练样本-含离群点

(b) 测试样本

图 2-67　含噪声和离群点的训练样本以及测试样本目标输出序列

　　分别采用 ELM、LSSVM、WLSSVM 和 S-R-LSSVM 4 种模型辨识方法对按照 4 种不同方式加入噪声和离群点后的非线性动态系统进行辨识实验,预测值和实测值的对比如图 2-68 所示。各模型的性能评价指标计算结果如表 2-28 所示。

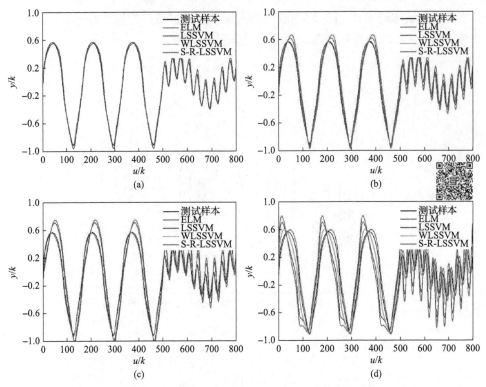

图 2-68　含噪声和离群值的非线性动态系统预测结果（彩图扫二维码）

表 2-28　非线性动态系统辨识测试结果对比

模型类型	5%			10%			15%			20%		
	RMSE	MAE	MAPE	RMSE	MAE	MAPE	RMSE	MAE	MAPE	RMSE	MAE	MAPE
ELM	0.059	0.051	52.33	0.142	0.128	94.38	0.184	0.164	133.08	0.355	0.311	293.86
LSSVM	0.053	0.046	47.16	0.077	0.069	46.62	0.130	0.116	94.10	0.272	0.237	230.37
WLSSVM	0.023	0.021	17.19	0.022	0.019	17.99	0.033	0.030	20.54	0.133	0.118	93.27
S-R-LSSVM	0.019	0.017	13.86	0.017	0.015	13.33	0.038	0.034	23.33	0.079	0.070	58.38

　　由表 2-28 可以得到与上面相似的结论，在添加不同比例的噪声和离群点的测试场景下，S-R-LSSVM 均获得较高的建模精度与泛化能力；ELM 和 LSSVM 因为将噪声和离群点也纳入拟合过程，所以建模精度受到严重影响，预测输出偏离了真实值；WLSSVM 通过样本加权的方式能够一定程度地降低噪声和离群点的影响。以方式 A 加入噪声和 5%离群值为例，S-R-LSSVM 模型的测试结果 RMSE 低至 0.019，模型精度高于 WLSSVM 方法的 0.023，远高于 LSSVM 模型的 0.053 和 ELM 模型的 0.059。由图 2-68 可以看出，本节所提模型具有较好的抗干扰能力和拟合精度，能够有效地对 4 种扰动情景下的非线性动态系统进行建模，特别地，由图 2-68(d)可知，在加入大量的噪声和离群值的情况下，本节所提模型仍然具有

较高的精度和泛化能力，能够较好地对非线性系统输出进行跟踪。

3) 抽水蓄能机组调节系统模型辨识

本节选用抽水蓄能机组调节系统作为实际研究对象，根据第 2 章建立的调节系统非线性动态模型进行仿真和模型辨识实验。考虑到调节系统的频率扰动是机组在实际运行中的常见工况，也是机组检修完成后所必须进行的实验项目，本节通过对抽水蓄能机组调节系统非线性动态仿真模型施加频率扰动信号进行激励，收集其输入与输出数据作为建模样本，以此为基础建立机组的稀疏–鲁棒–最小二乘支持向量机辨识模型。

为了充分地激励调节系统的非线性，提高训练样本的多样性，随机产生调节系统的频率扰动信号，PID 控制器参数也随机设置[67]，仿真时长设置为 50s，采样周期设置为 0.1s，每次实验结束后保存调节系统的控制器输出和机组频率输出数据，独立重复进行 30 组频率扰动过程仿真，其中 20 组数据作为训练样本集，剩余 10 组数据作为测试样本集。训练样本数据和测试样本数据如图 2-69 所示。

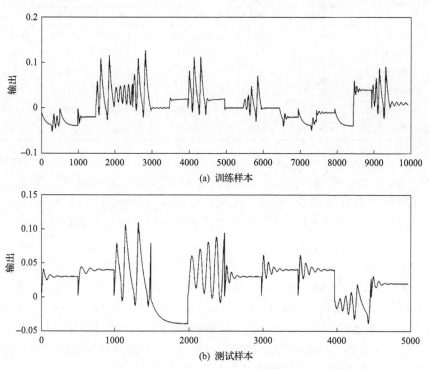

图 2-69　抽水蓄能机组调节系统模型辨识训练与测试样本集

为充分地验证本节所提的稀疏–鲁棒–最小二乘支持向量机 (S-R-LSSVM) 模型和基于混合回溯搜索优化算法 (HBSA) 的模型结构与参数同步优化策略的有效性，此处将鲁棒模型/传统模型、结构与参数同步优化/分离优化作为状态变量，分别进行含白噪声和 5%离群点、含白噪声和 10%离群点的抽水蓄能机组调节系统模型辨识实验，实验方案设置如下所示。

(1)结构与参数分离优化的 ELM、LSSVM、WLSSVM、S-R-LSSVM 辨识模型采用$\{u(t-1),u(t-2),u(t-3),y(t-1),y(t-2),y(t-3)\}$作为模型输入变量，模型参数优选采用网格搜索与交叉验证方法。

(2)结构与参数同步优化的 LSSVM 模型，候选的模型输入变量为$\{u(t-1),\cdots,u(t-6),y(t-1),\cdots,y(t-6)\}$，使用二进制-实数编码的混合回溯优化算法对模型的结构和参数进行优化，种群数量为 40，迭代次数为 200 代。

(3)结构与参数同步优化的 S-R-LSSVM 模型，优化方式同上。

采用上述各模型进行不同比例噪声和离群点情景下的模型辨识实验，抽水蓄能机组调节系统模型辨识测试结果对比如表 2-29 所示。

表 2-29　抽水蓄能机组调节系统模型辨识测试结果对比

模型类型	5%			10%		
	RMSE	MAE	MAPE	RMSE	MAE	MAPE
ELM	6.64×10^{-3}	3.43×10^{-3}	4.47×10^{-1}	1.10×10^{-2}	7.07×10^{-3}	9.49×10^{-1}
LSSVM	3.73×10^{-3}	2.96×10^{-3}	3.84×10^{-1}	7.12×10^{-3}	5.61×10^{-3}	7.59×10^{-1}
WLSSVM	1.72×10^{-4}	8.36×10^{-5}	1.14×10^{-2}	1.93×10^{-4}	8.44×10^{-5}	1.32×10^{-2}
S-R-LSSVM	8.21×10^{-5}	2.60×10^{-5}	5.30×10^{-3}	8.24×10^{-5}	2.66×10^{-5}	5.52×10^{-3}
HBSA-LSSVM	3.57×10^{-3}	2.30×10^{-3}	1.40×10^{-1}	6.34×10^{-3}	5.48×10^{-3}	5.12×10^{-1}
HBSA-S-R-LSSVM	5.99×10^{-5}	1.93×10^{-5}	3.89×10^{-3}	5.97×10^{-5}	2.18×10^{-5}	3.90×10^{-3}

由表 2-29 计算结果可以看出，采用结构与参数分离优化的 ELM、LSSVM、WLSSVM、S-R-LSSVM 辨识模型对抽水蓄能机组调节系统进行模型辨识，其中ELM 模型因为优化过程基于经验风险最小化准则，建模过程受到噪声和离群点的干扰比较严重，泛化性能和辨识精度较差；LSSVM 模型因为采用误差二次方损失函数，并不能满足稳健性的要求，随着噪声和离群点数据的增多，建模和预测精度明显下降，泛化能力不足；对比 LSSVM 和 WLSSVM 模型的性能指标可知，WLSSVM辨识结果明显优于传统的 LSSVM 模型，表明 WLSSVM 具有较强的抗干扰能力，建模精度较高，能够有效地降低预测误差；在含有白噪声和 5%、10%比例异常值的情景下，S-R-LSSVM 结果较为稳定，在预测精度和鲁棒性上均优于其他模型，表明模型的稀疏化和鲁棒化策略能够减少噪声和离群点对建模精度和拟合性能的影响，当数据存在异常值时，传统 ELM、LSSVM 等模型的建模精度急剧下降，稀疏鲁棒模型对于这种情况呈现出稳健特性，能有效地排除这些奇异值的干扰，提高了建模精度和稳定性；采用 HBSA 同时进行模型结构和参数优化的 LSSVM、S-R-LSSVM模型，最终都选择了$\{u(t-1),u(t-2),u(t-4),y(t-1),y(t-2),y(t-3),y(t-6)\}$作为模型输入变量，相比分离优化的 LSSVM 和 S-R-LSSVM 模型，其各项建模品质性

能评价指标均有所提升，特别地，以含白噪声和 5%离群点时 S-R-LSSVM 和 HBSA-S-R-LSSVM 模型为例，经 HBSA 优化后，模型的 RMSE 由 8.21×10^{-5} 降至 5.99×10^{-5}，MAE 由 2.60×10^{-5} 降至 1.93×10^{-5}，MAPE 由 5.30×10^{-3} 降至 3.89×10^{-3}；HBSA-S-R-LSSVM 模型测试指标在两种噪声和离群值设置方式下的模型评价指标均小于其他 5 种模型，这表明 HBSA-S-R-LSSVM 可以有效地提高模型辨识精度。综上可得，研究本节所提 HBSA-S-R-LSSVM 模型能够有效地避免冗余输入或者欠输入的情况，通过模型结构和参数的整体优化提高了模型辨识精度，具有良好的拟合和泛化性能，相比本节所述其他模型，更适用于抽水蓄能机组调节系统的模型辨识研究。

图 2-70 为含白噪声和 5%离群点情景下各辨识模型预测输出与实际系统输出的对比，图 2-71 为含白噪声和 10%离群点情景下各辨识模型预测输出与实际系统输出的对比，图 2-72 为含白噪声和 5%离群点情景下各辨识模型的预测残差。

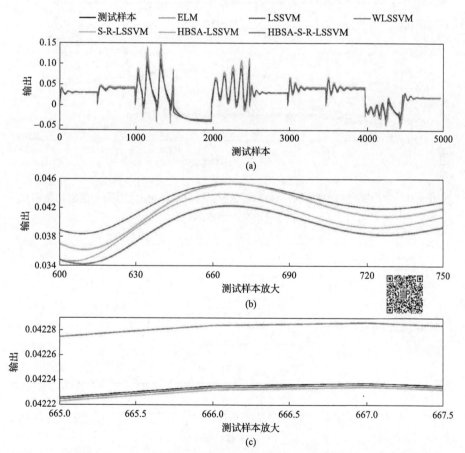

图 2-70　含白噪声和 5%离群点情景下各辨识模型预测输出与实际系统输出的对比

（彩图扫二维码）

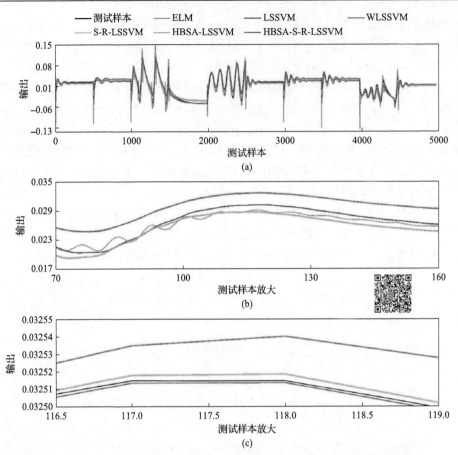

图 2-71　含白噪声和10%离群点情景下各辨识模型预测输出与实际系统输出的对比
（彩图扫二维码）

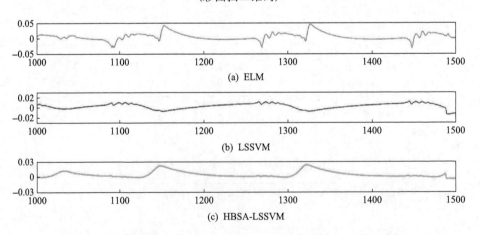

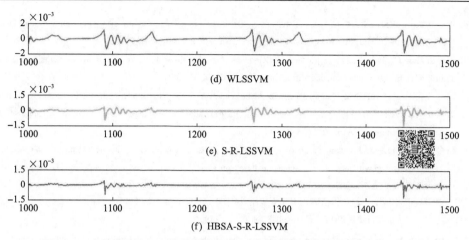

图 2-72 含白噪声和 5%离群点情景下各辨识模型预测残差(彩图扫二维码)

由图 2-70～图 2-72 可知:ELM 和 LSSVM 模型辨识性能受到噪声和离群点干扰较为严重,从放大的测试样本波形可以看出,其模型输出偏离了真实值;HBSA-LSSVM 受益于模型结构与参数整体优化的策略,相比 LSSVM 模型有所改善,然而因其模型稀疏与鲁棒性的缺失,预测残差变化范围远大于 WLSSVM 等模型;具备抗干扰能力的 WLSSVM、S-R-LSSVM、HBSA-S-R-LSSVM 模型,其辨识结果基本能够反映系统输出的变化,模型输出能够很好地跟随机组调节系统的实际变化趋势;相较于分离优化的 S-R-LSSVM 模型,基于 HBSA 整体优化得到的模型预测输出与实际系统输出信号更为吻合,预测残差最小,这表明本节所提方法得到的机组调节系统稀疏鲁棒最小二乘支持向量机模型辨识精度极高,能够很好地跟踪机组频率的变化,准确地反映系统的非线性动态特性,保证了存在噪声和离群点干扰情况下机组模型辨识的有效性和可靠性。

参 考 文 献

[1] Zhu W, Zheng Y, Dai J, et al. Design of integrated synergetic controller for the excitation and governing system of hydraulic generator unit[J]. Engineering Applications of Artificial Intelligence, 2017, 58: 79-87.

[2] Zhang H, Chen D, Xu B, et al. Nonlinear modeling and dynamic analysis of hydro-turbine governing system in the process of load rejection transient[J]. Energy Conversion and Management, 2015, 90(1): 128-137.

[3] Li H, Chen D, Zhang H, et al. Hamiltonian analysis of a hydro-energy generation system in the transient of sudden load increasing[J]. Applied Energy, 2017, 185: 244-253.

[4] Fang H, Chen L, Shen Z. Application of an improved PSO algorithm to optimal tuning of PID gains for water turbine governor[J]. Energy Conversion and Management, 2011, 52(4): 1763-1770.

[5] Li H, Chen D, Zhang H, et al. Nonlinear modeling and dynamic analysis of a hydro-turbine governing system in the process of sudden load increase transient[J]. Mechanical Systems and Signal Processing, 2016, 80: 414-428.

[6] Li H, Chen D, Zhang X, et al. Dynamic analysis and modelling of a Francis hydro-energy generation system in the load rejection transient[J]. IET Renewable Power Generation, 2016, 10(8): 1140-1148.

[7] Li C S, Zhou J Z. Parameters identification of hydraulic turbine governing system using improved gravitational search algorithm[J]. Energy Conversion and Management, 2011, 52(1): 374-381.

[8] Li C S, Chang L, Huang Z J, et al. Parameter identification of a nonlinear model of hydraulic turbine governing system with an elastic water hammer based on a modified gravitational search algorithm[J]. Engineering Applications of Artificial Intelligence, 2016, 50: 177-191.

[9] Li C S, Mao Y F, Zhou J Z, et al. Design of a fuzzy-PID controller for a nonlinear hydraulic turbine governing system by using a novel gravitational search algorithm based on Cauchy mutation and mass weighting[J]. Applied Soft Computing, 2017, 52: 290-305.

[10] 方红庆. 水力机组非线性控制策略及其工程应用研究[D]. 南京: 河海大学, 2005.

[11] 常近时. 水力机械过渡过程[M]. 北京: 机械工业出版社, 1991.

[12] Zuo Z, Liu S, Sun Y, et al. Pressure fluctuations in the vaneless space of high-head pump-turbines—A review[J]. Renewable and Sustainable Energy Reviews, 2015, 41(1): 965-974.

[13] Zuo Z, Fan H, Liu S, et al. S-shaped characteristics on the performance curves of pump-turbines in turbine mode—A review[J]. Renewable and Sustainable Energy Reviews, 2016, 60(7): 836-851.

[14] Pejovic S, Zhang Q F, Karney B, et al. Analysis of pump-turbine 'S' instability and reverse water hammer incidents in hydropower systems[C]. Proceedings of the 4th International Meeting on Cavitation and Dynamic Problems in Hydraulic Machinery Systems, Belgrade, 2011.

[15] Pejovic S, Krsmanovic L, Jemcov R, et al. Unstable operation of high-head reversible pump-turbines[C]. Proceedings of the 8th IAHR Symposium on Hydraulic Machinery and Cavitation, Leningrad, 1976.

[16] Pejovic S, Karney B. Guidelines for transients are in need of revision[C]. 27th IAHR Symposium on Hydraulic Machinery and Systems, Montreal, 2014.

[17] 周杰, 沈剑初, 周攀. 水泵水轮机低水头发电空载稳定性调试实践[J]. 西北水电, 2012(S1): 78-80.

[18] 刘志森, 张德虎, 刘莹莹, 等. 水泵水轮机全特性的改进 Suter 变换方法[J]. 中国农村水利水电, 2015(1): 143-145, 150.

[19] 林宵汉, 陈乃祥, 李辉, 等. 水泵水轮机转轮特性描述新方法及其工程应用[J]. 清华大学学报(自然科学版), 1999, 39(4): 73-75.

[20] 张保平, 陈乃祥, 吴炯扬, 等. 水泵水轮机全特性对数曲线投影法的应用[J]. 水力发电, 2000(9): 49-51.

[21] 王芋丁, 孟祥文, 张保平, 等. 基于微机的可灵活组态水电站仿真系统[J]. 水力发电学报, 2002(3): 109-114.

[22] Han M, Zhang R, Xu M. Multivariate chaotic time series prediction based on ELM-PLSR and hybrid variable selection algorithm[J]. Neural Processing Letters, 2017, 46(3): 1-13.

[23] 林雨. 极限学习机与自动编码器的融合算法研究[D]. 长春: 吉林大学, 2016.

[24] 苏晓莉, 尹怡欣, 张森. 高炉透气性指数的改进多层超限学习机预测模型[J]. 控制理论与应用, 2016, 33(12): 1674-1684.

[25] Huang G B, Zhu Q Y, Siew C K. Extreme learning machine: A new learning scheme of feedforward neural networks[C]. IEEE International Joint Conference on Neural Networks, Budapest, 2004.

[26] Rumelhart D E, Hinton G E, Williams R J. Learning internal representation by back-propagation of errors[J]. Nature, 1986, 323: 533-536.

[27] Kasun L L C, Zhou H, Huang G B, et al. Representational learning with ELMs for big data[J]. Intelligent Systems IEEE, 2013, 28(6): 31-34.

[28] Wold S, Sjöström M, Eriksson L. PLS-regression: A basic tool of chemometrics[J]. Chemometrics and Intelligent Laboratory Systems, 2001, 58(2): 109-130.

[29] Chaudhry M H. Applied Hydraulic Transients[M]. Berlin: Springer, 1979.

[30] Afshar M H, Rohani M. Water hammer simulation by implicit method of characteristic[J]. International Journal of Pressure Vessels and Piping, 2008, 85(12): 851-859.

[31] Zhang N, Li C, Li R, et al. A mixed-strategy based gravitational search algorithm for parameter identification of hydraulic turbine governing system[J]. Knowledge-Based Systems, 2016, 109: 218-237.

[32] Li H, Chen D, Zhang H, et al. Nonlinear modeling and dynamic analysis of a hydro-turbine governing system in the process of sudden load increase transient[J]. Mechanical Systems and Signal Processing, 2016, 80(12): 414-428.

[33] Kishor N, Singh S P, Raghubanshi A S. Dynamic simulations of hydro turbine and its state estimation based LQ control[J]. Energy Conversion and Management, 2006, 47(18/19): 3119-3137.

[34] de Jaeger E, Janssens N, Malfliet B, et al. Hydro turbine model for system dynamic studies[J]. IEEE Transactions on Power Systems, 1994, 9(4): 1709-1715.

[35] Chen Z, Yuan X, Tian H, et al. Improved gravitational search algorithm for parameter identification of water turbine regulation system[J]. Energy Conversion and Management, 2014, 78(2): 306-315.

[36] 孙美凤, 王佳, 殷晶. 长引水系统电站过渡过程数字仿真[J]. 水利科技与经济, 2013, 19(3): 28-32.

[37] Wang Z, Li C, Lai X, et al. An integrated start-up method for pumped storage units based on a novel artificial sheep algorithm[J]. Energies, 2018, 11(1): 151.

[38] Hou J, Li C, Tian Z, et al. Multi-objective optimization of start-up strategy for pumped storage units[J]. Energies, 2018, 11(5): 1141.

[39] 颜秋容. 电路理论 [M]. 北京: 电子工业出版社, 2009.

[40] 杨琳, 赖旭. 结合数值计算与模型试验研究阻抗式调压室阻抗损失系数[J]. 中国农村水利水电, 2005, 5: 109-111.

[41] 倪以信. 动态电力系统的理论和分析[M]. 北京: 清华大学出版社, 2002.

[42] Wang C, Yang J D. Water hammer simulation using explicit–implicit coupling methods[J]. Journal of Hydraulic Engineering, 2015, 141(4): 04014086.

[43] 杨宝奎, 朱满林, 程虹, 等. 水锤计算中压力管道的分段问题研究[J]. 水利水电技术, 2007, 38(1): 53-55.

[44] Nicolet C, Greiveldinger B, Herou J J, et al. High-order modeling of hydraulic power plant in islanded power network[J]. IEEE Transactions on Power Systems, 2007, 22(4): 1870-1880.

[45] 武汉水利电力大学, 徐枋同, 李植鑫合. 水电站机组控制计算机仿真[M]. 北京: 水利电力出版社, 1995.

[46] Dehghan M, Mohammadi V. A numerical scheme based on radial basis function finite difference(RBF-FD)technique for solving the high-dimensional nonlinear Schrödinger equations using an explicit time discretization: Runge-Kutta method[J]. Computer Physics Communications, 2017, 217(8): 23-34.

[47] 雷叶红, 张记华, 张春明. 基于 dSPACE/MATLAB/Simulink 平台的实时仿真技术研究[J]. 系统仿真技术, 2005, 1(3): 131-135.

[48] 马培蓓, 吴进华, 纪军, 等. dSPACE 实时仿真平台软件环境及应用[J]. 系统仿真学报, 2004, 16(4): 667-670.

[49] 彭红涛. 基于 dSPACE 的电动汽车异步电机驱动系统的研究[D]. 武汉: 武汉理工大学, 2006.

[50] 王松辉. 基于 dSPACE 的无人机飞行控制系统半实物仿真研究[D]. 南京: 南京航空航天大学, 2008.

[51] 金晓华. 基于 dSPACE 半实物仿真的电机测试平台研究[D]. 南京: 东南大学, 2006.

[52] Li C, Zhou J. Parameters identification of hydraulic turbine governing system using improved gravitational search algorithm[J]. Energy Conversion and Management, 2011, 52(1): 374-381.

[53] Chen Z, Yuan X, Tian H, et al. Improved gravitational search algorithm for parameter identification of water turbine regulation system[J]. Energy Conversion and Management, 2014, 78 (30): 306-315.

[54] Li C, Chang L, Huang Z, et al. Parameter identification of a nonlinear model of hydraulic turbine governing system with an elastic water hammer based on a modified gravitational search algorithm[J]. Engineering Applications of Artificial Intelligence, 2016, 50 (C): 177-191.

[55] Li C, Zhou J. Parameters identification of hydraulic turbine governing system using improved gravitational search algorithm[J]. Energy Conversion and Management, 2011, 52 (1): 374-381.

[56] Mirjalili S, Mirjalili S M, Lewis A. Grey wolf optimizer[J]. Advances in Engineering Software, 2014, 69 (3): 46-61.

[57] Suykens J A K, Gestel T V, Brabanter J D, et al. Least Squares Support Vector Machines[M]. New York: World Scientific, 2002.

[58] 郭东伟, 周平. 基于稀疏化鲁棒 LS-SVR 与多目标优化的铁水硅含量软测量建模[J]. 北京科技大学学报, 2016, 38 (9): 1233-1241.

[59] 甘良志, 孙宗海, 孙优贤. 稀疏最小二乘支持向量机[J]. 浙江大学学报 (工学版), 2007, 41 (2): 245-248.

[60] Suykens J A K, Brabanter J D, Lukas L, et al. Weighted least squares support vector machines: Robustness and sparse approximation[J]. Neurocomputing, 2002, 48 (1): 85-105.

[61] Santos J D A, Barreto G A. A Novel Recursive Solution to LS-SVR for Robust Identification of Dynamical Systems[M]. Berlin: Springer International Publishing, 2015: 191-198.

[62] Santos J D A, Barreto G A. Novel sparse LSSVR models in primal weight space for robust system identification with outliers[J]. Journal of Process Control, 2018, 67: 129-140.

[63] Santos J D A, Mattos C L C, Barreto G A. Performance evaluation of least squares SVR in robust dynamical system identification[C]. International World Conference on Artificial Neural Networks, Palma de Mallorca, 2015.

[64] 赵超, 李俊, 戴坤成, 等. 基于自适应加权最小二乘支持向量机的青霉素发酵过程软测量建模[J]. 南京理工大学学报 (自然科学版), 2017, 41 (1): 100-107.

[65] 赵超, 戴坤成. 基于自适应加权最小二乘支持向量机的短期电力负荷预测[J]. 信息与控制, 2015, 44 (5): 634-640.

[66] Civicioglu P. Backtracking Search Optimization Algorithm for Numerical Optimization Problems[M]. Amsterdam: Elsevier Science Inc., 2013: 8121-8144.

[67] Ahmed M S, Mohamed A, Khatib T, et al. Real time optimal schedule controller for home energy management system using new binary backtracking search algorithm[J]. Energy and Buildings, 2017, 138 (3): 215-227.

第3章 抽水蓄能机组调节系统复杂工况控制优化

随着我国经济和社会的快速发展，电力负荷迅速增长，峰谷差不断加大，电网对稳定性的要求也越来越高，抽水蓄能机组调节系统的控制品质优化面临严峻的挑战。抽水蓄能机组具有发电和抽水两个运行方向，兼具水轮机和水泵两种设备的功能。在发电方向运行时，抽水蓄能机组的水泵水轮机运行于水轮机工况，发电电动机作为发电机运行。与大多数工业控制系统相同，工程实际中的抽水蓄能机组调节系统使用 PID 控制对机组转速、导叶开度和有功功率进行调节。抽水蓄能机组水泵工况与水轮机工况存在效率最优区域偏移，导致水泵水轮机在水轮机工况、水轮机制动工况和反水泵工况内存在多值性"S"特性区域。尤其是在低水头空载开机工况时，机组运行进入"S"特性区域，不仅导致机组频率在电网频率附近上下波动，而且使得抽水蓄能机组调节系统控制呈现高度复杂特性。

已有的抽水蓄能机组调节系统一般采用传统 PID 控制策略，不具备良好的自适应性且缺乏非线性处理能力，尚不能在复杂工况转换下对发电生产过程进行最优控制，且控制精度受固有模型参数限制，无法满足多重约束条件下机组高效稳定运行的时变自适应控制需求，安全隐患凸显。神经网络、模糊数学等理论被广泛地应用于机组优化 PID 型调节器的结构，改善 PID 对非线性系统的控制效果。此外，基于最优控制、自适应控制、滑模控制、模型预测控制等多种现代控制方法的抽水蓄能机组调节系统控制也成为国内外研究的热点，引入基于现代控制理论的新型控制方法替代传统 PID 控制，系统在单个步长实时控制中能够充分地考虑被控系统整体状态，且在一定程度上克服传统控制的调节参数对工况敏感性的不足，提升抽水蓄能机组调节系统的控制性能。

本章围绕改进传统 PID 控制规律和新型控制方法两方面内容，结合启发式优化算法、非线性控制理论、仿人智能控制理论、模糊理论，提出基于传统 PID 控制规律的各类改进型 PID 控制规律；研究广义预测控制理论在抽水蓄能机组调节控制中的应用范式，构建基于机理建模与数据驱动以及 T-S 模糊模型辨识的调节系统预测控制理论与方法体系，提出机组调节系统一次调频工况控制优化方法，提升抽水蓄能机组一次调频性能。

3.1 启发式增益自适应 PID 控制

本节在传统 PID 结构简单、易于实现的基础上，研究电容间场强作用力平衡原理，引入专家控制经验，设计了一种启发式增益自适应 PID（heuristic gainscheduling nonlinear PID，HGS-NPID）控制器，并将其应用于抽水蓄能机组调节系统。进一步，本节提出人工羊群算法（artificial sheep algorithm，ASA）对 HGS-NPID 控制参数进行优化。优化结果表明，HGS-NPID 控制器可根据工况点变化在线自动调整控制增益，在不同水头空载工况下均表现出较强的控制性能，能有效地提升抽水蓄能机组低水头空载工况下的动态品质。

3.1.1　控制器原理

启发式增益自适应 PID 控制器设计不依赖于被控对象的具体模型，在构造增益参数与控制信号的非线性关系时，依据电容间场强作用原理，对非线性函数赋予直观的物理意义。将一个正电荷处于两正极板间，若该电荷的初始位置不在平衡位置，那么电荷在电场力作用下往平衡电场处运动，最终稳定于平衡位置[1]。如图 3-1 所示，假设电容两个电极相距 $2e_0$，两个电极在数轴上坐标分别为 $-e_0$ 和 e_0，两电极电压的大小为 U_0，则数轴上任意 A 点所受的电场力为

$$U_{总} = U_B + U_C = F_{BA} \times (-U_0) + F_{CA} \times (+U_0) \tag{3-1}$$

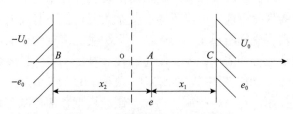

图 3-1　电荷在场间运动示意图

式（3-1）中的场强作用力函数根据场强作用公式取为双曲形式[2]：

$$\begin{cases} F_{BA} = \dfrac{|e_0 + e|^m}{|e_0 - e|^m + |e_0 + e|^m} \\ F_{CA} = \dfrac{|e_0 - e|^m}{|e_0 - e|^m + |e_0 + e|^m} \end{cases} \tag{3-2}$$

将式（3-1）和式（3-2）联立，得正电荷在任意坐标位置所受到的电场力为

$$U(e) = \frac{(e_0 + e)^m - (e_0 - e)^m}{(e_0 + e)^m + (e_0 - e)^m} \cdot U_0 \tag{3-3}$$

由式（3-3）可得非线性函数特性曲线如图 3-2 所示。根据比例增益对误差信号的控制作用与电场力对电荷作用的相似性，将电荷位置坐标参量 e 看作控制误差

量，按照式(3-3)构造比例增益 K_P 关于误差 e 的自适应函数如下：

$$K_P(e) = \left| \frac{(e_0 + e)^m - (e_0 - e)^m}{(e_0 + e)^m + (e_0 - e)^m} \right| \cdot K_{P\max} \tag{3-4}$$

式中，e_0 代表误差最大值；调节 $K_{P\max}$ 可改变比例增益幅值。当误差 $e = e_0$ 时，$K_P = K_{P\max}$，比例环节作用最强；当 $e = 0$ 时，$K_P = 0$，比例环节消失。参数 m 可调节函数曲率，能提高比例增益对误差变化的适应性。

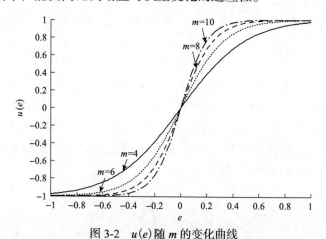

图 3-2　$u(e)$ 随 m 的变化曲线

对于比例环节，根据孙伟等[3]提出的一般系统解决响应方法可得如图 3-3 所示比例增益随误差变化曲线。增益自适应调整符合专家控制经验，大误差时 K_P 较大抑制误差，小误差时 K_P 较小避免超调。同时该函数还兼顾误差变化率的影响，当控制信号偏离给定值时 $\Delta e > 0$，K_P 逐渐增大，抑制误差，当控制信号趋于给定值时 $\Delta e < 0$，K_P 逐渐减小，保持控制稳定。

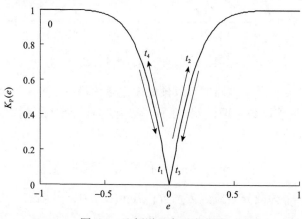

图 3-3　比例增益自适应曲线

　　对于积分环节，在构造积分增益参数 K_I 的非线性函数时，引入变速积分思想，通过改变积分项的累加速度，使其与偏差大小相对应，偏差越大时，积分越慢，以避免出现超调，反之偏差越小时，积分越快，以消除静差。刘金锟[4]利用系数与误差当前值的线性关系描述变速积分项，使调节质量得到改善。本节采用二次非线性函数 $K_I(e)$ 对传统变速积分项进行改进，表达形式如下：

$$K_I(e) = \begin{cases} K_{I\max}, & K_I(e) \geqslant K_{I\max} \\ -\dfrac{(be_0 + K_{I\max})e^2}{e_0^2} + b|e| + K_{I\max}, & 0 < K_I(e) \leqslant K_{I\max} \\ 0, & K_I(e) \leqslant 0 \end{cases} \tag{3-5}$$

式中，$K_{I\max}$ 与 K_I 幅值有关；b 为可调节积分增益变化速度；e 为控制偏差值。

　　当 $|e|=0$ 时，积分动作达到最高速，即 $K_I(e)=K_{I\max}$；当 $|e|=e_0$ 时，偏差达到最大值，为避免超调，取消积分项作用，不再对当前误差 $e(k)$ 进行累加，故 $K_I(e)=0$。由式 (3-5) 得 $K_I(e)$ 随误差变化曲线如图 3-4 所示，通过合理设置参数 b 还能使 $K_I(e)$ 具有死区及饱和非线性特性。

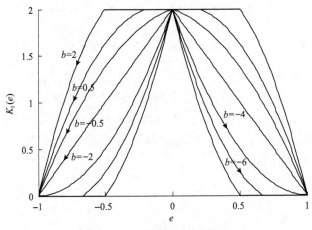

图 3-4　积分增益自适应曲线

　　对于微分环节，由于该环节可以预见偏差变化趋势，产生超前的控制作用，因此 K_D 增益自调整函数考虑误差 e 及误差变化率 Δe，以缓解控制惯性带来的不利影响，表达式如下：

$$K_D(e, \Delta e) = K_{Da} \cdot \exp[e * \text{sign}(\Delta e)] + K_{Db} \tag{3-6}$$

式中，K_{Da}、K_{Db} 为微分增益函数系数；$\text{sign}(\Delta e)$ 为符号函数，用于判断偏差变化率的正负。

综上所述,可构建 HGS-NPID 控制器采用位置型并联 PID 结构如图 3-5 所示,依据误差大小和误差变化率,以专家控制经验为指导,实现自适应变增益变结构控制。离散化表达式如下:

$$e_k = x_k - x_0$$
$$\Delta e_k = (e_k - e_{k-1}) / T_s$$
$$u_{D,k} = K_D(e_k, \Delta e_k) / (T_D + T_s) * \Delta e_k + T_D / (T_D + T_s) * u_{D,k-1}$$
$$u_{PID,k} = K_P(e_k) * e_k + K_I(e_k) * \sum_{j=0}^{k} e(j)T_s + u_{D,k} \tag{3-7}$$

式中, k 为仿真步数; x_0 为机频给定; x_k 为机频响应; $u_{D,k}$ 为微分环节离散化输出; $u_{PID,k}$ 为控制器输出; T_s 为采样间隔; T_D 为微分时间常数。

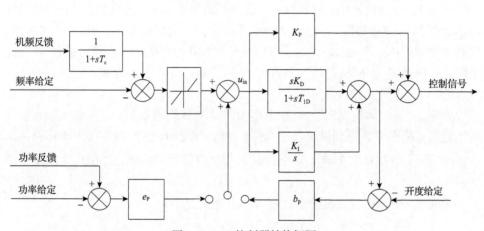

图 3-5　PID 控制器结构框图

HGS-NPID 控制器在保留常规 PID 简单易于实现的优势上,更多包含了专家控制经验,在调节过程中根据误差大小和误差变化率自动改变控制方式和控制速度,当误差增加时,比例控制起主导作用而积分控制弱,以快速抑制误差加快系统稳定,减少调节惯性;当误差减少时,则取消比例控制,采用强积分控制,保证稳态精度,这可替代程远楚等[5,6]提出的仿人智能环节。相较于分数阶(fractional order PID, FOPID)控制, HGS-NPID 控制器增加两个可调参数,对受控对象的控制更加灵活;相较于周建中等[7]提出的非线性 PID 模型,控制参数减少两个,提高了增益函数构造效率。

3.1.2　参数优化

1. 人工羊群算法

ASA 是近年来新提出的一种启发式优化算法。该算法受羊群觅食行为启发,模拟了"头羊效应",即羊群个体在自身邻域范围内自由活动的同时,整体上有向头羊聚拢的优势,跟随健壮且富有经验的头羊寻找优质草源的自然机制。该算法具有随机搜索、头羊效应、淘汰优选和反演重构四种搜索机制,能以较大的概率获得高维、复杂问题的全局最优解。

运用 ASA 算法优化 HGS-PID 控制器参数,采用离散形式时间误差绝对值积分 ITAE 指标作为控制参数优化的目标函数:

$$\min f_{\text{ITAE}} = \sum_{k=1}^{N_s} T(k) \cdot |(c(k) - x(k))| \tag{3-8}$$

式中,$c(k)$ 为频率给定值;x 为机组频率;N_s 为采样点数;$T(\cdot)$ 为时间序列;k 为迭代步数。优化流程如下所示。

步骤 1:算法初始化。设置算法参数包括群体规模 N、迭代总数 T、个体随机搜索总数 N_l、淘汰幅度系数 σ、跳跃阈值 p、位置向量维数 D;确定 HGS-NPID 控制参数的优化范围为 $[\boldsymbol{B}_L, \boldsymbol{B}_U]$,其中优化变量 θ 的寻优下限构成向量 $\boldsymbol{B}_L$,寻优上限构成向量 $\boldsymbol{B}_U$。随机初始化数目为 N 的羊群,位置表示为 $\boldsymbol{X}_i(0), i = 1, \cdots, N$,其维数为 7,设置迭代次数 $t=1$。

步骤 2:从个体位置向量 $\boldsymbol{X}_i$ 中取出 HGS-NPID 控制参数,将其输入抽水蓄能机组精细化模型中,得到机组频率响应 x,然后根据式 (3-8) 计算每个个体目标函数值 $F_i^t = f_{\text{ITAE}}[\boldsymbol{X}_i(t)]$,$i = 1, \cdots, N$,并比较得出群体目标函数最小值作为头羊个体 $\boldsymbol{X}_B(t)$。

步骤 3:个体进行随机搜索,观望一个位置 $\boldsymbol{X}_i^{\text{play}}(t)$

$$\boldsymbol{X}_i^{\text{play}}(t) = \boldsymbol{X}_i(t) + \text{rand}\, \varepsilon_{\text{play}}, \quad i = 1, \cdots, N \tag{3-9}$$

判断该位置草质是否更优,形成惯性向量 $\boldsymbol{X}_i^{\text{self}}(t)$:

$$\begin{cases} \text{如果} \quad f[\boldsymbol{X}_i^{\text{play}}(t)] \leqslant f[\boldsymbol{X}_i(t)] \\ \boldsymbol{X}_i^{\text{self}}(t) = \boldsymbol{X}_i(t) + \text{rand} \cdot \dfrac{\boldsymbol{X}_i^{\text{play}}(t) - \boldsymbol{X}_i(t)}{\left\|\boldsymbol{X}_i^{\text{play}}(t) - \boldsymbol{X}_i(t)\right\|} \cdot \varepsilon_{\text{step}} \\ \text{否则} \\ \boldsymbol{X}_i^{\text{self}}(t) = \boldsymbol{X}_i(t) \end{cases} \tag{3-10}$$

式中,rand 为 (0,1) 区间随机数;$\varepsilon_{\text{step}} = 0.2 \cdot \|\boldsymbol{B}_U - \boldsymbol{B}_L\|$;$\varepsilon_{\text{play}} = 0.1 \cdot \|\boldsymbol{B}_U - \boldsymbol{B}_L\|$。个体进行 N_l 次随机搜索。

步骤 4：羊群在运动时有向头羊 $\boldsymbol{X}_B(t)$ 靠拢趋势，其头羊召唤向量 $\boldsymbol{X}_i^{bw}(t)$ 可表示为

$$
\begin{cases}
\boldsymbol{X}_i^{bw}(t) = \boldsymbol{X}_B(t) + c_2 \cdot \boldsymbol{\delta}_i \\
\boldsymbol{\delta}_i = \left| c_1 \cdot \boldsymbol{X}_B(t) - \boldsymbol{X}_i(t) \right|
\end{cases}
\tag{3-11}
$$

式中，$\boldsymbol{\delta}_i$ 为每个个体与头羊的距离向量；$c_1 = 2\mathrm{rand}$；$c_2 = (2\mathrm{rand} - 1)(1 - t/T)$。

步骤 5：在自身惯性和头羊召唤下，羊群个体位置进行自动更新，迭代公式为

$$
\boldsymbol{X}_i(t+1) = 2 \cdot \mathrm{rand} \cdot \boldsymbol{X}_i^{bw}(t) + \mathrm{rand} \cdot \boldsymbol{X}_i^{\mathrm{self}}(t)
\tag{3-12}
$$

步骤 6：计算 t 代种群所有个体平均函数值 F_{ave}^t 和最小函数值 $F_{\min}^t$，满足式 (3-13) 的个体需要被淘汰，重新初始化如式 (3-12) 所示。

$$
\begin{cases}
F_i^t > F_{\min}^t + \omega \cdot \left(F_{\mathrm{ave}}^t - F_{\min}^t \right) \\
\omega = \sigma \cdot \left(2 \cdot \dfrac{t}{T} - 1 \right)
\end{cases}
\tag{3-13}
$$

$$
\boldsymbol{X}_i'(t+1) = 2 \cdot \mathrm{rand} \cdot \boldsymbol{X}_i^{bw}(t) + \mathrm{rand} \cdot \boldsymbol{X}_i^{\mathrm{self}}(t)
\tag{3-14}
$$

式中，$\boldsymbol{X}_i'(t+1)$ 为重新初始化后的粒子。

步骤 7：为防止局部最优，若连续 p 代头羊位置未移动则认为种群灭亡，反演重构新种群如下：

$$
\boldsymbol{X}_i = \boldsymbol{X}_B + \mathrm{rand} \cdot \frac{R^2}{\delta_i}, \qquad i = 1, 2, \cdots, N
\tag{3-15}
$$

式中，R 为反演半径，$R = 0.1 \cdot \left\| \boldsymbol{B}_U - \boldsymbol{B}_L \right\|$。

步骤 8：$t = t+1$，若 $t > T$，算法结束，输出当前最优个体位置为最优控制参数向量 θ；否则，转入步骤 2。

2. 控制参数最优解存在性验证

一般来说，利用最优控制理论求解水电机组线性调节系统状态方程，可得到控制参数理论最优解，但对于非线性复杂抽水蓄能机组，其系统参数随工况点不断变化，难以用状态空间方程描述系统全工况动态过程。因此，本节采用 ASA 算法整定复杂时变调节系统控制参数，从群体位置更新机制出发，对算法收敛性及 HGS-NPID 控制参数最优解的存在性进行理论分析。

由位置更新公式 (3-12) 可知，羊群位置在迭代过程中受头羊召唤向量和个体

惯性向量两个因素影响。召唤向量 $\boldsymbol{X}_i^{bw}(t)$ 由式(3-11)得出，惯性向量由式(3-9)、式(3-10)整理可得

$$\boldsymbol{X}_i^{\text{self}}(t) = \boldsymbol{X}_i(t) + R\delta_i \tag{3-16}$$

式中，R 为$[-1,1]$区间的随机数。将式(3-11)、式(3-16)代入式(3-14)中可得

$$\begin{aligned}
\boldsymbol{X}_i(t+1) &= \varphi_i \boldsymbol{X}_i^{\text{self}}(t) + (1-\varphi_i)\boldsymbol{X}_i^{bw}(t) \\
&= \varphi_i[\boldsymbol{X}_i(t) + R\delta_i] + (1-\varphi_i)[\boldsymbol{X}_B(t) + c_1\delta_i] \\
&= \boldsymbol{X}_i(t)[\varphi_i(1+c_1-R)-c_1] + \boldsymbol{X}_B(t)[\varphi_i(R-1-c_1)+1+c_1]
\end{aligned} \tag{3-17}$$

假设 $m = \varphi_i(1+c_1-R)-c_1$，$n = \varphi_i(R-1-c_1)+1+c_1$，可将式(3-17)写成矩阵形式如下：

$$\begin{bmatrix} \boldsymbol{X}_i(t+1) \\ 1 \end{bmatrix} = \begin{bmatrix} m & \boldsymbol{X}_B(t)n \\ 0 & 1 \end{bmatrix} \begin{bmatrix} \boldsymbol{X}_i(t) \\ 1 \end{bmatrix} \tag{3-18}$$

式(3-18)中系数矩阵的特征多项式为

$$(\lambda-1)(\lambda-m) = (\lambda-1)(\lambda-[\varphi_i(1+c_1-R)-c_1]) \tag{3-19}$$

求得特征值分别如下：

$$\lambda_1 = 1, \quad \lambda_2 = \varphi_i(1+c_1-R)-c_1 \tag{3-20}$$

因此，式(3-18)的解为

$$\boldsymbol{X}_i(t) = \boldsymbol{k}_1\lambda_1^t + \boldsymbol{k}_2\lambda_2^t \tag{3-21}$$

式中，$\boldsymbol{k}_1$、$\boldsymbol{k}_2$ 在每次迭代过程中均为常向量，根据每次迭代初始随机分布羊群的位置递推求得。通过分析式(3-21)可知，ASA 算法是否收敛由特征值 λ_2 幅值决定。

$$\lim_{t\to\infty} \boldsymbol{X}_i(t) = \boldsymbol{k}_1\lambda_1^t + \boldsymbol{k}_2\lambda_2^t = \begin{cases} \boldsymbol{k}_1, & \left\|\lambda_2^t\right\| < 1 \\ \boldsymbol{k}_1+\boldsymbol{k}_2, & \left\|\lambda_2^t\right\| = 1 \end{cases} \tag{3-22}$$

式中，t 为迭代次数，ASA 算法的收敛条件是 $\left\|\lambda_2^t\right\| \leqslant 1$，通过设置算法的相关参数来满足收敛条件。

$$\begin{aligned}
\lambda_2 &= \varphi_i(1+c_1-R)-c_1 \\
&= c_1(b\cdot\text{rand}-1) + b\cdot\text{rand}(1-R)
\end{aligned} \tag{3-23}$$

式中，b 为权重系数，随迭代增加而逐渐减少，其最大值可取 0.5；c_1 随迭代增加而减少，最大值可取为 1；rand 为[0,1]区间随机数；R 可取的最小值为–1。因此，在迭代次数满足要求的情况下，恒有 $|c_1(brand-1)| < 0$，$|brand(1-R)| \leqslant 1$，λ_2^i 满足收敛条件。在算法收敛前提下，由收敛处头羊位置解码得到的控制参数即可作为非线性抽水蓄能机组调节系统的最优解。

为进一步地验证 ASA 算法的收敛性及寻优性能，分别使用 ASA 算法和 PSO 算法对 HGS-NPID 控制模式下空载开机做优化，ASA 算法参数设置：PSO 算法的种群数为 30，迭代总数为 500 次，惯性因子为 0.5，自我学习因子和社会学习因子均为 2。图 3-6 结果表明，在非线性抽水蓄能机组调节系统 HGS-NPID 控制优化中，相同参数设置下 ASA 算法相比 PSO 算法目标函数收敛值更低，寻优能力更强。

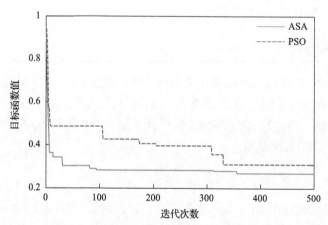

图 3-6　ASA 算法与 PSO 算法目标函数收敛曲线

3.1.3　实例研究

本节以某抽水蓄能电站为例，构建抽水蓄能机组调节系统 HGS-NPID 控制模型，设置不同水头条件下（H_1/540m、H_2/535m、H_3/527m）的空载开机和空载频率扰动试验，并引入 PID 和 FOPID 控制进行对比分析。抽水蓄能机组调节系统模型各模块参数设置及空载开机初始工况参数设置如表 3-1～表 3-3 所示。

表 3-1　洪屏抽水蓄能电站实际物理参数

转轮直径/m	安装高程/m	额定转速/(r/min)	额定流量/(m³/s)	额定水头/m	额定功率/MW	水泵水轮机参数			
						k_1	k_2	C_y	C_h
3.85	93	500	62.09	540	306	10	0.9	0.2	0.5

表 3-2 有压过水系统各管段基本参数表

管段	长度/m	当量直径/m	等效面积/m²	调整波速/(m/s)	综合损失系数	备注
Lr1	444.23	6.197	30.16	1100	0.01489	上游水库至上调压室
Lr2	983.55	4.368	14.99	1200	0.02604	调压室至蜗壳
Lr3	170.4	4.304	14.555	1100	0.01013	尾水管至下调压室
Lr4	1065.2	6.577	33.97	1000	0.01479	下调压室至下游水库

表 3-3 上下游调压室基本参数表

调压室	高程/m	面积/m²	阻抗孔面积/m²	流入损失系数	流出损失系数
上游 调压室	678.49~687.50	12.57	12.57	0.001475	0.00108
	688.50~757.00	63.62			
下游 调压室	91.10~130.00	15.90	15.90	0.0009217	0.0006767
	130.00~189.00	95.03			
	189.00~95.50	519.98			

PID 和 FOPID 增益参数的优化范围遵从国标规定, 对 HGS-NPID 控制参数优化时, 先预调出参数范围, 以减少初始寻优的盲目性。参数设置如下: N=30、T=500、σ=0.01、p=100、N_l=3, 优化变量 θ 的寻优下限 $\boldsymbol{B}_{\mathrm{L}}$ =[0.1,1,0.1,−5,0.1,0.1,0.1], 寻优上限 $\boldsymbol{B}_{\mathrm{U}}$ =[3,20,10,3,3,3,8]。

1. 空载开机工况

空载开机试验包括 H_2、H_3 低水头工况, 各控制器参数按表 3-4 设置。导叶选用两段式开机策略, 首先以手动模式调节导叶开度到一级启动开度(约为空载开度的 2 倍), 当转速上升到 60%额定转速时, 立即将导叶开度调整为二级启动开度(稍大于空载开度, 19% y_r), 当转速达到 95%额定转速时, 切换到自动控制模式。限于篇幅, 本节仅给出 H_2 水头各控制器下空载开机流量、蜗壳水压、开度、转矩相对值对比如图 3-7 所示, 结果表明相比 FOPID 控制和 PID 控制, HGS-NPID 控制能改善空载开机工况过渡过程动态品质。由于空载工况下, 电网对电能质量指标更为关注, 故在其他水头工况下, 仅对机组频率的动态指标做重点分析。

表 3-4 HGS-NPID 控制参数优化表

控制器	f_{ITAE}	K_{P}			K_{I}		K_{D}		λ	μ
		e_0	m	$K_{\mathrm{P\,max}}$	b	$K_{\mathrm{I\,max}}$	$K_{\mathrm{D}a}$	$K_{\mathrm{D}b}$		
PID	0.3503		2.08			1.08		5.02		
FOPID	0.3083		3.17			1.6		7.98		0.86	0.93
HGS-NPID	0.2791	0.3	10	6.54	−2.5	1.07	2.62	6.8		

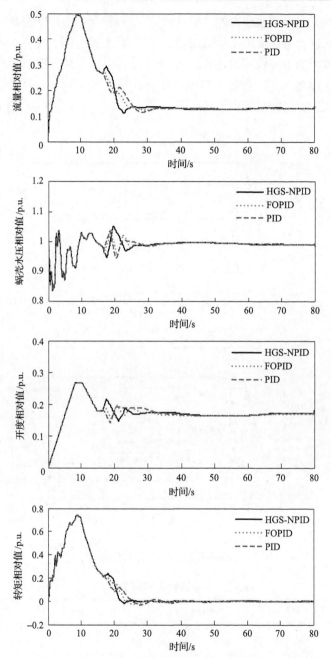

图 3-7　H_2 水头下抽水蓄能机组过渡过程动态指标变化对比图

　　试验结果显示，H_3 水头空载开机各项动态指标劣于 H_2，说明水头越低，抽水蓄能机组空载工况越难稳定。由图 3-8 和表 3-5 可知，虽然三种控制器均使用优化后控制参数，但 HGS-NPID 仍然改善了该工况下的动态过程。由于 H_3 水头较低，机组运行于全特性曲线右侧"S"特性区域范围增大，PID 控制下频率振荡次数增多，FOPID 改善了 PID 控制的不足，但仍有上升空间，HGS-NPID 控制下的空载工况对水头的适应性明显增强，较好的控制指标有利于机组低水头并网。由图 3-7 可知，HGS-NPID 控制下机组各指标在切入自动调节后迅速稳定，蜗壳水压振荡次数减少，过渡过程明显改善。

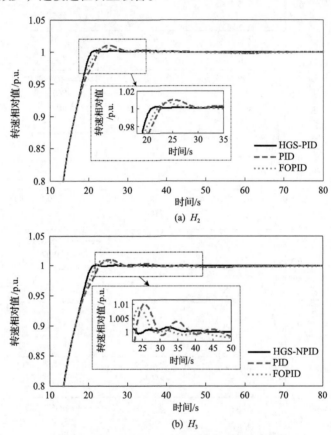

(a) H_2

(b) H_3

图 3-8　不同水头空载开机转速响应对比图

表 3-5　空载开机各控制器性能指标

工况	控制器	超调量/%	调节时间/s	稳态误差/%
	PID	1.03	23.42	0.15
H_2	FOPID	1.19	12.96	0.09
	HGS-NPID	0.24	7.64	0.06
	PID	1.03	43.3	0.23
H_3	FOPID	0.90	39.9	0.12
	HGS-NPID	0.2	19.22	0.08

2. 空载频率扰动工况

在 H_1、H_2 水头下,机组空载稳定运行至 80s,施加+1Hz 频率扰动。由于实际运行中调速器在空载工况下仅设置一组控制参数,故本节仍按照表 3-4 设定控制参数,以考察控制器对工况转换的适应性。

由表 3-6 和图 3-9 可得,在 H_1 水头下由空载稳态到空载频率扰动工况变换下,PID 控制满足国标要求(最大超调量不超过转速扰动量的 30%,稳定后机组转速摆动相对值不超过±0.20%);FOPID 控制在超调量和稳定时间上表现了较优的控制性能;HGS-NPID 控制虽然在稳定时间上稍劣于 FOPID 控制,但是其控制精度明显提高。在 H_2 低水头工况下,PID 控制的机组转速在给定值附近振荡,说明在额定水头空载开机工况下优化的控制参数不易保证低水头空载扰动工况的控制特性;FOPID 控制下动态指标虽满足国标要求,但稳态误差较大;HGS-NPID 控制虽然在扰动初始时刻响应速度略慢,但整体性能更好,显著地提高了机组低水头空载工况稳定性和不同水头条件下的适应性。

表 3-6 频率扰动各控制器性能指标

工况	控制器	超调量/%	调节时间/s	稳态误差/%
H_1	PID	25.0	50.4	0.157
	FOPID	20.0	20.7	0.147
	HGS-NPID	25.0	22.3	0.029
H_2	PID	27.5	—	0.294
	FOPID	21.0	40.3	0.176
	HGS-NPID	17.5	26.3	0.098

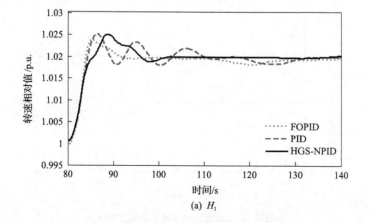

(a) H_1

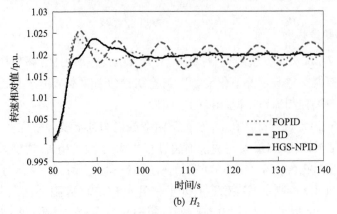

(b) H_2

图 3-9　不同水头空载频率扰动转速响应对比图

3. HGS-NPID 稳定性、实时性分析

尚宏等[1]提出的 T-无源方法可从理论上证明 HGS-NPID 控制器的稳定性，限于篇幅，本节直接引用其结论。如图 3-10 所示，虚线为固定 PID 控制增益曲线，实线为 HGS-NPID 控制增益曲线，在初始和终止状态之间，HGS-NPID 增益自适应曲线与相应横轴间所围面积明显小于 PID 控制下增益所围面积，因此，HGS-NPID 控制器稳定。

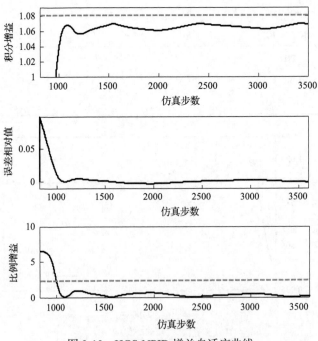

图 3-10　HGS-NPID 增益自适应曲线

在每一步采样计算中，从控制偏差 e_k 进入控制器开始到控制信号 $u_{\text{PID},k}$ 输出为止，为控制器单位工作时间。计算每一步采样的控制器工作时间，共计 3500 步，取平均值即可得到 HGS-NPID 控制器和 PID 控制器的平均单位工作时间分别为 0.253ms、0.166ms。HGS-NPID 控制模型保留了 PID 结构简单实用的优点，涉及增益参数的简单函数运算耗时较少，模型解算速度较快，因此，HGS-NPID 控制可满足调速器实时采样需求。

3.2　智能非线性 PID 控制

传统 PID 控制根据机组转速偏差及其微分、积分的线性组合决定控制变量的值，难以同时满足调节系统对调节的快速性和超调量小的要求。同时，由于 PID 控制在被控系统运行状态的全局范围内采用固定的参数无法适应水泵水轮机及其调节系统的动态特性随运行工况和运行条件变化的情况，导致传统 PID 控制往往无法使调节器的性能在全局范围内达到最优[8]。本节首先分析常规 PID 控制策略在水泵水轮机调速控制中的若干缺陷，然后讨论如何通过引入非线性 PID 控制来弥补这些缺陷，并根据控制要求设计相应的非线性函数。在非线性 PID 控制的基础上，引入仿人智能控制，进一步地改善控制策略的动态性能。最后通过对比常规 PID 控制器在最优控制参数下的控制性能和智能非线性 PID 控制器的控制性能，验证智能非线性 PID 控制器的优势。

3.2.1　非线性 PID 控制

针对传统 PID 控制器无法自适应地调整控制参数的缺陷，如何将非线性引入 PID 控制器是首先需要考虑的问题，从原理上讲，可以通过两种方法来实现非线性 PID 控制器[9]。分别是①直接对比例、微分和积分环节的输入输出关系进行非线性设计；②对比例、微分和积分环节的增益参数 K_P、K_D、K_I 进行非线性设计。这两种方法可以分别表示为式(3-24)和式(3-25)所示的数学方程，其结构框图分别如图 3-11 和图 3-12 所示。

输入输出关系直接非线性设计：

$$y_{\text{PID}} = y_{\text{P}}(x, \text{para}_{\text{P}}) + y_{\text{I}}(x, \text{para}_{\text{I}}) + y_{\text{D}}(x, \text{para}_{\text{D}}) \tag{3-24}$$

增益参数非线性设计：

$$y_{\text{PID}} = K_{\text{P}}(x, \text{para}_{\text{P}})e + K_{\text{I}}(x, \text{para}_{\text{I}})\int e \, dt + K_{\text{D}}(x, \text{para}_{\text{D}})\frac{de}{dt} \tag{3-25}$$

式中，y_{PID} 是控制器的输出；$y_{\text{P}}(\cdot)$、$y_{\text{I}}(\cdot)$、$y_{\text{D}}(\cdot)$ 分别为比例、积分和微分环节

的非线性输出函数；$K_P(\cdot)$、$K_I(\cdot)$、$K_D(\cdot)$分别为比例、积分和微分环节的非线性增益函数；x 是非线性函数的自变量向量；para_P、para_I、para_D 为各个环节非线性函数所使用到的参数向量；e 为误差信号。

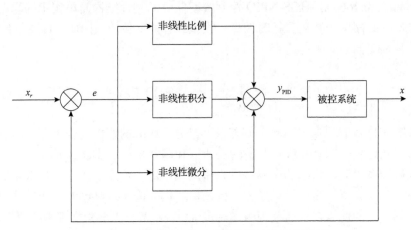

图 3-11　输入输出关系直接非线性设计示意图

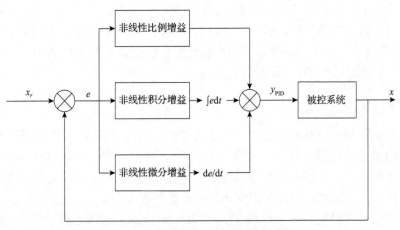

图 3-12　增益参数非线性设计示意图

非线性函数的设计是非线性 PID 控制器设计的核心，为了明确非线性函数设计的原则，首先对传统 PID 控制器在实际应用中出现的几个缺陷[10]总结如下：

（1）为了满足被控系统对响应速度的要求，一般不允许 k_p 取值过小，这在系统误差较大时可以使被控对象的输出快速趋于目标值，但当系统误差已经较小时，强比例控制会导致超调量较大。

（2）为了快速消除被控系统的静态误差，PID 调节器的积分参数取值不能太小，但如果在整个调节过程中均采用强积分，容易导致系统出现较大的振荡，使调节过程的稳定时间较长。

(3)微分增益参数取较大的值可以增大系统的阻尼,削弱振荡,从而改善控制系统的动态特性,但在误差较大时仍然采用强微分会降低系统的响应速度。

针对传统 PID 控制器的上述缺陷,本节提出非线性函数的设计原则:误差较大时采用强比例控制,误差较小时适当减弱比例控制;误差较大时削弱积分控制,误差较小时适当加强积分控制,但为了确保系统的响应速度,当误差过大时仍需要采用强积分;误差较大时适当减弱或者取消微分作用,随着误差的减小,逐渐增强微分控制[11]。

尚宏等[12]提出了一种基于电容场强作用原理的非线性函数构造方法,该方法基本思路是假设电容的两级均带正电荷,在两级之间也存在一个正电荷,根据电场力作用规律进行分析,如果该正电荷位于平衡电场处,则受到的电场力为零,电荷保持在平衡处;如果该正电荷位于非平衡电场处,则受到的电场力不为零,电荷会在电场力的作用下向平衡位置运动,最终稳定在平衡位置。电场力对电荷的作用与控制器的控制作用非常类似,假设电容的两个电极相距为 $2e_0$,两个电极的位置坐标分别为 $-e_0$ 和 $+e_0$,两个电极电压的大小均为 U_0,根据电场力计算公式可以得到单位正电荷在任意坐标位置所受到的电场力为

$$u(e) = \frac{l_2^m - l_1^m}{l_2^m + l_1^m} U_0, \qquad |e| < e_0 \tag{3-26}$$

式中,l_1 和 l_2 分别表示单位正电荷距离 $+e_0$ 和 $-e_0$ 的距离。

$$\begin{cases} l_1 = |e_0 - e| \\ l_1 = |-e_0 - e| = |e_0 + e| \end{cases} \tag{3-27}$$

根据场强作用规律,场强作用力函数 $F(*,*)$ 可以采用双曲表达式进行描述:

$$\begin{cases} F(l_1, l_2) = \dfrac{l_1^{-m}}{l_1^{-m} + l_2^{-m}} \\ F(l_2, l_1) = \dfrac{l_2^{-m}}{l_1^{-m} + l_2^{-m}} \end{cases} \tag{3-28}$$

将场强作用函数 $F(l_1, l_2)$ 和 $F(l_2, l_1)$ 代入电场力计算公式中,化简得到

$$u(e) = \frac{(e_0 + e)^m - (e_0 - e)^m}{(e_0 + e)^m + (e_0 - e)^m} U_0, \qquad |e| < e_0 \tag{3-29}$$

为了分析该非线性函数随参数 m 的变化特性,分别绘制 m 取不同值时的多条 $u(e)$ 曲线(图 3-13)。

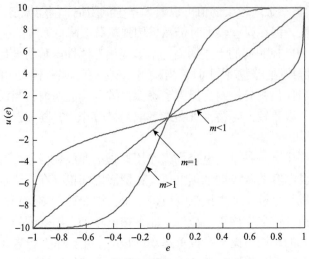

图 3-13 m 取不同值时的 $u(e)$ 曲线

由式(3-29)和图 3-13 分析得出：非线性函数 $u(e)$ 的绝对值关于 $e=0$ 呈对称关系，通过调整 m 的大小，可以构造出不同变化趋势的 $u(e)$ 曲线。此外，由于非线性函数 $u(e)$ 的绝对值随误差绝对值 $|e|$ 的增大而增大，符合非线性比例环节的设计原则，所以本节采用式(3-29)所示的非线性函数作为比例控制环节的非线性函数。

对于积分和微分环节，其对非线性函数的要求基本一致，采用二次形式的非线性函数，表达式如下：

$$u(|e|)=\begin{cases} ae^2+b\,|e|+U_0, & 0<\left|ae^2+b\,|e|+U_0\right|<U_0 \\ U_0, & \left|ae^2+b\,|e|+U_0\right|>U_0 \\ 0, & \left|ae^2+b\,|e|+U_0\right|<0 \end{cases} \tag{3-30}$$

式中，a、b 和 U_0 为函数 $u(|e|)$ 的参数；e 为控制误差。由式(3-30)可见，当 $|e|=0$ 时，$u(|e|)=U_0$；当 $|e|=e_0$ 时，$u(|e|)=ae_0^2+be_0+U_0$，而本节要求当 $|e|=e_0$ 时，$u(|e|)=0$，因此可以得到

$$ae_0^2+be_0+U_0=0 \tag{3-31}$$

从而可以得到参数 a 和 b 的一个约束：

$$a=-(be_0+U_0)/e_0^2 \tag{3-32}$$

将式(3-32)代入式(3-30)可以得到 $u(|e|)$ 的另一种表达形式如下：

$$u(|e|) = -(be_0 + U_0)e^2 / e_0^2 + b|e| + U_0 \tag{3-33}$$

由式(3-33)可知，函数 $u(|e|)$ 包含 e_0、b 和 U_0 三个参数，调节 b 和 U_0 分别可以改变非线性函数的形状和变化范围。令 $U_0=1$，$e_0=1$，绘制 b 取不同值时的 $u(|e|)$ 的曲线如图 3-14 所示。

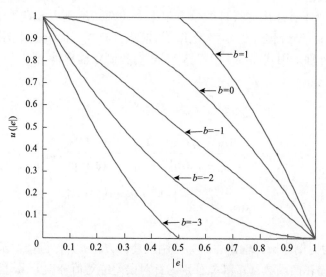

图 3-14　b 取不同值时的 $u(|e|)$ 的曲线

由图 3-14 可以看出，通过对参数 b 进行调节，可以获得不同变化规律的 $u(|e|)$ 曲线，合理设置参数 b 还能使 $u(|e|)$ 具有死区和饱和特性，这些特性在非线性控制中都能得到利用。但这里必须注意的是，图 3-14 是在 U_0 和 e_0 均等于 1 的情况下做出的，如果 U_0 和 e_0 取其他的值，$u(|e|)$ 曲线的形状相对于参数 b 的变化规律需要重新整定。所以在利用式(3-33)进行非线性 PID 设计之前，需要首先确定 U_0 和 e_0 的取值，然后分析出 $u(|e|)$ 曲线形状随参数 b 的变化规律，再根据设计要求确定 b 的取值。

3.2.2　智能控制

由式(3-24)和式(3-25)表示的非线性 PID 控制器设计方法仅利用了误差的大小，并未利用到误差变化的趋势。假设是由经验丰富的操作员直接对控制器进行手动操作，那么在误差相等而误差变化趋势不同的情况下操作员会给出不同的控制信息。本节将在非线性 PID 控制的基础上进一步加入仿人智能控制[13]，使控制器具有这种仿人的思维方式，以期获得更好的动态性能。

在进行智能控制设计之前，首先明确引入智能控制预期达到的几个目标：

(1)对于比例控制，当系统误差的大小相等而变化趋势不一致时，控制输出也要有所不同。简单来说，当系统误差的幅值有减小的趋势时，则应当适当地降低比例控制的作用，从而减少超调量，反之则应当增强比例控制作用。

(2)对于积分控制，当系统误差有减小的趋势时，应当适当地降低积分作用，防止超调过大，但当误差下降到某一较小的范围时，又应该加强积分控制，快速地消除稳态误差。

微分控制环节采用非线性微分，根据上述两条原则以及前面设计的非线性PID控制策略，结合程远楚等[5,6]给出的智能积分公式，提出在比例控制环节和积分控制环节分别采用式(3-34)和式(3-35)进行控制量输出计算。

比例控制环节：

$$u_{\mathrm{Po}} = K_{\mathrm{P}}(e) \cdot e \tag{3-34}$$

$$K_{\mathrm{P}}(e) = \left| \frac{[e_0 + f_{\mathrm{P}}(e)]^m - [e_0 - f_{\mathrm{P}}(e)]^m}{[e_0 + f_{\mathrm{P}}(e)]^m + [e_0 - f_{\mathrm{P}}(e)]^m} \right| K_{\mathrm{P\,max}} \tag{3-35}$$

$$f_{\mathrm{P}}(e) = \begin{cases} 0, & |e| < \delta, e\dot{e} < 0, |\dot{e}| > \delta_1 \\ e, & \text{其他} \end{cases} \tag{3-36}$$

式中，u_{Po} 为比例环节的输出；e 为控制误差；$K_{\mathrm{P}}(e)$ 为比例增益函数；$f_{\mathrm{P}}(e)$ 为比例环节误差转换函数；δ 和 δ_1 分别为针对误差绝对值和误差微分绝对值的阈值参数；$K_{\mathrm{P\,max}}$ 为比例增益的最大值。

积分控制环节：

$$u_{\mathrm{Io}} = \int K_{\mathrm{I}}(e) \cdot f_{\mathrm{I}}(e) \mathrm{d}t \tag{3-37}$$

$$K_{\mathrm{I}}(e) = -(be_0 + K_{\mathrm{I\,max}})e^2 / e_0^2 + b|e| + K_{\mathrm{I\,max}} \tag{3-38}$$

$$f_{\mathrm{I}}(e) = \begin{cases} 0, & \delta_2 < |e| < \delta_3, e\dot{e} < 0, |\dot{e}| > \delta_4 \\ e, & \text{其他} \end{cases} \tag{3-39}$$

式中，u_{Io} 为积分环节的输出；$K_{\mathrm{I}}(e)$ 为积分增益函数；$f_{\mathrm{I}}(e)$ 为积分环节误差转换函数；δ_2 和 δ_3 为误差绝对值的阈值参数；δ_4 为误差微分绝对值的阈值参数；$K_{\mathrm{I\,max}}$ 为积分增益的最大值。智能非线性 PID 控制器的结构框图如图 3-15 所示。

3.2.3 实例研究

机组初始工况为负载稳定状态，机组带额定负载，初始水头为 210m，在第 15s 时使负载突然下降 20%，下面将对比传统 PID 控制与智能非线性 PID 控制在负荷扰动时的动态性能。

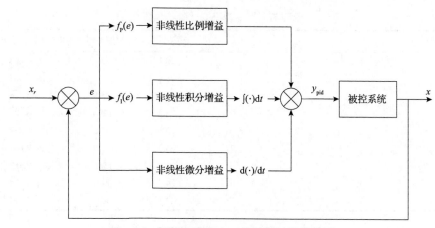

图 3-15　智能非线性 PID 控制器的结构框图

为了与智能非线性 PID 控制的效果进行对比，首先采用正交试验法对传统 PID 控制的参数进行整定，本小节采用误差绝对值积分指标(ITAE)作为正交优化目标：

$$J = \int_0^{t_f} |e| \, dt \tag{3-40}$$

为了对 PID 控制器的三个参数 K_P、K_I 和 K_D 进行优化，选用 L9(3^4) 正交表。根据本节采用的抽水蓄能机组调节系统中 T_w 和 T_a 的实际取值，利用魏守平等推荐的 PID 调节器控制参数取值范围计算方法计算出 K_P、K_I 和 K_D 的推荐取值范围分别是[0.95, 1.93]、[0.0423, 0.1698]和[1.43, 4.34]。在正交试验中，控制参数的初始取值分别设置为[0, 3]、[0, 0.3]和[0, 6]，然后将三个参数分别在取值范围内均分为三个水平 1、2、3 来进行正交试验。每一轮试验结束之后，参照金波等提出的方法对取值范围进行缩小。第一轮正交试验因素水平表如表 3-7 所示，表 3-8 列出第一轮正交试验的结果。

利用极差分析法分析第一轮正交试验的结果，第一轮正交试验极差分析表如表 3-9 所示。

表 3-7　第一轮正交试验因素水平表

水平	因素		
	K_P	K_I	K_D
1	0.75	0.075	1.5
2	1.5	0.15	3
3	2.25	0.225	4.5

表 3-8　第一轮正交试验结果表

试验号	K_P	K_I	K_D	超调量/%	稳定时间/s	优化目标J
1	1	1	1	28.1	75.8	J_1=863.8
2	1	2	2	26.4	73.9	J_2=546.3
3	1	3	3	24.9	85.8	J_3=517.6
4	2	1	2	24.2	120.1	J_4=864.7
5	2	2	3	23.1	42.5	J_5=438.7
6	2	3	1	26.0	21.0	J_6=295.4
7	3	1	3	21.4	154.7	J_7=860.7
8	3	2	1	24.5	74.0	J_8=437.4
9	3	3	2	22.7	43.3	J_9=294.3

表 3-9　第一轮正交试验极差分析表

水平与极差	因素		
	K_P	K_I	K_D
1	1927.6	2589.2	1596.5
2	1598.8	1422.3	1705.3
3	1592.4	1107.3	1816.9
极差	335.2	1481.9	220.4

由极差分析结果可以看出，优化指标受 K_I 的影响最大，其次分别是 K_P 和 K_D。因此，在 K_P、K_I 和 K_D 的整定过程中，需要特别注意对积分增益 K_I 的整定。

根据优化目标，在第一轮试验结束后得到一组最优的控制参数：K_P=2.25、K_I=0.225 和 K_D=1.5。

根据优化原则，第二轮正交试验的因素水平表如表 3-10 所示，第二轮正交试验结果表和极差分析表分别如表 3-11 和表 3-12 所示。

表 3-10　第二轮正交试验的因素水平表

水平	因素		
	K_P	K_I	K_D
1	1.875	0.1875	0.75
2	2.25	0.225	1.5
3	2.625	0.2625	2.25

表 3-11　第二轮正交试验结果表

试验号	K_P	K_I	K_D	超调量/%	稳定时间/s	优化目标J
1	1	1	1	26.1	50.8	J_1=351.0
2	1	2	2	25.1	37.5	J_2=293.8

试验号	K_P	K_I	K_D	超调量/%	稳定时间/s	优化目标 J
3	1	3	3	24.2	31.0	J_3=252.8
4	2	1	2	24.4	57.3	J_4=351.2
5	2	2	3	23.5	44.8	J_5=294.1
6	2	3	1	25.2	44.4	J_6=252.5
7	3	1	3	22.9	63.8	J_7=351.6
8	3	2	1	24.6	55.3	J_8=293.5
9	3	3	2	23.7	43.2	J_9=252.8

表 3-12　第二轮正交试验极差分析表

水平与极差	因素		
	K_P	K_I	K_D
1	897.62	1053.8	897.01
2	897.81	881.3	897.75
3	897.77	758.1	898.44
极差	0.19	295.7	1.43

　　根据优化目标，在第二轮正交试验过后得到一组最优控制参数为 K_P=1.875、K_I=0.2625 和 K_D=0.75。

　　由表 3-12 可以看出，K_P 和 K_D 的极差在第二轮试验过后已经很小，因此，接下来主要对 K_I 进行优化，而不再继续优化 K_P 和 K_D，按照优化程序，在第三轮正交试验中 K_I 的三个水平为[0.2438, 0.2625, 0.2812]，试验结果如表 3-13 所示。

表 3-13　第三轮正交试验结果表

试验号	K_P	K_I	K_D	超调量/%	稳定时间/s	优化目标 J
1	1	1	1	26.01	34.22	J_1=271.7
2	1	2	1	25.98	33.53	J_2=261.2
3	1	3	1	25.95	39.18	J_3=260.8

　　由试验结果看出，优化结果在 K_I 的三个水平间的极差为 10.9，与前两轮的极差 1481.9 和 295.7 相比，已经足够小，而且水平 2、3 所对应的优化目标值的差距远小于水平 1、2 所对应的优化目标的差距，可见优化目标将在水平 3 附近收敛。经过三轮试验过后，得到最优控制参数：K_P=1.875、K_I=0.2812 和 K_D=0.75。

　　智能非线性 PID 控制的参数设置：e_0=0.3；m=10；b=−4.5；δ=0.002；δ_1=0.003；δ_2=0.003；δ_3=0.012；δ_4=0.003；$K_{P\max}$=3；$K_{I\max}$=0.45；$K_{D\max}$=1.5。

　　利用上述参数进行负荷扰动过程的智能非线性 PID 控制仿真，与上面经过正交试验整定得到的传统 PID 最优控制过程进行对比，对比结果如图 3-16 所示。经过分析计算得出，传统 PID 控制对应的超调量和稳定时间分别为 26.3r/min 和 47.9s，智能非线性 PID 控制得到的超调量和稳定时间分别为 20.8r/min 和 43.2s。由此可见，智能非线性 PID 控制使机组转速具有更小的超调量，而稳定时间也略小于传统 PID 控制，因此智能非线性 PID 控制获得了比传统 PID 控制更好的效果。需要注意的是，由于本节目前对智能非线性 PID 控制参数的整定方法还未进行研究，图 3-16 中控制结果仅仅是在经过简单地人工调整后得到的。由于智能非线性 PID 控制具备更大的调节空间，可以预期的是，其在经过充分优化后会具有更加出色的控制性能。

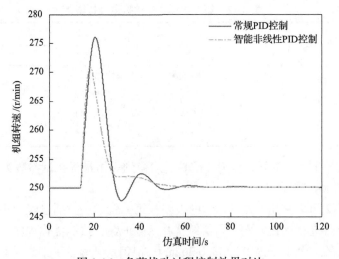

图 3-16　负荷扰动过程控制效果对比

　　为了进一步地验证智能非线性 PID 控制算法的性能，分别利用传统 PID 控制和智能非线性 PID 控制进行 205m 净水头下空载频率扰动过程仿真，算法参数仍然采用上述负荷扰动过程仿真中所使用的参数。仿真结果如图 3-17 所示，由图 3-17 可知，智能非线性 PID 控制在空载频率扰动时具有较小的超调量，稳定时间也更短，动态性能要优于传统 PID 控制。此外，通过本次试验也可以看出，根据负荷扰动过程整定得到的传统 PID 参数在空载频率扰动过程中动态性能较差，而智能非线性 PID 控制则体现出了更好的适应性。

　　这里需要注意的是，由于水泵水轮机的流量特性曲线在飞逸线附近十分陡峭，导致低水头下水泵水轮机的动态特性在空载工况附近呈现严重的非线性，从而使水泵水轮机低水头开机过程控制更加复杂。此时应该在智能非线性 PID 控制的基础上引入水头等变量作为控制参数，进一步增强智能非线性 PID 控制的自适应性。

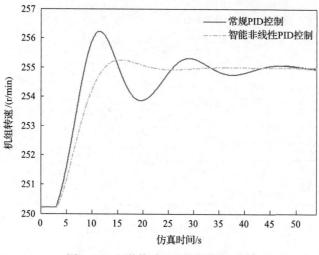

图 3-17   空载扰动过程控制效果对比

3.3   自适应快速预测–模糊 PID 控制

传统 PID 及其改进形式的控制器是根据系统过去、当前的状态信息实现闭环控制的方法，缺乏对系统未来运行状态预测的功能。模型预测控制 (model predictive control，MPC) 对控制对象模型的依赖程度较高，抽水蓄能机组的复杂非线性非解析形式的模型计算效率较慢 (如 MOC 模型) 不能适用于 MPC 控制的结构框架，因此常采用预测函数[14]或最小二乘法辨识[15]等方法实现对被控系统未来状态信息的预测，此类方法虽然计算效率较高，但是代理或辨识模型并不能准确地反映抽水蓄能机组在不同工况下运行的真实特性。

针对上述不足，本节基于 RAECM 模型，汲取模糊 PID (fuzzy PID，FPID) 和模型预测控制优势，提出一种适用于复杂抽水蓄能机组不同工况的自适应预测–模糊 PID 控制 (adaptive predicted fuzzy PID，APFPID)，在预测时域内用滚动预测代替滚动优化，避免了传统预测控制算法中复杂的非线性规划问题的在线求解，保证了算法实时性，实时控制律中包含机组当前状态偏差信息和对未来控制过程的预测信息，并不断地对控制参数进行调整，其对工况的自适应更强，能明显地改善抽水蓄能机组调节系统的控制品质。

3.3.1   模糊 PID 控制

模糊 PID 控制器由普通 PID 控制器和模糊推理机构成，能够根据调节误差自适应地改变控制参数，其结构框图如图 3-18 所示。模糊 PID 的控制过程主要包括模糊化、模糊规则库、模糊推理和去模糊化[16,17]。

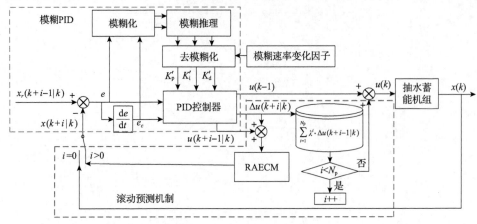

图 3-18　APFPID 控制结构框图

本节采用典型的两输入、三输出模糊控制框架，控制器的输入变量为转速跟踪误差 e 及误差变化率 e_c，PID 参数变化量 K_P'、K_I'、K_D' 为输出变量，如图 3-18 所示。采用 Mamdani 模糊推理模型描述模糊规则，输出量的变化由一系列的 If-then 型语句的模糊规则推理得出

$$R^{(l)}: \text{If } x_1 \text{ is } F_1^l \text{ and } x_n \text{ is } F_n^l, \text{Then } y \text{ is } G^l$$

式中，$x = [e, e_c]^T$；$y = [K_P', K_I', K_D']^T$；F_n^l、$G^l \in$ [NB, NM, NS, ZO, PS, PM, PB] 为模糊论域。模糊规则由输入变量和输出变量的关系决定，其依赖于水力发电控制领域的专家经验、现场工程师的运行经验等，是模糊控制的核心部分，其具体描述如表 3-14 和表 3-15 所示，NB、NM、NS、ZO、PS、PM、PB 分别代表负大、负中、负小、零、正小、正中、正大。在本节中，模糊输入变量 e、e_c 的范围分别为 $[-0.1, 0.1]$、$[-8e^{-4}, 8e^{-4}]$，模糊输出变量 K_P'、K_I'、K_D' 的范围分别为 $[-0.3, 0.3]$、$[-0.2, 0.2]$、$[-0.1, 0.1]$。输入输出的模糊隶属度函数选取相同的形式，NB 和 PB 选取 Sigmoid 函数，NM、NS、ZO、PS、PM 选取 triangular 函数。

表 3-14　K_P' 的模糊规则表

e_c	e						
	NB	**NM**	**NS**	**ZO**	**PS**	**PM**	**PB**
NB	PB	PB	PM	PM	PS	ZO	ZO
NM	PB	PB	PM	PS	PS	ZO	NS
NS	PM	PM	PM	PS	ZO	NS	NS
ZO	PM	PM	PS	ZO	NS	NM	NM
PS	PS	PS	ZO	NS	NS	NM	NB
PM	PS	ZO	NS	NM	NM	NM	NB
PB	ZO	ZO	NM	NM	NM	NB	NB

表 3-15　K'_D 的模糊规则表

e_c	e						
	NB	NM	NS	ZO	PS	PM	PB
NB	NB	NB	NM	NM	NS	ZO	ZO
NM	NB	NB	NM	NS	NS	ZO	ZO
NS	NB	NM	NS	NS	ZO	PS	PS
ZO	NM	NM	NS	ZO	PS	PS	PM
PS	NM	NS	ZO	PS	PS	PM	PB
PM	ZO	ZO	PS	PS	PM	PB	PB
PB	ZO	ZO	PS	PM	PM	PB	PB

　　基于模糊规则,PID 控制参数可以根据误差及误差变化率实现动态自适应调整。然而,PID 控制参数的快速变化可能会导致控制输出剧烈变化,对系统稳定产生不利影响,因此本节根据频率偏差的变化,提出模糊速率变化因子,以约束 PID 参数的变化速度,保证控制过程的平滑性和稳定性。模糊速率变化因子定义如下:

$$\lambda(k)=\begin{cases}0, & \left|e(k-1)-e(k-2)=0\right| \\ \left|\dfrac{e(k)-e(k-1)}{e(k-1)-e(k-2)}\right|, & \left|e(k-1)-e(k-2)\right|>\left|e(k)-e(k-1)\right| \\ 1, & \left|e(k-1)-e(k-2)\right|<\left|e(k)-e(k-1)\right|\end{cases} \quad (3\text{-}41)$$

式中,$e(k)$、$e(k-1)$ 和 $e(k-2)$ 分别为抽水蓄能机组调节系统在第 k、第 $k-1$ 和第 $k-2$ 时刻的频率偏差。$\lambda(k)$ 遵循线性递减原则,即希望随着控制过程的进行,系统暂态趋于结束,需要渐进地减弱 PID 参数的波动对控制品质的影响。

　　PID 控制参数的实时变化偏差(K'_P、K'_I、K'_D)由模糊推理机制经去模糊化过程得出,故第 k 次迭代的 PID 实时控制参数可由式(3-42)得出

$$\begin{cases}K_P(k)=K_{P0}+\gamma(k)\times K'_P(k) \\ K_I(k)=K_{I0}+\gamma(k)\times K'_I(k) \\ K_D(k)=K_{D0}+\gamma(k)\times K'_D(k)\end{cases} \quad (3\text{-}42)$$

式中,K_{P0}、K_{I0} 和 K_{D0} 为初始 PID 控制参数。

3.3.2　滚动预测机制

　　MPC 中通常应用预测函数来获得被控系统未来的状态信息。然而,复杂抽水蓄能机组调节系统在不同运行工况下具有时变、非最小相位及非线性特性,因此很难求得合适的预测函数与之匹配。如果在滚动优化中采用 MOC 模型,则显然

不能保证模型在一个采样周期内能求解被控系统在一个预测时域内的未来状态信息。此外，传统的预测控制仅保留预测控制律序列的第一项（即时控制律）而抛弃其余时刻的预测信息，以减轻滚动优化的计算负担。为克服上述问题，结合RAECM 既能精确地仿真抽水蓄能机组在不同工况下的过渡过程动态特性又能保证计算的实时性，本节提出滚动预测机制代替 MPC 中的滚动优化。通过 RAECM 在一个采样周期内计算求解抽水蓄能机组在 N_p 个预测步长内的状态信息，进而得出控制信号增量序列。

根据 k 时刻的实时控制信号 $u(k/k)$、PID 实时控制参数、调节系统当前机组转速反馈 $x(k/k)$ 及 RAECM 模型，可以得到系统在 k 时刻对 $k+1$ 时刻的预测控制输出 $u(k+1/k)$。系统在 k 时刻对 $k+1$ 时刻的预测控制输出增量 $\Delta u(k+1/k)$ 表示如下：

$$\Delta u(k+1/k) = K_P(k+1/k) \times [e(k+1/k) - e(k/k)] + K_I(k+1/k) \times \Delta t \times [e(k+1/k)]$$
$$+ K_D(k+1/k) / \Delta t \times [e(k+1/k) - 2e(k/k) + e(k-1)]$$

$$(3\text{-}43)$$

不失一般性，系统在 k 时刻对 $k+i$ 时刻的预测控制输出增量 $\Delta u(k+i/k)$ 表示如下：

$$\begin{cases} \Delta u_d(k+i/k) = K_D(k+i/k) / \Delta t \times [e(k+i/k) - 2e(k+i-1/k) + e(k+i-2)] \\ \Delta u(k+i/k) = K_P(k+i/k) \times [e(k+i/k) - e(k+i-1/k)] \\ \qquad\qquad + K_I(k+i/k) \times \Delta t \times [e(k+i/k)] + \Delta u_d(k+i/k) \end{cases} \quad (3\text{-}44)$$

进一步地，

$$u(k+i/k) = u(k+i-1/k) + \Delta u(k+i/k) \tag{3-45}$$

在预测时域 N_p 内的预测控制信号增量序列可由式(3-45)求得，$\{\Delta u(k+1/k)$，$i = 0, i = 0, 1, \cdots, N_p - 1\}$，需要指出的是滚动预测序列中不仅包含了系统过去和当前的信息，而且拥有未来控制过程的预测趋势。在实际控制过程中，当前控制增量比预测控制增量更为重要，并且随着预测步长 i 的增加，预测控制信号增量对控制器输出的影响要逐步减弱。因此，本节提出非线性衰减加权公式处理控制信号增量序列，表示如下：

$$u(k) = u(k-1) + \sum_{i=0}^{N_p-1} \lambda^i \times \Delta u(k+i/k) \tag{3-46}$$

式中，非线性权重衰减因子 $\lambda = (N_p - i) / N_p$；$N_p$ 为预测时域。式(3-46)使实时控

制输出合理地包含了系统未来的状态偏差及后续预测控制规律。此外，APFPID 对控制信号的柔化作用有助于被控系统在突然发生外部大扰动时，仍能保证系统平稳、柔和的过渡过程，有利于提高被控系统动态调节品质。

3.3.3　自适应快速模糊分数阶 PID 控制

APFPID 控制求解流程图如图 3-19 所示。

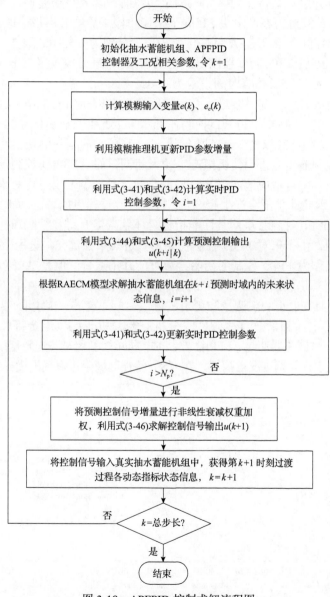

图 3-19　APFPID 控制求解流程图

3.3.4　实例研究

1. 空载开机工况

分别设置 APFPID、FPID 和 PID 控制下的低水头空载开机试验，以验证 APFPID 的控制性能。空载开机方式为单段式开机，即机组导叶以手动模式按照最大开启速度开启，当转速到达 85%额定转速时，切入自动模式。为保证试验的公平性，抽水蓄能机组在低水头 535m 下采用单段式导叶开启规律进行空载开机，PID 控制器的控制参数经 ASA 算法优化得出，分别为 1.5、0.2、0.1，并将此参数直接设置为 APFPID 和 FPID 控制器的初始参数。空载开度设置为 18.4%的额定开度，预测时域 N_p 为 5，仿真时间设置为 100s。

低水头空载开机工况过渡过程及各控制器动态指标如表 3-16 和图 3-20 所示。相比 PID 和 FPID 控制器，APFPID 控制在低水头工况下具有更优异的动静态指标。当机组在 85%额定转速时切入自动控制模式，其较大的频率偏差会使 PID 控制器具有较大的控制输出，进而使机组产生较大超调，而 APFPID 控制器能根据转速偏差及偏差变化率自适应地调整 PID 控制参数，且控制输出包含对未来系统状态的预测信息，因此几乎不会产生超调量，机组过渡过程更加平稳。如表 3-16 所示，FPID 控制相比 PID 控制，虽然其性能指标总体获得提升，但是调节时间相对较长，分析原因可知，由于未对 FPID 控制初始参数进行单独优化，选用 PID 控制器的最优参数直接作为 FPID 控制的初始参数可能并不适合。但是 APFPID 控制的滚动预测机制使其仍然表现出了优异的控制性能，相比 PID 控制和 FPID 控制，APFPID 控制拥有更小的超调量和更短的调节时间。这进一步说明，APFPID 控制具有较强的稳定性和参数自适应性。分析空载开机工况机组全特性运行轨迹如图 3-21 所示，当调速器切入 APFPID 控制时，机组短暂跨越飞逸转速线后被立刻拉回，并逐步稳定在并网工况点附近，在"S"特性区域附近表现出优异的控制性能。

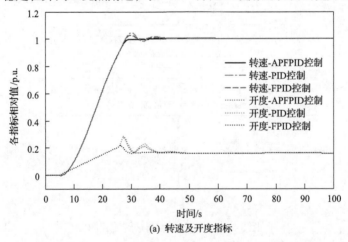

(a) 转速及开度指标

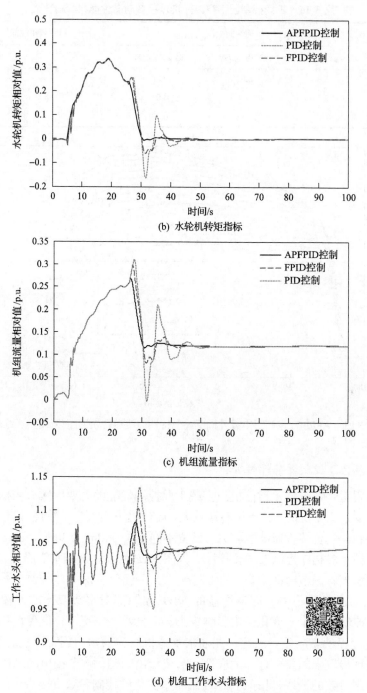

(b) 水轮机转矩指标

(c) 机组流量指标

(d) 机组工作水头指标

图 3-20　不同控制器下空载开机过渡过程对比图(彩图扫二维码)

表 3-16　不同控制器下空载开机过程各动态性能指标对比表

控制器	转速性能指标			机组转矩性能指标	
	超调量/%	调节时间/s	稳态误差/%	振荡次数	最大幅值
PID	3.3	26.02	0.08	2.5	0.099
FPID	2.5	35.3	0.05	1.5	0.060
APFPID	0.53	18.48	0.03	0.5	0.007

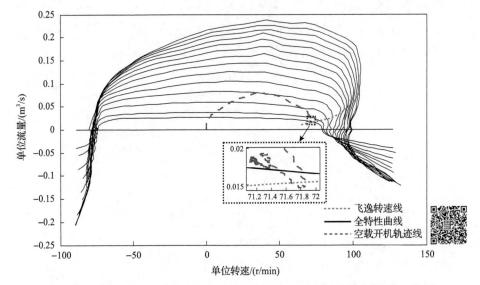

图 3-21　APFPID 控制下空载开机工况全特性曲线运行轨迹图(彩图扫二维码)

2. APFPID 控制器鲁棒性分析

　　水力因素是影响抽水蓄能机组空载工况控制性能的首要因素。当抽水蓄能机组运行于低水头工况时，其单位转速较大，运行轨迹陷入"S"特性区域程度较大，因此对控制器的鲁棒性影响也较大。设置不同水头 540m、530m、527m 空载开机试验以测试 APFPID 控制器的鲁棒性。如图 3-22 所示，随着水头降低，PID 控制振荡次数增多，调节时间增长，在 535m 水头下优化所得 PID 控制参数对于更低水头工况的适应性不强，固定增益的 PID 控制器对水头变化的鲁棒性较差。APFPID 控制则受水头变化因素影响较小，在低水头工况下仍能保证机组具有良好的过渡过程动态品质。因此，在抽水蓄能机组遭遇水力因素干扰时，APFPID 控制器表现出较强的鲁棒性和适应性。需要指出的是，本节提出的 APFPID 控制器初始控制参数的选取是按照 PID 控制器中优化的控制参数直接给定的，在后续工作中如果采用优化算法对 APFPID 控制器初始参数单独整定，将会取得更优异的控制性能。

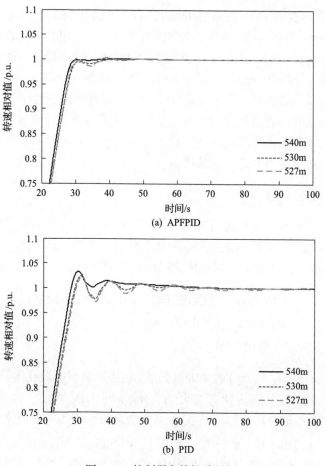

图 3-22　控制器鲁棒性分析图

3.4　多目标分数阶 PID 控制

由于抽水蓄能机组调节系统各环节存在强非线性特性，且其动态特性随着运行工况和现场环境的不同会出现极大的改变，导致传统 PID 控制往往无法使调节系统的控制品质在全局范围内达到最优，如低水头水轮机启动并网困难、调相转发电不稳定、机组空载频率振荡等控制问题日益突出。

为克服上述困难，提高抽水蓄能机组调节系统在水轮机启动、额定工况发电、额定工况抽水等典型工况下的控制品质，本节基于抽水蓄能机组调节系统精细化模型，引入分数阶 PID 控制规律代替传统 PID 控制，构建兼顾多个工况下控制平稳性、速动性和鲁棒性的复杂工况多目标优化框架。同时，考虑到抽水蓄能机组多工况控制优化是一个多目标、多变量、强耦合的非线性约束优化问题，对第三代多目标非支配排序遗传算法（reference-point based many-objective non-sorted genetic algorithm，NSGA-Ⅲ）进行延伸和扩展，引入拉丁超立方实验设计和混沌优化理论，通过对种群初始化和交叉变异算子的优化调整，提出一种改进的多目标非支配排序遗传算法（latin hyper-cube NSGA-Ⅲ，LCNSGA-Ⅲ）。在此基础上，运用本节提出的 LCNSGA-Ⅲ算法对某电站抽水蓄能机组调节系统多工况多目标分数阶 PID 控制优化问题进行求解，参数优化后的仿真结果验证本节所提控制策略的有效性，为改善抽水蓄能机组在多种工况下的动态响应性能、提高调节系统的控制品质和自适应能力开辟了新的道路。

3.4.1　多目标优化问题定义

　　为方便将多目标优化算法引入复杂工况下抽水蓄能机组调节系统的控制优化研究，本节首先介绍多目标优化问题的基本概念，不失一般性的，以最小化优化为例，优化目标个数为 M 的多目标优化问题的数学表达式可以通过式(3-47)描述：

$$\begin{aligned} &\min \boldsymbol{f}(\boldsymbol{x}) = \left[f_1(\boldsymbol{x}), f_2(\boldsymbol{x}), \cdots, f_i(\boldsymbol{x}), \cdots, f_M(\boldsymbol{x}) \right] \\ &\text{s.t. } g_i(\boldsymbol{x}) \geqslant 0, \quad 0 \leqslant i \leqslant m \\ &\quad\ \ h_j(\boldsymbol{x}) = 0, \quad 0 \leqslant j \leqslant k \end{aligned} \tag{3-47}$$

式中，$\boldsymbol{x} = [x_1, x_2, \cdots, x_l, \cdots, x_L]$ 表示决策变量，也表示多目标优化问题的解；$f_i(\boldsymbol{x})$，$i = 1, 2, \cdots, M$ 表示解空间内决策变量在目标空间内的映射，称为目标函数；$g_i(\boldsymbol{x})$，$i = 1, 2, \cdots, m$ 和 $h_j(\boldsymbol{x})$，$j = 1, 2, \cdots, k$ 分别表示不等式约束和等式约束条件。

　　若解 x 满足式(3-47)中的所有约束条件，则称解 x 为可行解。一般情况下，多目标优化问题的 M 个优化目标互相矛盾且存在竞争关系，对某一目标优化的同时往往使得其他目标劣化，不存在某一个解 x 使得 $f_i(\boldsymbol{x})$，$i = 1, 2, \cdots, M$ 同时最小，多目标优化问题的目标是在解空间寻找一组使 $f_i(\boldsymbol{x})$，$i = 1, 2, \cdots, M$ 尽可能最小的均衡方案，这组方案也称为多目标优化问题的非劣解或 Pareto 最优解。

　　下面给出多目标优化问题中常用的基本定义。

　　定义 1：Pareto 支配关系。可行解 $\boldsymbol{x}^* = [x_1^*, x_2^*, \cdots, x_l^*, \cdots, x_L^*]$ 支配可行解 $\boldsymbol{x} = [x_1, x_2, \cdots, x_l, \cdots, x_L]$，记为 $\boldsymbol{x}^* \prec \boldsymbol{x}$，当且仅当满足以下条件：

$$\begin{cases} \forall n = 1, 2, \cdots, M, & f_n(\boldsymbol{x}^*) \leqslant f_n(\boldsymbol{x}) \\ \exists 1 \leqslant n_0 \leqslant M, & f_{n_0}(\boldsymbol{x}^*) < f_{n_0}(\boldsymbol{x}) \end{cases} \tag{3-48}$$

　　定义 2：Pareto 最优解。可行解 $\boldsymbol{x}^*$ 称为 Pareto 最优解当且仅当 $\neg \exists \boldsymbol{x} \in \Omega$：$\boldsymbol{x}^* \prec \boldsymbol{x}$。

定义 3：Pareto 最优解集。表示解空间中所有 Pareto 最优解的集合，记为 $\boldsymbol{P}^*$：

$$\boldsymbol{P}^* = \left\{ \boldsymbol{x}^* \in \Omega \mid \neg \exists \, \boldsymbol{x} \in \Omega : \boldsymbol{x}^* \prec \boldsymbol{x} \right\} \tag{3-49}$$

定义 4：Pareto 最优前沿。表示 $\boldsymbol{P}^*$ 内所有元素在目标空间内的映射，记为 $\boldsymbol{Pf}^*$，$\boldsymbol{Pf}^*$ 可以定义为

$$\boldsymbol{Pf}^* = \left\{ \boldsymbol{f}(\boldsymbol{x}) = [f_1(\boldsymbol{x}), f_2(\boldsymbol{x}), \cdots, f_M(\boldsymbol{x})]^{\mathrm{T}} \mid \boldsymbol{x} \in \boldsymbol{P}^* \right\} \tag{3-50}$$

3.4.2 第三代多目标非支配排序遗传算法

NSGA-Ⅲ算法是 Jain 等[18]于 2014 年提出的基于参考点的第三代非支配排序多目标遗传算法，其整体思路和理论框架类似于经典的第二代非支配排序多目标遗传算法[19,20] (a fast and elitist multi-objective genetic algorithm，NSGA-Ⅱ)，不同之处在于新颖的种群多样性维护策略，NSGA-Ⅱ算法利用拥挤距离策略区分同一等级非支配层次个体的优劣程度，而 NSGA-Ⅲ算法通过在标准化的超平面上均匀生成一组与种群规模大小接近的参考点，并根据精英选择策略自适应地添加和删除参考点以维护种群的多样性。

1. 算法流程

NSGA-Ⅲ算法的具体流程如下所示。

步骤 1：对于 M 维多目标优化问题，首先将每个目标函数分为 g 段，NSGA-Ⅲ算法采用系统性方法在 $M-1$ 维标准化超平面上构造一组均匀分布的参考点以维护种群多样性，参考点的个数 H 通过式(3-51)计算：

$$H = \binom{M + g - 1}{g} \tag{3-51}$$

若 $M = 3$，$g = 4$，则按照式(3-51)计算得到的参考点的个数为 15。

步骤 2：种群初始化。随机生成 NP 个个体形成 NSGA-Ⅲ算法的初始种群，记为 P_k，令当前迭代次数 $k = 1$。

步骤 3：通过二进制交叉(simulated binary crossover，SBX)和多项式变异等遗传操作生成子代种群，记为 Q_k。

步骤 4：令 $R_k = Q_k \cup P_k$，对种群 R_k 中的每个个体，计算适应度值。

步骤 5：根据非支配排序算法确定 R_k 的多个非支配等级 $F_1, F_2, \cdots, F_t$。

步骤 6：对每个目标函数进行标量化处理，将种群中的所有 $2N_\mathrm{P}$ 个个体与参

考点进行关联，根据精英保留策略筛选子代个体及删除无用的参考点，保留排名靠前的前 N_P 个体生成下一代种群 P_{k+1}。

步骤 7：若 $k < G_{\max}$，则跳转至步骤 3；否则停止迭代，输出多目标优化问题的 Pareto 最优解集。

NSGA-Ⅲ算法与 NSGA-Ⅱ算法框架类似，主要体现在步骤 3 的遗传操作和步骤 5 的快速非支配排序部分。与 NSGA-Ⅱ算法不同的是，步骤 6 中，NSGA-Ⅲ算法采用基于参考点的选择操作生成下一代种群。下面分别介绍 NSGA-Ⅲ算法的交叉和变异操作、快速非支配排序算法和基于参考点的选择策略的具体步骤。

2. 交叉和变异机制

NSGA-Ⅲ算法根据一个随机生成数 r_c 确定是否在算法中加入交叉操作，当 $r_c < \eta_c$ 时，执行 SBX 算子，η_c 为交叉算子的分布指数。对于两个父代个体，记为 $\boldsymbol{x}_{p1} = \left\{ x_{p1}^1, \cdots, x_{p1}^i, \cdots, x_{p1}^n \right\}$ 和 $\boldsymbol{x}_{p2} = \left\{ x_{p2}^1, \cdots, x_{p2}^i, \cdots, x_{p2}^n \right\}$，NSGA-Ⅲ算法采用二进制交叉算子生成两个子代个体，记为 $\boldsymbol{x}_{c1} = \left\{ x_{c1}^1, \cdots, x_{c1}^i, \cdots, x_{c1}^n \right\}$ 和 $\boldsymbol{x}_{c2} = \left\{ x_{c2}^1, \cdots, x_{c2}^i, \cdots, x_{c2}^n \right\}$，两个子代个体的生成过程如下：

$$\begin{cases} \boldsymbol{x}_{c1}^i = \dfrac{1}{2}[(1-\beta)x_{p1}^i + (1+\beta)x_{p2}^i] \\ \boldsymbol{x}_{c2}^i = \dfrac{1}{2}[(1+\beta)x_{p1}^i + (1-\beta)x_{p2}^i] \end{cases} \tag{3-52}$$

式中，β 为交叉系数，β 通过式 (3-53) 生成：

$$\beta = \begin{cases} (2u)^{1/(\eta_c+1)}, & u \leqslant 0.5 \\ [1/2(1-u)]^{1/(\eta_c+1)}, & \text{其他} \end{cases} \tag{3-53}$$

式中，$u = \text{rand}(\cdot)$ 表示 $[0,1]$ 内均匀分布的随机数。

NSGA-Ⅲ算法根据一个随机生成数 r_m 确定是否在算法中加入变异操作，当 $r_m < \eta_m$ 时，执行多项式变异算子，η_m 是变异算子的分布指数。对于可行解 x_s，利用多项式变异算子生成变异个体的过程如下：

$$\boldsymbol{x}_s^* = \boldsymbol{x}_s + (\boldsymbol{x}_s^u - \boldsymbol{x}_s^l)\delta_s \tag{3-54}$$

式中，$\boldsymbol{x}_s$ 为原始个体；$\boldsymbol{x}_s^*$ 为变异个体；$\boldsymbol{x}_s^u$ 和 $\boldsymbol{x}_s^l$ 为原始个体 $\boldsymbol{x}_s$ 的上限和下限；δ_s 是变异系数，δ_s 的表达式如下：

$$\delta_s = \begin{cases} (2u_s)^{1/(\eta_m+1)} - 1, & u_s < 0.5 \\ 1 - [2 \times (1-u_s)]^{1/(\eta_m+1)}, & \text{其他} \end{cases} \tag{3-55}$$

式中，$\delta_s = \text{rand}(\cdot)$ 表示[0,1]内均匀分布的随机数。

3. 快速非支配排序算法

将子代种群与父代种群合并得到一个种群规模为 $2N_P$ 的新种群 R 后，NSGA-Ⅲ算法采用快速非支配排序方法将混合种群中的个体分成不同的非支配层次，实现混合种群个体快速非支配排序的具体步骤可以描述如下。

步骤 1：计算混合种群中个体的适应度，并根据 Pareto 支配关系的定义确定混合种群个体间的支配关系。

步骤 2：遍历混合种群 R 中每个个体 x_i，计算种群 R 中支配 x_i 的个体数目 n_i 和种群 R 中被 x_i 支配的个体集合 S_i。

步骤 3：遍历混合种群 R 中的每个个体 x_i，若 $n_i = 0$，则将其保存在第一层非支配层 F_1 中，F_1 中所有个体都为当前种群的 Pareto 最优解。

步骤 4：找出 F_1 中的每个个体 x_j 所对应的集合 S_i，遍历 S_i 中的每个个体 x_k，令 $n_k = n_k - 1$，若 $n_k = 0$，则将 x_k 保存在第二层非支配层 F_2 中。

步骤 5：重复步骤 4，直到混合种群中所有个体被分层。

4. 基于参考点的选择策略

采用快速非支配排序对混合种群中的所有个体进行分层后，NSGA 系列算法需要保存更为优秀的 N 个个体生成新一代种群。不同的非支配解集层次中，非支配层次越小，个体越优秀。若前 $n-1$ 个非支配层次中所有个体数量为 K，且 $K < N$，而前 n 个非支配层次中的个体数量大于 N，此时 NSGA-Ⅲ算法采用一种基于参考点的选择策略从第 n 个非支配层次中选出 $N - K$ 个个体，然后与前 $n-1$ 个非支配层次 K 个个体一起构成下一代种群。基于参考点的选择策略具体流程如下所示。

步骤 1：计算理想点。找出多目标优化问题 $f_1(\boldsymbol{x}), f_2(\boldsymbol{x}), \cdots, f_j(\boldsymbol{x}), \cdots, f_M(\boldsymbol{x})$ 可能取值的最小值，记为 $z^{\min} = \left(z_1^{\min}, z_2^{\min}, \cdots, z_j^{\min}, \cdots, z_M^{\min} \right)$，其中 $z_j^{\min}$ 表示 $f_j(\boldsymbol{x})$ 可能取值的最小值。

步骤 2：目标函数值转化。在目标空间中将 $f_j(\boldsymbol{x})$ 减去 $z_j^{\min}$ 得到转化目标函数值，转化公式为

$$f_j^{\,\prime}(\boldsymbol{x}) = f_j(\boldsymbol{x}) - z_j^{\min}, \qquad j = 1, 2, \cdots, M \tag{3-56}$$

式中，$f_j(\boldsymbol{x})$ 表示个体 $\boldsymbol{x}$ 的第 j 个目标函数值；$f_j^{\,\prime}(\boldsymbol{x})$ 表示转化后的目标函数值。

步骤 3：计算极值点。找出转化后的目标函数值的最大可能取值，构成极限目标向量 $z^{\max} = \left(z_1^{\max}, z_2^{\max}, \cdots, z_j^{\max}, \cdots, z_M^{\max} \right)$。

步骤 4：目标函数标准化。根据极限目标向量构造一个 M 维的超平面，获取每个极值点在各维坐标系上的截距，记为 a_j。运用式 (3-57) 对所有个体的目标函数值进行标准化。

$$f_j^{\prime \text{norm}}(\boldsymbol{x}) = \frac{f_j'(\boldsymbol{x})}{a_j - z_j^{\min}} = \frac{f_j(\boldsymbol{x}) - z_j^{\min}}{a_j - z_j^{\min}}, \qquad j = 1, 2, \cdots, M \tag{3-57}$$

由式 (3-57) 可得 $\sum\limits_{j=1}^{M} f_j^{\prime \text{norm}}(\boldsymbol{x}) = 1$。

步骤 5：根据 Das 和 Dennis 提出的方法在超平面上生成参考点，并构成参考点集合。

步骤 6：个体关联参考点。通过步骤 5 预生成的参考点构建参考向量，即参考点与原点的连线。遍历所有参考点 h，计算参考点集合中所有个体到参考向量 h 的直线距离，若参考点 h 所构成的参考向量到参考点集合中个体 j 的距离最短，则定义参考点 h 与个体 j 相关。关联结束后，可以得到与参考点 h 相关的所有个体的数量 ρ_h。

步骤 7：个体筛选及删除无用参考点。若 $\rho_h = 0$，判断当前非支配层次中是否有与参考点 h 相关的个体，若有一个或多个个体与参考点 h 相关，则选取离参考向量最近的个体保留至下代种群，如果没有个体被选取，则将该参考点删除。若 ρ_h 不为 0，找出 ρ_h 值最小的参考点，在当前非支配层次中随机选取一个与参考点 h 相关的个体进入下代种群，并令 $\rho_h = \rho_h + 1$。

3.4.3　改进第三代多目标非支配排序遗传算法

标准 NSGA-Ⅲ算法通过参考点选择策略较好地维护了种群的多样性，提高了算法的勘探性能，然而它在初始解生成策略和交叉变异进化方向上仍存在着一定的缺陷和不足，求解多目标问题时较易陷入早熟收敛和局部最优。为此，本节提出一种改进的非支配排序多目标遗传算法 (latin chaotic non-dominated sorting genetic algorithm，LCNSGA-Ⅲ)，采用基于拉丁超立方抽样的种群初始化策略和混沌交叉变异的种群进化策略来提高算法效率，以期更好地平衡算法的收敛性和多样性。

1. 基于拉丁超立方抽样的种群初始化

NSGA-Ⅲ算法通过随机初始化在可行域空间生成决策变量的初始值，进而得到算法的初始种群。初始种群的个体是随机生成的，可能导致种群个体大量地聚集在可行域空间中某一个局部区域，使得算法在迭代的过程中往往早熟收敛，无法充分地利用可行域空间内的位置信息。对于种群初始化这种含有多个变量，每个变量包含多种水平的全面组合问题，可以看作一类寻求多因素多水平最优组合的试验设计问题，拉丁超立方试验设计是一种具有全局代表性的高效试验方法，因其良好的适应性和稳健性，被广泛地应用在石油、化工、冶金、电力、水利等行业。为使初始种群中的个体尽可能均匀且最优地分布在可行域空间中，本节向NSGA-Ⅲ算法中引入基于拉丁超立方抽样的初始化技术以提高 NSGA-Ⅲ算法的搜索性能。基于拉丁超立方抽样方法产生初始种群的简要步骤如下所示。

步骤 1：假设种群的规模为 N，维数为 L。将个体 $\boldsymbol{x}$ 的每维变量 x_l 的取值空间 $\left[x_{l\_\min}, x_{l\_\max}\right]$ 划分为 N 个相等的小区间

$$x_{l\_\min} = x_l^0 < x_l^1 < \cdots < x_l^j < \cdots < x_l^N = x_{l\_\max} \tag{3-58}$$

式中，$P\left(x_l^j < x < x_l^{j+1}\right) = 1/N$，最终个体 $\boldsymbol{x}$ 的取值空间被划分为 $N \times L$ 个小超立方体。

步骤 2：生成一个 $N \times L$ 的矩阵 M，M 的每一列都是数列 $\{1, 2, \cdots, N\}$ 的全排列。

步骤 3：在 M 的每一行随机生成一个个体，形成了种群大小为 N 的初始种群。

2. 基于混沌映射的交叉和变异算子

标准 NSGA-Ⅲ算法的计算效率和稳定性较为优秀，通常能够在进化到一定代数时获得多目标优化问题的 Pareto 最优解，然而 NSGA-Ⅲ算法有时会因为勘探能力的不足，过早收敛而陷入局部最优解。为了进一步地提升 NSGA-Ⅲ算法的全局搜索和局部勘探能力，本节向 NSGA-Ⅲ算法的交叉和变异算子中引入混沌映射，采用 Tent 混沌映射分别对 NSGA-Ⅲ算法的交叉算子和变异算子进行改进。

具有均匀分布概率密度的 Tent 混沌映射数学表达式为

$$cx^{(k+1)} = \begin{cases} cx^{(k)}/0.5, & cx^{(k)} < 0.5 \\ 2(1 - cx^{(k)}), & 其他 \end{cases} \tag{3-59}$$

原始 NSGA-Ⅲ算法的二进制交叉算子需要生成一个在[0, 1]内均匀分布的随机数 u，混沌交叉算子采用 Tent 混沌映射生成这个随机数，生成过程如下：

$$u = cx^{(k+1)} \tag{3-60}$$

将式 (3-60) 代入式 (3-53)，则混沌二进制交叉算子的交叉系数 β_c 可以通过式 (3-61) 生成：

$$\beta_c = \begin{cases} (2cx^{(k+1)})^{1/(\eta_c+1)}, & cx^{(k+1)} \leqslant 0.5 \\ (1/2(1 - cx^{(k+1)}))^{1/(\eta_c+1)}, & 其他 \end{cases} \tag{3-61}$$

采用混沌二进制交叉算子对两个父代个体进行交叉生成两个子代个体的过程如下：

$$
\begin{cases}
x_{c1}^{i} = \dfrac{1}{2}[(1-\beta_c)x_{p1}^{i} + (1+\beta_c)x_{p2}^{i}] \\[2mm]
x_{c2}^{i} = \dfrac{1}{2}[(1+\beta_c)x_{p1}^{i} + (1-\beta_c)x_{p2}^{i}]
\end{cases}
\tag{3-62}
$$

式中，x_{p1}^{i} 和 x_{p2}^{i} 为两个父代个体的第 i 维变量，x_{c1}^{i} 和 x_{c2}^{i} 为两个子代个体的第 i 维变量。

采用基于 Tent 混沌映射的混沌变异算子生成一个在[0，1]内均匀分布的随机数 u_s，生成过程如下：

$$
u_s = cx^{(k+1)}
\tag{3-63}
$$

式中，$cx^{(k+1)}$ 为 Tent 混沌映射第 k 次迭代的取值。

将式(3-45)代入式(3-37)，则混沌多项式变异算子的变异系数 $\delta_s^{\,c}$ 可以通过式(3-64)生成：

$$
\delta_s^{\,c} =
\begin{cases}
(2cx^{(k+1)})^{1/(\eta_m+1)} - 1, & cx^{(k+1)} < 0.5 \\[2mm]
1 - [2 \times (1-cx^{(k+1)})]^{1/(\eta_m+1)}, & \text{其他}
\end{cases}
\tag{3-64}
$$

采用混沌多项式变异算子生成变异个体的过程如下：

$$
\boldsymbol{x}_s^{*} = \boldsymbol{x}_s + (\boldsymbol{x}_s^{u} - \boldsymbol{x}_s^{l}) \times \delta_s^{\,c}
\tag{3-65}
$$

式中，$\boldsymbol{x}_s$ 为原始个体；$\boldsymbol{x}_s^{*}$ 为变异个体；$\boldsymbol{x}_s^{u}$ 和 $\boldsymbol{x}_s^{l}$ 为原始个体的上限和下限；$\delta_s^{\,c}$ 为混沌变异系数。

3. 算法优化流程

改进的多目标非支配排序遗传算法 LCNSGA-Ⅲ通过模拟生物的自然选择和进化机制进行交叉变异进化和种群个体优选，从而获取目标函数的 Pareto 最优解集。LCNSGA-Ⅲ算法的简要步骤如下所示。

步骤 1：算法初始化，令迭代次数 $k = 1$，种群大小为 N，最大迭代次数为 $G_{\max}$。

步骤 2：根据决策变量的变化范围，使用拉丁超立方抽样方法在这个决策空间生成规模为 N 的初始种群。

步骤 3：根据混沌二进制交叉算子和混沌多项式变异算子生成子代种群。

步骤 4：将子代种群与父代种群合并形成大小为 $2N$ 的临时种群，根据研究对象和预先定义的目标函数，计算该临时种群内每个个体的适应度值。

　　步骤 5：确定临时种群个体间的非支配关系，根据快速非支配排序算法确定多个非支配等级的排序。

　　步骤 6：采用基于参考点的选择策略选择最优的 N 个个体形成新的父代种群。

　　步骤 7：若 $k < G_{max}$，则迭代次数加 1 跳转至步骤 3，否则停止迭代，输出优化问题的 Pareto 最优解集。

LCNSGA-Ⅲ算法的流程图如图 3-23 所示。

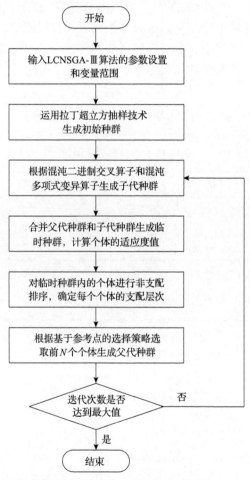

图 3-23　LCNSGA-Ⅲ算法的流程图

4. 测试函数与性能指标

为验证种群初始化和交叉变异算子改进策略的有效性，采用 ZDT 系列、DTLZ

系列多目标测试函数对 LCNSGA-Ⅲ算法的优化性能进行检验,通过对比 4 种典型的多目标算法:NSGA-Ⅱ、NSGA-Ⅲ、MOEA/D、PESA-Ⅱ,并使用多种性能评价指标对比分析 LCNSGA-Ⅲ 的求解性能。

1)测试函数

选取 2 组总计 8 种不同的标准测试函数来检验评估算法的性能,包含凸/非凸、连续/不连续、均匀/不均匀最优前沿等类型。其中,ZDT 系列测试函数为两目标优化,其中 ZDT1、ZDT2、ZDT3 是 30 维决策变量,ZDT4、ZDT6 是 10 维决策变量,由于 ZDT5 是二进制测试问题,所以本节忽略。DTLZ 系列测试函数包含 7 个子问题,其决策变量维度和目标函数个数均可以自行调整,为方便展示不同特点的 Pareto 前沿,选择其中 3 个子问题,将其设置为三目标优化,其决策变量维度由目标函数个数和常数 K 共同决定[21],DTLZ1 是 7 维决策变量,DTLZ2、DTLZ5 是 12 维决策变量。

各测试函数的定义及 Pareto 前沿的特点如表 3-17 所示。

表 3-17　多目标测试函数

函数名	函数形式	决策变量维数	定义域	最优前沿特性
ZDT1	$f_1(X)=x_1,f_2(X)=g\cdot\left(1-\sqrt{f_1/g}\right)$ $g(X)=1+9\cdot\sum_{i=2}^{n}x_i/(n-1)$	30	[0,1]	高维凸型
ZDT2	$f_1(X)=x_1,f_2(X)=g\cdot[1-(f_1/g)^2]$ $g(X)=1+9\cdot\sum_{i=2}^{n}x_i/(n-1)$	30	[0,1]	高维非凸型
ZDT3	$f_1(X)=x_1$ $f_2(X)=g\cdot\left(1-\sqrt{f_1/g}\right)-(f_1/g)\sin(10\pi f_1)$ $g(X)=1+9\cdot\sum_{i=2}^{n}x_i/(n-1)$	30	[0,1]	非连续凸型
ZDT4	$f_1(X)=x_1$ $f_2(X)=g\cdot\left(1-\sqrt{f_1/g}\right)$ $g(X)=1+10(n-1)+\sum_{i=2}^{n}[x_i^2-10\cos(4\pi x_i)]$	10	$x_1\in[0,1]$ $x_i\in[-5,5]$ $i=2,3,\cdots,n$	多模态凸型
ZDT6	$f_1(X)=1-\exp(-4x_1)\sin^6(6\pi x_1)$ $f_2(X)=g\cdot[1-(f_1/g)^2]$ $g(X)=1+9\cdot\left[\sum_{i=2}^{n}x_i/(n-1)\right]^{0.25}$	10	[0,1]	非均匀前沿

函数名	函数形式	决策变量维数	定义域	最优前沿特性
DTLZ1	$f_1(X) = \dfrac{1}{2} x_1 x_2 \cdots x_{M-1}[1 + g(X_M)]$ $f_2(X) = \dfrac{1}{2} x_1 x_2 \cdots (1 - x_{M-2})[1 + g(X_M)]$ $f_{M-1}(X) = \dfrac{1}{2} x_1(1 - x_2)[1 + g(X_M)]$ $f_M(X) = \dfrac{1}{2}(1 - x_1)[1 + g(X_M)]$ $g(X_M) = 100\left\{ X_M + \sum\limits_{x_i \in X_M} *(x_i - 0.5)^2 - \cos[20\pi(x_i - 0.5)] \right\}$	7	[0,1]	线性多峰
DTLZ2	$f_1(X) = [1 + g(X_M)]\cos(x_1\pi/2)\cdots\cos(x_{M-1}\pi/2)$ $f_2(X) = [1 + g(X_M)]\cos(x_1\pi/2)\cdots\sin(x_{M-1}\pi/2)$ $f_M(X) = [1 + g(X_M)]\sin(x_1\pi/2)$ $g(X_M) = \sum\limits_{x_i \in X_M} *(x_i - 0.5)^2$	12	[0,1]	复杂非凸
DTLZ5	将DTLZ2的x_i替换为θ_i $\theta_i = \dfrac{\pi}{4[1 + g(r)]}[1 + 2g(r)x_i]$ $g(x_M) = \sum\limits_{x_i \in x_M}^{x_i^{0.1}}$	12	[0,1]	空间弧线

2) 性能评价指标

为评估多目标优化算法获取的 Pareto 解集的收敛性和多样性，采用世代距离 (generational distance, GD) 和分布多样性 (spread, SP) 这两种广泛应用的判据作为性能评价指标。

(1) 世代距离指标。对于多目标测试函数，其真实 Pareto 前沿通常已知，通过计算优化算法获得的 Pareto 解集与真实 Pareto 前沿的距离的平均值得到世代距离，其值越小说明 Pareto 解集与真实前沿的接近程度越好，收敛性越优秀，计算公式如下：

$$\text{GD} = \frac{1}{N}\sqrt{\sum_{i=1}^{N} D_i^2} \qquad (3\text{-}66)$$

式中，D_i 为 Pareto 解集中第 i 个非支配解到真实 Pareto 前沿上最接近的非支配解的欧氏距离；N 为算法寻优获得的 Pareto 解集的规模。

(2) 分布多样性指标。优化算法获得的 Pareto 解集应具有较均匀的分布，分布多样性指标 SP 通过计算 Pareto 解集边缘与真实 Pareto 前沿的极值点的欧氏距离 d_j^e，以及 Pareto 解集内部每个解与其相邻解的间距 d_i、间距的平均值 $\overline{d}$，来衡量解集的分布均匀程度，SP 的值越小，说明所得解集的分布越均匀，计算公式如下：

$$SP = \frac{\sum\limits_{j=1}^{M} d_j^e + \sum\limits_{i=1}^{N} |d_i - \bar{d}|}{\sum\limits_{j=1}^{M} d_j^e + N \cdot \bar{d}} \tag{3-67}$$

式中，M 为目标函数的个数；N 为 Pareto 解集的规模。

5. 算法测试

为验证 LCNSGA-Ⅲ算法求解多目标测试函数问题的性能，选取 NSGA-Ⅱ、NSGA-Ⅲ、MOEA/D 和 PESA-Ⅱ 4 种广泛使用的多目标智能优化算法为对照组，分别选用收敛性指标—世代距离 GD 和分布多样性指标—SP 对多目标智能优化算法计算得到的 Pareto 最优解集的收敛精度和 Pareto 前沿的分布均匀程度进行评价。

为方便各优化算法间的横向对比，对于目标函数个数为 2 的测试函数，5 种算法的参数设置为种群规模均为 100，迭代次数均为 300。对于目标函数个数为 3 的测试函数，5 种算法的参数设置为种群规模均为 150，迭代次数均为 500。特别地，各算法的交叉概率取 0.7，变异概率取 0.3，MOEA/D 的邻域规模为 20。为消除算法随机因素的影响，对于每个测试函数，5 种算法在同样的平台上进行 10 次独立重复实验。

多目标测试函数实验得到的收敛性指标 GD 和分布性指标 SP 的均值分别如表 3-18 和表 3-19 所示，表中加粗数字为 5 种算法对不同测试函数进行 10 次运算得到的平均 GD 值和平均 SP 值的最优值。由表 3-18 和表 3-19 可知，8 种测试函数下 LCNSGA-Ⅲ算法运算得到的 Pareto 最优解的 GD 和 SP 指标均表现良好。其中，LCNSGA-Ⅲ算法求解 ZDT1～3、ZDT6、DTLZ2 和 DTLZ5 等 6 种具有不同特征的多目标优化问题得到的 GD 指标表现最优。而在对具有多局部最优解的 ZDT4 问题进行优化求解时，LCNSGA-Ⅲ算法的 GD 指标相对于 NSGA-Ⅱ 和 NSGA-Ⅲ算法表现略差，但 LCNSGA-Ⅲ算法运算得到的 Pareto 前沿分布特性表现突出。对于 DTLZ1 问题的求解，除 NSGA-Ⅲ算法外，LCNSGA-Ⅲ算法的 GD 指标表现最优。对于 SP 指标，LCNSGA-Ⅲ算法求解 ZDT1、ZDT4 和 DTLZ5 等 3 种多目标优化问题时表现最优，且 LCNSGA-Ⅲ算法求解另外 5 种多目标优化问题所得的 SP 指标值除 DTLZ4 外与最优值相差不大，这说明 LCNSGA-Ⅲ算法具有良好的收敛性能。采用 LCNSGA-Ⅲ算法对 8 种测试函数进行优化求解得到的 Pareto 最优前沿如图 3-24 和图 3-25 所示，由图可知：LCNSGA-Ⅲ算法能够较好地对 8 种测试函数进行优化求解，其运算所得的 Pareto 前沿能够比较完美地对真实 Pareto 前沿进行逼近，且解集的分布均匀。

综上所述，LCNSGA-Ⅲ算法所得 Pareto 解集具有良好的收敛性和分布特性，其 Pareto 前沿能均匀地覆盖真实 Pareto 前沿，本节所提方法能够有效地求解多目标优化问题。

表 3-18　GD 指标测试结果

优化方法测试函数	PESA-II	MOEA/D	NSGA-II	NSGA-III	LCNSGA-III
ZDT1	7.72×10^{-5}	3.66×10^{-4}	5.77×10^{-5}	7.95×10^{-5}	$\mathbf{3.80\times10^{-5}}$
ZDT2	3.37×10^{-4}	8.27×10^{-4}	3.11×10^{-5}	6.77×10^{-5}	$\mathbf{2.84\times10^{-5}}$
ZDT3	6.14×10^{-5}	1.90×10^{-3}	4.23×10^{-5}	7.48×10^{-5}	$\mathbf{3.56\times10^{-5}}$
ZDT4	1.41×10^{-2}	2.05×10^{-3}	$\mathbf{2.00\times10^{-4}}$	2.52×10^{-4}	3.15×10^{-4}
ZDT6	1.09×10^{-2}	7.38×10^{-4}	4.30×10^{-5}	7.84×10^{-5}	$\mathbf{3.63\times10^{-5}}$
DTLZ1	1.97×10^{-2}	3.01×10^{-4}	4.75×10^{-4}	$\mathbf{2.25\times10^{-4}}$	4.33×10^{-4}
DTLZ2	9.77×10^{-4}	4.18×10^{-4}	9.30×10^{-4}	4.14×10^{-4}	$\mathbf{3.78\times10^{-4}}$
DTLZ5	1.50×10^{-4}	7.88×10^{-5}	1.32×10^{-4}	1.55×10^{-4}	$\mathbf{5.34\times10^{-5}}$

表 3-19　SP 指标测试结果

优化方法测试函数	PESA-II	MOEA/D	NSGA-II	NSGA-III	LCNSGA-III
ZDT1	9.67×10^{-1}	4.53×10^{-1}	4.25×10^{-1}	3.47×10^{-1}	$\mathbf{3.24\times10^{-1}}$
ZDT2	9.83×10^{-1}	6.73×10^{-1}	4.68×10^{-1}	$\mathbf{2.15\times10^{-1}}$	2.99×10^{-1}
ZDT3	1.01	6.79×10^{-1}	$\mathbf{5.87\times10^{-1}}$	7.52×10^{-1}	6.65×10^{-1}
ZDT4	1.02	5.51×10^{-1}	4.31×10^{-1}	3.93×10^{-1}	$\mathbf{3.30\times10^{-1}}$
ZDT6	1.04	1.55×10^{-1}	4.15×10^{-1}	$\mathbf{1.13\times10^{-1}}$	1.20×10^{-1}
DTLZ1	8.02×10^{-1}	$\mathbf{3.11\times10^{-2}}$	4.95×10^{-1}	3.40×10^{-2}	3.51×10^{-1}
DTLZ2	3.88×10^{-1}	$\mathbf{1.73\times10^{-1}}$	5.21×10^{-1}	1.74×10^{-1}	3.01×10^{-1}
DTLZ5	9.20×10^{-1}	2.03	6.61×10^{-1}	9.78×10^{-1}	$\mathbf{4.58\times10^{-1}}$

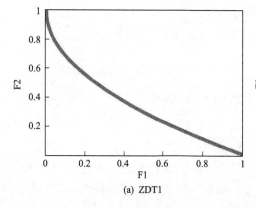

(a) ZDT1

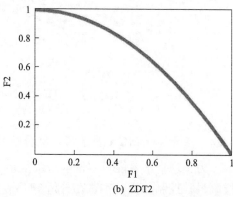

(b) ZDT2

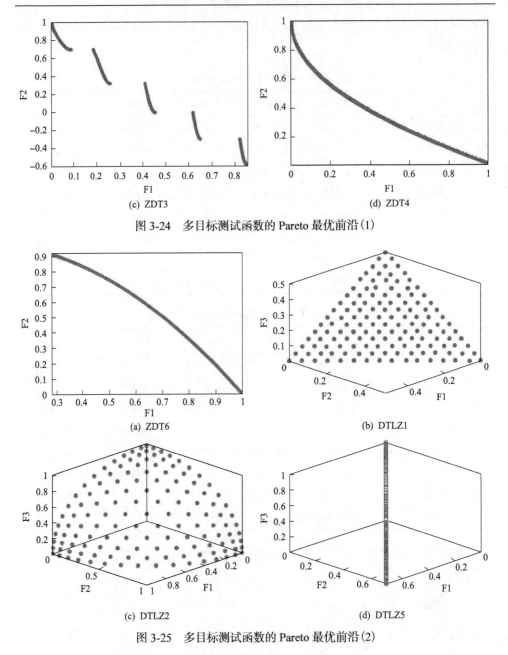

(c) ZDT3

(d) ZDT4

图 3-24　多目标测试函数的 Pareto 最优前沿（1）

(a) ZDT6

(b) DTLZ1

(c) DTLZ2

(d) DTLZ5

图 3-25　多目标测试函数的 Pareto 最优前沿（2）

3.4.4　基于 LCNSGA-Ⅲ 的多目标分数阶 PID 控制

为实现抽水蓄能机组调节系统复杂工况下的控制优化，进一步提高调节系统过渡过程控制品质，本节在分析多工况多目标控制优化问题基本特点和求解方法的基础上，基于上节所述 LCNSGA-Ⅲ优化算法，引入分数阶 PID 控制器并定义综合考虑低水头和中高水头工况 ITAE 指标的目标函数，实现了抽水蓄能机组调节系统的多工况多目标分数阶 PID 控制器优化设计。

1. 分数阶理论与分数阶 PID 控制器

作为传统微积分理论向着分数阶系统的推广，分数阶微积分理论因其对复杂系统和复杂现象的建模描述具有简洁清晰、物理意义明确等优点，吸引了诸多专家学者的注意[22-24]。分数阶微积分理论以研究分数阶微积分算子为出发点，其演变和发展过程中出现了多种不同的定义和表达方式，其中 Caputo 定义的拉普拉斯变换式更为简洁，适合时间分数阶导数的计算，在分数阶控制系统研究领域得到了广泛的应用[25]。对某一连续可导函数 $f(t)$，其 a 阶 Caputo 定义的分数阶微积分为

$$_0D_t^\alpha f(t) = \frac{1}{\Gamma(n-\alpha)} \int_0^t \frac{f^n(t)}{(t-\tau)^{\alpha+1-n}} \mathrm{d}\tau \tag{3-68}$$

式中，$_0D_t^\alpha$ 为分数阶微积分算子；$\Gamma(\cdot)$ 为 Euler Gamma 函数。

为方便工程应用，分数阶微积分方程通常需要转化为代数方程的形式，在零初始条件下对其进行拉普拉斯变换有

$$\int_0^\infty \mathrm{e}^{-st} D^\alpha f(t)\mathrm{d}t = s^\alpha F(s) \tag{3-69}$$

近年来随着分数阶微积分理论的不断深入研究与发展，其与现代控制理论的结合也越发紧密，基于分数阶微积分的控制器在许多研究领域得到了实施和应用[26]。考虑到分数阶控制器在研究与工程实际应用时，需要对相应的分数阶微积分算子进行离散化近似实现，Oustaloup 递推滤波器及其改进算法被较多的研究者所采用，在需求频段内能高精度地拟合和逼近分数阶微积分，以对 (ω_b, ω_h) 频段实现分数阶微分算子 s^α 近似为例，Oustaloup 滤波器表达式为

$$s^\alpha \approx K \prod_{k=-N}^{N} \left[(s+\omega_k')/(s+\omega_k) \right] \tag{3-70}$$

式中，$\omega_k = \omega_b (\omega_h/\omega_b)^{(k+N+(1+\alpha)/2)/(2N+1)}$；$\omega_k' = \omega_b (\omega_h/\omega_b)^{(k+N+(1-\alpha)/2)/(2N+1)}$；$K = \omega_h^\alpha$；$\alpha$ 为分数阶微积分的阶次；$(2N+1)$ 为滤波器的阶次；N、ω_b、ω_h 的数值根据数值逼近的精度需求来选取。

作为经典 PID 控制器的扩展形式，分数阶 PID 控制器最早由 Podlubny[27]提出，其控制率变化范围更为宽广，分数阶 PID 控制器的传递函数为

$$\frac{U(s)}{E(s)} = K_P + \frac{K_I}{s^\lambda} + K_D s^\mu \tag{3-71}$$

式中，E 为控制偏差；U 为控制器输出；K_P、K_I 和 K_D 为增益参数；λ 为积分阶次；μ 为微分阶次。由式(3-71)可知，传统 PID 控制器是分数阶 PID 控制器在积分参数 $\lambda = 1$ 和微分参数 $u = 1$ 时的一个特例，因为可调节参数的扩展，分数阶 PID 控制器具有更好的适应性、灵活性和获得更优秀控制性能的潜力[28-30]。

2. 多目标分数阶 PID 控制优化

抽水蓄能机组调节系统分数阶 PID 控制器的结构框图如图 3-26 所示。

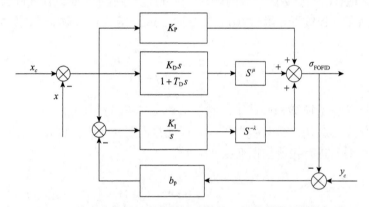

图 3-26　抽水蓄能机组调节系统分数阶 PID 控制器的结构框图

图 3-26 中，x_c 为机组转速给定；x 为机组转速；b_p 为永态转差系数；T_D 为微分时间常数；K_P、K_I、K_D 分别为控制器的比例、积分、微分增益系数；λ、μ 分别为控制器的积分阶次和微分阶次。

考虑到复杂工况下抽水蓄能机组调节系统控制优化应该是一个多方面权衡的过程，不应单独追求某一工况下的控制最优。为使抽水蓄能机组调节系统能够更好地适应环境与工况的变化，提高机组运行过程中的控制品质和稳定性，本节提出一种兼顾多个工况下控制平稳性、速动性和鲁棒性的多目标优化框架，其核心思想在于以多个重点关注工况点的控制品质为优化目标，以分数阶 PID 的幅值为约束条件，基于改进的 LCNSGA-Ⅲ 优化算法对计算模型进行求解，通过种群的初始化、选择、排序、交叉、变异等操作，不断迭代进化，直到获取一簇能够平衡多种工况下抽水蓄能机组调节系统超调量、振荡次数、调节时间的分数阶 PID 控制器参数。

以第 2 章所述的抽水蓄能机组调节系统非线性模型为研究对象，为获得满意的系统过渡过程动态性能，采用时间乘以误差绝对值积分 ITAE 性能指标作为参

数优化的目标函数:

$$\text{ITAE} = \int_0^T t\,|e(t)|\,\mathrm{d}t \tag{3-72}$$

式中, $e(t)$ 为抽水蓄能机组转速偏差的相对值。ITAE 指标将系统动态响应输出的超调量和调节时间共同作为性能评估的指标,可以比较准确地评价控制系统的速动性和稳定性,被广泛地应用于水轮机调节系统参数优化研究和工程应用中。

多工况多目标分数阶 PID 控制优化的目的是保证调节系统在不同的工况均能获得较为优秀的控制性能,考虑到抽水蓄能机组在低水头工况运行时极易进入"S"特性区域,导致机组转速在额定频率附近振荡,控制难度较大,另外,中高水头工况是电站运行过程中的常见情景,同样值得重点关注和优化整定,本节选择低水头工况和中高水头工况的 ITAE 指标作为多目标优化的两个目标函数,抽水蓄能机组调节系统多工况多目标优化模型为

$$\min \begin{cases} J_1 = \text{ITAE}_1 = f_1(K_P, K_I, K_D, \lambda, \mu) \\ J_2 = \text{ITAE}_2 = f_2(K_P, K_I, K_D, \lambda, \mu) \end{cases} \tag{3-73}$$

$$\text{s.t. } K_{p\min} \leqslant K_P \leqslant K_{P\max}$$

$$K_{i\min} \leqslant K_I \leqslant K_{I\max}$$

$$K_{d\min} \leqslant K_D \leqslant K_{D\max} \tag{3-74}$$

$$\lambda_{\min} \leqslant \lambda \leqslant \lambda_{\max}$$

$$\mu_{\min} \leqslant \mu \leqslant \mu_{\max}$$

式中, f_1、f_2 分别为不同工况下 ITAE 指标与分数阶 PID 控制器参数的函数关系; $X_{\min}$、$X_{\max}$ 分别为分数阶 PID 控制器参数 K_P、K_I、K_D、λ、μ 的下限和上限。

采用前述 LCNSGA-Ⅲ 算法的抽水蓄能机组调节系统多工况多目标分数阶 PID 控制优化示意图如图 3-27 所示。

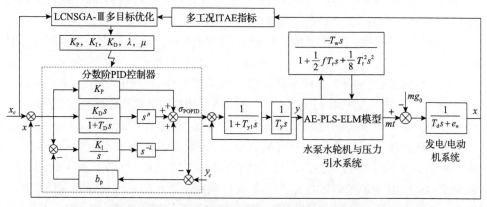

图 3-27 抽水蓄能机组调节系统多工况多目标分数阶 PID 控制优化示意图

3. 实例研究

为充分地验证基于 LCNSGA-Ⅲ 的多工况多目标分数阶 PID 控制优化策略的性能及其有效性，本节以第 2 章所述抽水蓄能机组调节系统非线性模型为研究对象，进行不同水头的空载工况频率扰动仿真实验，频率扰动值设置为额定频率的 4%，仿真时长设置为 50s，此处分别将单一工况/多工况优化、PID/分数阶 PID 控制器、传统优化算法/改进的优化算法作为状态变量。

实验方案设置如下：基于回溯搜索算法 BSA 优化的单一工况单目标 PID 控制，分别针对 198m、205m、210m 水头进行单一工况的参数优化，得到三组不同的控制器参数分别标记为 S-198-PID、S-205-PID、S-210-PID，然后使用优化后的控制器参数在未优化工况测试其适应性能；基于 BSA 算法优化的分数阶 PID 控制，分别针对 198m、205m、210m 水头进行单一工况的参数优化，得到的控制器参数分别标记为 S-198-FOPID、S-205-FOPID、S-210-FOPID，然后使用优化后的控制器参数在未优化工况测试其适应性能；基于 NSGA-Ⅲ 算法优化的 PID 控制和分数阶 PID 控制，选择 198m 和 210m 工况的 ITAE 指标作为目标函数，从优化得到的 Pareto 解集中选择最优折中解，将获得的控制器参数分别标记为 NSGA-Ⅲ-PID、NSGA-Ⅲ-FOPID，并测试控制器参数在 205m 工况的适应性能；基于 LCNSGA-Ⅲ 算法优化的 PID 控制和分数阶 PID 控制，选择 198m 和 210m 工况的 ITAE 指标作为目标函数，从优化得到的 Pareto 解集中选择最优折中解，将获得的控制器参数分别标记为 LCNSGA-Ⅲ-PID、LCNSGA-Ⅲ-FOPID，并测试控制器参数在 205m 工况下的适应性能。

其中，PID 控制器的 K_P、K_I 和 K_D 参数取值范围是[0, 15]，分数阶 PID 控制器的 K_P、K_I 和 K_D 参数取值范围是[0, 15]，分数阶积分 λ、微分阶次 μ 取值范围是[0, 2]。

BSA 算法的参数设置：种群数量为 50，迭代次数为 200，控制参数 F 设置为默认值。NSGA-Ⅲ 和 LCNSGA-Ⅲ 的算法参数设置：种群数量为 50，迭代次数为 300，交叉概率为 0.7，变异概率为 0.3。

控制器调节品质的性能评价指标选择：时间乘误差绝对值积分指标 ITAE、时间乘误差平方积分指标 ITSE、调节时间 ST、超调量 OSO。

在不同水头的空载工况频率扰动仿真实验过程中，使用 BSA、NSGA-Ⅲ、LCNSGA-Ⅲ 算法优化获取的传统 PID、分数阶 PID 控制器参数如表 3-20 所示，其中后 4 组多工况多目标控制优化器列出的是 Pareto 解集的折中解。

将上述的多组控制器分别应用在 198m、205m、210m 水头下进行频率扰动实验，表 3-21 列出了各控制器调节品质评估指标，如 ITAE、ITSE、调节时间 ST、超调量 OSO，其中调节时间标记为 "/" 表示该控制器在仿真时长限制内仍未达到稳态。图 3-28 展示了部分控制器应用在多种水头下的机组频率动态响应过程。

表 3-20　调节系统频率扰动实验各控制器优化参数

控制器类型	K_P	K_I	K_D	λ	μ
S-198-PID	5.05	0.72	2.08	—	—
S-205-PID	8.00	1.00	2.91	—	—
S-210-PID	6.97	0.87	5.00	—	—
S-198-FOPID	9.00	0.52	0.82	0.49	0.97
S-205-FOPID	1.36	0.58	1.74	0.64	0.98
S-210-FOPID	8.91	0.56	1.98	0.77	0.99
NSGA-Ⅲ-PID	9.92	1.04	1.62	—	—
NSGA-Ⅲ-FOPID	8.90	0.52	1.02	0.57	0.98
LCNSGA-Ⅲ-PID	14.72	0.97	0.81	—	—
LCNSGA-Ⅲ-FOPID	10.62	0.58	1.12	0.56	0.98

表 3-21　调节系统不同水头频率扰动工况各控制器性能指标

控制器类型	198m				205m				210m			
	ITAE	ITSE	ST	OSO	ITAE	ITSE	ST	OSO	ITAE	ITSE	ST	OSO
S-198-PID	5.68	0.04	49.9	17.7	4.10	0.02	35.6	15.0	3.16	0.02	35.5	12.4
S-205-PID	37.28	0.17	/	25.4	2.69	0.02	29.3	22.9	1.93	0.02	20.1	20.5
S-210-PID	54.29	0.35	/	22.8	37.88	0.21	/	11.7	1.34	0.02	18.6	9.3
S-198-FOPID	2.10	0.02	27.6	3.6	1.50	0.02	26.1	0.5	1.87	0.02	27.1	0.9
S-205-FOPID	23.29	0.10	/	10.5	1.11	0.02	25.0	0.5	1.48	0.01	28.2	0.7
S-210-FOPID	20.11	0.08	/	7.9	1.81	0.02	25.7	3.3	0.96	0.02	17.0	0.3
NSGA-Ⅲ-PID	5.88	0.04	/	37.1	2.82	0.03	23.2	34.5	2.04	0.02	23.7	32.4
NSGA-Ⅲ-FOPID	2.18	0.02	27.4	5.6	1.52	0.02	24.1	3.0	1.41	0.02	26.6	0.9
LCNSGA-Ⅲ-PID	5.43	0.04	/	33.3	2.76	0.03	18.4	30.4	1.90	0.02	18.4	27.6
LCNSGA-Ⅲ-FOPID	1.90	0.02	27.6	5.5	1.37	0.02	23.3	2.3	1.42	0.01	25.9	1.1

为验证分数阶 PID 控制器、多工况多目标优化策略、LCNSGA-Ⅲ优化算法的有效性,下面分别对不同的控制器、优化策略、优化算法展开讨论。

1) 不同工况下分数阶 PID 控制器与传统 PID 控制器性能对比分析

分析表 3-21 中单一工况 BSA 优化的 PID 和分数阶 PID 控制器性能指标统计结果可知,在 198m、205m、210m 水头下,FOPID 普遍获得了相比 PID 更为优秀的过渡过程动态性能,当发生频率扰动时,调节系统在 FOPID 控制器作用下能够获得更小的超调量、更短的上升时间、更快达到稳定状态。以 S-198-PID 和 S-198-FOPID 为例,由于 198m 水头属于偏低水头工况,抽水蓄能机组在此工况运行时容易进入水泵水轮机的 "S" 特性区域,控制难度较大,结合图 3-28(a)可以看出,PID 控制下的机组频率在给定值附近反复抖振,直到接近仿真时长限制才趋于稳定，控制器的超调量也较大，FOPID 控制器则能够有效地抑制机组在此工况的强非线性特性，控制品质得到了明显改善。

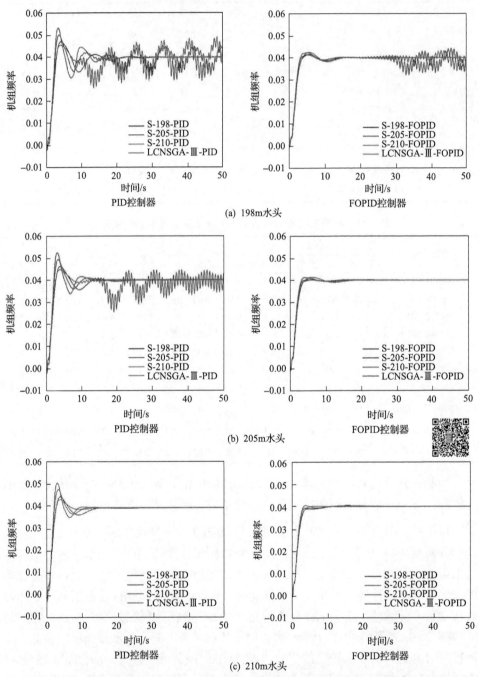

图 3-28　各控制器在不同水头频率扰动实验的机组频率动态响应过程(彩图扫二维码)

    然而需要指出的是，以上的单一工况单目标优化的控制器，仅在其研究工况取得了较好的控制效果，当针对其他未优化工况使用该组控制器参数时，机组转速动态响应发生了较大变化，控制品质通常难以令人满意，结合图 3-28(a)～(c)可以看出，针对 205m 工况优化整定获得的 PID 和 FOPID 控制器，其在 210m 工况控制效果尚可，然而在 198m 低水头工况发生了明显振荡，无法进入稳定状态，控制效果欠佳。针对 210m 工况优化整定的 PID 控制器无法适用于其他工况，尽管 FOPID 控制器具备良好的控制性能，将 S-210-FOPID 控制器应用于 198m 工况时仍然无法有效地抑制振荡。针对 198m 工况优化整定获得的 PID 和 FOPID 控制器，当应用在 205m、210m 工况时仍能保持较好的控制效果，这也符合通常工程实践中对参数整定的认知：针对低水头工况整定的控制器参数在其他水头仍然可以沿用，其控制效果通常不会明显劣化。但因为缺乏对复杂工况的综合考虑，对比多工况多目标优化整定的 PID 和 FOPID 控制器，可以发现其工况变化时的适应性能和鲁棒性还有待提升。

2) 多工况多目标控制优化性能分析

    图 3-29 为 LCNSGA-Ⅲ算法优化的分数阶 PID 控制器和传统 PID 控制器的 Pareto 前沿分布，可以看出低水头工况和中高水头工况的 ITAE 指标是两个互相冲突的目标函数，与多目标 PID 控制器相比，多目标分数阶 PID 控制器由于调节参数的灵活性，获得了更加靠近坐标原点的 Pareto 前沿，对应的目标函数值也相应更小。而单一工况单目标优化获得的 PID、FOPID 控制参数，其实质是多工况多目标优化 Pareto 前沿两端的极值解，以 S-198-PID、S-210-PID 为例，其 ITAE 指标接近 LCNSGA-Ⅲ-PID 的两个边缘解，S-198-FOPID、S-210-FOPID 与 LCNSGA-

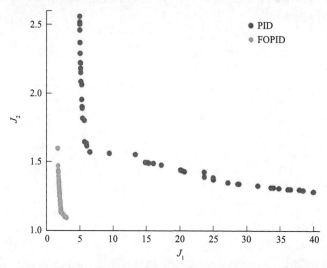

图 3-29 分数阶 PID 控制器与整数阶 PID 控制器的 Pareto 前沿比较

Ⅲ-FOPID 也存在类似的关系。结合表 3-21 和图 3-28 可以发现，相比单一工况整体表现最好的 S-198-PID 和 S-198-FOPID，多工况多目标优化获得的 LCNSGA-Ⅲ-PID 和 LCNSGA-Ⅲ-FOPID 控制器舍弃了 198m 工况的部分瞬态响应性能，但在工况变化时控制器的适应性能和鲁棒性有了较大提升，对比控制器在 205m 和 210m 工况的控制品质，其超调量略有上升，但系统的稳态误差和调节时间均有明显改善。

此外，多工况多目标控制优化获得的是一组 Pareto 解集，包含了多个 Pareto 最优解，当电站近期频繁运行工况的工作水头发生变化，或者现场运行维护人员更关注低水头工况调节性能时，可以通过选择靠近 Pareto 两端的极值解来获取相应的控制参数。

3) 多目标优化算法的对比分析

为验证不同优化算法对多工况多目标控制优化结果的影响，选择经典的 NSGA-Ⅲ算法与本节所提 LCNSGA-Ⅲ算法进行对比。图 3-30 展示了 LCNSGA-Ⅲ与 NSGA-Ⅲ分别优化传统 PID 控制器和分数阶 PID 控制器所获得的最优 Pareto 前沿，由图 3-30 可以看出，不同的多目标优化算法获得的解集分布不同。其中 NSGA-Ⅲ算法优化的多工况多目标 PID 出现了错误的 Pareto 前沿，而 LCNSGA-Ⅲ则能找到分布广泛且均匀的前沿。对于多工况多目标分数阶 PID 控制来说，LCNSGA-Ⅲ由于算法初始化策略和交叉变异算子的调整改进，其最优前沿的分布均匀性和解集质量更高，Pareto 前沿更为接近原点，考虑到 Pareto 前沿在 X 轴上的投影对应着低水头工况的控制品质性能指标，这表明基于 LCNSGA-Ⅲ算法优化所得控制器在保持中高水头工况调节性能不变的前提下，能够更好地兼顾低水头不稳定工况的控制效果。

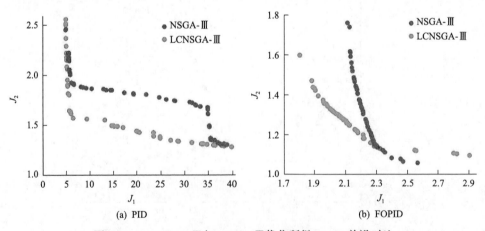

图 3-30　LCNSGA-Ⅲ与 NSGA-Ⅲ优化所得 Pareto 前沿对比

3.5　自适应预测-模糊 PID 最优控制

为了克服可逆式水泵水轮机 "S" 特性区域空载启动转速振荡现象和改善机组在低水头区域的动态特性，本节采用模型预测控制和模糊逻辑控制理论实现抽水蓄能机组低水头空载启动最优控制。首先，建立抽水蓄能机组暂态线性受控自回归积分滑动平均模型(controlled auto-regressive integrated moving average model，CARIMA)，该模型包含抽水蓄能机组调节系统复杂动力学方程，能准确描述机组调节系统的水力和机械动态特性。其次，基于 CARIMA，本节设计一种具有工作状态的预测和 "S" 特性区域规避能力的自适应预测-模糊 PID 控制器(adaptive condition predictive-fuzzy PID，ACP-FPID)。然后，将多目标控制优化方法与菌群算法(bacteria foraging algorithm，BFA)相结合，对闭环控制器投入运行时的控制器参数选择、导通时间和频率开关点进行优化。最后，通过典型低水头工况仿真试验，验证 ACP-FPID 最优控制方法的可行性和鲁棒性。

3.5.1　抽水蓄能机组调节系统 CARIMA 模型

抽水蓄能机组主要包括管道系统、水泵水轮机、发电/电动机，是一个复杂的水力、机械、电气因素耦合系统[31,32]。本节采用的抽水蓄能机组结构可简化为压力输水管道、上下水库调压室、抽水蓄能发电机组，如图 3-31 所示。

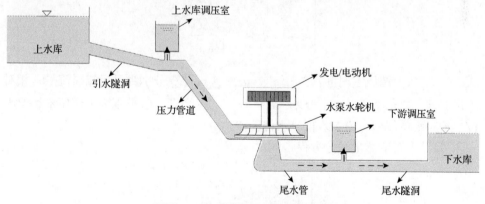

图 3-31　抽水蓄能电站结构示意图

1. 带上下游调压室的复杂过水系统动态刚性模型

由图 3-31 可知，带上下游调压室的复杂过水系统分为引水隧洞、上水库调压室、压力管道、尾水管、下水库调压室和尾水隧洞六部分。基于刚性水击理论和阻抗式调压室的动态等效方法，分别建立了管道系统中等效管段的数学模型。

(1) 引水隧洞流量-水头微分方程：

$$\begin{cases} \dfrac{\mathrm{d}q_2}{\mathrm{d}t} = \dfrac{1}{T_{\mathrm{w}2}}\left(h_u' - h_{s1}'\right) \\[2mm] h_u' = 1 + h_u = \dfrac{H_{u0} + \Delta H_u}{H_{u0}} \\[2mm] h_{s10}' = 1 + h_{s10} = \dfrac{H_{s10} + \Delta H_{s10}}{H_{s10}} \\[2mm] q_2' = 1 + q_2 = \dfrac{Q_{20} + \Delta Q_2}{Q_{20}} \end{cases} \tag{3-75}$$

式中，$T_{\mathrm{w}2}$ 为引水隧洞水击时间常数；q_2'、q_2、Q_{20}、ΔQ_2 分别为引水隧洞的相对流量、相对流量偏差、稳态流量、流量偏差；h'、h_u、H_{u0}、ΔH_u 分别为上水库的相对水位、相对水位偏差、稳态水位、水位偏差；h_{s1}'、h_{s1}、H_{s10}、ΔH_{s1} 分别为上调压室的相对水位、相对水位偏差、稳态水位、水位偏差。

(2) 上水库调压室的流量-水头微分方程：

$$\begin{cases} \dfrac{\mathrm{d}h_{s1}'}{\mathrm{d}t} = \dfrac{1}{T_{j1}}\left(q_2' - q_t'\right) \\[2mm] h_{s1}' = 1 + h_{s1} = \dfrac{H_{s10} + \Delta H_{s1}}{H_{s10}} \\[2mm] q_t' = 1 + q_t = \dfrac{Q_{t0} + \Delta Q_t}{Q_{t0}} \end{cases} \tag{3-76}$$

式中，T_{j1} 为上调压室时间常数；q_t'、q_t、Q_{t0}、ΔQ 分别为过机相对流量、相对流量变差、稳态流量、流量偏差；h_{s1}'、h_{s1}、H_{s10}、ΔH_{s1} 分别为上调压室相对水位、相对水位偏差、稳态水位、水位偏差。

(3) 压力管道流量微分方程：

$$\begin{cases} \dfrac{\mathrm{d}q_t}{\mathrm{d}t} = \dfrac{1}{T_{\mathrm{w}1}}\left(h_{s1}' - h_{t1}'\right) \\[2mm] h_{t1}' = 1 + h_{t1} = \dfrac{H_{t10} + \Delta H_{t1}}{H_{t10}} \end{cases} \tag{3-77}$$

式中，$T_{\mathrm{w}1}$ 为压力钢管的水击时间常数；h_{t1}'、h_{t1}、H_{t10}、ΔH_{t1} 分别为蜗壳进口的相对水位、相对水位偏差、稳态水位、水位偏差。

(4)尾水管流量微分方程:

$$\begin{cases} \dfrac{dq_t}{dt} = \dfrac{1}{T_{w4}}\left(h'_{t2} - h'_{s2}\right) \\[3mm] h'_{t2} = 1 + h_{t2} = \dfrac{H_{t10} + \Delta H_{t2}}{H_{t20}} \\[3mm] h'_{s2} = 1 + h_{s2} = \dfrac{H_{s20} + \Delta H_{s2}}{H_{s20}} \end{cases} \tag{3-78}$$

式中, T_{w4} 为尾水管的水击时间常数; h'_{t2} 、 h_{t2} 、 H_{t20} 、 ΔH_{t2} 分别为尾水管进口的相对水位、相对水位偏差、稳态水位、水位偏差; h'_{s2} 、 h_{s2} 、 H_{s20} 、 ΔH_{s2} 分别为下游调压室的相对水位、相对水位偏差、稳态水位、水位偏差。

(5)下水库调压室水头-流量微分方程:

$$\begin{cases} \dfrac{dh_{s2}}{dt} = \dfrac{1}{T_{j2}}\left(q'_t - q'_3\right) \\[3mm] q'_3 = 1 + q_3 = \dfrac{Q_{30} + \Delta Q_3}{Q_{30}} \end{cases} \tag{3-79}$$

式中, T_{j2} 为下调压室时间常数; h_{s2} 为下调压室相对水位偏差; q'_3 、 q_3 、 Q_{30} 、 ΔQ_3 分别为尾水管的相对流量、相对流量偏差、稳态流量、流量偏差。

(6)尾水隧洞流量微分方程:

$$\begin{cases} \dfrac{dq_3}{dt} = \dfrac{1}{T_{w3}}\left(h'_{s2} - h'_d\right) \\[3mm] h'_d = 1 + h_d = \dfrac{H_{d0} + \Delta H_d}{H_{d0}} \end{cases} \tag{3-80}$$

式中, T_{w3} 为尾水隧洞的水击时间常数; h'_d 、 h_d 、 H_{d0} 、 ΔH_d 分别为下水库的相对水位、相对水位偏差、稳态水位、水位偏差。

从图 3-31 可以看出,由于自喷井口装置的关系,工作水头偏差的相对值是水位偏差的相对值的进气蜗壳和水位的相对值偏差在通风管的入口。联立式(3-75)~式(3-80),经过拉普拉斯变换,得到压力排放系统的传递函数,如式(3-81)所示。

$$G_h(s) = \frac{h_t(s)}{q_t(s)} = -\frac{T_{j1}T_{j2}T_{w2}T_{w3}(T_{w1} + T_{w4})s^5 + as^3 + (T_{w1} + T_{w2} + T_{w3} + T_{w4})s}{T_{j1}T_{j2}T_{w2}T_{w3}s^4 + \left(T_{j1}T_{w2} + T_{j2}T_{w3}\right)s^2 + 1} \tag{3-81}$$

式中, $a = T_{j1}T_{w2}(T_{w1} + T_{w3} + T_{w4}) + T_{j2}T_{w3}(T_{w1} + T_{w4})$ 。

2. 抽水蓄能机组暂态 CARIMA 线性化

暂态线性化 CARIMA 是实现在线预测抽水蓄能机组状态的关键。抽水蓄能机组发电过程的线性模型传递函数框图如图 3-32 所示。此时，转矩偏差相对值 m_t 与流量偏差相对值 q_t 的表达式可表示为式（3-82）。

$$\begin{cases} m_t(s) = e_y y(s) + e_x x(s) + e_h h_t(s) \\ q_t(s) = e_{qy} y(s) + e_{qx} x(s) + e_{qh} h_t(s) \end{cases} \tag{3-82}$$

式中，y、x 分别为导叶开度和转速的偏差相对值；e_y、e_x、e_h 分别为机械转矩对导叶开度、转速和水头的一阶偏导；e_{qy}、e_{qx} 和 e_{qh} 分别为流量对开度、转速和水头的一阶偏导。

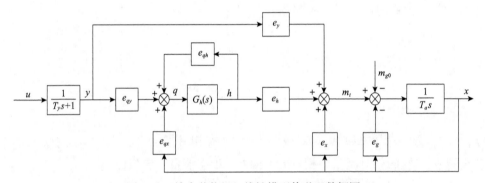

图 3-32　抽水蓄能机组线性模型传递函数框图

如图 3-32 所示，抽水蓄能机组发电机电机仍采用一阶模型，调速器伺服机构采用一阶惯性连杆，其传递函数如式（3-83）所示。

$$\frac{y(s)}{u(s)} = \frac{1}{1 + T_y s} \tag{3-83}$$

式中，T_y 为主接力器时间常数。

根据式（3-81）～式（3-83），抽水蓄能机组在发电模式下的传递函数模型如式（3-84）所示。调速器控制信号 u 和机组转速 x 分别为模型的输入和输出。

$$\begin{aligned} \frac{x(s)}{u(s)} &= e_y \frac{1 + e G_h(s)}{\left(1 - e_{qh} G_h(s)\right)\left(T_a s + e_n\right)\left(T_y s + 1\right)} \\ &= \frac{b_5 s^5 + b_4 s^4 + b_3 s^3 + b_2 s^2 + b_1 s + e_y}{c_7 s^7 + c_6 s^6 + c_5 s^5 + c_4 s^4 + c_3 s^3 + c_2 s^2 + c_1 s + e_n} \end{aligned} \tag{3-84}$$

式中, $e = e_{qy}e_h/e_y - e_{qh}$; $b_1 = -e_y e(T_{w1} + T_{w2} + T_{w3} + T_{w4})$; $b_2 = e_y(T_{j1}T_{w2} + T_{j2}T_{w3})$;

$b_3 = -e_y e \left[T_{j1}T_{w2}(T_{w1} + T_{w3} + T_{w4}) + T_{j2}T_{w3}(T_{w1} + T_{w2} + T_{w4}) \right]$; $b_4 = e_y T_{j1}T_{j2}T_{w2}T_{w3}$;

$b_5 = -e_y e T_{j1}T_{j2}T_{w2}T_{w3}(T_{w1} + T_{w4})$; $c_1 = T_y e_n + T_a + e_n e_{qh}(T_{w1} + T_{w2} + T_{w3} + T_{w4})$;

$c_2 = T_y T_a + (T_y e_n + T_a)e_{qh}(T_{w1} + T_{w2} + T_{w3} + T_{w4}) + e_n(T_{j1}T_{w2} + T_{j2}T_{w3})$;

$c_3 = T_y T_a e_{qh}(T_{w1} + T_{w2} + T_{w3} + T_{w4}) + (T_y e_n + T_a)(T_{j1}T_{w2} + T_{j2}T_{w3})$
$\qquad + e_n e_{qh}\left[T_{j1}T_{w2}(T_{w1} + T_{w3} + T_{w4}) + T_{j2}T_{w3}(T_{w1} + T_{w2} + T_{w4}) \right]$;

$c_4 = T_y T_a(T_{j1}T_{w2} + T_{j2}T_{w3}) + (T_y e_n + T_a)e_{qh}[T_{j1}T_{w2}(T_{w1} + T_{w3} + T_{w4})$
$\qquad + T_{j2}T_{w3}(T_{w1} + T_{w2} + T_{w4})] + e_n T_{j1}T_{j2}T_{w2}T_{w3}$;

$c_5 = T_y T_a e_{qh}\left[T_{j1}T_{w2}(T_{w1} + T_{w3} + T_{w4}) + T_{j2}T_{w3}(T_{w1} + T_{w2} + T_{w4}) \right]$
$\qquad + \left[T_y e_n + T_a + e_n e_{qh}(T_{w1} + T_{w4}) \right] T_{j1}T_{j2}T_{w2}T_{w3}$;

$c_6 = \left[T_a + e_n e_{qh}(T_{w1} + T_{w4}) \right] T_y T_{j1}T_{j2}T_{w2}T_{w3}$; $c_7 = T_y T_a e_{qh}T_{j1}T_{j2}T_{w2}T_{w3}(T_{w1} + T_{w4})$ 。

对式(3-84)的抽水蓄能机组连续传递函数模型进行 z 变换,得到系统的 z 函数表达式如式(3-85)所示。

$$\frac{x(z)}{u(z)} = \frac{\gamma_5 z^5 + \gamma_4 z^4 + \gamma_3 z^3 + \gamma_2 z^2 + \gamma_1 z + \gamma_0}{\xi_7 z^7 + \xi_6 z^6 + \xi_5 z^5 + \xi_4 z^4 + \xi_3 z^3 + \xi_2 z^2 + \xi_1 z + \xi_0} \tag{3-85}$$

式(3-85)的离散表达式是抽水蓄能机组的 CARIMA 模型,如式(3-86)所示。该模型由抽水蓄能机组的历史数据输入和输出的时间序列组成。

$$x(k) = \sum_{i=1}^{n_a} \xi_i x(k-i) + \sum_{j=0}^{n_b} \gamma_j u(k-i) \tag{3-86}$$

式中, n_a 和 n_b 分别表示经过 z 变换后的离散系统传递函数的分子和分母的阶数。由式(3-85)可知,抽水蓄能机组的 CAMIRA 模型的阶数为 $n_a = 7$ 和 $n_b = 5$ 。 ξ 和 γ 为电机转速和调速控制信号相对应的系数。 $x(k)$ 和 $u(k)$ 为 CARIMA 模型控制信号。

基于抽水蓄能机组的 CARIMA 模型,推导出预测时域 N_p 下的系统输出序列矩阵,如式(3-87)所示。

$$\boldsymbol{Y} = \boldsymbol{F}_1 \Delta \boldsymbol{U} + \boldsymbol{F}_2 \Delta \boldsymbol{U}(k - j) + \boldsymbol{G}\boldsymbol{Y}(k) + \boldsymbol{E}\xi \tag{3-87}$$

式中，状态变量矩阵和参数矩阵可以表示为 $\boldsymbol{Y} = \left[y(k+N_1), y(k+N_2), \cdots, y(k+N_p) \right]^{\mathrm{T}}$ ；$\Delta\boldsymbol{U} = \left[\Delta u(k), \Delta u(k+1), \cdots, \Delta u(k+N_u-1) \right]^{\mathrm{T}}$ ；$\Delta\boldsymbol{U}(k-j) = \left[\Delta u(k-1), \Delta u(k-2), \cdots, \Delta u(k-n_b) \right]^{\mathrm{T}}$ ；$\boldsymbol{Y}(k) = \left[y(k), y(k-1), \cdots, y(k-n_a) \right]^{\mathrm{T}}$ ；$\boldsymbol{\xi} = \left[\xi(k+1), \xi(k+2), \cdots, \xi(k+N_p) \right]^{\mathrm{T}}$ 。其中，$\boldsymbol{Y}$ 为系统的输出预测时域，$\Delta\boldsymbol{U}$ 为系统的输出，$\boldsymbol{\xi}$ 为白噪声信号，$\boldsymbol{F}_1$、$\boldsymbol{F}_2$、$\boldsymbol{G}$ 和 $\boldsymbol{E}$ 为系数矩阵，N_p 和 N_u 分别为控制时域长度和预测时域长度。

3.5.2 自适应预测-模糊 PID 控制器设计

1. "S" 特性区域临界曲线数值拟合

根据水泵水轮机转轮制造商给出的完整特性曲线，流量和转矩的 "S" 特性区域的临界线如图 3-33 所示，可知 "S" 特性区是影响抽水蓄能机组低水头空载启动过程动态不稳定性的关键因素。根据实际工程和数值模拟分析，发电模式下单位流量-单位转速和单位转矩-单位转速的完整特性曲线可分为两部分：稳定区域和 "S" 不稳定区域，如图 3-33 所示。$y=100\%$ 和 $y=3.8\%$ 是全特性的最大导叶开度和最小导叶开度。在 MATLAB 曲线拟合工具箱中，流量和转矩临界曲线可以表示为式 (3-88)，并集成到新型控制器的预测控制部分。

$$\begin{cases} Q_{\mathrm{cri}} = f_{q\_\mathrm{cri}}(x_{11}, y) \\ M_{\mathrm{cri}} = f_{m\_\mathrm{cri}}(x_{11}, y) \end{cases} \tag{3-88}$$

式中，Q_{cri}、M_{cri} 为对应单位转速 x_{11}、y 的 "S" 特性区域临界曲线上的流量和转矩。

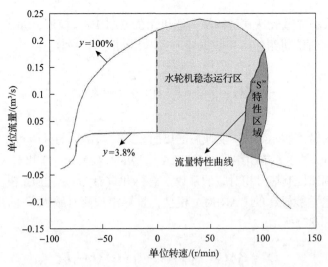

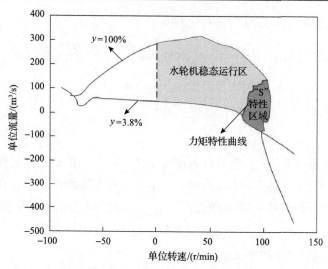

图 3-33　发电工况下抽水蓄能机组稳定域、临界曲线和"S"特性区域

2. 控制器结构

本节基于广泛研究预测控制和模糊控制在抽水蓄能机组控制领域的基础上[33,34]，设计了一种用于抽水蓄能机组的 PID 控制器，其结构如图 3-34 所示。PID 控制器由模糊逻辑 PID 和预测组成。同时，在 ACP-FPID 控制器中增加了"S"特性区域工作点判别模块，优化控制器输出，达到在空载启动过程中避免"S"特性区域的目的。该控制器的控制规律如式(3-71)所示。

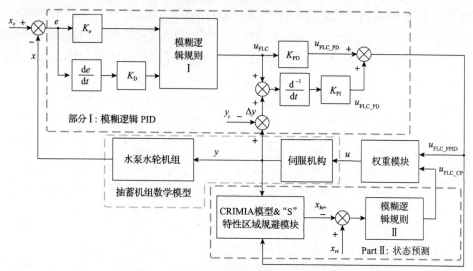

图 3-34　自适应预测模糊 PID 控制器示意图

$$\begin{cases} u(t) = \lambda_{\text{FPID}} u_{\text{FLC\_FPID}}(t) + \lambda_{\text{CP}} u_{\text{FLC\_CP}}(t) \\[2mm] u_{\text{FLC\_FPID}}(t) = u_{\text{FLC\_PI}}(t) + u_{\text{FLC\_PD}}(t) = K_{\text{PI}} \dfrac{\text{d}_\Delta^{-1}[u_{\text{FLC}}(t) + \Delta y]}{\text{d}t^{-1}} + K_{\text{PD}} \cdot u_{\text{FLC}}(t) \\[2mm] u_{\text{FLC}}(t) = K_e e + K_{\text{D}} D_e = K_e(x_c - x) + K_{\text{D}} D(x_c - x) \\[2mm] u_{\text{FLC\_CP}}(t) = (x_{ct} - x_{k+j}) + D(x_{ct} - x_{k+j}) \end{cases}$$

$$(3\text{-}89)$$

式中，x_c 为转速设定值；y_c 为导叶开度设定值；e 为 x 和 x_c 之间的误差；Δy 是 y 和 y_c 之间的误差；u_{FLC} 为 FLC 输出；$u_{\text{FLC\_PI}}$ 为积分输出；$u_{\text{FLC\_PD}}$ 为比例输出；$u_{\text{FLC\_FPID}}$ 为控制器的第一部分的输出；$u_{\text{FLC\_CP}}$ 为控制器的第二部分输出；D 是微分符号；$\{K_e, K_{\text{D}}, K_{\text{PD}}, K_{\text{PI}}\}$ 是控制器参数。

PID 控制方案和过程描述如下。

（1）ACP-FPID 的模糊 PID 控制规则。将第 2 章建立的抽水蓄能机组调节系统模型的设定值 x_c 与输出 x 之间的转速误差 e 作为模糊逻辑规则的输入。此外，为了提高 ACP-FPID 控制器的快速跟踪能力，整定环节上还施加了设定点 y_c 与伺服机构输出 y 之间的导叶开度误差 Δy。

（2）带有"S"特性区域规避功能的状态预测。将 k 时刻的导叶开度 $y(k)$ 作为在线识别 CARIMA 模型的输入，预测未来 $k+i$ 时刻的系统输出 $y(k+i)$。对于 S 形绕流模块，在当前导叶开度处，如果 $Q(k+i) < Q_{\text{cri}}$ 并且 $M(k+i) < M_{\text{cri}}$，则判断抽水蓄能机组进入 S 特性区域，令 $Q(k+i)=Q_{\text{cri}}$，$M(k+i)=M_{\text{cri}}$；第二部分利用 $x(k+i)$ 与光滑参考轨迹 $x_{rt}(k+i)$ 之间的误差作为模糊逻辑规则的输入。此外，ACP-FPID 控制器中的模糊逻辑规则采用 Xu 等[35]已验证的 7×7 规则。Mamdani 类型推断与 min 类型操作符用于隐含，max 类型操作符用于规则聚合。假设误差和误差率遵循表 3-22 所示的由 49 条规则组成的二维线性规则库。表 3-22 中，NL、NM、NS、

表 3-22 错误、错误率和 FLC 输出规则

$\dfrac{\text{d}e}{\text{d}t}$	e						
	NL	NM	NS	ZO	PS	PM	PL
PL	ZO	PS	PM	PL	PL	PL	PL
PM	NS	ZO	PS	PM	PL	PL	PL
PS	NM	NS	ZO	PS	PM	PL	PL
ZO	NL	NM	NS	ZO	PS	PM	PL
NS	NL	NL	NM	NS	ZO	PS	PM
NM	NL	NL	NL	NM	NS	ZO	PS
NL	NL	NL	NL	NL	NM	NS	ZO

ZO、PS、PM 和 PL 分别为负大、负中、负小、零、正小、正中、正大。此外，由于三角隶属度函数在硬件上简单易实现，变量的隶属函数形式相同，其中 NL、NM、NS、ZO、PS、PM、PL 为三角函数。输入和输出变量的隶属度函数如图 3-35 所示，有 50%的重叠。

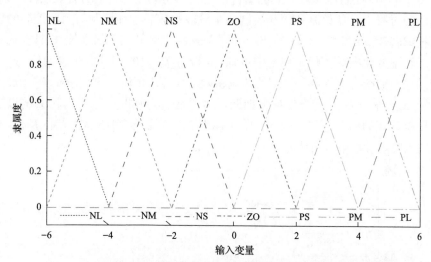

图 3-35　误差、误差的分数阶导数和 FLC 输出的三角形隶属度函数

(3)控制输出加权。将第一部分和第二部分的输出作为伺服机构的输入。同时，为了有效地保证抽水蓄能机组运行的连续性，在加权模块中引入了控制量输出惩罚因子 λ_{FPID} 和 λ_{CP}。在本节中 $u(k+1)=\lambda_{FPID}u_{FLC\_FPID}(k+1)+\lambda_{CP}u_{FLC\_CP}(k+i)$，其中 λ_{FPID}=0.75、λ_{CP}=0.25。

3.5.3　自适应预测–模糊 PID 控制优化

1. 优化目标

对于抽水蓄能机组，水击压力和转速的动态响应是衡量系统动态稳定性的两个关键指标。水击效应的压力波动会引起机组转速和负载的波动。另外，当机组转速或负载发生变化时，控制器的自动调节会调节导叶开度，从而影响水锤压力动态过程。因此，基于设计的 ACP-FPID 控制器，将转速和闭环控制后的水击压力这两个目标函数以 ITAE 的形式应用于该控制系统的优化[36]，分别如式(3-72)和式(3-73)所示。

$$\text{Obj I}=\int_0^\infty t|e(t)|\mathrm{d}t \tag{3-90}$$

$$\text{Obj} \, \mathrm{II} = \max[P_{vol}(t)] + \max[P_{dra}(t)] \tag{3-91}$$

式中，t 为控制时间；$e(t)$ 为输入和输出之间的误差；$P_{vol}(t)$ 和 $P_{dra}(t)$ 分别为蜗壳末端压力和尾水管进口压力的单位值。

　　ACP-FPID 控制器参数的最优组合也是获得满意控制质量的必要条件。另外，空载启动过程由开环控制和闭环控制两个阶段组成。开环控制与闭环控制的切换点为机组转速 $n=x_s$。图 3-36 给出了不同空载启动时间 T_s 和开关点 x_s 时空载启动工况的转速变化曲线。从图 3-36 中可知，相较于 $T_s = 10$s 对应的过渡曲线，$T_s = 15$s 对应的过渡曲线向右平移了 Δt，其转速超调最大值出现的时刻相较于 $T_s = 10$s 向右偏移了 Δt_g。较大的 x_s 能降低最大超调量达到 Δx_{os}。因此，改变 T_s 和 x_s 的设定值也会影响转速的动态过程。因此，除了模糊 PID 控制参数 $[K_e, K_D, K_{PD}, K_{PI}]$，$T_s$、$x_s$ 也加入整定参数中进行优化。

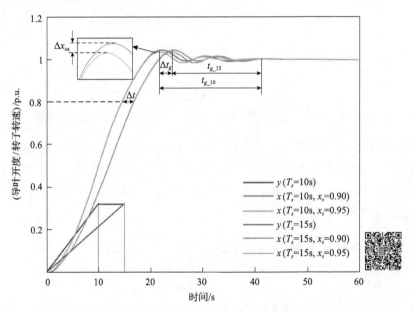

图 3-36　不同 T_s 和 x_s 下的转速变化曲线（彩图扫二维码）

2. 优化流程

　　在经典的 BFA 中，一个细菌在其一生中经历三个不同的阶段：自生、繁殖和消除-扩散。在解决单目标问题时，经典的 BFA 通常采用两菌间营养梯度较高的位置来测量菌体质量。对于多目标问题，引入了 Pareto 非优势度的概念，而不是单一目标函数来区分两个位置，使得细菌种群按照 Pareto 优势度准则进行排序[37,38]。结合 BFA 的多目标优化调整方法的方案和具体步骤如下。

步骤 1：初始化 BFA 的参数 $[D, S, N_c, N_s, N_{ed}, P_{ed}, P_g, C(i)]$，设定多目标函数个数 M 和容量 N_Q，其中 $i = 1, 2, 3, \cdots, S$，$D=6$（$[K_e, K_D, K_{PD}, K_{PI}, T_s, x_{switch}]$ 为最优调优参数）。将所有细菌的秩设为 1（$\text{rank}^i = 1$），秩越小表示细菌的质量越好。

步骤 2：开启"淘汰-分散"循环，$k=1:1:N_{ed}$。

步骤 3：菌群趋化操作，$j = 1:1:N_c$。对于细菌种群 S，取计算机适应度函数 $\text{Obj}_l(i, j, k)$，其中 $l = 1, 2, \cdots, M$，$M=2$。

(1)初始化。生成一个随机数 P。如果 $P<P_g$，则生成一个指向秩较小的细菌的单位向量。假设随机选择第 m 个细菌，它的秩比第 i 个细菌的秩小。让 $\Delta(i) = \theta(m, j, k, l) - \theta(i, j, k, l)$。否则，生成一个随机向量 $\Delta(i) \in R^D$，其中，每个元素 $\Delta_d(i)$（$d = 1, 2, \cdots, D$）都是 $[-1, 1]$ 区间的随机数。

(2)定义单位长度随机方向 $\dfrac{\Delta(i)}{\sqrt{\Delta^T(i)\Delta(i)}}$，并更新第 i 个菌为 $\theta^i(j+1, k, l) = \theta^i(j, k, l) + C(i)\dfrac{\Delta(i)}{\sqrt{\Delta^T(i)\Delta(i)}}$。

(3)新老菌均按非优势排序。从排序池中选择排名较好的位置，得到大小为 S 的菌群，并将非优势菌的数量 N_Q 存储到精英档案集（elite archive set，EAS）中。

(4)若 EAS 中储存的菌群数量超过 N_Q，则采用 EliteSet 截断法进行维持。所有的细菌将通过非优势分选的方式进行筛选，菌群距离最大的细菌将储存在 EAS 中，多余的细菌将从 EAS 中剔除。

步骤 4：重复步骤 3，直至 $j=N_c$。

步骤 5：若 $i<N_{ed}$，

(1)对于 $i=1,2,\cdots,S$，消除和分散每个细菌。

(2)EAS 精英细菌漫游。对于优化调节参数 T_s，在 EAS 中定义第 n 个细菌的单位长度随机方向 $\phi(n)=0,1$，然后根据式(3-74)和式(3-75)更新第 n 个细菌。计算新得到的细菌的适应度，并比较第 n 个细菌和 $n_{new}\text{-th}$ 细菌，如果 $n_{new}\text{-th}$ 支配第 n 个细菌，保留 $n_{new}\text{-th}$ 细菌并进行细菌漫游，令漫游步骤 $n_s = 0$，沿着下跌的方向重复计算式(3-93)直到 $n_s=N_s$，在 EAS 集中用 $n_{new}\text{-th}$ 细菌替代第 n 个细菌。如果 $n_{new}\text{-th}$ 细菌不支配第 n 个细菌，则直接让 $n_s=N_s$。

$$\phi(n) = \frac{\Delta(i)}{\sqrt{\Delta^T(i)\Delta(i)}} \tag{3-92}$$

$$\theta(n, n_s + 1) = \theta(n, n_s) + C(i)\phi(n) \tag{3-93}$$

式中，$\theta(n, n_s + 1)$ 为 n 个菌群在 n_s+1 个漫游步数处的位置；$\theta(n, n_s)$ 为 n 个菌群在 n_s 个漫游步数处的位置。

(3)返回步骤 2，重复执行步骤 3～步骤 5，直至 $l > N_{ed}$，优化结束。

3.5.4　实例研究

为了验证该新型控制器的性能以及与 BFA 相结合的多目标优化整定方法的性能，分别在 MATLAB 中对集成了 PID 控制器和传统 PID 控制器的 PSU 数学模型进行了仿真。在低水头空载起动条件下，对抽水蓄能机组调节系统进行了仿真实验。给出了某地抽水蓄能电站的运行参数和抽水蓄能机组的传输系数，如表 3-23 所示，H_w 为实际工作水头，H_{w_max}、H_{w_r}、H_{w_min} 为最大工作水头、额定工作水头及最小工作水头，以 526m 的最小水头和接近额定水头 538m 的周边为工作水头，相应的空载开启度为额定导叶开启度的 32%和 26%。

表 3-23　PSU 在空载工况下的运行及传输参数

运行参数			变换参数		
H_{w_max}	H_{w_r}	H_{w_min}	T_a	e_g	T_y
572m	540m	526m	8.5	0.1	0.2

对于 ACP-FPID 的第二部分条件预测，将参数值设为 N_u=10，N_p=30，n_a=7，n_b=5；结合 BFA 的多目标优化调整方法，D=6，S=150，N_c=50，N_s=10，N_{ed}=15，P_{ed}=0.1，P_g=0.2，N_Q=30，最大迭代次数设置为 100。如前面所述，对于参数优化选择问题，PID 控制参数的搜索范围为 $\{K_P,K_I,K_D\} \in [0,10]$，而 ACP-FPID 控制器的搜索范围为 $\{K_e,K_D,K_{PD},K_{PI}\} \in [0,10]$，$T_s \in [8s, 20s]$，$x_{switch} \in [0.8, 0.96]$。

此外，采用 ACP-FPID 控制器对抽水蓄能机组进行控制，使机组在空载启动条件下具有更好的动态性能。①将本节提出的 ACP-FPID 控制器与多目标优化整定方法相结合；②情况一采用 ACP-FPID 控制器，采用标准 BFA 对 $\{K_e,K_D,K_{PD},K_{PI}\}$ 参数进行优化；③情况二采用 PID 控制器，采用标准 BFA 对 $\{K_P,K_I,K_D\}$ 参数进行优化。对于上述两种情况，根据工程实践经验，T_s = 10s，x_{switch} = 0.90。图 3-37 为在两种典型情况下不同情况的非优势解集。从图 3-37(a) 可以看出，ACP-FPID 得到的 Pareto-front 宽且分布良好，而情况一得到的 Pareto-front 分布范围较小，且没有收敛到真实的 Pareto 前沿。如图 3-37(b) 所示，当机组在额定水头附近运行时，ACP-FPID 也可以获得较好的 Pareto-front。空载启动条件下最佳折中解的最优控制器参数如表 3-24 和表 3-25 所示，并对不同情况下的性能指标进行了比较。图 3-38 展示了该机组的暂态过程，它使用了 ACP-FPID 和其他两种常用方法的平均最优折中方案。

由表 3-24 和表 3-25 可知，ACP-FPID 得到的 Obj Ⅰ、Obj Ⅱ、近似周期振荡次数 t_f 和超调指数 M_p 均小于其他情况得到的值。当 PSU 在 538m 处运行时，情况

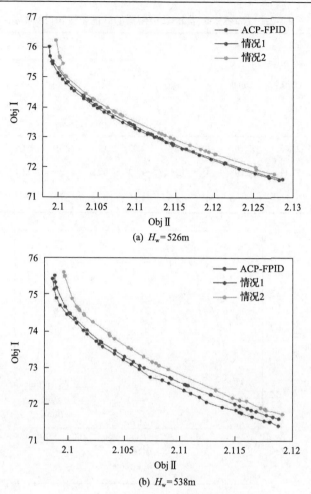

(a) $H_w = 526\text{m}$

(b) $H_w = 538\text{m}$

图 3-37　Obj Ⅰ 和 Obj Ⅱ 的 Pareto 比较

表 3-24　H_w=526m 下 PSU 控制器的最优参数和目标指标

情况	Obj Ⅰ	Obj Ⅱ	t_f	M_p	控制器参数					
					K_e	K_D	K_{PI}	K_{PD}	T_s	x_{switch}
					K_e	K_D	K_{PI}	K_{PD}	—	—
					K_P	K_I	K_D	—	—	—
ACP-FPID	73.48	2.11	0	2%	2.14	0.58	1.28	0.72	13.5	0.956
情况 1	73.82	2.11	2	4.4%	2.04	0.63	1.16	0.84	10	0.90
情况 2	73.71	2.16	6	6.3%	2.53	0.78	3.14	—	10	0.90

表 3-25 H_w=538m 下 PSU 控制器的最优参数和目标指标

情况	Obj I	Obj II	t_f	M_p	控制参数					
					K_e	K_D	K_{PI}	K_{PD}	T_s	x_{switch}
					K_e	K_D	K_{PI}	K_{PD}	—	—
					K_P	K_I	K_D	—	—	—
ACP-FPID	73.03	2.107	0	1.8%	2.03	1.08	2.19	0.66	13.82	0.962
情况 1	73.11	2.108	1	5.7%	1.63	0.88	1.57	0.59	10	0.90
情况 2	73.60	2.106	1	6.1%	1.87	0.92	2.03	—	10	0.90

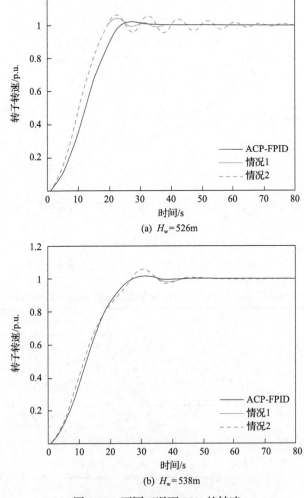

(a) H_w=526m

(b) H_w=538m

图 3-38 不同工况下 PSU 的转速

二的 Obj Ⅱ 比 ACP-FPID 小, 而 ACP-FPID 控制的 $t_f = 0$ 和 $M_p = 1.8\%$ 比情况二小得多。由此可知, 本节提出的 PID 控制器和优化调谐方法可以有效地改善抽水蓄能机组在低水头空载启动条件下的动态过程。

图 3-39 和图 3-40 主要描述了两种工况下流量和转矩的动态过程轨迹曲线。由图 3-39 和图 3-40 可知, ACP-FPID 的动态过程轨迹曲线收敛于 S 特性区域边缘的一点。对于另外两种情况, 动态过程轨迹曲线陷入不同程度的混沌。可以明显地看出, 随着操作深入 "S" 特性区域, 本节提出的方法有效地避免了该区域的混沌运行状态。因此, 本节提出的方法可以避免低水头区域转速波动, 为有效地提高抽水蓄能机组网络连接效率和抽水蓄能电站电网调频能力提供理论依据和技术支持。

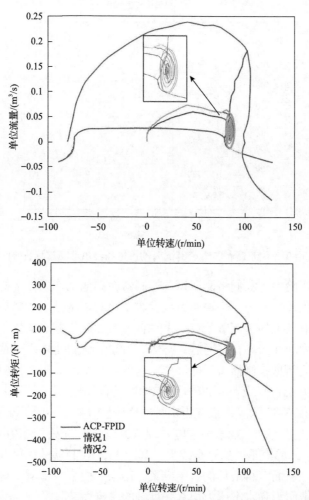

图 3-39　不同工况下 $H_w = 526\text{m}$ 时的流量和转矩动态过程轨迹曲线

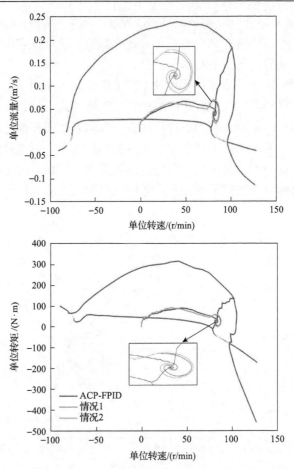

图 3-40　不同工况下 H_w=538m 时的流量和转矩动态过程轨迹曲线

在这部分实验中，我们将测试谐调控制器在其他工作条件下的有效性，即在机械干扰下的鲁棒性能力。为说明系统参数变化对求解结果的影响，改变了抽水蓄能机组发电电动机的自调节系数 e_g 和时间常数 T_a。空载启动优化的目的是保证机组与电网的顺利连接。在并网后，必然会引起负荷的变化，同时也会引起局部电网的波动，而新型控制器必须能够应对这些不利情况。因此，应在机组运行在典型的最小水头 526m 工况下分析所获取的解的鲁棒性。

图 3-41 和图 3-42 为案例最优折中解的鲁棒性分析。不同工况下的转速 M_p 均小于 2.3%，水击压力均在抽水蓄能电站调节保证要求的安全阈值范围内。可以看出，无论 T_a 和 e_g 的值是增加还是减少，基于 PID 控制器的优化调整方法都能够承受这些变化，从而获得最佳的折中方案。结果表明，本节所求得的解在空载工况下对机械冲击压力和水击压力均具有足够的鲁棒性。

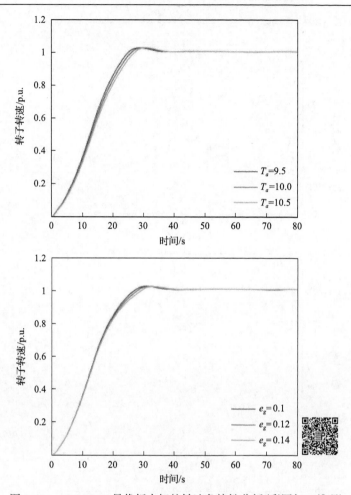

图 3-41 ACP-FPID 最优折中解的转速鲁棒性分析(彩图扫二维码)

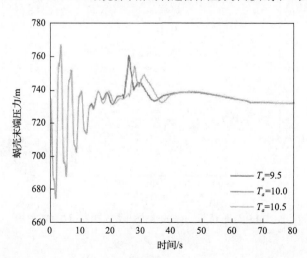

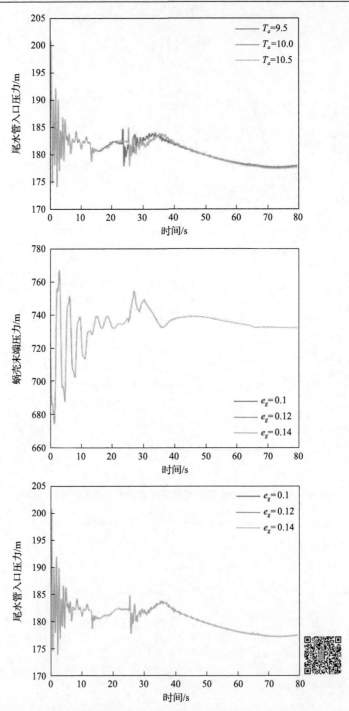

图 3-42　ACP-FPID 最优折中解的水击压力鲁棒性分析(彩图扫二维码)

经过上述仿真实验与结果分析可知,具有"S"特性区域规避函数的 ACP-FPID 控制器状态预测模块和多维控制参数优化方法对改善抽水蓄能机组的动态过程具有较好的优势。利用本节提出的方法,可以更深入地操作进入"S"特性区域,有效地避免该区域的混沌运行状态。然而,本节采用的是简单的发电电动机一阶惯性模型,在未来的工作中,将考虑如何通过寻找合适的精细化发电电动机模型来增强抽水蓄能机组的动态描述,以及分析机组并网的 ACP-FPID 最优控制方法的性能。

3.6　基于机理建模与数据驱动融合的广义预测控制

本节研究广义预测控制(generalized predictive control,GPC)在抽水蓄能机组调节系统中的应用,涉及抽水蓄能机组在发电方向的控制过程,提出了综合考虑电站复杂引水系统、水泵水轮机和发电电动机动态特性的抽水蓄能机组调节系统综合仿真模型,该仿真模型按照某抽水蓄能电站实际参数设计,能全面地反映抽水蓄能机组调节系统运行时各关键状态变量的变化过程,作为数值仿真中的被控对象时具有较高的仿真精度。为了在 GPC 中建立准确的 CARIMA 模型,利用抽水蓄能机组发电工况的多组实测数据,本节提出一种机理建模与数据驱动结合的时间序列模型混合建模方法,通过抽水蓄能机组调节系统的高阶传递函数和概率论 F 检验,对时间序列模型定阶并进行参数约简,为抽水蓄能机组调节系统 GPC 的实施提供了合适的预测模型。在此基础上,本节设计了 GPC 的频率调节和开度调节两种控制模式,使其能够适应机组运行过程中的不同工况。本节通过抽水蓄能机组发电方向开机过程和单机带负荷时负荷突变过程的仿真实验,验证了抽水蓄能机组调节系统 GPC 的有效性。

3.6.1　抽水蓄能机组调节系统时间序列模型

抽水蓄能机组调节系统具有水力-机械-电气复杂耦合特性,其机理模型具有高度非线性、参数时变和状态变量多等特点,难以对其进行先进控制理论的研究。近年来,随着数据驱动建模理论的高速发展,利用系统中容易观测和获取的输入、输出时间序列数据对复杂非线性系统的输入-输出特性进行拟合成为复杂非线性系统建模的一种重要选择[39]。本节提出一种机理建模与数据驱动结合的抽水蓄能机组调节系统时间序列模型混合建模方法,首先推导考虑复杂引水系统动态特性的抽水蓄能机组调节系统精细化传递函数模型,并将其离散化为受控自回归模型形式;并在此基础上,通过某抽水蓄能电站的机组实测数据,利用基于概率论 F 检验的方法进一步确定 CARIMA 模型的时滞和自回归、受控部分的合适阶次。

1. 抽水蓄能机组调节系统传递函数

抽水蓄能电站结构示意图如图 3-31 所示。电站由上水库、引水隧洞、上水库调压室、压力钢管、抽水蓄能机组、尾水管、下游调压室、尾水隧洞和下水库等元件组成。其中，抽水蓄能机组是一个由水泵水轮机和发电电动机组成的复杂水-机-电耦合系统，其传递函数的输入为调速器控制信号 u，输出为机组转速 n。

1) 引水系统动态建模

水泵水轮机的水头与流量受到引水系统中水锤效应的直接影响，因此在进行抽水蓄能机组精确建模时，需考虑引水系统中各元件的复杂动态特性。引水系统根据电站从上游到下游的水工建筑物布置情况，等效划分为引水隧洞、上调压室、压力钢管、尾水管、下调压室和尾水隧洞 6 部分。根据刚性水击理论和阻抗式调压室动态等效方法，分别对复杂引水系统中各等效管段进行动态建模。

(1) 引水隧洞模型。长引水隧洞连接上水库与上调压室，其流量-水头的微分方程数学模型如式(3-75)所示。

(2) 上调压室模型。上调压室位于机组上游，起到减小引水管水击负面响应的作用，水流流入上调压室的流量 $q'_{s1} = q'_2 - q'_t$，其水头-流量的微分方程数学模型如式(3-76)所示。

(3) 压力钢管模型。压力钢管连接着抽水蓄能电站的上调压室和水泵水轮机蜗壳进口，其流量-水头的微分方程数学模型如式(3-77)所示。

(4) 尾水管模型。尾水管是一根扩散状的导水管，它既是水轮机工况下蜗壳中水流的出口，也是水泵工况下水流的进口。其流量-水头的微分方程数学模型如式(3-78)所示。

(5) 下调压室模型。下调压室位于机组下游，起到减小电站尾水水击负面响应的作用，水流流入下调压室的流量 $q'_{s2} = q'_t - q'_3$，其水头-流量的微分方程数学模型如式(3-79)所示。

(6) 尾水隧洞模型。尾水隧洞连接下调压室与下水库，其流量-水头的微分方程数学模型如式(3-80)所示。

2) 抽水蓄能机组调节系统高阶传递函数模型

水泵水轮机在水轮机方向的工作水头偏差相对值 h_t 为蜗壳进口处水位偏差相对值 h_{t1} 与尾水管进口处水位偏差 h_{t2} 相对值之差 $h_t = h_{t1} - h_{t2}$。因此，联立式(3-75)～式(3-80)，经拉普拉斯变换后可推导出综合考虑复杂引水系统结构的抽水蓄能机组水泵水轮机水头-流量方程，如式(3-81)所示。

抽水蓄能机组工作在发电方向时，调节系统传递函数框图如图 3-32 所示。其中，水泵水轮机转矩偏差相对值 m_t 和流量偏差相对值 q_t 的表达式如式(3-82)

所示。

执行机构数学模型简化为考虑主接力器动态特性的一阶惯性环节，如式(3-83)所示。

以调速器控制信号 u 为输入，机组转速 x 为输出，发电方向的抽水蓄能机组调节系统传递函数模型可以表示为式(3-84)。

工程实际中，连续系统需经过等时间间隔采样转化为离散系统以满足计算机控制系统的需要。对式(3-84)中的抽水蓄能机组调节系统连续传递函数进行 z 变换，得到如式(3-85)所示的离散传递函数。

对离散传递函数式(3-85)进行简单变换，可以得到抽水蓄能机组调节系统 CARIMA 模型如式(3-86)所示，该模型由系统输入输出的历史数据时间序列组成。

2. 基于 F 检验方法的模型参数约简

k 时刻的抽水蓄能机组 CARIMA 模型输入向量 $[x(k-1)\ x(k-2)\cdots x(k-n_a)\ y(k-d)\ y(k-d-1)\cdots y(k-d-n_b)]$ 是 k 时刻以及 k 时刻之前若干时刻机组转速和导叶开度的状态量序列的组合。由式(3-86)可知 CARIMA 离散时间序列模型自回归部分以及受控部分阶次的上界为 $n_a=7$，$n_b=5$，此时系统时滞默认为 $d=0$，即系统输入向量为 $[x(k-1)\ x(k-2)\cdots x(k-7)\ y(k)\ y(k-1)\cdots y(k-5)]$，但仅根据调节系统离散传递函数无法确定系统的时滞，且较高阶次的时间序列模型中往往存在冗余参数。为了降低模型结构的复杂度，系统建模在确保模型精度的前提下往往希望使用尽量少的参数。本节在邓自立等[40-42]与李灿军[43]对 CARIMA 模型的研究的基础上提出一种基于概率论中 F 检验的模型参数约简方法，并将其运用于参数上界确定之后。该方法可分为三个步骤：①确定系统输入的时延；②删去模型中受控项的冗余参数；③删去模型中自回归部分的冗余参数。

假设存在 N 组抽水蓄能机组调节系统实测输入-输出数据。将实测数据表示成满足式(3-86)中 CARIMA 模型输入-输出形式，采用最小二乘法对 CARIMA 模型进行拟合，辨识出 CARIMA 模型的参数，并得到每组数据对应的模型输出 $\hat{n}(i)$，$i=1,2,\cdots,N$。因此，模型输出的残差平方和 S 可由式(3-94)计算：

$$S=\sum_{i=1}^{N}[x(i)-\hat{x}(i)]^2 \tag{3-94}$$

式中，$x(i)$ 为第 i 组实测数据的转速输出；$\hat{x}(i)$ 为第 i 组实测数据输入对应的拟合模型输出。

定义 3.3.1 节中系统离散传递函数得到的 CARIMA 模型为完整参数模型。假设 S_1 为完整参数模型残差平方和，S_2 为完整参数模型中部分参数删除后的经济参数模型残差平方和，定义统计量 F 为

$$F = \frac{S_2 - S_1}{S_1} \frac{N - n_1}{n_1 - n_2} \tag{3-95}$$

式中，N 为数据样本个数；n_1 为完整参数 CARIMA 模型中参数总数（即 $n_1 = n_a + n_b + 1$）；n_2 为经济参数模型中剩余的参数个数。统计量 F 渐进服从于 $F(n_1 - n_2, n - n_1)$ 分布。当置信水平 α 确定时，查 F 分布表可得到临界值 F_α。若 $F < F_\alpha$，则认为 F 检验通过，被删除的模型参数在统计意义上不显著异于零，对应的经济参数模型合理；否则，认为 F 检验不通过，至少存在一个参数不应该被约简，对应的经济参数模型不合理。

基于 F 检验方法的模型参数约简流程如下所示。

步骤 1：确定原始 CARIMA 模型 M_0 的输入时延。从 $y(k)$ 到 $y(k-n_b)$ 依次顺序删除受控项参数，每删除一个参数，便执行一次循环。在第 i 次循环中，计算不含参数 $y(k-i+1)$ 的经济参数模型和含该参数的经济参数模型的残差平方和，并将不含参数 $y(k-i+1)$ 的经济参数模型分别与含该参数的经济参数模型和完整参数模型 M_0 进行 F 检验。如果两次 F 检验结果都被接受，则参数 $y(k-i)$ 可以从 CARIMA 模型中删去，并记录此时删去参数 $y(k-i+1)$ 后的模型，作为下一次循环中含待约简参数的经济参数模型，继续下次循环。若任意 1 次 F 检验没有通过，则说明参数 $y(k-i+1)$ 应该在模型中保留下来，此时循环结束，且得到模型输入时延 $\tau = i - 1$。

步骤 2：将步骤 1 中得到考虑系统时延的经济参数模型记录为 M_1。

步骤 3：确定冗余的受控项参数。从 $y(k-n_b)$ 到 $y(k-\tau-1)$ 依次逆序删除 M_1 中的剩余受控项参数。每删除一个参数，便执行一次循环。在第 j 次循环中，计算不含参数 $y(k-n_b-j+1)$ 的经济参数模型和含该参数的经济参数模型的残差平方和，并对这两个模型进行 F 检验。如果 $F < F_\alpha$，参数 $y(k-n_b-j+1)$ 可以从 M_1 中删除。然后将 M_1 更新为参数约简后的模型，并继续下次循环直至满足终止条件。否则，参数 $y(k-n_b-j+1)$ 将在 M_1 中被保留下来，并继续下次循环直至满足终止条件。

步骤 4：将步骤 3 中得到的同时考虑系统时延和其余冗余受控项参数约简的经济参数模型记录为 M_2。

步骤 5：确定冗余的自回归项参数。从 $x(k-n_a)$ 到 $x(k-1)$ 依次逆序删除 M_2 中的剩余受控项参数。每删除一个参数，便执行一次循环。在第 p 次循环中，计算不含参数 $x(k-n_a-p+1)$ 的经济参数模型和含该参数的经济参数模型的残差平方和，并对这两个模型进行 F 检验。如果 $F < F_\alpha$，参数 $x(k-n_a-p+1)$ 可以从 M_1 中删除。然后将 M_1 更新为参数约简后的模型，并继续下次循环直至满足终止条件。否则，参数 $n(k-n_a-p+1)$ 将在 M_1 中被保留下来，并继续下次循环直至满足终止条件。

步骤 6：将步骤 5 中得到的同时考虑系统时延及冗余自回归和受控项参数约简的 CARIMA 经济参数模型记录为 M_3。因此，M_3 被认为是最终的抽水蓄能机组

CARIMA 经济参数模型。

在发电方向不同运行工况下本节选取某抽水蓄能电站机组 900 组实测数据作为训练样本，应用 CARIMA 模型参数约简方法，求取抽水蓄能机组调节系统 CARIMA 经济参数模型。模型实测训练数据样本的组成情况见表 3-26。F 检验的置信水平取 $\alpha = 0.05$。

表 3-26　抽水蓄能机组调节系统 CARIMA 模型实测训练数据样本的组成情况

运行工况	样本数量
发电方向开机至空载运行	150
同期并网至带额定负载运行	100
发电方向正常关机	50
甩 100%负荷至停机	150
甩 75%负荷至停机	150
甩 50%负荷至停机	150
甩 25%负荷至停机	150

参数约简后可以得出如下结论：抽水蓄能机组调节系统 CARIMA 模型的输入时延 $d=1$，且模型输入向量中自回归部分的参数 $x(k-5)$、$x(k-6)$、$x(k-7)$ 和受控部分的参数 $y(k)$、$y(k-5)$ 被认为是冗余参数，从 CAR 模型中移除。因此，最终的 CARIMA 模型的输入是一个 8 维向量 [$x(k-1)$ $x(k-2)$ $x(k-3)$ $x(k-4)$ $y(k-1)$ $y(k-2)$ $y(k-3)$ $y(k-4)$]，即 CAR 模型中 $d=1$，$n_a=4$，$n_b=3$。对应的抽水蓄能机组调节系统 CARIMA 模型的训练误差如图 3-43 所示。

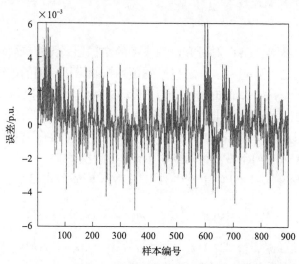

图 3-43　抽水蓄能机组调节系统 CARIMA 模型的训练误差

将抽水蓄能机组调节系统高阶传递函数建模与基于 F 检验的参数约简策略结合，本节得出一种机理建模与数据驱动结合的抽水蓄能机组时间序列混合建模方法。此建模方法用来建立适用于抽水蓄能机组调节系统广义预测控制的 CARIMA 型预测模型。

3.6.2　抽水蓄能机组调节系统广义预测控制

广义预测控制(generalized predictive control，GPC)的核心是以线性系统的 CARMA 或 CARIMA 模型作为系统的预测模型，因此该控制算法在线性系统中能获得良好的控制效果。然而，抽水蓄能机组调节系统结构复杂，工况变化频繁，运行过程中具有强非线性。因此，并不能简单地采用将非线性系统在平衡点附近线性化为线性系统的近似处理方法。在假定噪声项参数 $C(z^{-1})=1$ 的前提下，CARMA 模型和 CARIMA 模型分别采用白噪声与积分白噪声描述模型的不确定性扰动。抽水蓄能机组调节系统模型中的扰动在相邻两个采样周期间具有一定关联关系且相对较为平稳，利用积分白噪声对系统模型不确定性进行建模更加符合实际情况。因此，CARIMA 比 CARMA 更适合应用于抽水蓄能机组调节系统广义预测控制。在 3.6.1 节中，抽水蓄能机组调节系统输入-输出特性采用 CARIMA 模型表示，CARIMA 模型能较容易地转化为 CARIMA 模型的形式。为保证整个控制过程中 CARIMA 模型与研究对象的匹配性，需采用瞬时线性化的思想，在每个控制采样周期中根据机组实时状态对 CARIMA 模型参数进行在线辨识。

1. 广义预测控制原理

1) 预测模型

与传统控制不同，GPC 对研究对象模型的结构形式无特殊要求，更加强调模型的功能性和信息表达能力。不同流派的预测控制采用不同的建模方法。例如，在动态矩阵控制(dynamic matrix control，DMC)和模型算法控制(model algorithm control，MAC)中，分别采用工程上容易获取的阶跃响应模型和脉冲响应模型等非参数模型作为预测模型。而在 GPC 中，一般采用易于在线辨识并能描述不稳定系统的 CARMA 或 CARIMA 等参数模型作为预测模型。

(1)CARIMA 模型。GPC 中使用的 CARIMA 模型如式(3-96)所示：

$$A(z^{-1})y(k) = z^{-d}B(z^{-1})u(k) + C(z^{-1})\xi(k)/\Delta \tag{3-96}$$

式中，d 表示系统纯延时；$\Delta=1-z^{-1}$ 为差分算子；$u(k)$、$y(k)$、$\xi(k)$ 分别为系统在 k 时刻的输入、输出和白噪声，且有

$$\begin{cases} A(z^{-1}) = 1 + a_1 z^{-1} + a_2 z^{-2} + L + a_{n_a} z^{-n_a} \\ B(z^{-1}) = b_0 + b_1 z^{-1} + b_2 z^{-2} + L + b_{n_b} z^{-n_b} \\ C(z^{-1}) = 1 + c_1 z^{-1} + c_2 z^{-2} + L + c_{n_c} z^{-n_c} \end{cases} \tag{3-97}$$

当系统纯延时 $d=1$ 时，式 (3-97) 中受控项 $z^{-1}B(z^{-1})u(k)$ 直接转化为 $B(z^{-1}) \times u(k-1)$；当 $d>1$ 时，为保持公式表达形式的一致性，需令 $B(z^{-1})$ 中 $b_0 = b_1 = \cdots = b_{d-2}=0$。

消去式 (3-97) 中等式右侧分母中的差分算子，式 (3-97) 可简化为式 (3-98)，

$$\bar{A}(z^{-1})y(k) = B(z^{-1})\Delta u(k-1) + C(z^{-1})\xi(k) \tag{3-98}$$

式中，$\bar{A}(z^{-1})=A(z^{-1})\Delta=1+\bar{a}_1 z^{-1}+\cdots+\bar{a}_{n_{\bar{a}}} z^{-n_a}$，$n_{\bar{a}} = n_a +1$，$\bar{a}_{n_{\bar{a}}} = -a_{n_a}$，$\bar{a}_i = a_i - a_{i-1}$，$1 \leqslant i \leqslant n_a$。

(2) 多步最优输出预测。GPC 控制器设计时，需对系统的输出量进行多步预测。引入如下丢番图方程[44-46]：

$$\begin{cases} \boldsymbol{C}(z^{-1}) = A(z^{-1})\boldsymbol{E}_j(z^{-1}) + z^{-j}\boldsymbol{G}_j(z^{-1}) \\ \boldsymbol{F}_j(z^{-1}) = B(z^{-1})\boldsymbol{E}_j(z^{-1}) \end{cases} \tag{3-99}$$

式中，$j=1, 2, \cdots, N_p$，且矩阵 $\boldsymbol{E}$、$\boldsymbol{G}$ 和 $\boldsymbol{F}$ 满足

$$\begin{cases} \boldsymbol{E}_j(z^{-1}) = 1 + e_{j,1}z^{-1} + \cdots + e_{j,n_{ej}}z^{-n_{ej}} \\ \boldsymbol{G}_j(z^{-1}) = g_{j,0} + g_{j,1}z^{-1} + \cdots + g_{j,n_{gj}}z^{-n_{gj}} \\ \boldsymbol{F}_j(z^{-1}) = f_{j,0} + f_{j,1}z^{-1} + \cdots + f_{j,n_{fj}}z^{-n_{fj}} \end{cases} \tag{3-100}$$

式中，$n_{ej} = j-1$；$n_{gj} = n_a -1$；$n_{fj} = n_b + j-1$。

联立式 (3-98) 与式 (3-99)，推导出在 GPC 的预测时域 N_p 内系统输出量的 j 步预测

$$y(k+j) = E_j \xi(k+j) + \frac{B}{A}\Delta u(k+j-1) + \frac{G_j}{A}\xi(k) \tag{3-101}$$

将式 (3-101) 中的白噪声 $\xi(k)$ 表示为 $\xi(k) = \dfrac{\bar{A}}{C}y(k) - \dfrac{B}{C}\Delta u(k-1)$，结合式 (3-99) 中的丢番图方程，将系统输出变量的 j 步预测值表达式写为

$$y(k+j) = E_j \xi(k+j) + \frac{F_j}{C} \Delta u(k+j-1) + \frac{G_j}{C} y(k) \tag{3-102}$$

为简化问题，仅考虑白噪声形式的系统不确定性扰动，即令 $C(z^{-1})=1$，则预测模型表达式(3-102)简化为式(3-103)：

$$y(k+j) = E_j \xi(k+j) + F_j \Delta u(k+j-1) + G_j y(k) \tag{3-103}$$

将 GPC 预测时域 N_p 内的系统预测输出序列转换为矩阵形式，如式(3-104)所示：

$$Y = F_1 \Delta U + F_2 \Delta U(k-j) + GY(k) + E\xi \tag{3-104}$$

式中，各状态变量矩阵和参数矩阵可表示为

$$Y = \left[y(k+N_1), y(k+N_2), \cdots, y\left(k+N_p\right) \right]^{\mathrm{T}}$$

$$\Delta U = \left[\Delta u(k), \Delta u(k+1), \cdots, \Delta u\left(k+N_u-1\right) \right]$$

$$\Delta U(k-j) = \left[\Delta u(k-1), \Delta u(k-2), \cdots, \Delta u\left(k-n_b\right) \right]^{\mathrm{T}}$$

$$Y(k) = \left[y(k), y(k-1), \cdots, y\left(k-n_a\right) \right]^{\mathrm{T}}$$

$$\xi = \left[\xi(k+1), \xi(k+2), \cdots, \xi\left(k+N_p\right) \right]^{\mathrm{T}}$$

$$F_1 = \begin{bmatrix}
f_{N_1,N_1-1} & f_{N_1,N_1-2} & \cdots & f_{N_1,0} & 0 & \cdots & 0 \\
f_{N_1+1,N_1} & f_{N_1+1,N_1-1} & \cdots & f_{N_1+1,1} & f_{N_1+1,0} & \cdots & 0 \\
\vdots & \vdots & & \vdots & \vdots & & \vdots \\
f_{N_n,N_n-1} & f_{N_n,N_n-2} & \cdots & f_{N_n,N_n-N_1} & f_{N_n,N_n-N_1-1} & \cdots & f_{N_n,0} \\
f_{N_p,N_p-1} & f_{N_p,N_p-2} & \cdots & f_{N_p,N_p-N_1} & f_{N_p,N_p-N_1-1} & \cdots & f_{N_p,N_p-N_n}
\end{bmatrix}$$

$$F_2 = \begin{bmatrix}
f_{N_1,N_1} & f_{N_1,N_1+1} & \cdots & f_{N_1,n_b+N_1-1} \\
f_{N_1+1,N_1+1} & f_{N_1+1,N_1+2} & \cdots & f_{N_1+1,n_b+N_1} \\
\vdots & \vdots & & \vdots \\
f_{N_p,N_p} & f_{N_p,N_p+1} & \cdots & f_{N_p,n_b+N_p-1}
\end{bmatrix}, \quad
G = \begin{bmatrix}
g_{N_1,0} & g_{N_1,1} & \cdots & g_{N_1,n_a} \\
g_{N_1+1,0} & g_{N_1+1,1} & \cdots & g_{N_1+1,n_a} \\
\vdots & \vdots & & \vdots \\
g_{N_p,0} & g_{N_p,1} & \cdots & g_{N_p,n_a}
\end{bmatrix}$$

$$E = \begin{bmatrix}
1 & 0 & \cdots & 0 \\
e_{2,1} & 1 & \cdots & 0 \\
\vdots & \vdots & & \vdots \\
e_{N,N-1} & e_{N,N-2} & \cdots & 1
\end{bmatrix}$$

(3) 多步丢番图方程求解。计算预测输出矩阵 Y 时,需在线求解多步丢番图方程,一般通过递推迭代的方式求解。由式(3-102)可推出:

$$C(z^{-1}) = A(z^{-1})E_{j+1}(z^{-1}) + z^{-j+1}G_{j+1}(z^{-1}) \tag{3-105}$$

联立式(3-100)和式(3-105),有

$$A\left(E_{j+1} - E_j\right) = z^{-j}\left(G_j - z^{-1}G_{j+1}\right) \tag{3-106}$$

从式(3-106)容易看出,等式右边到 $j-1$ 次为止的低幂项系数都等于 0。故 E_{j+1} 与 E_j 的前 $j-1$ 项系数相等,即 $e_{j+1,i}=e_{j,i}$,$i=0,1,\cdots,j-1$,由此可以得到递推公式(3-107)如下:

$$\begin{cases} E_{j+1} = E_j + e_{j+1,j}z^{-j} \\ z^{-1}G_{j+1} = G_j - e_{j+1,j}A \end{cases} \tag{3-107}$$

将式(3-107)展开并令等式的两边幂次相同的项系数相等,得到多步丢番图方程递推公式:

$$\begin{cases} e_{1,0} = 1 \\ e_{j,i} = e_{j-1,i}, \quad i=0,1,\cdots,j-2 \\ e_{j,j-1} = g_{j-1,0} \\ g_{j,i-1} = g_{j-1,i} - g_{j-1,0}a_i, \quad i=0,1,\cdots,n_a-2 \\ g_{j,n_a-1} = -g_{j-1,0}a_{n_a} \\ f_{j,i} = \sum_{k=0}^{i} b_{j-k}e_{j,k}, \quad i=0,1,\cdots,n_{fj}, \quad j=1,2,\cdots,N \end{cases} \tag{3-108}$$

由递推计算式(3-108)求出参数矩阵 F_1、F_2、G 和 E 中的各个元素,进而将其代入式(3-104)中,求得预测输出矩阵 Y。

2) 滚动优化

综合考虑系统的输出轨迹跟踪与控制增量幅度限制,GPC 的性能指标函数可表示为如式(3-109)所示的矩阵形式:

$$J = E\left[(Y - Y_r)^{\mathrm{T}}(Y - Y_r) + \Delta U^{\mathrm{T}}\Gamma\Delta U\right] \tag{3-109}$$

式中,控制增量加权矩阵 $\Gamma=\mathrm{diag}\left(\gamma_1,\gamma_2,\cdots,\gamma_{N_u}\right)$,且向量 Y、Y_r 和 ΔU 分别为

$Y = \left[y(k+N_1), y(k+N_1+1), \cdots, y(k+N_p) \right]^{\mathrm{T}}$，$Y_r = \left[y_r(k+N_1), y_r(k+N_1+1), \cdots, y_r \right.$
$\left. (k+N_p) \right]^{\mathrm{T}}$，$\Delta U = [\Delta u(k), \Delta u(k+1), \cdots, \Delta u(k+N_u-1)]^{\mathrm{T}}$。

　　将系统输出 Y 的表达式(3-104)代入 GPC 的代价函数表达式(3-109)中，得

$$J = \min\left[(F_1\Delta U + Y_h + E\xi - Y_r)^{\mathrm{T}} (F_1\Delta U + Y_h + E\xi - Y_r) + \Delta U^{\mathrm{T}} \Gamma \Delta U \right] \qquad (3\text{-}110)$$

式中，$Y_h = F_2\Delta U(k-j) + GY(k)$ 为系统过去输入输出信息。

　　将 J 对 ΔU 求偏导，根据最速梯度下降原理，应满足 $\partial J / \partial \Delta U = 0$，可解得最优预测控制增量序列 ΔU^* 为

$$\Delta U^*(k) = \left(F_1^{\mathrm{T}} F_1 + \Gamma \right) F_1^{\mathrm{T}} \left[Y_r - F_2\Delta U(k-j) - GY(k) \right] \qquad (3\text{-}111)$$

　　为了有效地克服 GPC 控制过程中模型失配对控制品质造成的不利影响，在采样时刻 k，仅使用式(3-31)中预测控制律增量序列的即时项 $\Delta u(k|k)$，而不将本时刻通过在线优化得到的 $\Delta U^*(k)$ 中全部预测控制增量逐一实施。在下一个采样时刻，GPC 重新根据系统实时状态重新进行多步最优输出预测和求解最优预测控制律增量序列，从而形成滚动优化的计算模式。

　　GPC 算法在采样时刻 k 的最优即时控制律表达式为

$$u^*(k|k) = u(k-1) + \Delta u(k|k) = u(k-1) + [1 \underbrace{0 \cdots 0}_{(N_u-1)\uparrow}] \Delta U^*(k) \qquad (3\text{-}112)$$

3) 反馈校正

　　工程实际中，系统往往存在着非线性、时变、随机干扰等不确定因素，为保证 GPC 在每个采样周期中进行滚动优化时的基点与实际情况尽可能一致，需要在控制器中设置反馈校正机制。反馈校正的引入使预测控制在线优化不仅基于预测模型，还利用了系统的输入、输出反馈信号，从而构成一个闭环控制结构，提升了系统稳定性。反馈校正的方法多种多样，较为常见的分为以下两种：①预测模型保持不变，控制器对系统未来时刻的输出误差进行预测并在输出预测时加以补偿；②在每个控制器采样时刻，采用在线辨识的方法直接修改预测模型，防止模型失配。由于抽水蓄能机组调节系统具有强非线性，在使用 CARIMA 模型描述其输入-输出动态特性时，需考虑因调节系统运行工况频繁切换造成的参数时变问题，因此，GPC 算法的反馈校正采用带遗忘因子的递推最小二乘法对预测模型进行在线辨识。

　　最小二乘法(least square, LS)是在系统参数估计中得到广泛应用的数学工具，具有易于理解、收敛迅速、程序简明等优点。按照算法的求解原理可将 LS

划分为多种形式，包括：批处理最小二乘法（batch least square，BLS）、递推最小二乘法（recursive least square，RLS）、正交最小二乘法（orthogonal least square，OLS）、带遗忘因子的递推最小二乘法（forgetting factor recursive least square，FFRLS）等。

在本节中，令 $C(z^{-1})=1$，即只考虑系统在白噪声环境中的情况。对如式(3-113)所示的抽水蓄能机组调节系统瞬时线性化受控自回归滑动积分平均（CARIMA）模型：

$$\overline{A}(z^{-1})y(k) = B(z^{-1})\Delta u(k-1) + \xi(k) \qquad (3-113)$$

式中，$\xi(k)$ 为白噪声，且

$$\begin{cases} \overline{A}(z^{-1}) = 1 + \overline{a}_1 z^{-1} + \cdots + \overline{a}_{n_{\overline{a}}} z^{-n_{\overline{a}}} \\ B(z^{-1}) = b_0 + b_1 z^{-1} + b_2 z^{-2} + + b_{n_b} z^{-n_b} \end{cases} \qquad (3-114)$$

式中，n_a、n_b 分别为模型自回归部分和受控部分的阶次。而参数估计的目标为在线辨识出 $\overline{a}_1, \overline{a}_2, \cdots, \overline{a}_{n_{\overline{a}}}$ 和 $b_0, b_1, \cdots, b_{n_b}$ 这 $n_{\overline{a}} + n_b + 1$ 个参数。由此将 CARIMA 模型改写成式(3-115)中的形式：

$$y(k) = \varphi(k)^{\mathrm{T}} \theta + \xi(k) \qquad (3-115)$$

式中，$\varphi(k)$ 为标准形式下的数据向量；θ 为待辨识参数向量，且满足

$$\begin{cases} \varphi(k) = \left[-y(k-1), \cdots, -y(k-n_{\overline{a}}), \Delta u(k-1), \cdots, \Delta u(k-1-n_b) \right]^{\mathrm{T}} \\ \theta = \left[\overline{a}_1, \cdots, \overline{a}_{n_0}, b_0, \cdots, b_{n_b} \right] \end{cases} \qquad (3-116)$$

使用 CARIMA 模型描述抽水蓄能机组调节系统动态过程时，模型具有参数时变特点，故在仿真过程中需要对模型不断地进行在线参数辨识与修正，因此适合选用 RLS 方法。对于参数时变的情况，递推最小二乘法将出现"数据饱和"现象，即随着样本数目的增大，矩阵 P 和 K 不断变小，对参数估计值 $\hat{\theta}$ 的修正效果越来越差，使得新采集的输入输出样本对参数 $\hat{\theta}$ 更新作用减弱。为克服递推最小二乘算法无法跟踪参数时变系统中参数变化的问题，考虑采用 FFRLS 方法[39]，其性能指标如式(3-117)所示：

$$J = \sum_{k=1}^{L} \beta^{L-k} \left[y(k) - \varphi(k)^{\mathrm{T}} \hat{\theta}(k) \right]^2 \qquad (3-117)$$

式中，$\beta \in (0,1]$ 为遗忘因子，算法中历史输入输出数据对参数估计的影响呈现随

时间指数衰减的形式。

FFRLS 中参数估计公式为

$$
\begin{cases}
\hat{\theta}(k) = \hat{\theta}(k-1) + K(k)\left[y(k) - \varphi^{\mathrm{T}}(k)\hat{\theta}(k-1) \right] \\
K(k) = \dfrac{P(k-1)\varphi(k)}{\beta + \varphi^{\mathrm{T}}(k)P(k-1)\varphi(k)} \\
P(k) = \left[I - K(k)\varphi^{\mathrm{T}}(k) \right] P(k-1) / \beta
\end{cases}
\tag{3-118}
$$

式中，遗忘因子 $\beta \in [0.9,1]$ 并且取值应尽量接近于 1，若系统为线性，应取 $\beta \in [0.95,1]$。

在进行式(3-118)中的递推公式计算时，式(3-118)中的初值 P_0 和 $\hat{\theta}_0$ 应根据是否提前取到离线数据分为两种情况处理。

(1)若提前取得 N 组离线数据，则对已取得的数据使用批处理最小二乘法计算参数初值，如式(3-119)所示：

$$
\begin{cases}
P_0 = \left(\boldsymbol{\Phi}_N^{\mathrm{T}} \boldsymbol{\Phi}_N \right)^{-1} \\
\hat{\theta}_0 = \left(\boldsymbol{\Phi}_N^{\mathrm{T}} \boldsymbol{\Phi}_N \right)^{-1} \boldsymbol{\Phi}_N^{\mathrm{T}} \boldsymbol{Y}_N
\end{cases}
\tag{3-119}
$$

式中，$\boldsymbol{\Phi}_N = \left[\varphi^{\mathrm{T}}(1)\varphi^{\mathrm{T}}(2)\cdots\varphi^{\mathrm{T}}(N) \right]^{\mathrm{T}}$；$\boldsymbol{Y} = \left[y(1)\ y(2)\ \cdots\ y(N) \right]^{\mathrm{T}}$。

(2)若无任何离线数据，则可令 $P_0 = \alpha I$，$\hat{\theta}_0 = \varepsilon$。其中 α 为充分大的正数，$\alpha = 10^6$；ε 为零向量或充分小的正实向量。

已知模型的参数 n_a、n_b 以及时滞 d 时，利用带遗忘因子的递推最小二乘法进行参数估计的具体步骤如下所示。

步骤 1：令计数器 $k=1$，根据已有的离线数据由式(3-119)求出参数 P 和 $\hat{\theta}$ 的初值 P_0 和 $\hat{\theta}_0$，并设置遗忘因子 β。

步骤 2：在 k 时刻对系统实时输入 $u(k)$ 和输出 $y(k)$ 进行采样，并由式(3-118)计算出参数 $K(k)$、$P(k)$ 和 $\hat{\theta}(k)$。

步骤 3：若 $k < k_{\max}$，令 $k=k+1$，并跳转至步骤 2；否则，跳转至步骤 4。

步骤 4：结束参数估计流程，并记录最新的参数 $K(k_{\max})$、$P(k_{\max})$ 和 $\hat{\theta}(k_{\max})$。

2. 广义预测控制模式

发电工况下调速器的主要工作模式包括频率调节、开度调节与功率调节模式。随着工业控制技术的发展，现代抽水蓄能电站还出现了水位调节等新型模式，用于提高机组运行效率与经济性。其中，频率调节和开度调节两种模式的应用范围最为广泛。

1) 频率调节模式

调速器的频率调节模式主要应用于机组的开机过程、空载工况等情况。调速控制器根据机组的频率反馈输出控制信号，通过液压执行机构控制水泵水轮机导叶的开闭改变机组出力，达到调整机组转速稳定在同步转速的目的，如图3-44 所示。

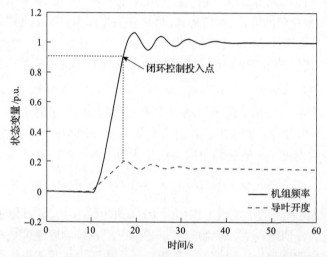

图 3-44　抽水蓄能机组发电方向开机过程分段式控制示意图

出于安全生产与调节保证计算方面的考虑，为保证机组转速平稳上升以及电站水工建筑物不受水压应力破坏，抽水蓄能机组在开机过程中导叶开度需要根据一定的开机时间要求从零上升到空载开度。整个控制过程分为开环控制和闭环控制两个阶段。开环控制阶段为机频从零上升到闭环控制器投入频率 f_{switch} 的过程，其中，f_{switch} 是一个人为设定的频率，取值一般为 $f_{switch} \in [0.8, 1)$，开环控制过程中，调速器通过执行机构控制导叶开度匀速地从 0 开启至空载限制开度后保持恒定。当机频达到 f_{switch} 后，机组调速器转入闭环控制阶段，通过闭环频率反馈调节使机组导叶开度逐渐达到空载开度。

为实现抽水蓄能机组调节系统广义预测控制的频率调节，在 GPC 算法基础上，需针对抽水蓄能机组调节系统的特点，对控制算法中的一些关键环节与参数进行设置与赋值。

(1) CARIMA 模型的输入、输出向量。根据 GPC 流程，由于频率调节中系统的反馈信号为机组转速 n(标幺制下机频与机组转速相等)，系统输入为 GPC 控制量控制 u，因此需将 GPC 中 CARIMA 模型中 k 时刻的输入向量定为 $\varphi(k) =$

$[-n(k-1),\cdots,-n(k-n_a),u(k-1),\cdots,u(k-1-n_b)]^{\mathrm{T}}$，其中 n_a 和 n_b 根据 3.3 节中抽水蓄能机组调节系统模型定阶确定的维数来取值。对应地，k 时刻模型的输出为当前机组转速 $n(k)$。

(2)CARIMA 模型参数的初值。此外，为保证广义预测控制器在投入后的开始若干采样周期内也能获得合理的控制律，需要确定 GPC 控制器中 CARIMA 模型的参数 θ 的初值 θ_0，其获取方法为在开机开环导叶开启速度一致条件下，取机组开机曲线进入闭环调节后至空载状态的若干组输入-输出训练数据，并将其表示为 CARIMA 模型要求的输入-输出形式。将这些数据作为 GPC 控制器的训练样本，利用式(3-39)进行迭代学习，得到参数初值 θ_0。

(3)参考轨迹。抽水蓄能机组调节系统频率调节中，GPC 滚动优化的代价函数中，未来的参考轨迹输出应表示为 $Y_r=[n_r(k+N_1),n_r(k+N_1+1),\cdots,n_r(k+N_p)]^{\mathrm{T}}$，$n_r$ 为机组转速的参考输出。预测控制中通常在系统输出给定的基础上通过引入柔化因子 α，对未来参考轨迹输出进行曲线柔化处理，使得整个控制过程更加平滑，控制信号突变幅度更小。轨迹输出的柔化公式为

$$n_r(k+i)=\alpha n_r(k+i-1)+(1-\alpha)n_{\mathrm{ref}} \tag{3-120}$$

式中，n_{ref} 为机组转速的给定值。柔化因子 α 的取值为$[0,1)$，其取值决定输出轨迹的平滑程度，α 取值越大，控制过程越平滑，但系统响应速度更缓慢；α 取值越小，系统响应速度越快，但控制过程更抖振。由于抽水蓄能机组调节系统动态过程相对较快，其调速控制器的采样速率相对较高，因此在抽水蓄能机组频率调节模式下，对控制器的输出跟踪能力要求更高，应选取较小的柔化因子 α 值，此处 $\alpha=0.2$。

(4)在线模型辨识。GPC 依靠在线模型辨识型的反馈校正获取闭环调节能力。在 GPC 调速控制器切换至频率调节模式时，需在控制器每个采样周期(设当前为 k 时刻)，根据当前系统输出 $n(k)$ 和前一时刻 GPC 控制器优化的控制输入 $u(k-1)$，结合系统历史输入输出数据，组成一条新的实时训练样本，并使用式(3-38)在线更新抽水蓄能机组调节系统 CARIMA 模型的参数，保证每个采样时刻的瞬时线性化 CARIMA 模型能够匹配系统当前动态特性。

2)开度调节模式

调速器的开度调节模式主要应用于机组并网、带负荷运行等情况。调速控制器以机组转速和导叶开度为反馈信号，通过液压执行机构控制水泵水轮机导叶开度变化至给定开度，达到同时调整机组转速和功率稳定在给定值的目的。工程实际中，抽水蓄能机组调速器的开度调节多使用 PI 调节方式。典型 PI 控制器开度

调节模式的原理图如图 3-45 所示。

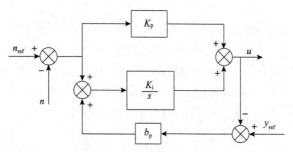

图 3-45　典型 PI 控制器开度调节模式的原理图

GPC 的开度调节与其频率调节的设计原理相似，也是基于瞬时线性化的 CARIMA 对机组动态响应进行多步预测，但由于开度调节的控制目标与频率调节相比发生了变化，因此其 CARIMA 模型输出、GPC 控制器滚动优化的代价函数都相应地发生了变化。

受 PI 型控制器开度调节设计方案的启发，对 GPC 的频率调节模式的输入、输出以及代价函数进行改造，引入两个调节加权系数 g_n 和 g_y，两个系数之间满足等式约束 $g_n + g_y = 1$，将调节系统的反馈量改写成一个复合变量 $y_{gv} = g_n n + g_y y$。在 GPC 的开度调节模式中，由 y_{gv} 和 u 的时间序列共同组成的向量构成了 CARIMA 模型的输入向量，如式 (3-121) 所示：

$$\boldsymbol{\varphi}(k) = [-y_{gv}(k-1),\cdots,-y_{gv}(k-n_a),u(k-1),\cdots,u(k-1-n_b)]^{\mathrm{T}} \quad (3\text{-}121)$$

在 k 时刻，预测时域内的预测复合反馈量轨迹表示为

$$y_{gv}(k+i\,|\,k) = g_n n(k+i\,|\,k) + g_y y(k+i\,|\,k), \qquad i = 1,2,\cdots,N_p \quad (3\text{-}122)$$

未来的复合反馈量的给定值和参考轨迹分别如式 (3-123) 与式 (3-124) 所示

$$y_{gv\mathrm{ref}}(k+i\,|\,k) = g_n n_{\mathrm{ref}}(k+i\,|\,k) + g_y y_{\mathrm{ref}}(k+i\,|\,k), \qquad i = 1,2,\cdots,N_p \quad (3\text{-}123)$$

$$y_{gvr}(k+i\,|\,k) = g_n n_r(k+i\,|\,k) + g_y y_r(k+i\,|\,k), \qquad i = 1,2,\cdots,N_p \quad (3\text{-}124)$$

因此，对应的开度调节模式的 GPC 代价函数如式 (3-111) 所示：

$$J = E\left[\left(\boldsymbol{Y}_{gv} - \boldsymbol{Y}_{gvr} \right)^{\mathrm{T}} \left(\boldsymbol{Y}_{gv} - \boldsymbol{Y}_{gvr} \right) + \Delta \boldsymbol{U}^{\mathrm{T}} \boldsymbol{\Gamma} \Delta \boldsymbol{U} \right] \quad (3\text{-}125)$$

式中，$\boldsymbol{Y}_{gv} = \left[y_{gv}\left(k+N_1\right),\cdots,y_{gv}\left(k+N_p\right) \right]^{\mathrm{T}}$；$\boldsymbol{Y}_{gvr} = \left[y_{gvr}\left(k+N_1\right),\cdots,y_{gvr}\left(k+N_p\right) \right]^{\mathrm{T}}$。对式 (3-45) 进行滚动优化，计算求得的系统实时控制律即为抽水蓄能机组调节系统广义预测控制开度调节模式的控制输入。

3.6.3　实例研究

选取某抽水蓄能电站引水系统和单机容量 300MW 机组的实际参数，构建能全面反映机组水力、机械等状态特征的抽水蓄能机组调节系统综合仿真模型。分别使用 GPC 频率调节模式和开度调节模式，对发电工况下抽水蓄能机组开机过程和负荷变动过程进行控制过程仿真，从而验证抽水蓄能机组调节系统广义预测控制的有效性。进一步，通过与传统 PID 控制方式进行对比实验，说明该方法控制性能的优越性。

1. 抽水蓄能电站实际参数

1) 抽水蓄能机组参数

某抽水蓄能电站的机组主要参数及调节保证限制如表 3-27 所示。

表 3-27　某抽水蓄能电站的机组主要参数及调节保证限制

参数名称	指标
额定转速	500r/min
额定频率	50Hz
极对数	6 对
水轮机工况额定水头	540m
水轮机工况最大水头	565m
水轮机工况最小水头	526m
水轮机工况额定流量	62.09m^3/s
水轮机工况额定功率	306.1MW
100%导叶开度	20.47°
转轮直径	3850.1mm
转动惯量(GD2)	3800t·m^2
额定机械力矩	5.8446×10^3 kN·m
导叶全开用时	27s
导叶全关用时	45s
发电机惯性时间常数	8.503s
机组自调节系数	0

2) 引水管道参数

由于本章讨论抽水蓄能电站单管-单机结构的运行情况，即若存在一管多机的水力布置，则假设其他岔管的阀门完全关闭，不计其水力影响。根据抽水蓄能电站的引水系统管道的实际参数，采用等价的原则将单管单机引水系统中的多段串联管合并为 4 条等价的单管处理。4 条管分别可视为①等效引水隧洞：从上水库出水口至上调压室前。②等效压力钢管：从下调压室后至水泵水轮机蜗壳进口。③等效尾水管：从尾水管进口到下调压室前。④等效尾水隧洞：从下调压室后至下水库。抽水蓄能电站引水系统等效管道参数如表 3-28 所示。

表 3-28　抽水蓄能电站引水系统等效管道参数

管道编号	长度/m	当量直径/m	当量面积/m²	分段数	调整后波速/(m/s)	损失系数
1	444.23	6.20	30.16	20	1110.58	0.015
2	983.55	4.36	14.99	41	1199.45	0.026
3	170.40	4.30	14.55	8	1065.00	0.010
4	1065.20	6.58	33.97	53	1004.91	0.015

3）调压室参数

上下游调压室均选用阻抗式调压室。调压室的横截面积在不同高程时会发生变化。阻抗式上下游调压室参数表如表 3-29 所示。

表 3-29　阻抗式上下游调压室参数表

名称	高程/m	面积/m²	阻抗孔面积/m²	流入损失系数	流出损失系数
上游调压室	678.49～687.50	12.57	12.57	0.001475	0.00108
	688.50～757.00	63.62			
下游调压室	91.10～130.00	15.90	15.90	0.0009217	0.0006767
	130.00～189.00	95.03			
	189.00～195.50	519.98			

2. 水轮机方向开机工况控制

抽水蓄能机组调节系统发电方向开机过程仿真采用与实际电站开机策略相符的"开环+闭环"分段式控制方式，开度从 0 匀速上升至空载开限的时间为 8s，控制器切换频率为 45Hz。在切换点后，分别使用本章所提出的 GPC 和传统 PID 控制方法进行机组频率调节，使机组尽快地达到空载稳定运行状态。发电方向开机过程仿真实验参数如表 3-30 所示。

表 3-30　发电方向开机过程仿真实验环境参数

参数名称	指标
上水库水位	735.45m
下水库水位	189.00m
开环相对开度限制	0.23p.u.
开环开度上升时间	8.00s

续表

参数名称	指标
闭环控制投入频率	45Hz
主接力器时间常数	0.20s
主接力器限速上限	8.296×10^{-3}p.u./s
主接力器限速下限	-4.978×10^{-3}p.u./s
相对导叶开度上限	1.12p.u.
相对导叶开度上下限	0p.u.

GPC 控制器频率调节模式的控制参数取值如下所示。

最小预测长度 $N_1=1$，控制时域长度 $N_u=10$，预测时域长度 $N_p=30$，控制增量加权系数 $r_w=40$，柔化因子 $\alpha=0.2$，RLS 在线遗忘因子 $\beta=0.99$，瞬时线性化 CARIMA 模型参数 $n_a=4$，$n_b=3$，$d=1$。

从发电方向开机时调速器闭环控制投入工况点开始，对系统施加幅值处于[–0.1, 0.1]间的工频正弦输入信号，经过 4000 次迭代仿真。根据采集到的系统输入-输出样本集，利用 RLS 训练得到控制器反馈校正中在线参数辨识的初始模型参数为

$$\varphi_0 = [-0.509 -0.246 -0.179 -0.026 \ 0.011 \ 0.008 \ 7.93 \times 10^{-4} \ 1.65 \times 10^{-4}]。$$

闭环控制使用 GPC 频率调节模式时，仿真系统整个开机过程的机组转速、流量和机械转矩在水泵水轮机全特性曲线中的运行轨迹线如图 3-46 所示。从图 3-46 中可以看出，机组从停机静止状态逐步开启至空载稳定状态时，单位转速-单位流量和单位转速-单位转矩曲线对应地从原点逐渐运行至水轮机空载运行区，该区域毗邻水泵水轮机"S"区域，极易受机组的"S"特性影响，产生不稳定现象。

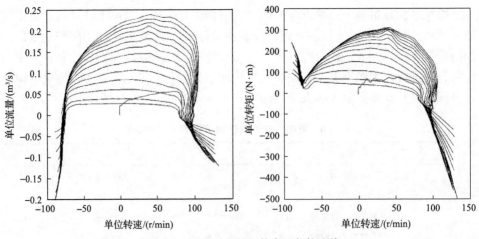

图 3-46　开机过程机组状态运行轨迹线

在 PID 对照实验中，使用 Z-N 法整定出 PID 频率调节模式的控制器参数为 K_P=0.65，K_I=0.60，K_D=0.18。

在 GPC 频率调节和 PID 频率调节下，发电方向开机过程的抽水蓄能机组调节系统机组频率、导叶开度、机械转矩、过机流量、工作水头和尾水管压力状态波形如图 3-47 所示。从图 3-47 中可以直观地看出，在相同的仿真环境下，系统采用 GPC 方法进行频率调节时，各典型状态变量的超调量、调节时间、振荡次数、衰减速率等指标均优于使用传统 PID 控制器的情况，说明 GPC 频率调节方法的有效性及其控制性能的优越性。此外，从控制器参数调节的角度上来说，传统的 PID 控制器性能对参数 K_P、K_I、K_D 的取值相当敏感，在系统工况大范围变化时，往往需针对不同工况选取不同的 PID 参数组合，提升系统的控制性能。因此，虽然 GPC 中参数 N_1、N_u、r_w、α 的取值与系统动态过程相关，但这些参数中，N_1 取决于系统时延、N_u 决定控制量变化倾向、N_p 决定系统闭环稳定和优化时间、r_w 用于限制控制能量、α 改变期望的响应速度，以上参数均对工况变化的敏感性不高。GPC 的本质是通过在线优化计算出最优控制律，因此，采用 GPC 进行机组频率调节，其控制参数具有更强的工况泛用性。

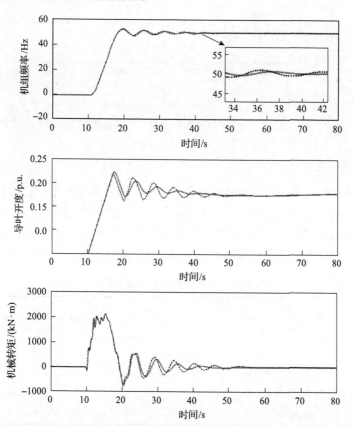

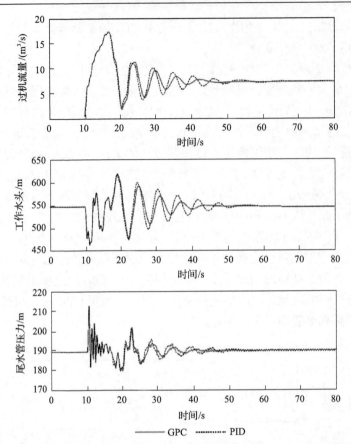

图 3-47　发电方向开机过程的抽水蓄能机组调节系统状态变量的动态波形

3. 负荷突变工况控制

抽水蓄能机组单机带 300MW 负荷运行时，调节系统工作于开度调节模式下。研究使用综合仿真模型，仿真系统内负荷突降为 150MW 的情况下，机组调节系统分别采用 GPC 和 PID 两种控制方法进行开度调节时，机组各典型状态变量的动态过程。负荷突变仿真关键参数设置如表 3-31 所示。

表 3-31　负荷突变仿真关键参数设置

参数名称	指标
上水库水位	735.45m
下水库水位	189.00m
主接力器时间常数	0.20s
主接力器限速上限	8.296×10^{-3}p.u./s
主接力器限速下限	-4.978×10^{-3}p.u./s

续表

参数名称	指标
相对导叶开度上限	1.12p.u.
相对导叶开度上下限	0.00p.u.
初始机组功率	300MW
初始开度给定	0.85p.u.
突变后负荷功率	150MW
突变后开度给定	0.40p.u.

GPC 控制器开度调节模式的控制参数取值如下所示。

最小预测长度 N_1=1，控制时域长度 N_u=10，预测时域长度 N_p=30，控制增量加权系数 r_w=40，柔化因子 α=0.2，RLS 在线遗忘因子 β=0.99，频率加权系数 g_n=0.1，开度加权系数 g_y=0.9；瞬时线性化 CARIMA 模型参数 n_a=4，n_b=3，d=1。初始瞬时线性化模型参数：$\varphi_0 = [-0.913 - 0.177 - 0.020 - 0.012\ 0.112\ 0.013\ 0.001\ 9.12\times10^{-4}]$。

单机带负荷运行使用 GPC 开度调节模式时，仿真系统负荷突变过程的机组转速、流量和机械转矩在水泵水轮机全特性曲线中的运行轨迹线如图 3-48 所示。从图 3-48 中可以看出，在系统负荷突变的仿真过程中，机组从初始稳定工况经过一段转速上升的暂态过程，最终到达流量较小的另一个稳态。

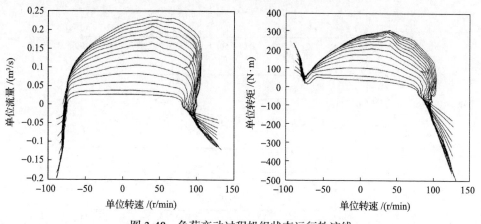

图 3-48　负荷变动过程机组状态运行轨迹线

在 PID 对照实验中，根据 Z-N 法整定出 PI 开度调节模式的控制器参数为 K_P=0.32，K_I=0.12，b_p=0.05。

图 3-49 中依次展示了 GPC 开度调节和 PI 开度调节下，单机带负荷运行的抽水蓄能机组在负荷突变情况下的机组频率、导叶开度、机械转矩、过机流量、工作水头和尾水管进口压力状态波形。从图 3-49 中可以看出，在相同的仿真环境下，

系统采用 GPC 方法进行开度调节时，机组频率较使用传统 PI 开度调节时更快地回到额定频率，对应的导叶调节过程、机组流量和水头振荡时间也更短，说明 GPC 开度调节能够有效地应用于抽水蓄能机组带负荷运行状态，且在控制性能上具有一定的优越性。将两种控制器开度调节模式的参数设置与各自频率调节模式的参数设置进行对比，可以看出，仿真中 PID 控制器的控制参数随工况发生明显变化，GPC 控制器的控制参数却能够维持不变，仅仅较其频率调节模式引入了两个代价函数的加权系数。这充分地说明抽水蓄能机组调节系统 GPC 控制方法对工况变化的影响不敏感，控制器具有较强的参数泛用性。

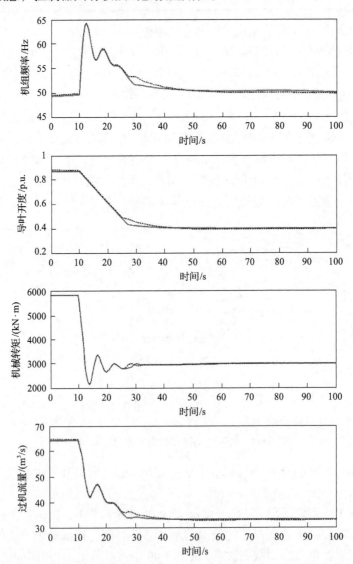

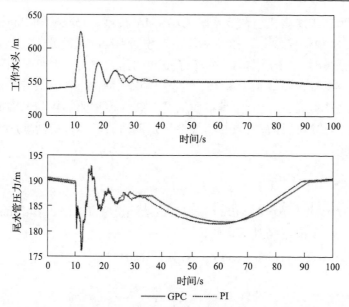

图 3-49　发电方向负荷突变的抽水蓄能机组调节系统状态变量的动态波形

3.7　基于 T-S 模糊模型辨识的广义预测控制

本节根据某抽水蓄能电站的具体设计参数，基于抽水蓄能机组调节系统数值仿真模型，搭建抽水蓄能机组调节系统精细化模型。基于抽水蓄能机组的实测数据，引入 T-S (Takagi-Sugeno) 模糊模型辨识方法建立广义预测控制的受控自回归滑动平均 (controlled auto-regressive moving average，CARMA) 预测模型，采用离线辨识和在线自适应参数更新策略确保预测模型可准确地反映实际系统的动态特性，为广义预测控制提供了精确的预测模型。在此基础上，进行机组开机过程、频率扰动过程、频率追踪过程以及鲁棒性分析的仿真实验，同时与传统 PID 控制器进行对比，验证了抽水蓄能机组调节系统广义预测控制的有效性。

3.7.1　广义预测控制基本原理

广义控制基本原理已在 3.6.2 节介绍，此处不再赘述。本节使用的预测模型与 3.6.2 节一致，均为 CARIMA 模型。

3.7.2　T-S 模糊模型辨识

广义预测控制的基本原理以及计算步骤在上面已经详细介绍。建立抽水蓄能机组调节系统 CARIMA 模型是实现机组广义预测控制的首要任务。本节采用

T-S 模糊模型辨识获得机组调节系统 CARIMA 模型。Takagi 和 Sugeno 于 1985 年提出了 T-S 模糊模型[47]，作为一种基于数据驱动的建模方法，其主要思想为将输入空间划分为多个子空间，每个子空间的输入输出关系可采用线性模型表示，系统最终的输出可表示为多个线性子空间输出加权和。尽管 T-S 模糊模型辨识为非线性建模方法，但由于其本质为多个线性模型的加权和，因此仍然保留了线性模型的性质且具有较强的非线性逼近能力，已经被广泛地应用于复杂非线性系统建模。

1. T-S 模糊模型

考虑一个多输入单输出 MISO 系统，该系统模型可以用 c 条 if-then 模糊规则描述，其中第 i 条模糊规则表示如下：

Rule R_i: if x_1 is A_1^i and$\cdots$and x_m is A_M^i then

$$y^i = \theta_0^i + \theta_1^i x_1 + \cdots + \theta_j^i x_j + \cdots + \theta_m^i x_m \tag{3-126}$$

式中，$R_i(i=1,2,\cdots, c)$ 为第 i 条模糊规则，c 为模糊规则个数；$\boldsymbol{x} = [x_1, x_2, \cdots, x_m]$ 为模糊模型输入数据；m 为输入数据维度；y^i 为第 i 条模糊规则输出；$\theta_j^i, j = 0, \cdots, m$ 为第 i 个子模型的模型参数。

系统输出为 c 个子模型输出 y^i 的加权和，公式如下：

$$\hat{y} = \frac{\sum_{i=1}^{c} w^i y^i}{\sum_{i=1}^{c} w^i} \tag{3-127}$$

式中，权重 w^i 定义输入数据 x 属于第 i 个子模型的隶属度，w^i 计算公式如下：

$$w^i = \prod_{j=1}^{M} \mu_{A_j^i}(x_j) \tag{3-128}$$

式中，$\mu_{A_j^i}(x_j)$ 为隶属度，选取钟形高斯隶属度函数计算输入数据 x 属于 A_j^i 的模糊隶属度：

$$\mu_{A_j^i}(x_j) = \exp\left[-\frac{1}{2}\left(\frac{x_j - v_j^i}{\sigma_j^i} \right)^2 \right] \tag{3-129}$$

式中，v_j^i 和 σ_j^i 分别为高斯隶属度函数的中心和宽度。

上面介绍了基于输入输出数据的系统 T-S 模糊模型，其中高斯隶属度函数的中心 v_j^i 和宽度 σ_j^i 为模糊模型的前件参数，θ_j^i 为模糊模型的后件参数。T-S 模糊模型辨识由前件参数辨识和后件参数辨识组成，下面将对前件参数辨识和后件参数辨识进行详细介绍。

2. 前件参数辨识

前件参数辨识旨在获得每个子模型合适的隶属度函数中心和宽度。子模型隶属度函数的中心和宽度构成相应的模糊规则。为获得 T-S 模糊模型的模糊规则，首要任务是对系统输入数据构成的模糊空间进行合理划分。聚类算法作为一种无监督机器学习算法通常被用来自动探索数据的空间结构。本节选取模糊 C 均值（fuzzy C-means，FCM）聚类算法[48]对 T-S 模糊模型的输入空间进行划分，获得样本的模糊隶属度 u 和聚类中心 v，高斯隶属度函数的中心 v_j^i 和宽度 σ_j^i 可通过如下公式计算：

$$v_j^i = \frac{\sum_{k=1}^{n} u_{ik} x_{kj}}{\sum_{k=1}^{n} u_{ik}} \tag{3-130}$$

$$\sigma_j^i = \sqrt{\frac{2\sum_{k=1}^{n} u_{ik}\left(x_{kj} - v_{ij}\right)^2}{\sum_{k=1}^{n} u_{ik}}} \tag{3-131}$$

式中，$i=1,\cdots,c$ 为聚类个数；$j=1,\cdots,m$ 为输入数据维度；$k=1,\cdots,n$ 为数据个数。

3. 后件参数辨识

假设有 L 个输入输出数据对，式(3-126)的矩阵形式如下：

$$\boldsymbol{Y} = \boldsymbol{A\theta} \tag{3-132}$$

式中，$\boldsymbol{\theta} = [\theta_0^1,\cdots,\theta_m^1,\cdots,\theta_0^c,\cdots,\theta_m^c]$ 和 $\boldsymbol{y} = [y_1,y_2,\cdots,y_L]^{\mathrm{T}}$ 分别为模型参数和系统实际输出数据。$\boldsymbol{A}$ 为系数矩阵，具体定义如下：

$$\boldsymbol{A} = \begin{bmatrix} 1 & \lambda_1^1 x_{11} & \cdots & \lambda_1^1 x_{1m} & \cdots & 1 & \lambda_c^1 x_{11} & \cdots & \lambda_c^1 x_{1m} \\ \vdots & \vdots & & \vdots & & \vdots & \vdots & & \vdots \\ 1 & \lambda_1^L x_{L1} & \cdots & \lambda_1^L x_{Lm} & \cdots & 1 & \lambda_c^L x_{L1} & \cdots & \lambda_c^L x_{Lm} \end{bmatrix} \tag{3-133}$$

式中，λ_k^i 为隶属度归一化，具体公式如下：

$$\lambda_k^i = \frac{w_k^i}{\sum\limits_{i=1}^{c} w_k^i} \tag{3-134}$$

采用最小二乘法求解式(3-132)获得模糊模型的后件参数 $\boldsymbol{\theta}$ 为

$$\boldsymbol{\theta} = (\boldsymbol{A}^{\mathrm{T}}\boldsymbol{A})^{-1}\boldsymbol{X}^{\mathrm{T}}Y \tag{3-135}$$

式中，$\boldsymbol{X}$ 为输入数据矩阵。

4. 基于 T-S 模糊模型辨识的 CARIMA 模型

为建立广义预测控制 CARIMA 模型，采用 T-S 模糊模型辨识方法获得 CARIMA 模型参数。

令 $C(z^{-1})=1$，由式(3-96)可得

$$\begin{aligned}
\Delta y(k) &= [1 - A(z^{-1})]\Delta y(k) + B(z^{-1})\Delta u(k-1) + \xi(k) \\
&= -\sum_{j=1}^{n_a} a_j \Delta y_i(k-j) + \sum_{j=1}^{n_b} b_j \Delta u_i(k-j) + \xi(k)
\end{aligned} \tag{3-136}$$

对于式(3-126)，如果 T-S 模糊模型的输入数据由被控对象的控制增量和系统输出增量组成，式(3-136)可表示为如下形式：

$$\Delta y_i(k) = \sum_{j=1}^{n_a} -a_{ij}\Delta y_i(k-j) + \sum_{j=1}^{n_b} b_{ij}\Delta u_i(k-j) \tag{3-137}$$

式中，a_{ij} 和 b_{ij} 对应式(3-126)中的模型参数 θ_j^i。

如果已知被控对象的 T-S 模糊模型，在采样时刻 k，如果系统输入数据 x 已知，各子模型的输出权重 w^i 可根据式(3-128)计算，则系统的最终输出为

$$\Delta y(k) = \frac{\sum\limits_{i=1}^{c} w^i \Delta y_i(k)}{\sum\limits_{i=1}^{c} w^i} \tag{3-138}$$

式(3-138)可简化为

$$\Delta y(k) = \sum_{i=1}^{c} \omega_i \Delta y_i(k) \tag{3-139}$$

式中，$\omega_i = w^i \Big/ \sum\limits_{i=1}^{c} w^i$。

将式(3-137)代入式(3-139)可得

$$
\begin{aligned}
\Delta y(k) &= \sum_{i=1}^{c} \omega_i \left[\sum_{j=1}^{n_a} -a_{ij}\Delta y_i(k-j) + \sum_{j=1}^{n_b} b_{ij}\Delta u_i(k-j) \right] \\
&= -\sum_{j=1}^{n_a}\sum_{i=1}^{c} \omega_i a_{ij}\Delta y_i(k-j) + \sum_{j=1}^{n_b}\sum_{i=1}^{c} \omega_i b_{ij}\Delta u_i(k-j) \\
&= -\sum_{j=1}^{n_a} a_j \Delta y_i(k-j) + \sum_{j=1}^{n_b} b_j \Delta u_i(k-j) \tag{3-140}
\end{aligned}
$$

式中

$$
\begin{cases}
a_j = \sum\limits_{i=1}^{c} \omega_i a_{ij} \\
b_j = \sum\limits_{i=1}^{c} \omega_i b_{ij}
\end{cases}
$$

对比式(3-136)和式(3-140)可知,选择合适的输入变量可将 T-S 模糊模型最终输出形式转化为广义预测控制 CARIMA 模型, 验证了基于 T-S 模糊模型辨识 CARIMA 建模的可行性。为避免预测模型与实际系统之间的模型失配, 在每个采样时刻仍需根据实际系统输出采用带遗忘因子的递推最小二乘法进行模型参数的在线更新。

$$
\begin{cases}
\hat{\boldsymbol{\theta}}(k) = \hat{\boldsymbol{\theta}}(k-1) + \boldsymbol{K}(k)[\Delta y(k) - \boldsymbol{\varphi}^{\mathrm{T}}(k)\hat{\boldsymbol{\theta}}(k-1)] \\
\boldsymbol{K}(k) = \dfrac{\boldsymbol{P}(k-1)\boldsymbol{\varphi}(k)}{\lambda + \boldsymbol{\varphi}^{\mathrm{T}}(k)\boldsymbol{P}(k-1)\boldsymbol{\varphi}(k)} \\
\boldsymbol{P}(k) = [\boldsymbol{I} - \boldsymbol{K}(k)\boldsymbol{\varphi}^{\mathrm{T}}(k)]\boldsymbol{P}(k-1)/\lambda
\end{cases} \tag{3-141}
$$

式中, $\hat{\boldsymbol{\theta}} = [\theta_1^0,\cdots,\theta_1^m,\cdots,\theta_c^0,\cdots,\theta_c^m]$ 为 T-S 模糊模型参数; $\boldsymbol{\varphi}(k) = [1,\lambda_1^k x_{k1},\cdots,\lambda_1^k x_{km},\cdots,1,\lambda_N^k x_{k1},\cdots,\lambda_N^k x_{km}]$; 协方差矩阵和模型参数的初值 $\boldsymbol{P}(0)$ 和 $\hat{\boldsymbol{\theta}}(0)$ 可根据 T-S 模糊模型的离线辨识求取。

3.7.3　实例研究

为验证本章所提基于自适应 T-S 模糊模型广义预测控制(adaptive Takagi-Sugeno fuzzy model-based generalized predictive controller, ATS-GPC)的有效性,

基于第 2 章建立的抽水蓄能机组调节系统数值仿真模型，设计基于 T-S 模糊模型抽水蓄能机组调节系统广义预测控制器，进行机组开机过程、频率扰动过程、频率追踪过程以及鲁棒性分析仿真实验，同时与传统 PID 控制器进行对比。

1. 仿真条件

本章选取某抽水蓄能电站的实际参数进行抽水蓄能机组调节系统数值建模，电站主要参数包括上下游特征水位、机组主要技术参数、接力器行程与导叶开度的关系、调压室参数、引水管道参数和抽水蓄能机组调节系统仿真参数。

1) 上下游特征水位

抽水蓄能电站的水库特征水位表如表 3-32 所示。

表 3-32　水库特征水位表

水位/m	校核洪水位	设计洪水位	正常蓄水位	死水位
上库	735.45(p=0.02%)	734.78(p=0.2%)	733.00	716.00
下库	184.11(p=0.05%)	183.29(p=0.2%)	181.00	163.00

2) 机组主要技术参数

抽水蓄能电站机组主要技术参数如表 3-33 所示。

表 3-33　抽水蓄能电站机组主要技术参数

参数名称	指标
每个水力单元机组台数	2
转轮高压侧直径(D1)	3850.1mm
转轮低压侧直径(D2)	1934.9mm
额定转速	500r/min
转动惯量(GD2)	3800t·m^2
额定机械力矩	5.8446×103kN·m
安装高程	93.0m
吸出高度(H_s)	−70.0m
水轮机额定水头	540.0m
水轮机最大水头	565m
水轮机最小水头	526m
水轮机额定流量	62.09m^3/s
水轮机额定功率	306.1MW
水轮机效率修正	2.25%

续表

参数名称	指标
水泵最大入力	309.3MW
水泵效率修正	2.09%
水泵最大流量	53.35m³/s
100%导叶开度	20.47°
导叶全开用时	27s
导叶全关用时	45s
发电机惯性时间常数	8.503s
机组自调节系数	0

3) 接力器行程与导叶开度的关系

接力器行程与导叶开度的关系表如表 3-34 所示。

表 3-34　接力器行程与导叶开度的关系表

接力器相对行程/%	0	20.0	40.0	60.0	80.0	100.0	110.0	115.0
接力器行程/mm	0	72.3	132.8	186.8	237	284.5	308	320
导叶相对开度/%	0	20.0	40.0	60.0	80.0	100.0	110.0	115.0
导叶行程开度/mm	0	43.2	86.4	129.6	172.8	216.0	236.5	247.1
导叶角度开度/(°)	0	4.09	8.19	12.28	16.38	20.47	22.41	23.42

4) 调压室参数

上下游调压室均选用阻抗式调压室，具体参数如表 3-35 所示。

表 3-35　上下游调压室具体参数

名称	高程/m	面积/m²	阻抗孔面积/m²	流入损失系数	流出损失系数
上游调压室	678.49~687.50	12.57	12.57	0.001475	0.00108
	688.50~757.00	63.62			
下游调压室	91.10~130.00	15.90	15.90	0.0009217	0.0006767
	130.00~189.00	95.03			
	189.00~195.50	519.98			

5) 引水管道参数

本节仅针对两台机组中的其中一台进行广义预测控制器设计，因此过水系统可由一管双机布置形式简化为一管单机布置形式，如图 3-50 所示，包括 4 条等价管道：上游水库进口至上游调压室、上游调压室至机组蜗壳末端、尾水管进口至下游调压室以及下游调压室至下游水库。抽水蓄能电站引水系统等效管道参数如表 3-36 所示。

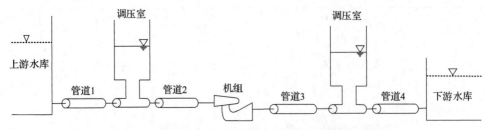

图 3-50　一管-单机式抽水蓄能电站过水系统布置示意图

表 3-36　抽水蓄能电站引水系统等效管道参数

管道编号	长度/m	当量直径/m	当量面积/m²	分段数	调整后波速/(m/s)	损失系数
1	444.23	6.20	30.16	20	1110.58	0.015
2	983.55	4.36	14.99	41	1199.45	0.026
3	170.40	4.30	14.55	8	1065.00	0.010
4	1065.20	6.58	33.97	53	1004.91	0.015

6)抽水蓄能机组调节系统仿真参数

抽水蓄能机组调节系统仿真参数表如表 3-37 所示。

表 3-37　抽水蓄能机组调节系统仿真参数表

对象	参数			
改进 Suter 变换	$k_1=10$	$k_2=0.9$	$C_y=0.2$	$C_h=0.5$
发电机	$T_a=8.503$	$e_g=0$		
液压执行机构	$T_{yB}=0.05$	$T_y=0.3$	$k_0=1$	
仿真	时间=100s	$t_s=0.02\text{s}$		

2. T-S 模糊模型辨识

本节采用 T-S 模糊模型辨识建立抽水蓄能机组调节系统数据驱动模型,为机组广义预测控制器设计提供模型基础。首先确定 T-S 模糊模型的结构参数,模糊规则数设置为 3,控制输入和系统输出数据的模型阶次均设置为 3。采用混合正弦波信号作为抽水蓄能机组调节系统的激励信号,控制信号和机组输出频率如图 3-51 所示。采集 8000 个控制输入 u 和机组输出频率 y 作为样本点构成模型数据对 (u, y)。在 T-S 模糊模型辨识中,输入变量为 $u(k-1)$、$u(k-2)$、$u(k-3)$、$y(k-1)$、$y(k-2)$、$y(k-3)$,输出变量为 $y(k)$。

基于采集的样本数据进行 T-S 模糊模型辨识,前 4000 个数据作为训练样本,后 4000 个数据作为测试样本。图 3-52(a)展示了辨识系统与实际系统对比结果,

图 3-52（b）为相应误差。实验结果表明，T-S 模糊模型在抽水蓄能机组调节系统辨识中具有较高的精度。

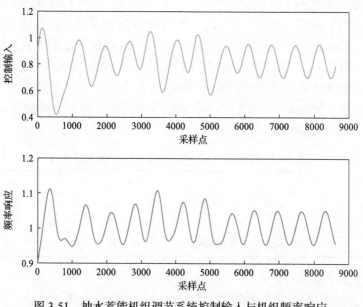

图 3-51　抽水蓄能机组调节系统控制输入与机组频率响应

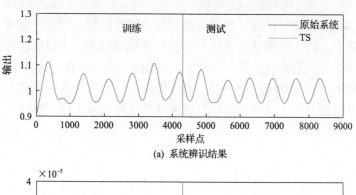

(a) 系统辨识结果

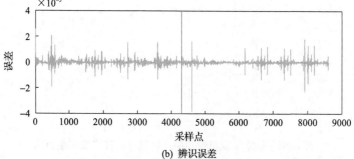

(b) 辨识误差

图 3-52　抽水蓄能机组调节系统辨识结果及误差

3. 实验结果及分析

本节选取高水头 H_H=554m、中水头 H_M=546 和低水头 H_L=535m 三种不同水头进行机组开机过程、频率扰动过程、频率追踪过程以及鲁棒性分析仿真实验，验证本节所提出的基于 T-S 模糊模型辨识机组广义预测控制的有效性，并与 PID 控制进行对比分析。其中传统 PID 控制器参数采用 GSA 算法进行参数整定,GSA 算法参数设置如下：最大迭代次数为 200，种群大小为 30，初始万有引力常数为 20,万有引力常数衰减因子为 6。本节所有实验采用的传统 PID 控制器及 ATS-GPC 控制器参数如表 3-38 所示。

表 3-38　传统 PID 控制器及 ATS-GPC 控制器参数

控制器	参数				
PID	K_P=2	K_I=0.58	K_D=5		
ATS-GPC	n_a=3	n_b=3	N_1=1	N_2=37	N_u=17
	d=1	α=0.92	γ=100		

1)空载开机实验

抽水蓄能机组的开机过程常采用一段式导叶开启规律或两段式导叶开启规律，选取一段式导叶开启规律。机组一段式导叶开启规律如图 3-53 所示，包括两阶段控制规律。在第一阶段，机组调速器接收到开机指令后导叶迅速开启以固定速率逐渐增大，这一阶段称为机组开机的开环控制过程。当机组转速达到额定转速的 90% 时，开机过程进入第二阶段，此时调速器投入 PID 控制规律，机组频率经过测频环节与参考频率的误差引入 PID 控制，构成闭环控制模式，直到机组稳定在频率设定值上下，这一阶段称为机组开机过程的闭环控制过程。

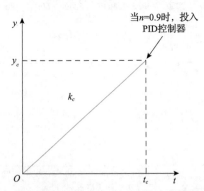

图 3-53　抽水蓄能机组一段式开机导叶开启规律示意图

三种不同水头下抽水蓄能机组开机工况 PID 控制器和 ATS-GPC 控制器的频率动态响应过程如图 3-54 所示，相应的动态性能指标如表 3-39 所示，包括目标函数 ITAE，超调量 OS，稳定时间 ST 以及稳态误差 SSE，加粗表示性能指标的最优值。由图 3-56 和表 3-39 可知，与传统 PID 控制器相比，ATS-GPC 控制器获得了更优异的控制性能，特别是在频率超调量和稳定时间方面。ATS-GPC 控制器显著提高了抽水蓄能机组开机工况的控制品质。

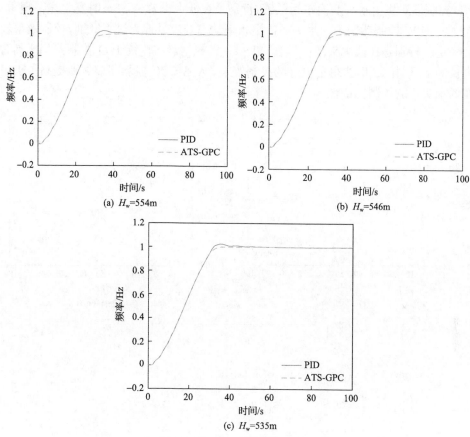

图 3-54　不同水头下抽水蓄能机组开机工况 PID 控制器
和 ATS-GPC 控制器的频率动态响应过程

表 3-39　不同水头下抽水蓄能机组开机过程性能指标

工况	控制器	机组性能指标			
		ITAE	OS/%	ST/s	SSE/%
T1	PID	2406.80	3.07	44	0.08
	ATS-GPC	2328.27	0.27	33.76	0.01
T2	PID	2448.82	2.91	44	0.26
	ATS-GPC	2352.95	0.26	33	0.26
T3	PID	2498.28	2.60	44	0.03
	ATS-GPC	2420.67	0.19	33.36	0.18

2) 空载频率扰动实验

采用幅值为额定频率 2% 的阶跃信号作为抽水蓄能机组调节系统的激励，开展机组空载频率扰动实验。三种不同水头下抽水蓄能机组空载频率扰动工况 PID 控制器和 ATS-GPC 控制器的频率动态响应过程如图 3-55 所示。实验结果显示传统 PID 控制器对机组水头变换较为敏感，特别是在低水头 H_L=535m 时发生振荡现象。而 ATS-GPC 控制器在不同水头下机组频率动态响应过程无过大区别，控制效果较为稳定，特别是在低水头下，尽管 ATS-GPC 控制器与传统 PID 控制器相比具有更长的上升时间，但获得了更好的控制效果。ATS-GPC 控制器显著地提高了机组在低水头下的控制稳定性。

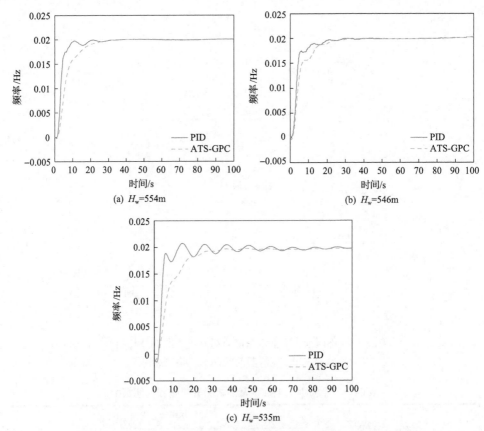

图 3-55　不同水头下抽水蓄能机组频率扰动工况频率动态响应过程

3) 空载频率追踪实验

空载频率扰动仿真实验中采用的是幅值固定不变的频率设定值，本次空载频率追踪实验选取幅值变化的方波和阶跃信号作为机组频率的设定值，验证 ATS-GPC 控制器的跟踪性能。不同水头下抽水蓄能机组频率追踪实验动态响应过

程如图 3-56 和图 3-57 所示，随着电站水头的不断降低，传统 PID 控制器和 ATS-
GPC 控制器的空载频率追踪效果均逐渐下降，但在低水头时传统 PID 出现了较大
的频率振荡现象，而 ATS-GPC 控制器获得了较为平滑的频率动态响应，振动幅度
较小，频率较低。

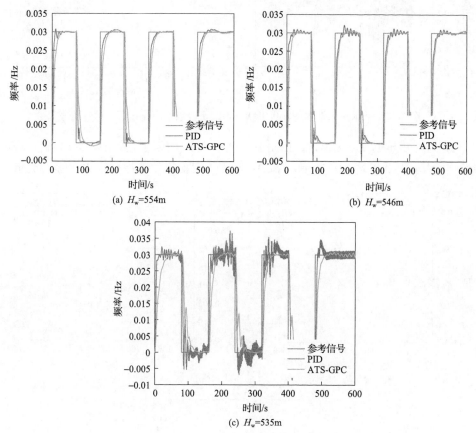

图 3-56　不同水头下抽水蓄能机组频率追踪实验方波信号频率动态响应过程

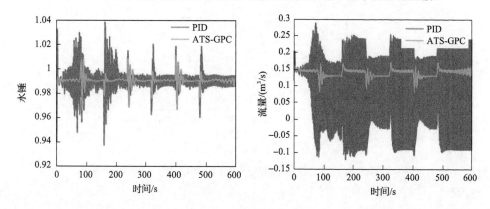

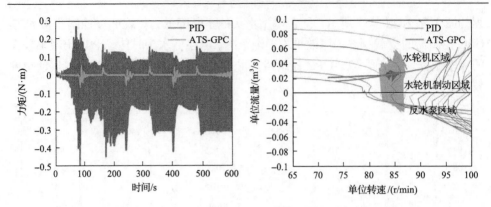

图 3-57　低水头下抽水蓄能机组频率追踪实验参数变化过程及运行轨迹

为进一步地验证 ATS-GPC 控制器在低水头下的控制性能，图 3-58 和图 3-59 展示了低水头下传统 PID 控制器和 ATS-GPC 控制器频率追踪实验水锤、流量、

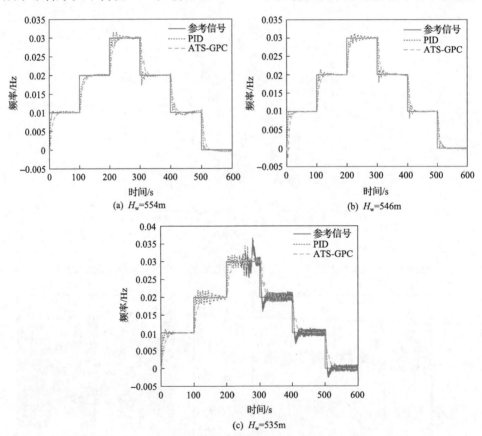

图 3-58　不同水头下抽水蓄能机组频率追踪实验阶跃信号频率动态响应过程

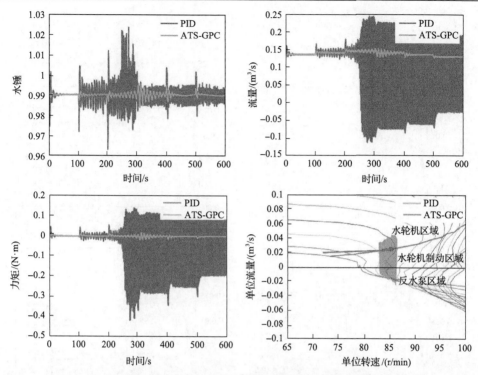

图 3-59　低水头下抽水蓄能机组频率追踪实验参数变化过程及运行轨迹

力矩变化过程以及机组的运行轨迹，与传统 PID 控制器相比，ATS-GPC 控制器频率追踪实验水锤、流量、力矩变化过程振动幅度较小，较为稳定，机组的运行轨迹仅在机组飞逸曲线附近振荡，而传统 PID 控制器机组的运行轨迹已进入"S"特性区域，在水轮机工况区、水轮机制动工况区和反水泵工况区来回切换，造成机组频率较大幅度的振荡。

4) 控制器鲁棒性分析

在工程实际中，系统的特性或参数由于测量不精确或受外界环境因素的干扰将不可避免地发生变化，所设计的控制器必须在系统参数或特性发生改变的情况下仍然保证系统的正常运行，满足系统的控制要求，即控制器的鲁棒性。为分析 ATS-GPC 控制器的鲁棒性，在三种水头下，分析接力器时间常数 T_y 和机组惯性时间常数 T_a 变化时抽水蓄能机组调节系统空载频率扰动工况机组动态响应过程，如图 3-60～图 3-62 所示。无论 T_y 和 T_a 增大或减小，ATS-GPC 控制器均能获得更好的控制效果，表现出了较强的鲁棒性。相反传统 PID 控制器对 T_y 和 T_a 参数变化较为敏感，参数变化时机组频率动态响应过程发生较大变化，出现振荡现象，特别是 T_a 的变化对传统 PID 控制器影响最大。

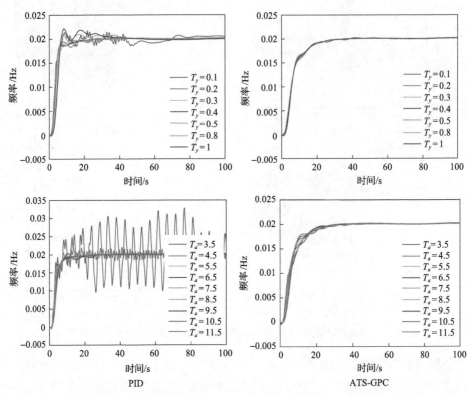

PID ATS-GPC

图 3-60 水头 554m 下接力器时间常数 T_y 和机组惯性时间常数 T_a 变化时的频率响应过程

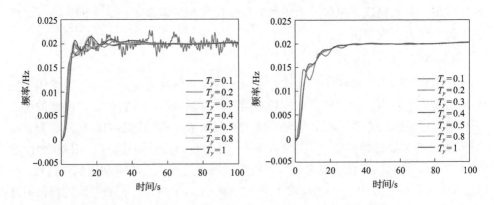

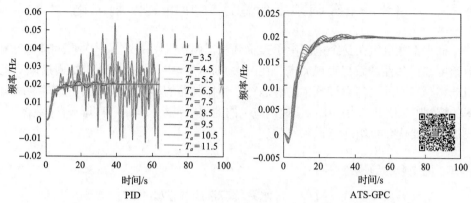

图 3-61　水头 546m 下接力器时间常数 T_y 和机组惯性时间常数 T_a
变化时的频率响应过程(彩图扫二维码)

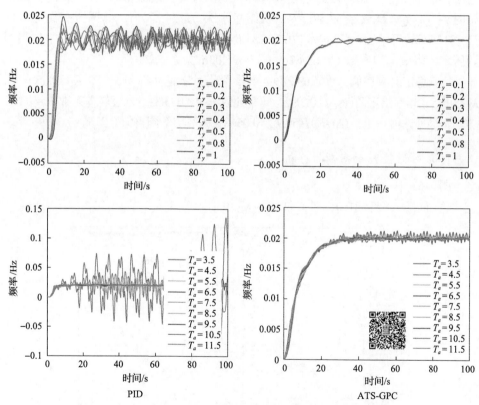

图 3-62　水头 535m 下接力器时间常数 T_y 和机组惯性时间常数 T_a
变化时的频率响应过程(彩图扫二维码)

3.8 一次调频工况稳定性分析及控制优化

抽水蓄能机组在整个电网中承担了调峰、调频等功能，其一次调频响应在调节幅度和持久性方面都表现突出。在一次调频过程中，抽水蓄能机组通过调节机组功率(导叶开度)与电网频率的静态特性和控制器的动态调节特性完成对电网频率的控制[49]。因此，为了确保快速响应电网的频率误差，满足一次调频性能指标[50]要求，需要优化机组运行控制参数。

3.8.1 控制参数敏感性分析

一次调频属于小扰动过程，过水系统应选用线性模型进行仿真。

负载稳态的初始参数为上水库水位 H_u=733m；下水库水位 H_d=181m；负载稳定时，导叶开度 y=100%，通过仿真计算得到的管道稳定流量 Q_0=62.52m³/s，即初始时刻 Q_1=Q_2=Q_3=Q_0=62.52m³/s，机组净水头 H=545.77m，上调压室稳定水位 H_1=732.77m；下调压室稳定水位 H_2=181.41m。根据此时上下游调压室的水位得到调压室的等效电容参数 C_1=63.62m²；C_2=95.03m²。

负载稳定时频率调节设置的PID参数设置范围分别为 K_P=0.5~20、K_I=0.05~10、K_D=0~5；频率给定阶跃 Δf=0.2Hz，频率死区 E_f=0.033Hz，永态转差系数 B_p=0.05，功率调整理论值为 P_w=(Δf−E_f)/(50B_p)=0.0668，97%功率调整值 0.97P_w=0.64796。

1. 积分增益 K_i 的敏感性分析

图 3-63 中：

(1)曲线 1：K_P=10.0，K_I=2(1/s)，K_D=0。

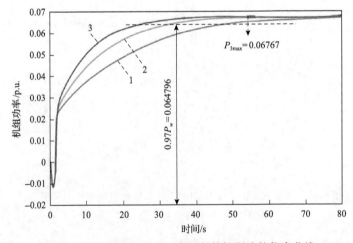

图 3-63 积分增益 K_I 对一次调频特性影响的仿真曲线

(2)曲线 2：K_P=10.0，K_I=3 (1/s)，K_D=0。

(3)曲线 3：K_P=10.0，K_I=4 (1/s)，K_D=0。

仿真结果分析：曲线 3 积分增益较大，其功率趋近稳定值的速度较快，但其出现 1.3%的超调量，会对电网的安全稳定运行产生不利影响；曲线 1 积分增益较小，其功率调整过程较慢，不能满足电网对于一次调频动态过程快速性的要求；3 条动态波形差别较大，因此一次调频的动态性能对积分增益非常敏感。动态过程初期的功率的反向调节是由于导叶开启过快，过水系统的水击作用使机组水头迅速下降，最终导致初期功率不增反降的结果，功率反向相对值为-0.0116。

2. 比例增益 K_P 的敏感性分析

图 3-64 中：

(1)曲线 1：K_P=5.0，K_I=3 (1/s)，K_D=0。

(2)曲线 2：K_P=10.0，K_I=3 (1/s)，K_D=0。

(3)曲线 3：K_P=15.0，K_I=3 (1/s)，K_D=0。

仿真结果分析：比例增益 K_P 越大，机组一次调频机组功率前期上升速率越快，后期趋近功率稳定值的速率越慢。曲线 1、2、3 的动态性能都能满足电网对于一次调频动态过程性能的要求，3 条动态波形总体来看差别也不大，因此一次调频动态性能对比例增益的敏感性不强。

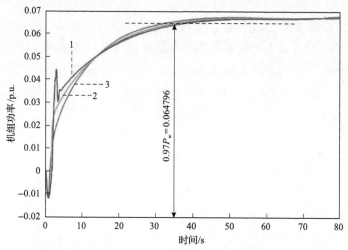

图 3-64 比例增益 K_P 对一次调频特性影响的仿真曲线

3.8.2 控制参数优化

粒子群优化算法是 Kennedy 等[51,52]和 Eberhart 等[53,54]于 1997 年在模拟鸟类群体觅食运动时提出的一种智能进化算法。待优化问题的每个潜在解称为粒子，每个粒子都能通过目标函数计算出一个适应度值，所有粒子都有一个速度能决定它们移动的方向和距离，然后粒子群体就追寻当前最优粒子的轨迹在解空间中搜索。PSO 算法实现简单、计算精度高，适用于解决一次调频控制参数优化问题。粒子的更新速度、位置和惯性权重如式(3-142)所示：

$$\begin{cases} v_{id}^{k+1} = \omega v_{id}^{k} + c_1 \text{rand}_1(p_{id}^{k} - x_{id}^{k}) + c_2 \text{rand}_2(p_{gd}^{k} - x_{id}^{k}) \\ x_{id}^{k+1} = x_{id}^{k} + v_{id}^{k+1} \\ \omega = \omega_{\max} - \dfrac{\omega_{\max} - \omega_{\min}}{\text{Iter}} \text{iter} \end{cases} \tag{3-142}$$

式中，d 为粒子的维度；v_i 为第 i 个粒子的速度；ω 为惯性权重；c_1 和 c_2 为加速系数；x_i 为第 i 个粒子的位置；p_i 为第 i 个粒子的局部最好位置；p_g 为粒子群体的全局最好位置；k 为当前迭代次数；Iter 为最大迭代次数。

抽水蓄能机组主要依靠校正调速器控制参数来改善机组在一次调频过程中的动态特性和运行稳定性，故需要把优化机组调节系统在一次调频响应过程中机组功率的上升时间、超调量和稳定时间作为目标。因此，采用功率误差绝对值与时间的乘积和超调量加权和作为目标函数，其适应度函数如式(3-143)所示：

$$J = \int_0^t [\omega_1 t \,|\, e(t)\,|] \mathrm{d}t + \omega_2 \sigma \tag{3-143}$$

式中，$e(t)$ 为控制误差(机组转速误差)；σ 为超调量；ω_1、ω_2 为权重系数。

PSO 智能优化算法对一次调频控制参数优化的结果为 K_P=13.03，K_I=3.41，相应的一次调频相应曲线如图 3-65 所示。其中，达到 97%功率调整值的时间 $T_{0.97P_w}$ =

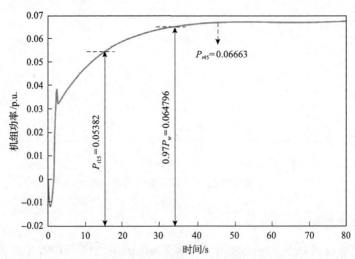

图 3-65　控制参数优化后的抽水蓄能机组调节系统一次调频响应过程

33.66s，15s 功率调整值 P_{t15}=0.05382＞0.6P_w。参考国标 DL/T 295—2011《抽水蓄能机组自动控制系统技术条件》要求和电网运行规程，抽水蓄能机组调节系统一次调频响应的主要性能指标要求如下：①机组响应滞后时间应小于等于 3s；②机组响应目标有功出力的±3%内所需时间应小于 45s；③15s 内达到理论调节量的 60%以上；④一次调频稳定时间小于 60s。对比可知，经过智能算法优化的结果上升时间快、超调量小、调节时间短，改善了抽水蓄能机组在一次调频响应时的动态品质和稳定性。

参 考 文 献

[1] 尚宏, 陈志敏, 任永平. 一种新型非线性 PID 控制器及其参数设计[J]. 控制理论与应用, 2009, 26(4): 439-442.

[2] 贾瑞皋, 薛庆忠. 电磁学[M]. 2 版. 北京: 高等教育出版社, 2011.

[3] 孙伟, 周阳花, 奚茂龙. 非线性 PID 控制器参数优化方法[J]. 计算机工程与应用, 2010, 46(28): 244-248.

[4] 刘金琨. 先进 PID 控制 MATLAB 仿真[M]. 北京: 电子工业出版社, 2016.

[5] 程远楚, 田炜, 叶鲁卿, 等. 水轮机调速器的智能非线性 PID 控制[J]. 水电自动化与大坝监测, 2004, 28(3): 28-31.

[6] 程远楚, 叶鲁卿. 水轮机调速器的非线性 PID 控制[J]. 大电机技术, 2002(1): 63-66.

[7] 周建中, 赵峰, 李超顺. 基于 GSA 的水轮机调速系统非线性 PID 控制参数优化方法研究[J]. 水电能源科学, 2014, 32(12): 127-130.

[8] 叶鲁卿, 魏守平, 马立克. 水轮机调速器智能化变结构变参数自完善控制策略[C]. 中国电机工程学会中国水力发电工程学会建国四十年水电设备成就学术研讨会, 北京, 1989.

[9] 胡包钢. 非线性 PID 控制器研究——比例分量的非线性方法[J]. 自动化学报, 2006, 32(2): 219-227.

[10] Chen W H, Balance D J, Gawthrop P J, et al. Nonlinear PID predictive controller[C]. IEEE Proceedings on Control Theory, Phoenix, 1999.

[11] Brian A, Bruce A W. Nonlinear PID control with partial state knowledge: Damping without derivatives[J]. The International Journal of Robotics Research, 2010, 19(8): 715-731.

[12] 尚宏. 测发系统专业训练模式探讨[J]. 继续教育, 1992(4): 36-37.

[13] Decker D B, Punch W F, Sticklen J. IPCA, an architecture for intelligent control[C]. Proceedings of IEEE International Symposium on Intelligent Control, Dearborn, 1996.

[14] Wang Y, Jin Q, Zhang R. Improved fuzzy PID controller design using predictive functional control structure[J]. ISA Transactions, 2017, 71(2): 354.

[15] Li C, Mao Y, Yang J, et al. A nonlinear generalized predictive control for pumped storage unit[J]. Renewable Energy, 2017, 114: 945-959.

[16] Raju G V S, Zhou J. Adaptive hierarchical fuzzy controller[J]. IEEE Transactions on Systems Man and Cybernetics, 1993, 23(4): 973-980.

[17] 吴罗长. 非线性水轮机模糊 PID 调节系统模糊规则研究[D]. 西安: 西安理工大学, 2006.

[18] Jain H, Deb K. An evolutionary many-objective optimization algorithm using reference-point based nondominated sorting approach, part II: Handling constraints and extending to an adaptive approach[J]. IEEE Transactions on Evolutionary Computation, 2014, 18(4): 602-622.

[19] Deb K, Jain H. Handling many-objective problems using an improved NSGA-II procedure[C]. IEEE Congress on Evolutionary Computation, Brisbane, 2012.

[20] Deb K, Pratap A, Agarwal S, et al. A fast and elitist multiobjective genetic algorithm: NSGA-II[J]. IEEE Transactions Evolutionary Computation, 2002, 6 (2): 182-197.

[21] Deb K, Thiele L, Laumanns M, et al. Scalable multi-objective optimization test problems[C]. The 2002 Congress on Evolutionary Computation, Honolulu, 2002.

[22] 吴强, 黄建华. 分数阶微积分[M]. 北京: 清华大学出版社, 2016.

[23] 薛定宇. 控制系统计算机辅助设计: MATLAB 语言及应用[M]. 北京: 清华大学出版社, 1996.

[24] 薛定宇, 陈阳泉. 高等应用数学问题的 MATLAB 求解[M]. 北京: 清华大学出版社, 2008.

[25] Xue D, Zhao C, Chen Y. A modified approximation method of fractional order system[C]. IEEE International Conference on Mechatronics and Automation, Luoyang, 2006.

[26] Chen Z, Yuan X, Ji B, et al. Design of a fractional order PID controller for hydraulic turbine regulating system using chaotic non-dominated sorting genetic algorithm II[J]. Energy Conversion and Management, 2014, 84: 390-404.

[27] Podlubny I. Fractional order systems and $PI^{\lambda}D^{\mu}$-controllers[J]. IEEE Transactions on Automatic Control, 1999, 44 (1): 208-214.

[28] 曹春建, 张德虎, 刘莹莹, 等. 基于改进粒子群算法的水轮机调节系统分数阶 $PI^{\lambda}D^{\mu}$ 控制器设计[J]. 中国农村水利水电, 2013 (11): 96-101.

[29] Zamani M, Karimi-Ghartemani M, Sadati N, et al. Design of a fractional order PID controller for an AVR using particle swarm optimization[J]. Control Engineering Practice, 2009, 17 (12): 1380-1387.

[30] 曹军义, 梁晋, 曹秉刚. 基于分数阶微积分的模糊分数阶控制器研究[J]. 西安交通大学学报, 2005, 39 (11): 1246-1249.

[31] Rehman S, Al-Hadhrami L M, AlamM M. Pumped hydro energy storage system: A technological review[J]. Renewable and Sustainable Energy Reviews, 2015, 44: 586-598.

[32] Zhou J, Xu Y, Zheng Y, et al. Optimization of guide vane closing schemes of pumped storage hydro unit using an enhanced multi-objective gravitational search algorithm[J]. Energies, 2017, 10 (7): 911.

[33] Li C, Zhang N, Lai X, et al. Design of a fractional-order PID controller for a pumped storage unit using a gravitational search algorithm based on the Cauchy and Gaussian mutation[J]. Information Sciences, 2017, 396: 162-181.

[34] Li C, Mao Y, Yang J, et al. A nonlinear generalized predictive control for pumped storage unit[J]. Renewable Energy, 2017, 114: 945-959.

[35] Xu Y, Zhou J, Xue X, et al. An adaptively fast fuzzy fractional order PID control for pumped storage hydro unit using improved gravitational search algorithm[J]. Energy Conversion and Management, 2016, 111: 67-78.

[36] Das S, Pan I. Performance comparison of optimal fractional order hybrid fuzzy PID controllers for handling oscillatory fractional order processes with dead time[J]. ISA Transactions, 2013, 52 (4): 550-566.

[37] Panda R, Naik M K. A novel adaptive crossover bacterial foraging optimization algorithm for linear discriminant analysis based face recognition[J]. Applied Soft Computing, 2015, 30: 722-736.

[38] Panigrahi B K, Pandi V R, Sharma R, et al. Multiobjective bacteria foraging algorithm for electrical load dispatch problem[J]. Energy Conversion and Management, 2011, 52 (2): 1334-1342.

[39] 庞中华, 崔红. 系统辨识与自适应控制 MATLAB 仿真[M]. 2 版. 北京: 北京航空航天大学出版社, 2013.

[40] 邓自立, 郭一新. 单变量 ARMAX 模型的结构辨识[J]. 控制理论与应用, 1985 (3): 120-123.

[41] 邓自立, 郭一新. 动态系统的 CAR 模型自动辨识机[J]. 自动化技术与应用, 1983 (2): 12-28.

[42] 邓自立, 郭一新. 多变量 CARMA 模型的结构辨识[J]. 自动化学报, 1986, 12 (1): 18-24.

[43] 李灿军. CARMA 模型建模在液位控制系统中的应用[J]. 计算机仿真, 2008, 25 (1): 77-79.

[44] 姚伟, 文劲宇, 孙海顺, 等. 考虑通信延迟的分散网络化预测负荷频率控制[J]. 中国电机工程学报, 2013, 33 (1): 84-92.

[45] Clarke D W, Mohtadi C, Tuffs P S. Generalized predictive control—part I. The basic algorithm[J]. Automatica, 1987, 23 (2): 137-148.

[46] Jiang J, Li X, Deng Z, et al. Thermal management of an independent steam reformer for a solid oxide fuel cell with constrained generalized predictive control[J]. International Journal of Hydrogen Energy, 2012, 37 (17): 12317-12331.

[47] Takagi T, Sugeno M. Fuzzy Identification of Systems and its Applications to Modeling and Control[M]. Readings in Fuzzy Sets for Intelligent Systems, Amsterdam: Elsevier, 1993.

[48] Bezdek J C, Ehrlich R, Full W. FCM: The fuzzy c-means clustering algorithm[J]. Computers and Geosciences, 1984, 10 (2/3): 191-203.

[49] 魏守平. 水轮机调节系统一次调频及孤立电网运行特性分析及仿真[J]. 水电自动化与大坝监测, 2009, 33 (6): 27-33.

[50] 黄青松, 徐广文, 李俊益, 等. 大型抽水蓄能机组一次调频性能优化[J]. 水电能源科学, 2013, 31 (1): 161-163.

[51] Kennedy J. Particle Swarm Optimization[M]. Encyclopedia of Machine Learning. Berlin: Springer. 2011.

[52] Poli R, Keennedy J, Blackwell T. Particle swarm optimization[J]. Swarm Intelligence, 2007, 1 (1): 33-57.

[53] Eberhart R C, Shi Y. Particle swarm optimization: Developments, applications and resources[C]. The 2001 Congress on Evolutionary Computation, Seoul, 2002.

[54] Shi Y, Eberhart T R. A modified particle swarm optimizer[C]. The 1998 IEEE International Conference on Computational Intelligence, Anchorage, 1998.

第4章　抽水蓄能机组极端工况 控制优化与设备影响评估

"十三五"期间，我国将迎来抽水蓄能电站建设的另一个高潮期，一批高水头、大容量的抽水蓄能电站开工建设。高水头、大容量的抽水蓄能电站，输水管道布置长、布置形式复杂，可逆式水泵水轮机的强非线性以及水-机-电耦合复杂特性，均给抽水蓄能电站的大波动工况尤其是极端工况的优化运行带来了严峻挑战。进一步，抽水蓄能机组发电甩负荷、水泵工况断电等极端工况对机组振动、轴承安全、压力钢管水锤压力影响极大，不利于机组安全稳定运行。此外，相比于常规水轮机抽水蓄能机组工况繁多、切换频繁，每小时可达0.25次，导致机组频繁地处于水力过渡过程中。在极端水力过渡过程中，水击压力脉动和可逆式机组转速等运行参量相互影响，易出现极大的动态响应值。

当抽水蓄能机组发生发电甩负荷、水泵工况断电等极端工况时，过水系统各个单元的特征参数对电站的安全、稳定运行至关重要。为保障抽水蓄能机组的高效稳定运行，亟须开展抽水蓄能机组极端工况控制优化研究，评估其对设备的影响，提高抽水蓄能机组对极端工况变化过程的控制水平。选取机组最佳导叶关闭规律是抽水蓄能机组在极端工况时的主要控制优化手段，在不增加过多额外投资条件下可经济有效地保证电站安全运行，最佳的导叶控制规律可以在一定范围内减小过水系统水击压力和机组转速峰值，避免机组在极端工况下运行进入振动区，进而保证机组安全、高效、稳定运行，是结合工程实际进行科学性、探索性研究的方向。

本章针对抽水蓄能电站机组极端工况设备影响研究的工程应用需求，采用多学科综合和跨学科交叉的研究方法，对抽水蓄能机组极端工况过渡过程进行仿真和分析，提出机组甩负荷与水泵工况断电等极端工况导叶与球阀关闭规律控制优化方法；本章提取水泵断电过渡过程关键指标量，解析水泵断电后关键指标的演变规律；在此基础上，通过CFD流场仿真解析机组轴系应力分布及瞬变过程，分析主轴轴心轨迹，核算主轴轴系强度及寿命。

4.1　水泵断电工况导叶关闭规律优化

导叶控制规律优化是解决抽水蓄能电站计算的一个重要手段，同时也是优化水力过渡过程问题的首选手段。导叶控制规律对电站安全稳定运行具有重要的作用和影响，因此，为了保证抽水蓄能电站可逆式水泵水轮机组在水泵断电工况下的过渡过程的安全，本书应严格地进行导叶控制规律优化与选择。导叶关闭规律优化的首要任务是通过机组过渡过程数值仿真和特征值计算，选择合理的导叶关闭规律，机组的水力、机械瞬变指标均满足调节保证计算要求；此外，还包括导叶有效关闭时间、拐点位置、关闭方式等的选择和确定。导叶关闭规律优化要在充分地利用机组转速上升最大允许值的条件下，尽可能大限度地减小水力系统的水击压力，缩短水击压力波动的衰减时间，进而保障电站的安全、稳定运行。

目前，比较常用的优化方法是依据水压上升目标和转速上升两个目标，采用线性加权的方法构造导叶关闭规律优化目标函数，进而进行优化求解。但是，目标函数权重系数是影响优化结果的重要影响因素，权重系数一般通过工程经验或试算确定，存在一定的局限，极易导致导叶关闭规律优化结果的特征指标接近调节保证计算要求的阈值边界。为此，本章引入多目标智能优化理论，采用群智能优化算法，以机组转速和水击压力为目标对机组导叶关闭规律进行多目标优化。并在此基础上选取合适的群智能优化算法对导叶两段式关闭规律进行多目标优化。进一步，对多目标优化结果进行分析，并为后续机组主轴系统相关研究提供数据支持。

4.1.1　多目标优化方法

1. 多目标引力搜索算法

多目标引力搜索算法(multi-objective gravitational search algorithm，MOGSA)原理及流程与 2.2.1 节中的 GSA 基本一致，此处不再赘述。唯一不同的是，MOGSA中个体的适应度值由 Rashedi[1] 提出的利用 Pareto 支配关系计算适应度值的方法确定。具体的计算步骤是：首先找出搜索空间中粒子种群的非支配解，设置该粒子个体最高的等级值 $rank_{max}$；然后，找出种群中剩下粒子中非支配解个体，设置该粒子个体最高的等级值 $rank_{max}-1$；最后，将个体的适应度值 $f(t)$ 设置为所在序关系的等级值 rank。

2. 选择优化参量

工程实际中调节保证计算以及在极端工况运行下，导叶关闭速度快慢对机组转速和水击压力等动态响应过程有着极大的影响。对于甩 100%负荷和抽水断电工况下，开始阶段关闭速度快可以避免机组转速上升值过大，第二阶段缓慢关闭可以有效地减小过水管道内的水力脉动极值。图 4-1 为目前广泛使用的两段式折线导叶关闭规律示意图，确定合适的拐点坐标 (t_1, y_1) 和关闭时间 t_2 三个变量就可以得到导叶关闭两段的唯一关闭速度。

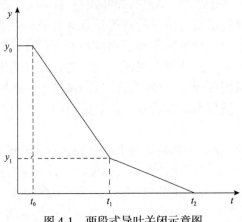

图 4-1　两段式导叶关闭示意图

两段式导叶关闭规律表达式如式(4-1)所示：

$$\begin{cases} y = y_0, & t \leqslant t_0 \\ y = y_0 + \dfrac{t - t_0}{t_1 - t_0}(y_1 - y_0), & t_0 < t \leqslant t_i, \ i = 1,2 \\ y = y_{\min}, & t \geqslant t_2 \end{cases} \tag{4-1}$$

式中，t_0 表示导叶关闭起始时刻；y_0 表示初始开度；$y_{\min}$ 表示导叶零开度值。
则搜索空间内第 i 个粒子的优化变量表示为 $P_i = [t_{i1}, y_{i1}, t_{i2}]$。

3. 确定优化目标

抽水蓄能机组在甩负荷工况或抽水断电极端工况下，机组转速快速升高，并且会导致蜗壳处很大的水击压力，这都可能对电站的安全运行带来极大威胁。结合工程要求，综合选取存在协联关系的蜗壳进口水锤极大值 $H_{\max}$ 和组转速上升极大值 $N_{\max}$ 作为优化目标函数。两者的值可根据第 3 章建立的过渡过程模型仿真求解。式(4-2)为建立的多目标优化方法的目标函数：

$$\begin{cases} \min\limits_{P_i \in D} f = [N_{\max}(P_i), H_{\max}(P_i)] \\ \text{s.t. } g(P_i) \leqslant 0 \end{cases} \tag{4-2}$$

式中，$N_{\max}$ 表示可逆式水泵水轮机组转速上升极大值；$H_{\max}$ 表示蜗壳入口水击压力极大值；$\boldsymbol{P}_i = [t_{i1}, y_{i1}, t_{i2}](i = 1, 2, \cdots, d, \cdots, N)$ 表示拐点位置和关闭时间组成的粒子空间位置向量；D 表示搜索空间；$g(P_i)$ 表示约束条件，如式(4-3)所示：

$$\begin{cases} N_{max} \leqslant N_{design} \\ H_{max} \leqslant H_{design} \end{cases} \tag{4-3}$$

式中，N_{design}、H_{design} 分别为机组转速上升率极值约束和蜗壳进口压力极值约束。

4.1.2　模糊满意度评价函数

为了在求出的 Pareto 非劣解集中确定最终解，往往设计者需根据工作经验从非支配解集中挑选一个最优解。目前对多目标非劣解求解的方法主要有线性权重法、几何平均加权法、极值法等。为了避免人为设置目标权重的经验性和偶然性，本节引入模糊满意度评价法优选各个目标兼容性都比较好的非劣解[2]，模糊隶属度函数[3]如式(4-4)所示：

$$\mu_i = \frac{f_{i,max} - f_i}{f_{i,max} - f_{i,min}} \tag{4-4}$$

式中，f_i 为第 i 个非劣解适应度值；$f_{i,max}$ 和 $f_{i,min}$ 分别为适应度值的极大值和极小值。标准化满意度值如式(4-5)所示：

$$\mu = \frac{1}{m} \sum_{i=1}^{m} \mu_i \tag{4-5}$$

式中，m 为优化目标数。满意度值最大的解就表示各目标兼容性都比较好的非劣解。

4.1.3　实例研究

本节利用第 2 章搭建的抽水蓄能机组精细化模型仿真计算机组转速极值和蜗壳压力极值作为目标函数，依次选取多目标引力搜索算法 MOGSA 和多目标粒子群算法 MOPSO 优化算法，求出机组在水泵断电工况下的 Pareto 非劣解集前沿。最后，利用模糊函数评价法选取最优折中解，与某抽水蓄能电站机组实际运行数据进行了对比。

利用多目标引力搜索算法 MOGSA 作为优化算法，其中具体的参数设置为引力质点种群规模 $N = 20$，引力常数 $G_0 = 40$，$\partial = 6$，$T = 50$，$c_1 = c_2 = 0.8$。对比优化算法 MOPSO 参数设置：粒子种群大小为 20，$T = 50$。电站设计校核值设定为机组转速上升极值 $N_{design} = 50\%$，蜗壳进口压力极值 $H_{design} = 850\text{m}$。

本节采用多目标粒子群(MOPSO)算法和多目标引力搜索算法(MOGSA)对目标函数进行求解，对应得到的 Pareto 非支配解集以及优化指标对比如表 4-1 所示。

由表 4-1 中数据可以看出，同可逆式水泵水轮机制造公司福伊特利推荐的导叶关闭规律相比，用 MOPSO 和 MOGSA 两种多目标优化算法优化求解出的优化目标转速上升极大值 N_{max} 和蜗壳水锤压力极大值 H_{max} 均有很大程度上的降低。

表 4-1 水泵断电工况下导叶关闭规律控制指标比较

导叶关闭方式	拐点 $(t_1,y_1)/(s,1)$	关闭时间 t_2/s	蜗壳水锤极大值 H_{max}/m	转速上升极大值 $N_{max}/\%$	标准化满意度 μ
导叶拒动	—	—	749.0	122.0	—
厂家推荐	(35.0,0)	35.0	690.34	50.0	—
	(18.99,0.09)	33.17	624.76	39.49	0.63
	(17.32,0.09)	35.27	625.67	33.81	0.68
	(17.14,0.09)	35.36	625.62	33.85	0.69
	(17.09,0.1)	35.30	625.6	33.97	0.68
	(16.98,0.1)	35.24	625.59	34.96	0.67
	(18.13,0.09)	35.74	625.32	39.21	0.62
	(18.06,0.1)	36.23	625.32	41.55	0.58
	(18.24,0.1)	36.20	625.24	42.44	0.57
	(18.47,0.1)	36.16	625.1	43.87	0.56
2 段 (MOPSO 优化)	(18.55,0.1)	36.43	625.06	44.64	0.55
	(18.98,0.1)	36.78	624.51	47.55	0.52
	(19.03,0.1)	36.94	624.38	48.54	0.51
	(19.18,0.1)	36.81	624.18	48.72	0.51
	(17.56,0.09)	37.28	623.74	50.53	0.50
	(16.31,0.09)	32.71	628.54	30.33	0.65
	(16.17,0.09)	32.16	633.77	22.29	0.60
	(15.96,0.09)	32.24	634.86	21.72	0.57
	(15.83,0.09)	32.31	635.88	20.70	0.56
	(15.52,0.09)	32.29	636.98	19.98	0.53
	(15.11,0.09)	32.01	639.34	17.87	0.49
	(13.58,0.09)	34.23	635.69	12.74	0.50
	(14.54,0.09)	34.77	632.38	18.19	0.55
	(15.47,0.09)	34.08	630.37	21.42	0.58
	(15.97,0.09)	34.25	628.49	25.41	0.60
2 段 (MOGSA 优化)	(15.85,0.12)	34.34	628.21	27.30	0.58
	(16.36,0.09)	35.05	627.1	27.82	0.62
	(16.45,0.09)	34.82	626.79	28.92	0.61
	(16.59,0.09)	35.53	626.48	30.18	0.61
	(19.65,0.09)	34.11	623.59	44.62	0.50
	(19.27,0.09)	33.82	624.35	42.09	0.51

续表

导叶关闭方式	拐点 $(t_1,y_1)/(s,1)$	关闭时间 t_2/s	蜗壳水锤极大值 H_{max}/m	转速上升极大值 N_{max}/%	标准化满意度 μ
	(19.08,0.09)	33.60	624.63	40.66	0.52
	(18.77,0.09)	32.68	625.01	37.43	0.55
	(18.65,0.09)	32.75	625.1	36.87	0.56
	(18.53,0.09)	32.85	625.16	36.33	0.57
	(18.52,0.09)	32.85	625.19	36.11	0.57
2 段 (MOGSA 优化)	(18.44,0.09)	32.70	625.23	35.56	0.57
	(18.21,0.09)	32.64	625.5	32.84	0.61
	(18.09,0.09)	32.64	625.51	32.81	0.61
	(17.92,0.09)	32.39	625.55	31.92	0.62
	(17.81,0.09)	32.46	626.17	31.34	0.60
	(17.76,0.09)	32.45	626.3	31.08	0.60
	(18.99,0.09)	33.17	624.76	39.49	0.53

依据表 4-1 H_{max} 和 N_{max} 组成的二元解集,在坐标系中绘制两种算法相应的 Pareto (非劣解集)前沿如图 4-2 所示。由图 4-2 中两者优化结果的前沿对比可见,相比于 MOPSO 算法,MOGSA 算法的优化 Pareto 前沿更靠前,寻优效果更好。

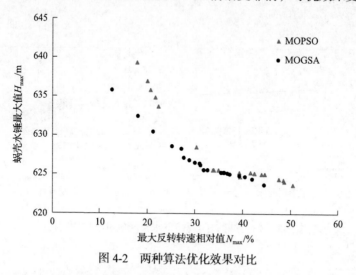

图 4-2　两种算法优化效果对比

利用模糊满意度评价函数计算两种多目标优化方法所得 Pareto 非劣解集各指标的整体满意度 μ 如表 4-2 所示,在两种优化算法各自的 Pareto 非劣解集中选取模糊满意度值 μ 最大的非劣解作为最优导叶关闭规律的折中解。

表 4-2   两种算法最佳折中解比较

优化算法	拐点 $(t_1, y_1)/(s,1)$	关闭时间 t_2/s	蜗壳水锤极大值 H_{max}/m	转速上升极大值 $N_{max}/\%$	尾水管进口压力极小值 H_{draft}/m
MOGSA	(17.92,0.09)	32.39	625.55	31.92	93.96
MOPSO	(17.14,0.09)	35.36	625.62	33.85	94.26

将模糊满意度函数法选出的导叶关闭规律最优解与设备厂家推荐的导叶关闭规律进行机组水泵断电工况仿真试验对比,仿真计算结果如图 4-3 所示。从图 4-3 中可以明显看出,相比于原厂关闭规律,MOPSO 算法和 MOGSA 算法优化所得的导叶关闭规律控制效果更好,一定程度上降低了机组转速升高极值 N_{max} 和蜗壳水击极值 H_{max}。

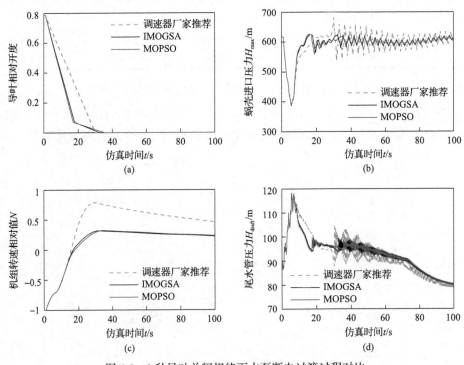

图 4-3   3 种导叶关闭规律下水泵断电过渡过程对比

4.2   甩负荷工况导叶控制规律优化

在抽水蓄能机组甩负荷过渡过程中,水击压力脉动和可逆式机组转速等运行参量相互影响,出现极大的动态响应值,优化选取最佳的关机导叶控制规律可以在一定范围内减小过水系统水击压力和机组转速峰值，但是两者之间存在着非支配协联关系。因此，综合考虑导叶紧急关闭时的多个目标的协联关系，并使用多目标智能计算方法计算目标之间的 Pareto 支配关系，最后采用模糊隶属度函数评价法优选导叶最优关闭规律，得到各个目标安全裕量较为平均的关闭规律最优解，对改善机组在甩负荷工况下运行稳定性有着很大的工程价值。

4.2.1　多目标优化方法

1) 多目标引力搜索算法

采用 MOGSA 算法，与 4.1.1 节一致，不再赘述。

2) 选择优化参量

采用两段式折线导叶关闭规律，与 4.1.1 节一致，不再赘述。

3) 确定优化目标

多目标优化目标函数如式(4-2)和式(4-3)所示。

4.2.2　模糊满意度评价函数

为避免人为设置目标权重的经验性和偶然性，本节采用 4.1.2 节所述模糊满意度评价法优选各个目标兼容性都比较好的非劣解。

4.2.3　实例研究

本节利用第 2 章搭建的抽水蓄能机组过渡过程模型仿真计算机组转速极值和蜗壳压力极值作为目标函数，依次选取多目标引力搜索算法 MOGSA 和多目标粒子群算法 MOPSO 优化算法，分别求出机组在甩 100%负荷工况下的 Pareto 非劣解集前沿。最后，利用模糊函数评价法选取最优折中解，与洪屏抽水蓄能电站机组两工况实际运行数据进行了对比。

本节将多目标引力搜索算法 MOGSA 作为优化算法，其中具体的参数设置为引力质点种群规模 $N=20$，引力常数 $G_0=40$，$\partial=6$，$T=50$，$c_1=c_2=0.8$。对比优化算法 MOPSO 参数设置：粒子种群大小为 20，$T=50$。电站将校核值设定为机组转速上升极值 $N_{design}=50\%$，蜗壳进口压力极值 $H_{design}=850\mathrm{m}$。

甩负荷工况下机组转速迅速变大，导叶在紧急关闭过程中，过水管道会出现极大的水击压力脉动，给电站稳定运行带来风险。同样利用上述 MOPSO 算法和 MOGSA 算法求解计算得到 Pareto 非劣解集和各个控制指标以及模糊满意度如表 4-3 所示。在坐标系中绘制两种算法相应的 Pareto(非劣解集)前沿如图 4-4 所示。

表 4-3　甩负荷工况下导叶关闭规律控制指标比较

导叶关闭方式	拐点 $(t_1,y_1)/(s,1)$	关闭时间 t_2/s	蜗壳水锤极大值 H_{max}/m	转速上升极大值 N_{max}/%	评价函数 μ
导叶拒动	—	—	734.20	39.55	—
厂家推荐	(35.0,0)	35.0	826.00	36.50	—
2段 (MOPSO 优化)	(7.22,0.25)	26.26	815.2765	34.22	0.5
	(11.17,0.18)	25.94	781.1692	35.31	0.5151
	(16,0.04)	29	773.6999	35.77	0.479
	(16.84,0.09)	28.79	763.6243	35.97	0.506
	(21.59,0.09)	27.41	760.3165	36.32	0.4623
	(21.91,0.09)	31.02	759.4638	36.34	0.4645
	(20.38,0.19)	35.16	756.1561	36.4	0.4737
	(21,0.2)	36	753.8792	36.45	0.4801
	(20,0.28)	30.57	750.6695	36.51	0.488
	(20.57,0.29)	29.49	748.8527	36.55	0.4919
	(22.69,0.24)	34.56	747.4011	36.59	0.4951
	(18.38,0.4)	32.85	745.8226	36.62	0.4981
	(19.16,0.4)	31.78	744.5579	36.66	0.4994
	(23.39,0.29)	31.07	743.5951	36.69	0.5003
	(20.32,0.4)	31	742.5796	36.72	0.5013
	(26.02,0.3)	30.14	740.4629	36.79	0.5021
	(23.77,0.38)	31.3	739.6987	36.81	0.5026
	(21.26,0.5)	32.13	737.5437	36.89	0.5017
	(20.63,0.53)	31.19	736.8349	36.91	0.5021
	(21,0.58)	31	734.8578	36.99	0.5
2段 (IMOGSA 优化)	(8.98,0.22)	33.15	801.5117	34.81	0.353274
	(11.4,0.27)	32.53	777.2197	35.66	0.832096
	(6.01,0.04)	29.24	852.1631	32.3	0.307519
	(8.69,0.06)	31.14	817.8569	34.04	0.331604
	(10.68,0.19)	32.2	784.2533	35.2	0.396504
	(9.89,0.45)	32.06	763.509	35.96	0.887738
	(5.9,0.02)	30.02	850.8849	32.35	0.445471
	(6.12,0.06)	30.57	842.1109	32.85	0.364615
	(9.18,0.03)	32.14	821.8928	33.93	0.405519
	(8.71,0.14)	31.27	814.472	34.37	0.325771

续表

导叶关闭方式	拐点 $(t_1,y_1)/(s,1)$	关闭时间 t_2/s	蜗壳水锤极大值 H_{max}/m	转速上升极大值 $N_{max}/\%$	评价函数 μ
2 段 (IMOGSA 优化)	(9.69,0.31)	31.52	779.2017	35.39	0.748761
	(6.84,0.02)	30.21	840.006	32.98	0.371269
	(9.16,0.02)	31.39	820.7857	33.95	0.599326
	(6.38,0.02)	30.01	846.0694	32.66	0.355688
	(9.13,0.05)	32.88	825.8629	33.85	0.526452
	(6.9,0.01)	29.3	839.0173	33.12	0.08532
	(15.94,0.46)	33.08	747.6055	36.58	0.817725
	(7.8,0.03)	28.53	838.581	33.62	0.060186
	(16.79,0.56)	31.67	739.3292	36.82	0.853532
	(8.22,0.02)	31.21	838.22	33.63	0.061786

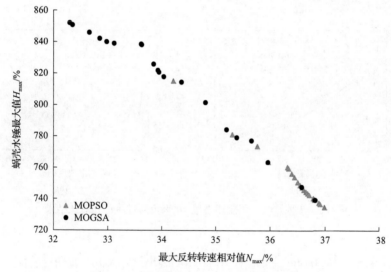

图 4-4　MOPSO 与 MOGSA 优化效果对比

在抽水蓄能机组甩 100%工况下，由图 4-4 中两者优化结果的前沿对比可见，MOPSO 算法和 MOGSA 算法的 Pareto 前沿基本重合，而 MOGSA 计算获取的非支配解集分散更加平均。表 4-4 为选取的模糊评价函数 μ 值最大的导叶关闭规律最佳折中解。

图 4-5 为导叶关闭规律最佳折中解与设备厂家推荐的导叶关闭规律进行机组仿真试验的对比结果。可以看出，两种算法优化所得的机组甩负荷工况下导叶关闭规律均有着不错的控制效果，一定程度上降低了机组转速上升极大值 N_{max} 和蜗壳水锤极大值 H_{max}。

表 4-4　两种算法最佳折中解比较

优化 算法	拐点 $(t_1, y_1)/(s, 1)$	关闭时间 t_2/s	蜗壳水锤极大值 H_{max}/m	转速上升极大值 $N_{max}/\%$	尾水管进口压力极值 H_{draft}/m
MOGSA	(9.89,0.45)	32.06	763.51	35.96	82.18
MOPSO	(11.17,0.18)	25.94	781.17	35.31	82.49

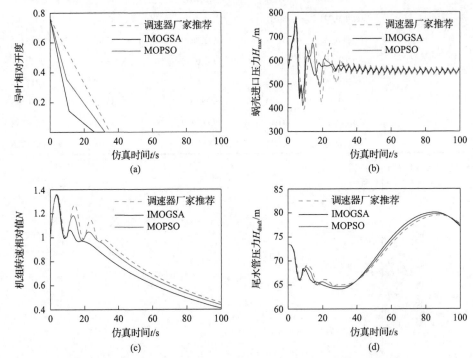

图 4-5　3 种导叶关闭规律下甩 100%负荷过渡过程对比结果

4.3　甩负荷工况导叶与球阀联动关闭规律优化

　　抽水蓄能机组甩负荷工况下的导叶关闭规律对过水系统的水锤压力及机组转速变化影响较大，它取决于过水系统流道布置、可逆式水泵水轮机和调节系统的特性，选择合理的关闭规律可以最大限度地降低蜗壳水锤压力、缓解尾水管进口真空度及限制机组最大转速上升值，这对确保机组和电站的安全稳定运行具有重要意义。

　　甩负荷过程属于大波动过程，过水系统应该选用电路等效精细化模型进行仿真。图 4-6 为简化后的单管单机管道布置示意图。

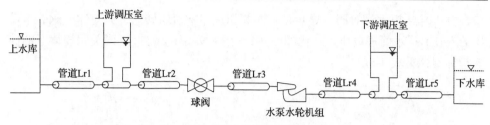

图 4-6　简化后的单管单机管道布置示意图

选取单机甩 100%负荷工况来优化导叶及球阀关闭规律，初始负载稳态的参数如下：上水库水位 H_u=733m；下水库水位 H_d=181m，导叶开度 y=100%，通过仿真计算得到的管道稳定流量 Q_0=62.52m³/s，即初始时刻 $Q_1=Q_2=Q_3=Q_0$=62.52m³/s，机组净水头 H=545.77m，上调压室水位 H_1=732.77m，下调压室水位 H_2=181.41m。

球阀水头损失系数 $\alpha = \dfrac{K}{2gA^2}$，其中 A 为球阀处管道面积，K 为球阀流量系数。球阀流量系数 K 随角度的变化规律表如表 4-5 所示。

表 4-5　球阀流量系数 K 随角度的变化规律表

角度/(°)	90	80	70	60	50	40
流量系数 K	0.0232	0.0386	0.0772	0.213	0.600	1.64
角度/(°)	30	20	10	1	0.1	0.01
流量系数 K	4.81	17.5	96.1	1.26×10^4	1.71×10^6	2.46×10^8

4.3.1　甩负荷导叶一段直线关闭规律

与其他种类的水轮机组相比，可逆式水泵水轮机有自身的特殊性：可逆式水泵水轮机的转轮直径较大，离心作用力较大，转速升高时的截止效应使得水轮机方向进流速度显著下降。机组达到飞逸转速后进入水轮机制动区，由于水流对转轮的阻挡作用，使得转速略有下降。如果这时惯性力仍未消失，机组进入反水泵区，转轮离心力会将水流反向推出，转速将再增大。这种特点反映在流量特性曲线上为水轮机制动工况区和反水泵区的"S"特性曲线，在"S"特性区域内机组在同一个单位转速下可能处在 3 个不同的单位流量下，其中还有一个是负流量。可逆式机组发生甩负荷时，机组在达到飞逸转速并且经过水轮机制动区过程中流量将显著下降，从而产生较大的水击压力，并且一旦机组运行进入反水泵不稳定区域内，流量将发生数次反复波动，危害可逆式水泵水轮机组的安全稳定运行。

抽水蓄能采用导叶直线关闭，分别采用 40s、45s、50s、55s、60s 导叶关闭规律，并以导叶拒动作对照。导叶在不同关闭规律下机组转速上升对比、蜗壳末端压力对比，尾水管进口压力对比如图 4-7～图 4-9 所示。导叶不同关闭规律下的性能指标对比见表 4-6。

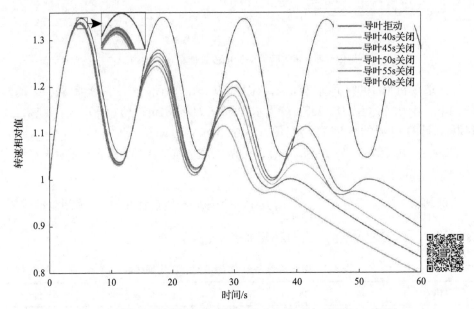

图 4-7　导叶不同关闭规律下机组转速上升对比(彩图扫二维码)

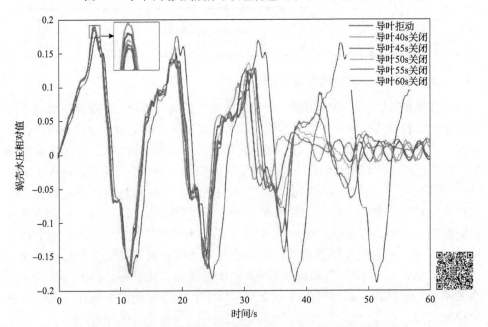

图 4-8　导叶不同关闭规律下蜗壳末端压力对比(彩图扫二维码)

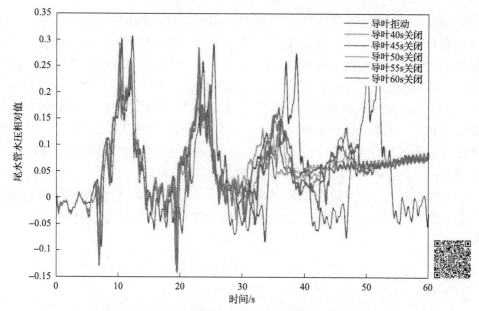

图 4-9　导叶不同关闭规律下尾水管进口压力对比(彩图扫二维码)

表 4-6　导叶不同关闭规律下的性能指标对比

导叶关闭时间	拒动	40s	45s	50s	55s	60s
转速上升/%	34.89	33.47	33.6	33.7	33.78	33.85
蜗壳水压极大值/mH₂O	763.66	773.99	771.73	770.2	769.17	768.25
第一相尾水管低压/mH₂O	49.81	47.52	46.10	44.63	44.05	44.57
第二相尾水管低压/mH₂O	53.96	58.54	44.44	42.14	42.36	42.09

由图 4-7～图 4-9 和表 4-6 可知,导叶采用一段式关闭规律时,关闭速度越快,流量下降越快,转速上升越少,蜗壳压力最大值越大,第一相水管真空度极值越大。但是第二相尾水管真空度极值在导叶关闭速度较慢时,较第一相更大。因此导叶关闭时间越长虽然能显著地降低蜗壳水压最大值,但却诱发了机组更大的水力振荡,降低了尾水管第二相水击压力,反而增大了尾水管真空度的风险,可能对机组运行产生了极大的不利影响。因此在导叶一段式关闭时,应尽量地采取快速关闭的方式,避免过多的水击振荡。对于快关造成的蜗壳进口水压和尾水管第一相极值增大情况,拟采用球阀和导叶联合关闭的规律来解决。

4.3.2　甩负荷导叶与球阀联动关闭规律优化

从上面分析可知,仅仅只考虑导叶关闭规律,很难同时兼顾降低蜗壳压力、缓解尾水管真空度及限制机组转速最大上升值,无法从根本解决它们之间的矛盾[4]。

考虑到甩负荷工况下可逆式水泵水轮机组的流量变化主要由机组转速上升与导叶关闭联合作用引起，为了避免两者联合作用，可采用导叶滞后关闭的方式[5]，当转速上升使机组来到水轮机制动区时，水道流量由于转速上升迅速降低，此时机组转速与过水管道压力将呈现下降趋势，然后迅速关闭导叶，由于水道流量较小，故不会引起很大的水击压力。但初期导叶拒动又将导致机组转速上升过快，不可避免地进入"S"特性水力不稳定区[6]，严重危害着过水系统及机组的稳定。为了避免上述不稳定工况的出现，可在导叶滞后关闭的同时联动地关闭机组前的球阀[7]，以减弱由于导叶滞后关闭所诱发的剧烈水力振荡。

利用球阀大开度下的过流特性较缓和，小开度下过流特性剧烈的特点，采用先快后慢的两段折线关闭规律关闭球阀切断水流。球阀的折线关闭规律如图 4-10 所示。

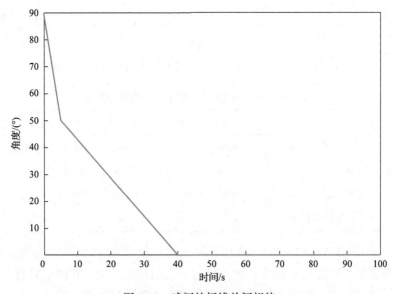

图 4-10　球阀的折线关闭规律

导叶滞后、球阀联动关闭规律的关键是设置导叶滞后关闭的时长。如果时长设置不合适，很有可能达不到减小水锤压力的效果。在甩负荷下导叶拒动，选择当蜗壳末端压力、尾水管进口压力、机组转速均已达到最大值且开始有下降趋势时的点当作导叶滞后关闭结束的时间点，依据上述控制变量极值出现的时刻，分别选取导叶滞后 6s、8s、10s 和 12s 关闭情况进行对比，期望选择该抽水蓄能电站最优的导叶关闭滞后点，仿真结果如图 4-11～图 4-13 所示，相关性能指标计算见表 4-5。

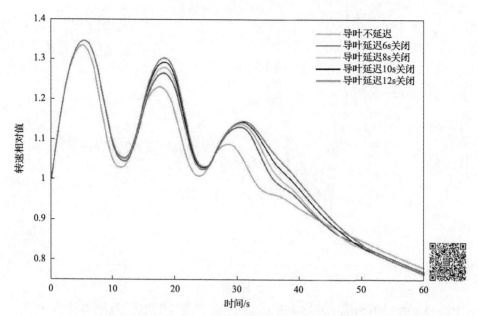

图 4-11　导叶与球阀联动导叶不同延迟时间下转速上升过程(彩图扫二维码)

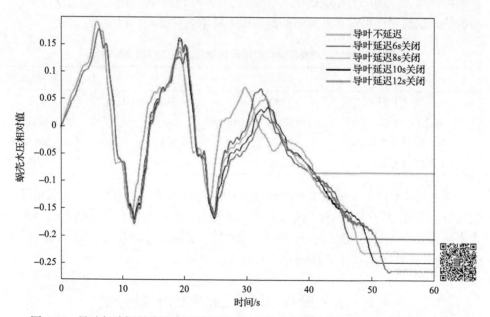

图 4-12　导叶与球阀联动导叶不同延迟时间下蜗壳末端压力变化过程(彩图扫二维码)

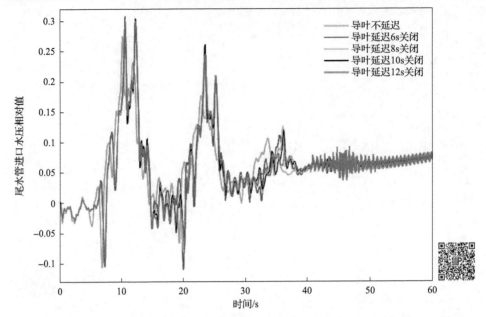

图 4-13　导叶与球阀联动导叶不同延迟时间下尾水管进口压力变化过程(彩图扫二维码)

由图 4-11～图 4-13 和表 4-7 可知,采用球阀联动导叶滞后关闭规律,可以显著地降低蜗壳末端压力和缓解尾水管真空度,并且转速和水击振荡都衰减得更快,根据仿真试验对比可知在滞后时间的选取上应取 8～12s 为宜。

表 4-7　导叶与球阀联动导叶不同延迟时间下的性能指标对比

导叶延迟关闭时间	不延迟	延迟 6s	延迟 8s	延迟 10s	延迟 12s
转速上升/%	33.39	34.58	34.58	34.58	34.58
蜗壳水压极大值/mH₂O	773.10	763.20	762.53	762.53	762.53
第一相尾水管低压/mH₂O	47.71	47.98	50.17	50.17	50.17
第二相尾水管低压/mH₂O	54.04	47.14	51.74	55.42	52.37

综上所述,针对可逆式水泵水轮机组"S"特性区域的水力特点,在机组甩负荷后采用导叶滞后球阀联合关闭的规律,再经合理选取导叶滞后时间可达到降低水击压力及水力振荡的效果,这种调节规律能大幅降低水锤压力,有效地减弱进入反"S"特性区域后的水力振荡。

4.4　水泵断电工况关键指标定量分析

本节利用傅里叶变换、希尔伯特谱分析等时频分析方法[8-13],解析某抽水蓄能机组在不同扬程下水泵断电过渡过程机组转速、水锤水压、尾水管进口压力脉动与轴系振动实测数据的时频特征，并解析其时变规律与特征频率的演变。进一步，本节通过现场试验和仿真试验获取不同扬程、导叶关闭规律下水泵断电过渡过程的暂态数据，解析导叶关闭规律与暂态过程关键特征参数间的相关性。

4.4.1　关键指标分析流程

某抽水蓄能电站水泵抽水工况突然断电，机组运行实测参数关键指标量分析步骤如下所示。

(1) 重采样。对实测的四处测点压力脉动数据，取波形起始时刻为采样时间的第 206.77s，采样频率为 1/0.0083s=120.4819Hz，整个过程经历时间为 33.2s。对应时间段内的实测机组转速波形如图 4-14 所示。

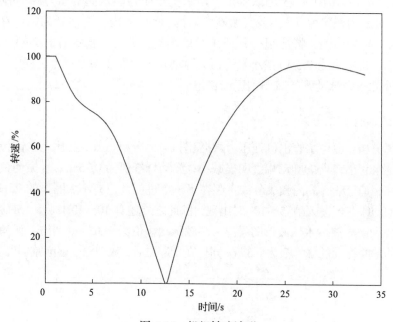

图 4-14　机组转速波形

整个过程描述：在时刻为 1s 时，水泵工况的机组突然断电，同时导叶开始关闭，水泵方向转速由额定转速的 100%开始下降，至 12.5s 时刻，转速下降到 0 并由于惯性开始反向加速，在 27.5s 时刻，转速上升到水轮机方向额定转速的 97.38%，随后转速又开始下降，与水轮机停机工况类似。

(2) 趋势项滤波。为了更好地分析出压力脉动数据的特征频谱，先对重采样后的实测数据波形进行滤波处理。即采用改进的经验小波变换 (empirical wavelet transform, EWT) 对实测波形进行分解，得到频率由低到高的若干个单频分量，将最低频段的若干个单峰分量滤掉，保留其他剩下的高频分量，并构成重组信号。

这种处理方式，不会改变原信号的特征频谱，相当于将直流分量滤除，使波形基本保持在 x 坐标轴即 0 刻度线上下对称。优点是在绘制傅里叶频谱图和希尔伯特谱图时，只保留我们关心的高频低幅分量，与滤波前相比频谱图的尺度更精确、更直观。

(3)绘制重构信号的傅里叶频谱图。

(4)绘制重构信号的希尔伯特谱图。

4.4.2　实测数据关键指标分析

1. 尾水锥管压力验水阀

特征分析：由图 4-15 可以看出，尾水锥管压力验水阀的压力脉动峰峰值约为 1.2Hr(Hr 为额定水头)。在突然断电后的 5～15s 内，有短暂的幅值在–0.5～0.5Hr 内的高频振荡，特征频率分别在 5Hz 附近。此外，稳定后的小幅脉动频率也为 5Hz，且频率为 2.5Hz 的小幅度压力脉动几乎存在于整个过渡过程中。15s 之后，该处的压力脉动开始减弱到逐渐稳定。

2. 尾水出口压力

特征分析：由尾水管出口处压力数据(图 4-16)分析可知，相比尾水锥管的压力脉动，尾水管出口处的脉动幅度明显减小，波动峰峰值为 0.35Hr，且振动频率成分相对较高，有 18Hz 的高频成分一直存在于整个过程，也有不太明显的 25Hz(机组频率 50Hz 的一半)振动在 5～10s 时出现，除此之外还有 10～13Hz、1～5Hz 的时变频率成分。由滤波后水压波形图看出，高频脉动幅值为–0.05～0.05Hr，而滤掉的频率为 0 的单峰振动的峰峰值为 0.3Hr。同样在 15s 之后，脉动幅度逐渐减弱以至稳定。

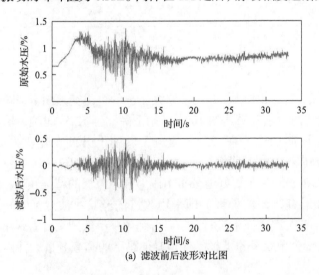

(a) 滤波前后波形对比图

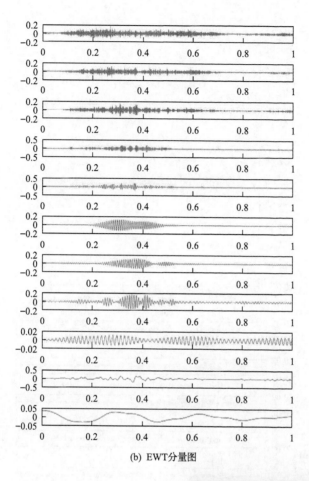

(b) EWT分量图

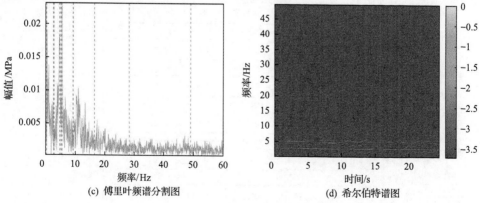

(c) 傅里叶频谱分割图　　　　　　　(d) 希尔伯特谱图

图 4-15　尾水锥管压力验水阀压力脉动

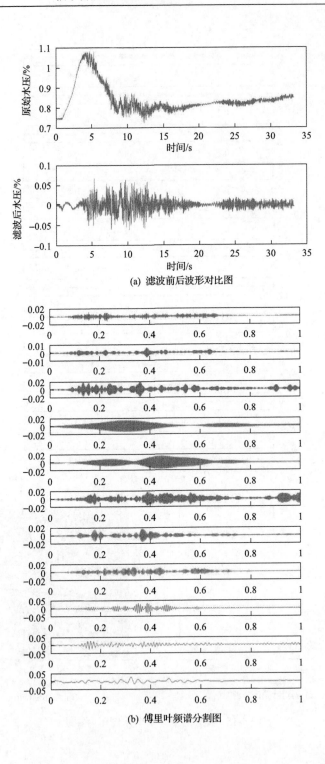

(a) 滤波前后波形对比图

(b) 傅里叶频谱分割图

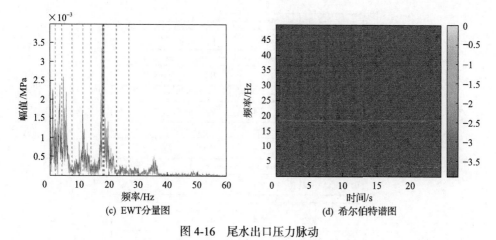

(c) EWT分量图　　　　　　　　　(d) 希尔伯特谱图

图 4-16　尾水出口压力脉动

3. 球阀前压力

特征分析：由图 4-17 可以看出，整个波形的峰峰值约为 1.6Hr，而滤除第一个 EWT 分量后重构信号的高频脉动幅值为–0.2～0.2Hr 内。振幅稳定且较大的振动频率几乎集中在 0.3～2Hz 的频段。断电开始的 0～10s 内，存在一个频率成分明显为 0.4Hz 的波动分量，而频率成分为 0.3Hz 的分量在 5～20s 的时间段内较明显。但明显也能看到 50Hz 的小幅脉动在 5～10s 的断电阶段出现，同时 20s 之后压力脉动逐渐稳定。

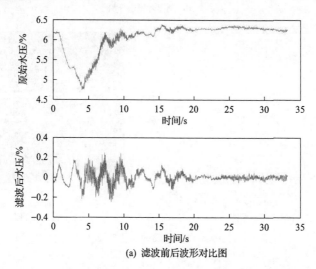

(a) 滤波前后波形对比图

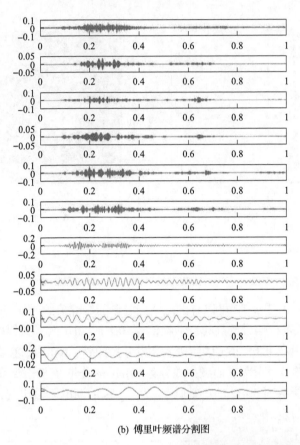

(b) 傅里叶频谱分割图

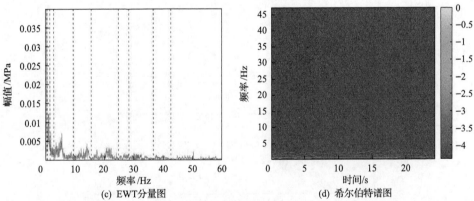

(c) EWT分量图　　　　　(d) 希尔伯特谱图

图 4-17　球阀前压力脉动

4. 球阀后压力

特征分析：球阀后压力脉动(图 4-18)与球阀前压力脉动(图 4-17)基本类似，最大的脉动幅值约为 1.66Hr，且滤除低频后的高频脉动幅值相比于球阀前压力脉动也有所增大，在-0.3Hr～0.3Hr 内。压力脉动的频率成分基本相同，也是集中在 0.3～2Hz 的低频区，0～10s 存在明显的 0.4Hz 的频率成分，而 5～20s 时，频率为 0.3Hz 的脉动分量比较明显。但仍能看出在断电工况出现的 5～10s 内，17Hz、20Hz 等较高的频率脉动短暂出现。20s 之后，球阀后压力脉动逐渐稳定。

本节通过以上对某抽水蓄能机组水泵工况突然断电过渡过程的实测数据的分析，可以清晰地反映各关键指标量，如压力脉动等参数在整个过程中的时变规律与特征频率的演变。并根据定量分析出的特征指标与频谱图，推测出各个测点参数量之间的联系与传递关系，为分析水泵断电后对机组设备的影响打下坚实基础。

4.4.3　多场景仿真数据指标分析

为了分析多种扬程、不同导叶关闭规律下的水泵工况抽水断电的水力过渡过程仿真信号各项指标，本节设计以下计算方案。

(1)机组抽水断电，导叶关闭时间为 40s，下库水位固定为 163m，上库水位分别为 733m、723m、716m 这 3 种计算方案。

(2)机组抽水断电，上下游水库分别为 716m、184.11m 与 733m、163m 两种情况时，对比分析了导叶关闭时间分别为 20s、40s 时的计算方案。

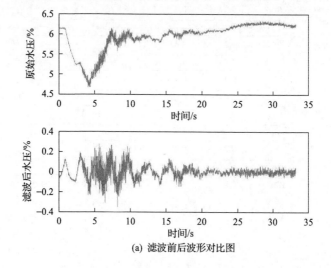

(a) 滤波前后波形对比图

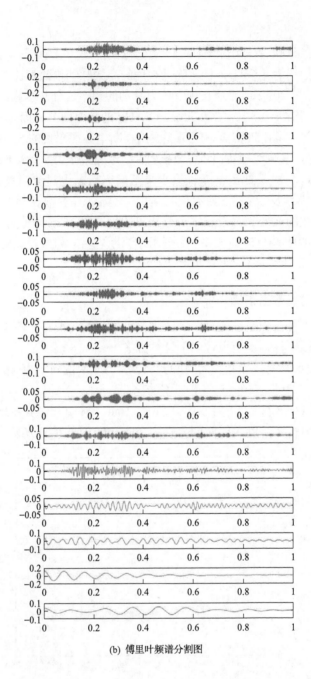

(b) 傅里叶频谱分割图

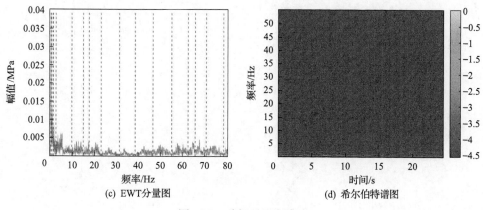

(c) EWT分量图　　　　　　　　(d) 希尔伯特谱图

图 4-18　球阀后压力脉动

由图 4-19～图 4-24 可知，随着上游水位的升高，上游调压室的涌浪也随之抬高，而对下游调压室几乎无影响，对蜗壳末端压力的影响较大，而对尾水管进口和出口处压力影响较小，对机组转速的影响也较小。水位升高的过程上游调压室最高涌浪水位上升了 16.9m，故上游水位越高对设备安全的影响越大。

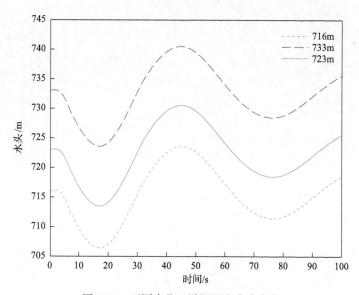

图 4-19　不同水位上游调压室水头变化

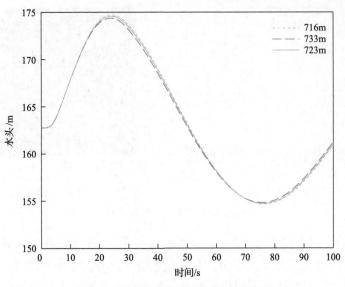

图 4-20　不同水位下游调压室水头变化

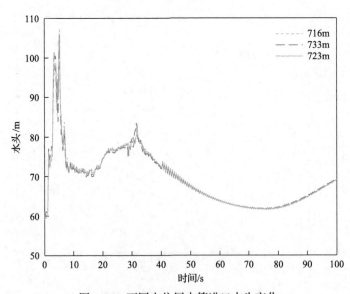

图 4-21　不同水位尾水管进口水头变化

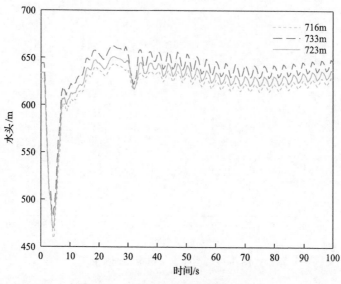

图 4-22　不同水位蜗壳末端水头变化

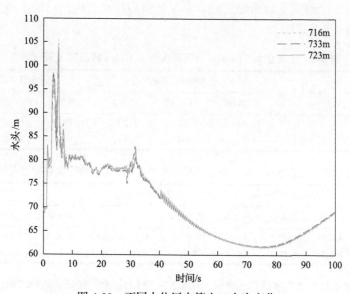

图 4-23　不同水位尾水管出口水头变化

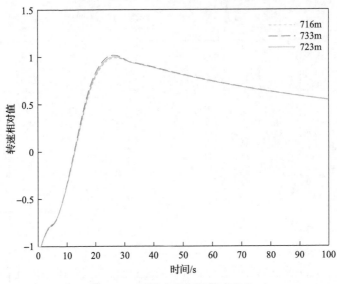

图 4-24　不同水位机组转速变化

由表 4-8～表 4-13 和图 4-25 和图 4-26 可以看出导叶关闭后,在水击波的影响下,蜗壳末端动水压力先减小后增大,形成一个波谷和一个波峰,之后在调压室涌浪的影响下,形成了后面的尾波。水泵断电后尾水管进出口动水压力先增大后减小然后趋于稳定。

表 4-8　上游水位 716.00m、下游水位 184.11m 调压室及转速参数

导叶关闭时间/s	转速上升/%	引水调压室浪涌/m			尾水调压室浪涌/m		
		初始值	最小值	最大值	初始值	最小值	最大值
20	37.16	716.16	707.30	722.12	183.83	177.36	190.11
40	96.16	716.16	706.21	723.67	183.83	176.60	190.56

表 4-9　上游水位 716.00m、下游水位 184.11m 调节特征参数时域指标

导叶关闭时间/s	蜗壳进口水头/m			尾水管进口水头/m			尾水管出口水头/m		
	最小值	最大值	标准差	最小值	最大值	标准差	最小值	最大值	标准差
20	456.27	681.98	37.21	75.82	126.90	8.69	77.51	124.67	8.59
40	457.42	641.54	28.14	78.42	126.26	6.69	83.56	124.42	7.02

表 4-10　上游水位 716.00m、下游水位 184.11m 调节特征参数频域指标

导叶关闭时间/s	蜗壳进口水头/m			尾水管进口水头/m			尾水管出口水头/m		
	重心频率/Hz	均方根频率/Hz	频率方差	重心频率/Hz	均方根频率/Hz	频率方差	重心频率/Hz	均方根频率/Hz	频率方差
20	0.2461	1.6538	2.6744	0.8815	3.0814	8.7179	0.6790	2.6243	6.4260
40	0.0353	0.3572	0.1396	0.3124	1.7369	2.9194	0.3251	1.8156	3.1907

表 4-11 上游水位 733.00m、下游水位 163m 调压室及转速参数

导叶关闭时间/s	转速上升/%	引水调压室浪涌/m			尾水调压室浪涌/m		
		初始值	最小值	最大值	初始值	最小值	最大值
20s	46.17	733.12	724.72	739.11	162.79	156.22	172.41
40s	101.9	733.12	723.62	740.52	162.79	154.84	174.38

表 4-12 上游水位 733.00m、下游水位 163m 调节特征参数时域指标

导叶关闭时间/s	蜗壳进口水头/m			尾水管进口水头/m			尾水管出口水头/m		
	最小值	最大值	标准差	最小值	最大值	标准差	最小值	最大值	标准差
20	482.93	701.12	37.04	59.87	102.35	8.01	61.61	99.98	8.11
40	483.20	662.70	28.00	60.12	104.30	7.06	61.73	101.92	7.82

表 4-13 上游水位 733.00m、下游水位 163m 调节特征参数频域指标

导叶关闭时间/s	蜗壳进口水头/m			尾水管进口水头/m			尾水管出口水头/m		
	重心频率/Hz	均方根频率/Hz	频率方差	重心频率/Hz	均方根频率/Hz	频率方差	重心频率/Hz	均方根频率/Hz	频率方差
20	0.2246	1.5676	2.4069	0.8652	2.9751	8.1028	0.5762	2.1998	4.5071
40	0.0548	0.6626	0.4361	0.4899	2.3394	5.2329	0.2435	1.3749	1.8312

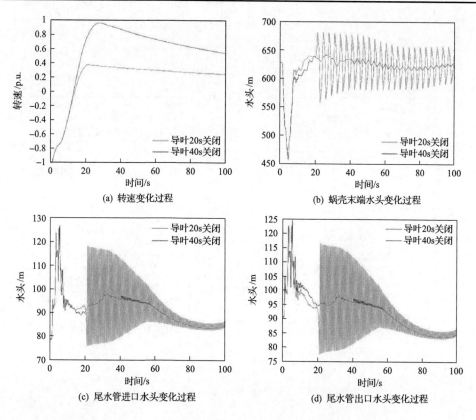

(a) 转速变化过程

(b) 蜗壳末端水头变化过程

(c) 尾水管进口水头变化过程

(d) 尾水管出口水头变化过程

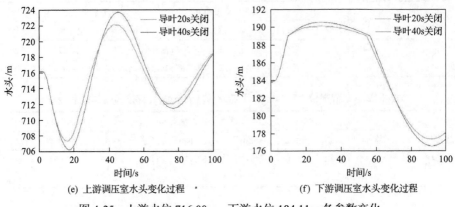

(e) 上游调压室水头变化过程

(f) 下游调压室水头变化过程

图 4-25 上游水位 716.00m、下游水位 184.11m 各参数变化

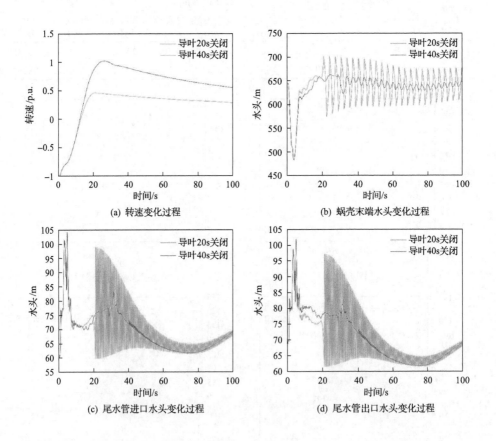

(a) 转速变化过程

(b) 蜗壳末端水头变化过程

(c) 尾水管进口水头变化过程

(d) 尾水管出口水头变化过程

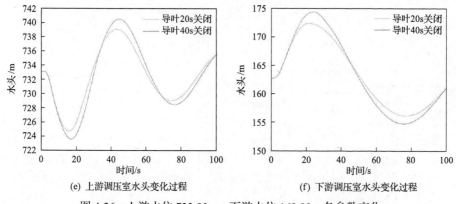

(e) 上游调压室水头变化过程　　　　　(f) 下游调压室水头变化过程

图 4-26　上游水位 733.00m、下游水位 163.00m 各参数变化

　　导叶关闭时间为 20s 时，产生了较大的水击波，蜗壳末端和尾水管进出口处的压力脉动幅度较大，一段时间后渐进稳定；而导叶关闭时间为 40s 时，产生的水击波较弱，调压室涌浪最高水位较 20s 时高而最低涌浪水位更低，但是蜗壳末端和尾水管进出口处压力脉动较 20s 时幅度更小，进入稳定的时间更短。

　　机组转速的极值取决于导叶关闭时间长短，在两个导叶关闭规律下，机组均经历了水泵工况、水泵制动工况区和水轮机工况区，所以机组转速由初始的额定转速趋近于零随后反转上升，达到最大值后趋近于零且导叶关闭时间越长，极值就越大。

　　综上，导叶关闭时间的长短对水泵断电过渡过程中调节保证参数的影响较大，太短会产生较大的水击波，太长会使机组转速的极值升高太快。

4.5　水泵断电工况轴系结构强度计算与主轴运行轨迹分析

　　本节建立了包括机组主轴、转轮、轴承和发电机转子等部件的主轴系统三维模型，采用有限元分析方法[14]对模型结构进行力学分析，仿真求解水泵断电工况下机组主轴系统受转矩波动影响的应力分布情况及变化过程，筛选应力集中部位进行结构强度分析；应用动力学仿真分析方法对机组进行轴系空间分析，仿真水泵断电工况下机组反转和飞逸特性下的轴系运动轨迹，分析机组振型并求解轴系振动频率，为机组安全稳定运行提供指导和建议。

4.5.1　可逆式水泵水轮机三维建模

1. 转轮叶片设计与建模

　　某抽水蓄能电站可逆式水泵水轮机转轮主要尺寸如图 4-27 所示，转速为 500r/min，叶片数为 9。根据国内某抽水蓄能电站提供的叶片图纸，已知可逆式水泵水轮机叶片轴向视图及转轮的基本尺寸参数，但叶片包角、叶片厚度、叶片安

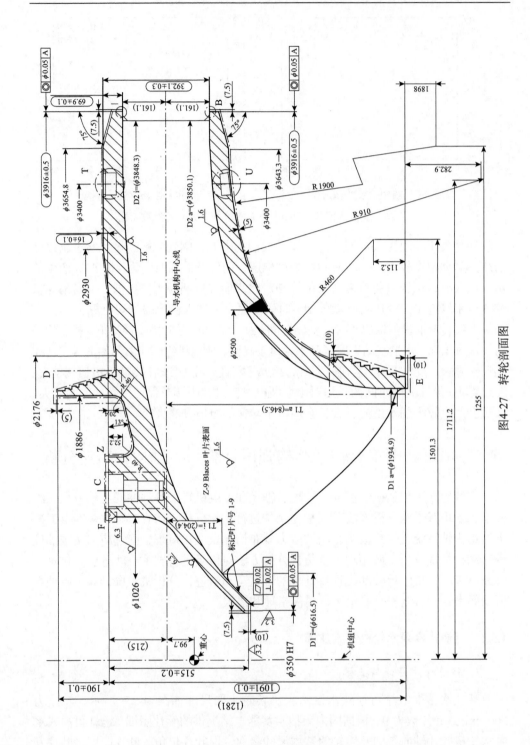

图4-27 转轮剖面图

装角及叶片形状有待确定。根据离心泵设计手册提供的设计方法及相关经验公式对可逆式水泵水轮机进行设计计算并建立其三维模型。

1) 建立上冠和下环模型

根据给定尺寸建立的上冠模型与下环模型如图 4-28 所示，转轮外径为 3916mm，下环内径为 1935mm，转轮出口高度为 322mm。

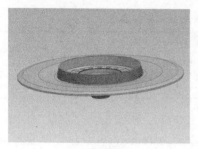

(a) 上冠模型　　　　　　　　　　　(b) 下环模型

图 4-28　水泵水轮机组上冠模型与下环模型

2) 绘制展开流面图

根据国内某可逆式水泵水轮机叶片结构图绘制叶片轴面投影图如图 4-29 所示。

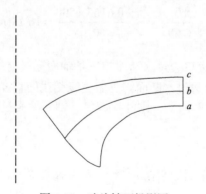

图 4-29　叶片轴面投影图

3) 计算转轮叶片关键参数

在转轮叶片的轴面投影图已知的基础上，设定叶片包角，并进一步计算叶片进出口安装角、叶片厚度等关键参数，为可逆式水泵水轮机叶片建模做准备。根据离心泵的设计经验叶片包角一般为 90°～120°，结合图纸，设定为 102°，出口安装角依据经验一般为 20°～30°，依据实际情况设置为 30°。

(1) 叶片厚度计算。最大叶片厚度为

$$\delta_{\max} = K_1 D_2 \sqrt{\frac{H}{z}} \tag{4-6}$$

式中，K_1 为材料系数，可以查表 4-14 得出；D_2 为叶轮出口直径，由转轮轴面视图可知，D_2=3.85m；H 为可逆式水泵水轮机扬程，根据资料可知为 564m；z=9 为可逆式水泵水轮机叶片数。

表 4-14　叶片厚度材料系数表

n_s	40	60	70	80	90	130	190	280
铸铁	3.2	3.5	3.8	4.0	4.5	6	7	10
钢	3	3.2	3.3	3.4	3.5	5	6	8

由式(4-6)计算得出叶片最大厚度为 130mm，初次设计后发现 130mm 过大，将最大厚度改为 100mm。叶片入口厚度设定为 40mm，叶片出口厚度为 40mm。

(2)叶片进口安装角计算。首先，叶轮进口圆周速度为

$$\begin{cases} u_{1a} = \dfrac{\pi D_{1a} n}{60} = \dfrac{\pi \times 1.935 \times 500}{60} = 50.66(\text{m}/\text{s}) \\[2mm] u_{1b} = \dfrac{\pi D_{1b} n}{60} = \dfrac{\pi \times 1.136 \times 500}{60} = 29.74(\text{m}/\text{s}) \\[2mm] u_{1c} = \dfrac{\pi D_{1c} n}{60} = \dfrac{\pi \times 0.6165 \times 500}{60} = 16.14(\text{m}/\text{s}) \end{cases} \tag{4-7}$$

式中，u_{1a}、u_{1b}、u_{1c} 为进口边过水断面与三条轴面流线交线处的进口圆周角速度；D_{1a}、D_{1b}、D_{1c} 为进口边过水断面与三条流线交线的直径；n 为转速。

进口边在同一过流断面上，则叶片进口处轴面液流过流断面面积为

$$F_{1a} = F_{1b} = F_{1c} = 2\pi R_c b = 2\pi \times 0.57 \times 0.94 = 3.367(\text{m}^2) \tag{4-8}$$

式中，R_c 为过流断面型心距转轴的半径；b 为流道宽度。

设进口边排挤系数 $\psi_{1a} = 0.85$，$\psi_{1b} = 0.83$，$\psi_{1c} = 0.81$，转速为 500r/min，流量为 59.1m³/s，效率为 93.3%，则叶片进口液流轴面速度为

$$\begin{cases} v_{m1a} = \dfrac{Q}{\eta_v F_{1a} \psi_{1a}} = \dfrac{59.1}{0.933 \times 3.367 \times 0.85} = 22.13(\text{m}/\text{s}) \\[2mm] v_{m1b} = \dfrac{Q}{\eta_v F_{1b} \psi_{1b}} = \dfrac{59.1}{0.933 \times 3.367 \times 0.83} = 22.67(\text{m}/\text{s}) \\[2mm] v_{m1c} = \dfrac{Q}{\eta_v F_{1c} \psi_{1c}} = \dfrac{59.1}{0.933 \times 3.367 \times 0.81} = 23.23(\text{m}/\text{s}) \end{cases} \tag{4-9}$$

式中，v_{m1a}、v_{m1b}、v_{m1c} 分别为轴面流线上的轴面速度；Q 为可逆式水泵水轮机流量；η_v 为可逆式水泵水轮机效率。

其次，叶片进口液流角为

$$\begin{cases} \beta_{1a}' = \arctan \dfrac{v_{m1a}}{u_{1a}} = \arctan \dfrac{22.13}{50.66} = 23.6° \\[2mm] \beta_{1b}' = \arctan \dfrac{v_{m1b}}{u_{1b}} = \arctan \dfrac{22.67}{29.74} = 37.31° \\[2mm] \beta_{1c}' = \arctan \dfrac{v_{m1c}}{u_{1c}} = \arctan \dfrac{23.23}{16.14} = 51.12° \end{cases} \tag{4-10}$$

然后，计算叶片进口角。

选择三条流线上的叶片进口冲角为 $\Delta\beta_{1a} = 2.4°$，$\Delta\beta_{1b} = 0.69°$，$\Delta\beta_{1c} = 0.88°$。则进口角分别为 $\beta_{1a} = \beta_{1a}' + \Delta\beta_{1a} = 26°$，$\beta_{1b} = \beta_{1b}' + \Delta\beta_{1b} = 38°$，$\beta_{1c} = \beta_{1c}' + \Delta\beta_{1c} = 52°$。

最后，校核排挤系数。假设轴面截线和三条轴面流线的夹角 $\lambda_{1a} = \lambda_{1b} = \lambda_{1c} = 90°$，根据经验，假定三条流线进口边处的叶片厚度为 $\delta_1 = 40\text{mm}$，由轴面投影图可知入口轴面截线和三条轴面流线交点的直径分别为 $D_{1a} = 1.935\text{m}$，$D_{1b} = 1.136\text{m}$，$D_{1c} = 0.6165\text{m}$，则排挤系数为

$$\begin{cases} \psi_{1a} = 1 - \dfrac{z\delta_1}{D_{1a}\pi}\sqrt{1 + \left(\dfrac{\cot\beta_{1a}}{\sin\lambda_{1a}}\right)^2} = 1 - \dfrac{9 \times 0.04}{1.935 \times \pi} \times \sqrt{1 + \left(\dfrac{\cot 20°}{\sin 90°}\right)^2} = 0.86 \\[3mm] \psi_{1b} = 1 - \dfrac{z\delta_1}{D_{1b}\pi}\sqrt{1 + \left(\dfrac{\cot\beta_{1b}}{\sin\lambda_{1b}}\right)^2} = 1 - \dfrac{9 \times 0.04}{1.136 \times \pi} \times \sqrt{1 + \left(\dfrac{\cot 32°}{\sin 90°}\right)^2} = 0.84 \\[3mm] \psi_{1c} = 1 - \dfrac{z\delta_1}{D_{1c}\pi}\sqrt{1 + \left(\dfrac{\cot\beta_{1c}}{\sin\lambda_{1c}}\right)^2} = 1 - \dfrac{9 \times 0.04}{0.6165 \times \pi} \times \sqrt{1 + \left(\dfrac{\cot 52°}{\sin 90°}\right)^2} = 0.77 \end{cases} \tag{4-11}$$

与预估值相差较小且有一定的正冲角，不影响角度的计算，不需要进行迭代运算，因此入口安装角为 $\beta_{1a} = 26°$，$\beta_{1b} = 38°$，$\beta_{1c} = 52°$。

4）绘制轴面截线

确定进出口安放角后，采用作图分点法，沿着流线分点。在轴面投影图旁画两条夹角等于 $\Delta\theta$ 的射线，表示夹角为 $\Delta\theta$ 的相邻两轴面，此处选择 $\Delta\theta = 6°$。从出口开始，沿轴面流线试取长度 Δs，若 Δs 中点半径对应的两射线间弧长 Δu 与 Δs 相等，则按此法分第 2,3,… 点。如果不等，需要另取 Δs，直到 $\Delta s = \Delta u$。轴面流

线分点如图 4-30 所示。

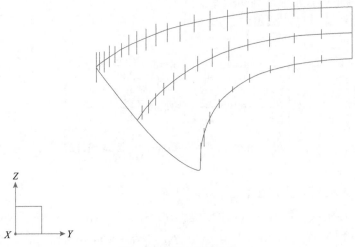

图 4-30　轴面流线分点

完成分点后根据分点数绘制平面方格网及流线，横线表示轴面流线相应的分点，竖线表示对应分点所用夹角为 $\Delta\theta$ 的轴面，过进口点作角度等于叶片进口角的直线，然后在出口处作等于叶片出口角的直线，再作光滑曲线与进出口线相切，如图 4-31 所示。

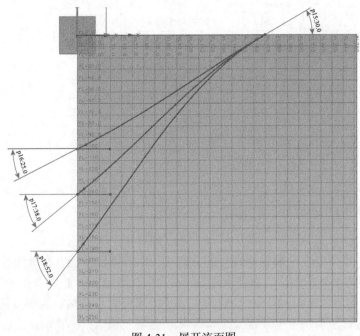

图 4-31　展开流面图

将方格网中每隔一定角度的竖线与三条流线的交点，按照对应分点的位置分别画到轴面投影图的三条流线上，再连接成光滑曲线，得到叶片轴面截线，如图 4-32 所示。

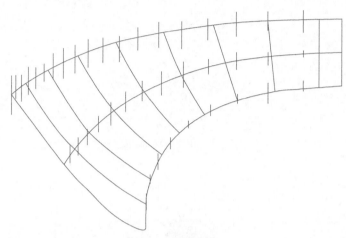

图 4-32　轴面截线图

5) 叶片加厚

将轴面截线作为工作面，对叶片进行加厚，叶片厚度分布如表 4-15 所示。给定流面厚度 s 的分布规律后，根据图 4-31 中对应点的角度 β，可计算出轴面厚度 $s_m = s / \cos\beta$，将工作面沿流线加厚 s_m 即得到叶片背面，如图 4-33 所示，虚线为背面的轴面截线。

表 4-15　叶片厚度分布

轴面	0	2	4	6	8	10	12	14	16	17
流面厚度 s/mm	40	60	80	100	100	100	100	80	60	40
流线 a 轴面厚度 s_{ma}/mm	45	67	92	116	117	117	117	93	69	46
流线 b 轴面厚度 s_{mb}/mm	50	78	108	136	135	133	127	98	70	46
流线 c 轴面厚度 s_{mc}/mm	64	101	137	168	160	149	138	98	71	46

6) 画叶片剪裁图

在轴面投影图上画出一组平行线，代表一组轴垂面，将这些平行线与叶片轴面截线的交点，按照相同的半径移至平面图中相应的轴面射线上，并将所得点连接，得到轴垂面与叶片的交线，即木模截线，叶片剪裁图如图 4-34 所示。

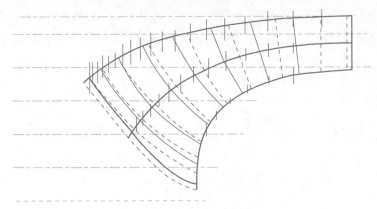

图 4-33　叶片背面轴面截线

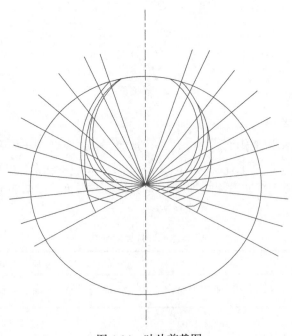

图 4-34　叶片剪裁图

7) 建立叶片的三维模型

画出剪裁图之后，根据剪裁图上的半径和角度，以及轴面投影图上对应的高度，计算出叶片表面上各点的坐标。将坐标导入 UG NX10.0 中，完成二维木模图到三维木模图的转换，如图 4-35 所示。

通过三维木模图完成叶片工作面和背面的造型，进而完成叶片的三维建模，如图 4-36 所示。

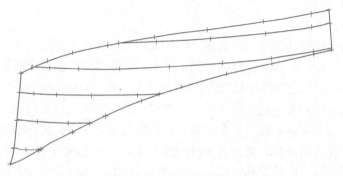

图 4-35 叶片工作面三维木模图

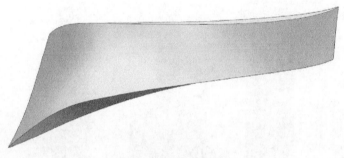

图 4-36 叶片三维模型

8) 最终结果

最后将叶片、上冠、下环的模型组合在一起，形成转轮三维的模型如图 4-37 所示。

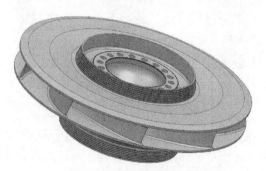

图 4-37 转轮三维的模型

2. 轴系与过流部件建模

1) 主轴轴系建模

根据电场提供的图纸，本节建立可逆式水泵水轮机轴系结构的三维模型，为了提高计算效率、在保证计算精度的前提下，对轴系模型进行结构简化。

(1) 主轴建模。依据国内某电站提供的图纸，用 UG (unigraphics NX) 软件对机组的水轮机主轴和发电机主轴进行三维建模。考虑到网格划分与动力学仿真的效率与精度，需要对轴系进行简化处理，具体处理方式如下：将两轴的连接部位省略并做一体化连接处理；忽略各处的圆角与倒角；两主轴法兰上均匀分布的螺栓孔、紧固螺钉孔、定位销孔、法兰与轴身连接处的锥轴段及轴身各处的倒角圆角均不加以考虑；简化发电机转子机架。简化后的模型如图 4-38 所示。

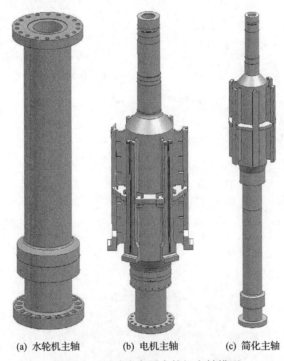

(a) 水轮机主轴　　(b) 电机主轴　　(c) 简化主轴

图 4-38　可逆式水泵水轮机主轴模型

(2) 转轮建模。采用 UG 软件实现转轮建模，国内某电站的可逆式水泵水轮机的转轮主要由上冠、叶片及下环组成，上冠与下环的结构均为圆周对称结构，叶片的几何形状复杂。转轮的上冠法兰上均布的多个用于与水轮机主轴相连接的螺栓孔和上冠上开有的数个减压孔，因对转轮及转动轴系整体的分析影响不大，模型中不加以考虑。转轮模型中忽略各处的圆角与倒角，焊接处作一体化连接处理。

转轮模型图与简化图如图 4-39 所示。

（3）各轴承建模。水轮机轴上只有水导轴承约束径向力，发电机轴上分别有上下导轴承和推力轴承。由于动力学分析时直接对轴系施加约束，在对各轴承建模时，简化内部结构，只保留其外观与位置。

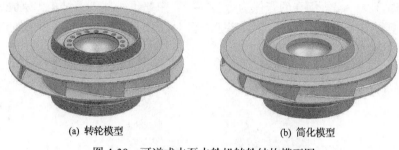

(a) 转轮模型　　　　　　　　　　　(b) 简化模型

图 4-39　可逆式水泵水轮机转轮结构模型图

（4）磁极磁轭建模。发电机轴的机架上连接着 4 组磁轭，磁轭上均匀地分布 12 个磁极。在建模时，对磁轭进行固结处理，并将磁极简化为长方体金属块，磁轭与机架连接处直接施加固定约束。将磁极、磁轭简化为规则立体图形，其叠片属性以材料的各向异性进行等效。结构模型图与模型简化图如图 4-40 所示。

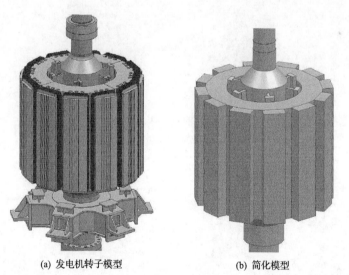

(a) 发电机转子模型　　　　　　　　(b) 简化模型

图 4-40　发电机结构模型图

（5）主轴装配。上述各部件的实体模型建立后，把它们装配连接起来即得到机组转轮—主轴—发电机转子转动轴系整体的实体几何模型。连接处做一体化连接处理，以建成转动轴系实体。图 4-41 为轴系实体几何模型。

2) 过流部件建模

(1) 蜗壳建模与活动导叶建模。轴系的有限元分析需要以流场仿真的结果作为依据，因此需要对可逆式水泵水轮机机组的过流部件进行建模，并得出水体模型。首先对蜗壳和固定导叶、活动导叶进行建模，其中固定导叶安装在座环中间与蜗壳壳体焊接在一起，蜗壳的壳体为焊接导叶，忽略了一些细节结构，蜗壳及固定导叶模型如图 4-42 所示。蜗壳剖面图如图 4-43 所示，蜗舌与流道末端的固定导叶连为一体。

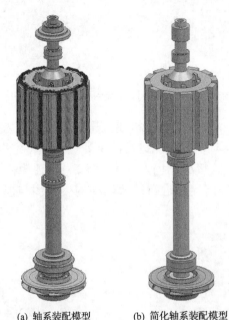

(a) 轴系装配模型　　　(b) 简化轴系装配模型

图 4-41　轴系实体几何模型

图 4-42　蜗壳及固定导叶模型　　　图 4-43　蜗壳剖面图

图 4-44 和图 4-45 为活动导叶模型和其水体模型，在建立水体模型过程中将各活动导叶流面挤出成体，并用两个盖板加以固定，简化其他结构。

图 4-44　活动导叶模型

图 4-45　导叶水体模型

（2）尾水管建模。该水轮机为可逆式水轮机，因此尾水管的进出口均为圆形，即尾水管既可以排出尾水，也可以作为水泵的进水管道。尾水管为焊接结构，在建模中，先画出各截面曲线，然后用直纹面连接起来，并进行加厚。尾水管模型图如图 4-46 所示。

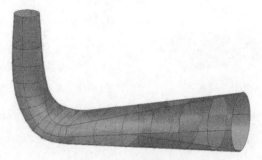

图 4-46　尾水管模型图

3. 模型装配

将轴系、过流部件及电机轴承与上下机架装配连接，获得抽水蓄能机组总装配图，如图 4-47 所示。

4.5.2　全流道流场仿真

为了分析某抽水蓄能电站可逆式水泵水轮机水泵断电工况全流道流场演变规律[15]，本节首先建立国内某电站抽水蓄能机组全流道三维几何模型[16]，然后对其分部件进行网格划分，接着将得到的网格模型导入 Ansys Fluent 软件中[14]，设置湍流模型与动态边界条件[17]，进行计算，得到仿真结果。并在此基础上详细分析实际导叶关闭规律下水泵断电过程中机组内部流场的演变规律，以及加装快关阀对流场演变规律的影响。

1. 全流道几何建模及网格划分

可逆式水泵水轮机组过流部件包括蜗壳、双列叶栅、转轮、尾水管等主要部分，首先采用三维造型软件 UG 对各部件分别进行三维几何建模，再利用 UG 的布尔运算功能，求取流道的水体域模型[18]。某抽水蓄能机组水体模型如图 4-48 所示。

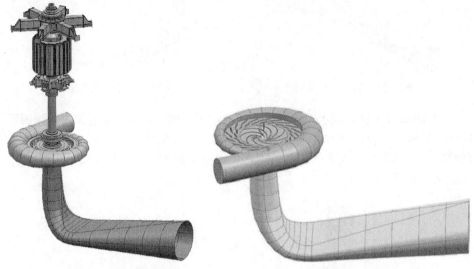

图 4-47　抽水蓄能机组总装配图　　　　　图 4-48　某抽水蓄能机组水体模型

然后将各部件水体模型导入 ICEM 软件中，根据不同部件的结构，分别进行网格划分。机组各部件网格模型图如图 4-49 所示。

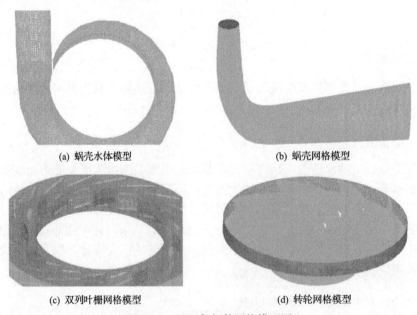

(a) 蜗壳水体模型　　　　　　　　　　(b) 蜗壳网格模型

(c) 双列叶栅网格模型　　　　　　　　(d) 转轮网格模型

图 4-49　机组各部件网格模型图

各部件网格类型、网格数量和网格质量的情况汇总如表 4-16 所示。再将各部件网格合并为机组全流道网格模型，如图 4-50 所示。

表 4-16　各部件网格模型参数统计表

部件名称	网格类型	网格数量	网格质量
蜗壳	结构网格	745898	≥0.4
双列叶栅	扫掠 2.5 维网格	461846	≥0.6
转轮	非结构网格	2375008	≥0.4
尾水管	结构网格	2069952	≥0.59
总体	混合网格	5652704	≥0.4

图 4-50　机组全流道网格模型图

2. 湍流模型与边界条件

将得到的机组全流道网格模型导入 Fluent 软件中，可逆式水泵水轮机内部流道几何形状复杂，尤其是在双列叶栅和转轮区域，动静干涉影响明显，因此采用剪切压力传输(shear stress transport，SST) k-ω 湍流模型[19-21]，该模型常应用于表现出强曲率的内流问题计算中。

在水泵工况断电过渡过程中，流量、转速、导叶开度、出入口压力等参数均在不断地变化，现场实测的边界条件参数时域变化曲线如图 4-51 所示。

以瞬时过机流量为零的时刻为界将整个仿真过程分为两部分：①水流向泵方向流动时，设置尾水管入口截面为速度入口边界，设置蜗壳出口截面为压力出口边界；②水流向水轮机方向流动时，设置蜗壳入口截面为速度入口边界，设置尾水管出口截面为压力出口边界。边界上时变的压力值、速度值由根据实测数据编写的 profile 文件给定。固体壁面处采用无滑移边界条件，并在近壁区采用标准壁面函数。

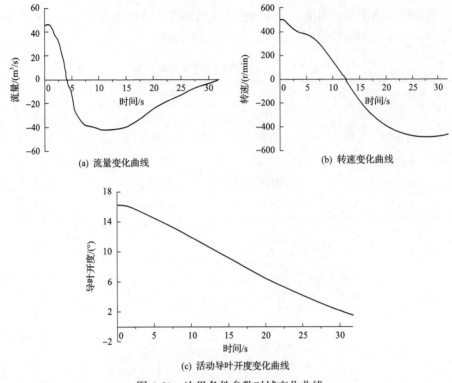

(a) 流量变化曲线　　　　　　　　(b) 转速变化曲线

(c) 活动导叶开度变化曲线

图 4-51　边界条件参数时域变化曲线

3. 模型验证

将机组转速、进水口的流量、出水口的压力作为已知条件，计算水轮机额定工况和泵稳定工况下机组上下游压力差并与实际值作对比，以检验模型的正确性。水轮机工况的稳态仿真计算在 628 步收敛，如图 4-52(a)所示。算得蜗壳入口截面

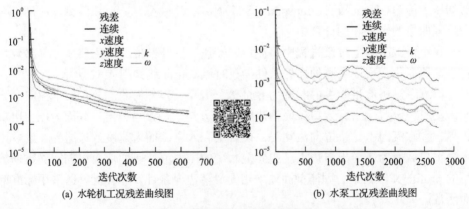

(a) 水轮机工况残差曲线图　　　　　　　(b) 水泵工况残差曲线图

图 4-52　稳态计算收敛残差曲线图(彩图扫二维码)

与尾水管出口截面的压力差为 5.62MPa，与实测值相对误差为 4.07%。水泵工况的稳态仿真计算在 2751 步收敛，如图 4-52（b）所示，算得尾水管入口截面与蜗壳出口截面压力差为 5.253MPa，与实测值相对误差为 4.36%。

此外，将瞬态计算中监测到的蜗壳和尾水管截面的压力变化曲线和实测值进行对比，如图 4-53 所示，可以看出仿真值和实测值变化趋势基本一致，可见仿真结果具有较高的可信度。

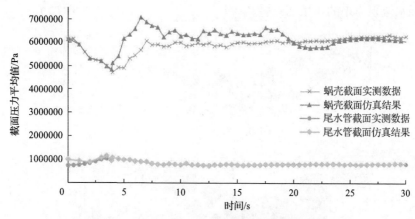

图 4-53　进出口截面压力仿真值与实测值对比图

4. 实际导叶关闭规律下流场演变规律分析

综合分析水泵断电过程中各参数的变化规律，可以将整个过程分为以下四个阶段。

1）水泵稳定运行阶段

$t=0$s 到 $t=0.5$s，此阶段还未发生断电，从图 4-54 可以看出此阶段水流平顺地从尾水管进入转轮，经由导叶流入蜗壳。从图 4-55 可见尾水管中压力沿流道中心

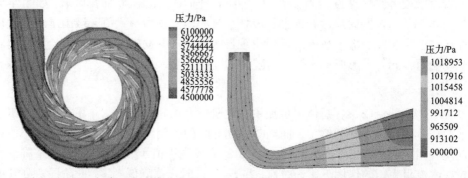

图 4-54　$t=0$s 蜗壳压力流线分布图　　　图 4-55　$t=0$s 尾水管进口压力流线分布图

线呈梯度分布，双列叶栅内部压力在圆周方向均匀对称分布，无明显漩涡，流态良好。

2) 正转正流阶段

$t=0.5s$ 到 $t=3.9s$，此阶段开始 0.5s 时发生断电，活动导叶随即开始关闭，转轮失去电磁驱动力矩，仍然在惯性的作用下保持泵方向旋转。从图 4-56 中可以明显地看出，此时在转轮的水泵出水边附近形成漩涡区，涡量显著地大于其他区域，转轮在水流阻力矩的作用下减速。

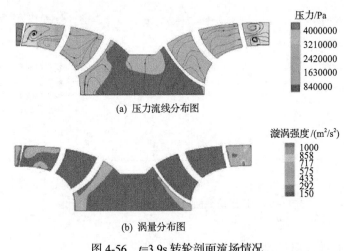

(a) 压力流线分布图

(b) 涡量分布图

图 4-56　$t=3.9s$ 转轮剖面流场情况

转轮失去动力矩从而无法维持上下游的压强差，流量快速减小，从图 4-57 可以看出，双列叶栅和蜗壳流域流态迅速劣化，产生大量混乱的漩涡，压力不再沿圆周均匀分布。

流量和转速的降低使尾水管进口压力总体升高，尾水管直管段中心区域水流仍沿水泵方向向上流动，由于转轮无法提供足够的离心力，水流在重力的作用下沿着直管段外缘区域旋转向下流动，并在此处形成一螺旋状回流区域，如图 4-58 与图 4-59 所示。同时尾水管水平管段处水流的内部压力最大值区域由尾水管入口处转移至弯肘段上部，当 $t=3.9s$ 时出现最大压力 1.11MPa，水平管段处水流向内流动受阻，此处也形成一个较大的漩涡区域。

3) 正转逆流阶段

$t=3.9s$ 到 $t=12.5s$，总体过机流量在此阶段开始时刻反向，并在重力和机组上下游压差的作用下逐渐增大，而同时活动导叶的关闭限制了流量的增加速率，在这两种因素的影响下，当 $t=11.5s$ 时流量达到反向极值 42.3m³/s，并转而下降。转轮在水流阻力矩的作用下逐渐减速，在 $t=12.5s$ 时转速降低到零。此阶段双列叶栅和蜗壳内的漩涡逐渐减弱直至流线重新反向规则分布，压力相对最大值区域由蜗壳入口断面向内部移动，说明水流在此存在小范围的撞击，可能导致应力集中。由于此时导叶开度较小，在固定导叶和活动导叶的内侧出现相对低压区，如图 4-60和图 4-61 所示。尾水管内涡带持续拉长、扩大，充满整个尾水管。

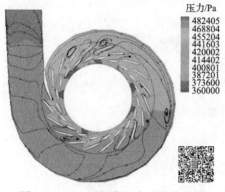

图 4-57　t=3.9s 蜗壳压力流线分布图
（彩图扫二维码）

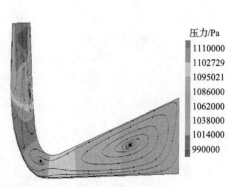

图 4-58　t=3.9s 尾水管进口压力流线分布图

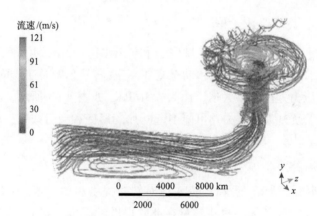

图 4-59　t=3.9s 机组总体流线分布图

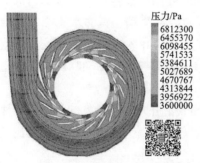

图 4-60　t=12.5s 蜗壳压力流线分布图
（彩图扫二维码）

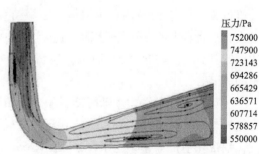

图 4-61　t=12.5s 尾水管进口压力流线分布图

与转轮相连的竖直管段内仍有水流随着转轮的正向转动而沿泵方向运动，其中一部分沿竖直管外缘回流，另一部分在叶轮流道内与从双列叶栅流入的水流发生撞击，形成强烈的漩涡，如图 4-62 所示。

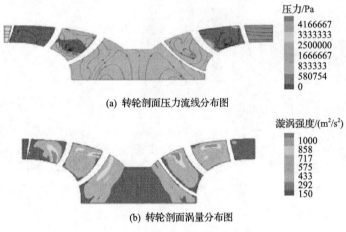

(a) 转轮剖面压力流线分布图

(b) 转轮剖面涡量分布图

图 4-62　t=12.5s 转轮剖面流场情况

此时转轮叶片压力相对最高区域位于水泵出水边约 1/5 处，而压力相对最低区域由水泵进水边向水泵出水边移动至紧邻高压区，这使叶片工作面压力差变大，在 t=9.5s 左右压力差达到最大值，约为 7.3MPa，如图 4-63 所示。叶片表面压力分布的不均匀以及过大的压力差可能引起叶片的形变和疲劳损伤，对机组的安全运行构成严重威胁。

4）反转逆流阶段

t=12.5s 到仿真结束，此阶段内水流对转轮提供驱动力矩，使转轮转速持续增大，而由于导叶的关闭，过机流量在此阶段继续降低，在 t=27.5s 时转轮转速达到反向极值 505r/min。逆流阶段双列叶栅和蜗壳内部流线分布类似水轮机工况关机过程，而蜗壳内相对压力最大区域持续向内部移动，说明水流撞击区域逐渐内移。此时导叶开度较小而转速较大，在活动导叶内外两侧出现较大压差，达到约 1MPa，如图 4-64 所示。较高的压差可能会导致活动导叶机构或控制系统的故障。

转轮区域最大压力逐渐降低，压力分布回到沿叶片由高到低的状态，叶片压力差显著下降，如图 4-65 所示。由于转轮转速较大而流量很小，尾水管内流动紊乱，蜗带几乎贯穿整个尾水管，如图 4-66 与图 4-67 所示。

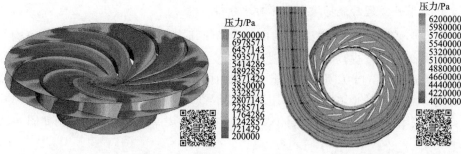

图 4-63　*t*=12.5s 转轮壁面压力分布　　　　图 4-64　*t*=27.5s 蜗壳压力流线分布图
（彩图扫二维码）　　　　　　　　　　（彩图扫二维码）

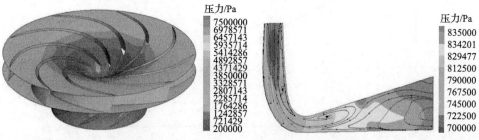

图 4-65　*t*=27.5s 转轮壁面压力分布　　　图 4-66　*t*=27.5s 尾水管进口压力流线分布图

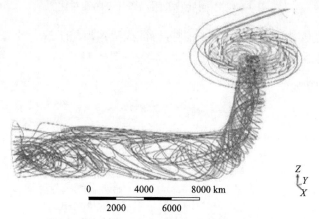

图 4-67　*t*=27.5s 机组整体流线分布图

综合以上分析表明，在整个过程中，蜗壳和尾水管中相对压力最大值区域在不断移动，这种空间尺度上的压力脉动和时间尺度上的压力脉动都会对机组的安全产生影响。在正转正流阶段尾水管内出现最大压力，为 1.11MPa；在正转逆流阶段叶片工作面出现最大压差，为 7.3MPa；在反转逆流阶段活动导叶内外侧出现最大压差，为 1MPa，过大的压强差可能会威胁机组的结构安全。

5. 加装快关阀后流场演变规律对比分析

针对水泵断电工况转轮反转转速过大的问题，考虑在活动导叶的控制机构上加装快关阀，可以提高导叶关闭速度，以更快地降低反向流量，从而降低反转转速。但过快的导叶关闭规律可能导致机组内部压力波动加大。为分析加装快关阀对流场演变规律的影响，假定利用快关阀将导叶关闭速率提高至 0.0112rad/s，总共 22s 完全关闭。加快关阀后的关闭规律和原始关闭规律开度曲线对比图如图 4-68 所示。

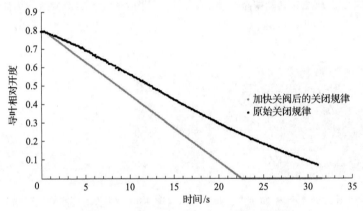

图 4-68　不同导叶关闭规律开度曲线对比图

先对国内某电站有压过水系统进行特征线法建模与求解，计算得到某抽水蓄能电站机组各运行参数变化对比图如图 4-69～图 4-71 所示。

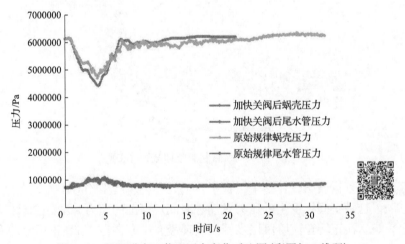

图 4-69　机组进出口截面压力变化对比图（彩图扫二维码）

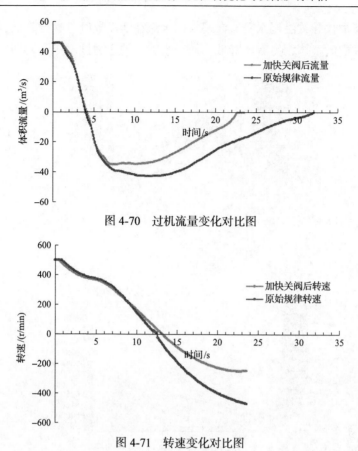

图 4-70　过机流量变化对比图

图 4-71　转速变化对比图

由图 4-69～图 4-71 可知，加装快关阀后机组进出口截面压力、过机流量、转速等运行参数总体变化趋势与原始规律相同。但由于加快了导叶关闭速率，反向流量更快地降低，从而有效地削减了转轮反向速度上升的速率和反向转速的极值，使反向转速最大值由−101%下降到−48%，但蜗壳和尾水管截面的压力波动更加剧烈。下面将对比分析两种导叶关闭规律下，水泵断电工况四个阶段中，机组过流部件内部流动状态的区别。

1）水泵稳定运行阶段

仿真中同样设定 $t=0\mathrm{s}$ 到 $t=0.5\mathrm{s}$ 为水泵稳定运行阶段。此阶段各运行参数与原关闭规律工况下相同，因此机组内部流动状态也相同。

2）正转正流阶段

加快关阀后正转正流阶段为 $t=0.5\mathrm{s}$ 到 $t=4.0\mathrm{s}$，持续时间与原关闭规律相同。从图 4-72～图 4-74 中可以看出机组流道内压力和漩涡结构的分布也基本相同。导叶关闭速率加快导致沿尾水管流向蜗壳的水流在活动导叶处速度降低，因而蜗壳、转轮等部件中的整体压力有所降低，而尾水管中的压力波动更为剧烈。

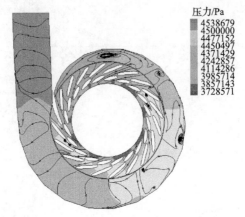

图 4-72　*t*=4.0s 蜗壳压力流线分布图

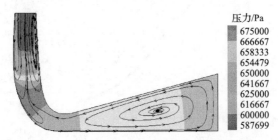

图 4-73　*t*=4.0s 尾水管进口压力流线分布图

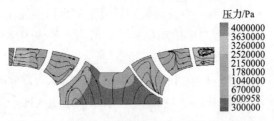

图 4-74　*t*=4.0s 转轮截面压力流线分布图

3) 正转逆流阶段

加快关阀后正转逆流阶段为 *t*=4.0s 到 *t*=13.2s，持续时间长于原关闭规律。这一阶段蜗壳、转轮的压力分布如图 4-75 与图 4-76 所示。因为更快的导叶关闭速率限制了由蜗壳流向尾水管的流量，这虽然导致蜗壳中的整体压力上升，但是使转轮受到水流作用的阻力矩减小，这就导致转轮保持正向转动时间更长，同时转轮工作面上的压力差减小，有利于保护转轮叶片，如图 4-77 所示。

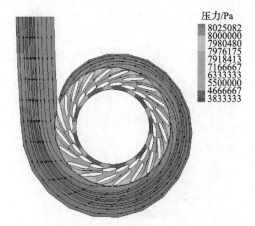

图 4-75　*t*=13.2s 蜗壳压力流线分布图

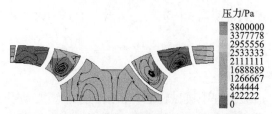

图 4-76　*t*=13.2s 转轮截面压力流线分布图

图 4-77　*t*=13.2s 转轮壁面压力分布图

4) 反转逆流阶段

　　t=13.2s 到仿真结束为反转逆流阶段。导叶关闭速率加快限制了由蜗壳流向尾水管的流量，使转轮反转受到的水流动力矩减小，转轮反转转速最大值受到削弱。但是导叶关闭速率的增加导致蜗壳中的压力上升，进一步导致此阶段中活动导叶内外侧的压力差变大，进而加大对活动导叶机械结构和控制系统的威胁。图 4-78 为 *t*=21.0s 蜗壳压力流线分布图。

　　综合分析结果表明加装快关阀能够有效地降低机组的反转转速，并降低在正转逆流阶段叶片工作面上的压力差。同时，加快导叶关闭速率会使尾水管和蜗壳

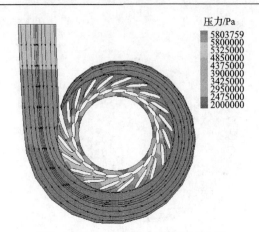

图 4-78　*t*=21.0s 蜗壳压力流线分布图

内的压力波动更加剧烈，使蜗壳内的压力上升，而且加大反转逆流阶段活动导叶内外侧的压力差。

4.5.3　轴系有限元强度分析

　　针对水泵断电过渡过程中机械转矩和机组转速剧烈波动引起的机组振动、摆度过大的问题，本节采用有限元分析方法对模型结构进行力学仿真[22,23]。首先建立抽水蓄能机组轴系的三维物理模型，并进行有限元分析初始化设置。然后通过对轴系的模态分析，导出轴系结构的固有频率和振型，作为轴系强度校核与疲劳计算的依据。结合某抽水蓄能机组水泵工况转矩与转速及流场分析结果，通过稳态分析求得水泵工况下轴系应力应变分布图。本节根据水泵断电工况的流场分析结果，进行轴系瞬态分析，得到轴系在水泵断电工况下的应力应变分布与载荷分布。通过疲劳计算获得轴系疲劳寿命等。

　　1. 轴系结构材料设置及网格划分

　　1）材料设置

　　根据国内某电站提供的各部件材料，统一设置各部件材料属性，主要包括材料密度、杨氏弹性模量、泊松比、极限强度和屈服强度等。具体参数如表 4-17 所示。

　　2）网格划分

　　网格划分主要分为结构化网格和非结构化网格。结构化网格是指网格区域内所有的内部点都具有相同的毗邻单元。它可以很容易地实现区域的边界拟合，适于流体和表面应力集中等方面的计算。具有网格生成的速度快、质量好，数据结

表 4-17　轴系主要零部件材料参数

部件名称	材料类型	型号	方向	材料密度 /(kg/m³)	杨氏弹性模量 /(N/mm²)	泊松比	极限强度 /MPa	屈服强度 /MPa
转轮	不锈钢铸件	ASTM A743 CA6 NM TDS 4090-38201	各向同性	7700	205000	0.3	760	550
水轮机主轴	锻件	ASTM A668 Gr.D TDS 4090-38505	各向同性	7850	205000	0.3	515	260
发电机主轴	锻件	A668M Gr.D	各向同性	7850	205000	0.3	515	260
磁轭	低合金高强钢	S700MC TDS 4090-38434	x	6960	210000	0.3	460	250
			y		210000			
			z		152000			
磁极	合金结构钢	磁钢	x	7800	200000	0.3	460	250
			y		210000			
			z		175000			

构简单等优点。但是，结构化网格适用的范围比较窄，只适用于形状规则的图形。每个单元的节点相应的单元数一样，所以无法实现光滑的尺寸过渡，从而造成整个区域大部分网格过密，增加不必要的节点。非结构化网格是指网格区域内的内部点不具有相同的毗邻单元。即与网格剖分区域内的不同内点相连的网格数目不同。相较于结构化网格，非结构网格生成方法在其生成过程中采用一定的准则进行优化判断，因而能生成高质量的网格。很容易控制网格大小和节点密度。采用随机的数据结构有利于进行网格自适应。但不能很好地处理黏性问题，它产生的网格数量要比结构网格大得多。

　　根据可逆式水泵水轮机轴系结构特点，对结构较为规则的磁极、磁轭采用结构化网格，而对结构复杂的水轮机与电机主轴(含导轴承部分)、水轮机转轮采用非结构化网格。针对过去网格划分不一致造成的结果偏差较大且过密网格易产生终止错误等问题，本次网格划分采用精度效率兼顾的统一划分方法。网格划分结果如图 4-79 所示。

　　2. 模态分析

　　模态分析是计算结构振动特性的数值技术，结构振动特性包括固有频率和振型。模态分析是最基本的动力学分析，也是其他动力学分析的基础。模态分析在于可以使可逆式水泵水轮机轴系避免共振或者以特定的频率进行振动，从中可以认识到结构对不同类型的动态载荷是如何响应的，有助于在后续的稳态分析与瞬

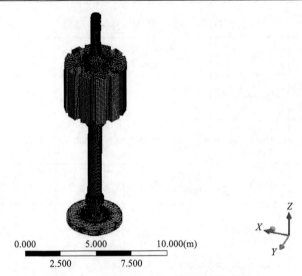

图 4-79　简化轴系结构化网格划分结果

态分析中估算求解控制参数。本节采用无预应力的模态分析，对各轴承处进行约束，进行模态分析计算，计算得出前十阶的固有频率及振型图。

1）边界条件设置

由于为无预应力的模态分析，所以边界条件为各轴承约束。边界条件设置如表 4-18 所示。

表 4-18　模态分析边界条件设置

约束	作用位置	作用方式
圆周约束	水导轴承	以 z 轴为轴
圆周约束	电机下导轴承	以 z 轴为轴
圆周约束	电机上导轴承	以 z 轴为轴
位移约束	推力轴承	在 z 轴的位移为 0

2）固有频率与振型图

轴系做自由振动时，其位移随时间按正弦或余弦规律变化，振动的频率与初始条件无关，而仅与系统的固有特性有关（如质量、形状、材质等），称为固有频率。振型是指弹性体或弹性系统自身固有的振动形式。多质点体系有多个自由度，故可出现多种振型，同时有多个自振频率，即各阶的固有频率。轴系结构固有频率及振型描述见表 4-19，轴系结构前 10 阶振型图如图 4-80 所示。

表 4-19　轴系结构固有频率及振型描述

阶数	固有频率/Hz	振型
1	0.78658	转轮与电机转子周向拧转
2	22.346	转轮周向拧转
3	30.39	主轴向推力轴承方向挤压
4	31.27	转轮关于 x 轴方向摆动
5	31.284	转轮关于 y 轴方向摆动
6	35.298	转轮与电机转子关于 x 轴方向摆动
7	35.307	转轮与电机转子关于 y 轴方向摆动
8	63.671	电机转子以 y 轴方向为轴转动
9	63.751	电机转子以 x 轴方向为轴转动
10	83.804	转轮向主轴挤压旋转

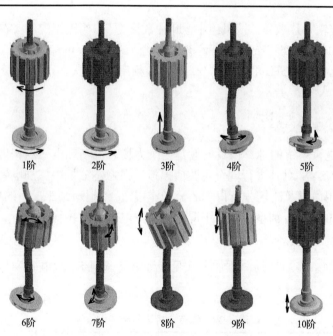

图 4-80　轴系结构前 10 阶振型图

3) 模态分析结果分析

如表 4-18 和图 4-80 所示，各阶模态下的变现形式为拧转(第 1 阶与第 2 阶)、挤压(第 3 阶)、摆振(第 4~7 阶)、旋转(第 8 阶与第 9 阶)、挤压旋转(第 10 阶)。在低阶模态下，振动形式较为简单，而高阶模态则为复合振动，破坏性也更强。由振型图可知，振动的主要位置位于发电机转子及转轮处，故着重分析这两处的振动频率，避免发生共振现象。

(1)轴系旋转频率分析。当轴系的旋转频率与固有频率相近时，容易产生共振现象。轴系的旋转频率计算为

$$f = \frac{n}{60} \tag{4-12}$$

式中，n 为转速。该机组中，额定工况和飞逸工况下的转速分别为 500r/min、615r/min。将该参数值代入式(4-12)可知，两种工况下，叶片的旋转频率分别为 8.33Hz 和 10.25Hz，位于第 1 阶～第 2 阶频率，故在机组该频域运行，整个轴系不会发生共振现象。

(2)叶片旋转频率分析。同理可知，水轮机转轮的叶片旋转频率为

$$f = \frac{nZ}{60} \tag{4-13}$$

式中，Z 为转轮叶片数目。该机组中，叶片数目为 9，额定工况和飞逸工况下的转速分别为 500r/min、615r/min。将该参数值代入式(4-13)可知，两种工况下，叶片的旋转频率分别为 75Hz 和 92.25Hz，与各阶频率不接近，可初步判定叶片不会发生共振。

3. 轴系结构稳态分析

水轮发电机系统的计算仿真问题是一个力场、流场和电磁场相耦合的复杂问题。采用 ANSYS 对其进行耦合场数值模拟，在稳态分析中施加电磁场分析得到的电磁场作用力以及流场分析得到的流场作用力，模拟水泵工况下的匀转速情况，运用 Workbench 进行轴系在水泵工况下水-机-电耦合系统稳态分析。

1)边界条件的设置

首先对轴系施加激励，添加方式见表 4-20。图 4-81 为电磁场与流场施加效果图。

表 4-20　稳态分析边界条件设置

激励	作用位置	大小
重力	轴系	9.8066m/s²
稳态转速	轴系	52.36rad/s(俯视顺时针)
稳态电场力矩	电机磁极齿端	电磁场分析结果
稳态转轮反力矩	转轮	流场分析结果

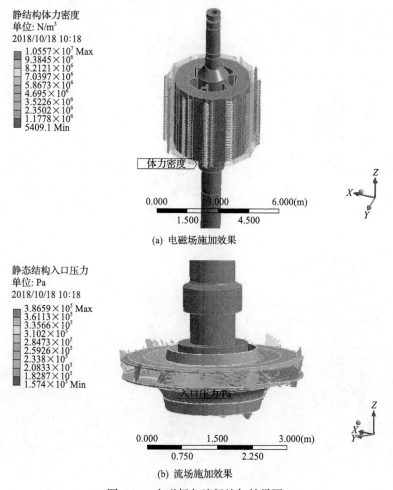

静结构体力密度
单位: N/m³
2018/10/18 10:18

1.0557×10⁷ Max
9.3845×10⁶
8.2121×10⁶
7.0397×10⁶
5.8673×10⁶
4.695×10⁶
3.5226×10⁶
2.3502×10⁶
1.1778×10⁶
5409.1 Min

体力密度

0.000　　3.000　　6.000(m)
　　1.500　　4.500

(a) 电磁场施加效果

静态结构入口压力
单位: Pa
2018/10/18 10:18

3.8659×10⁵ Max
3.6113×10⁵
3.3566×10⁵
3.102×10⁵
2.8473×10⁵
2.5926×10⁵
2.338×10⁵
2.0833×10⁵
1.8287×10⁵
1.574×10⁵ Min

入口压力/Pa

0.000　　　1.500　　　3.000(m)
　　0.750　　　2.250

(b) 流场施加效果

图 4-81　电磁场与流场施加效果图

2) 计算结果

各计算结果如图 4-82～图 4-85 所示。

3) 结果分析

根据总变形图，我们得知在水泵工况下转轮变形量最大。对于等效应力图，轴系在水轮机主轴的水导轴承处应力最大，为 87.9MPa，远小于屈服强度的 260MPa，另外主轴处及转轮连接处应力较大，但也均小于该位置的屈服强度，较为安全。由于磁极绕组设有支撑板，并在两个磁极之间设有支撑螺栓，以避免磁极绕组在运行中受离心力作用产生有害位移。应变分布与应力分布相似，应变能较大值位于主轴处，因此外力所做的功主要储存于主轴内部。

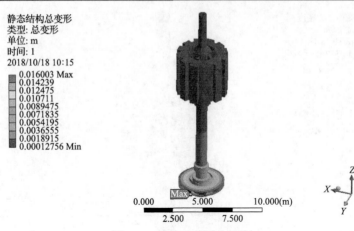

图 4-82　稳态分析总变形图

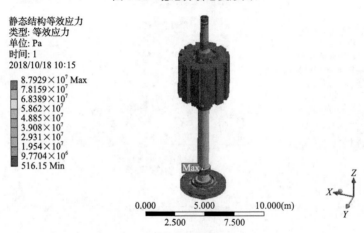

图 4-83　稳态分析等效应力图

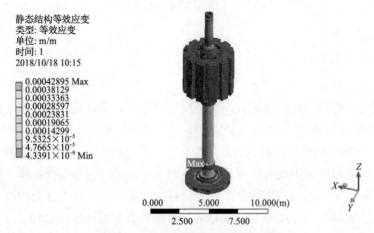

图 4-84　稳态分析等效弹性应变图

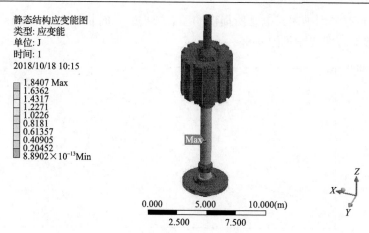

图 4-85　稳态分析应变能图

4. 轴系结构瞬态分析

本节根据电站提供的水泵断电工况下的转速与转矩变化数据及流场分析结果,运用 ANSYS 瞬态分析模拟轴系在水泵断电工况的变化情况下的受力与变形情况。

1) 边界条件设置

(1) 施加轴承约束。

主轴部位各轴承的约束方式如表 4-21 所示。

表 4-21　瞬态分析约束条件设置

名称	位置	类型
约束	电机推力轴承	Displacement (限制 z 轴方向位移)
	上导轴承	Cylindrical Support (限制径向位移)
	下导轴承	Cylindrical Support (限制径向位移)
	水导轴承	Cylindrical Support (限制径向位移)

(2) 激励设置。

轴系瞬态分析所施加的激励如表 4-22 所示。

表 4-22　轴系瞬态分析激励设置

激励	作用位置	大小
重力	轴系	9.8066m/s²
瞬态转速	轴系	见图 4-86 (正方向俯视逆时针)
瞬态转矩	转轮叶片	流场分析结果

其中转速采用国内某电站所提供的动态数据，总时长为30s，每1s取一点，共31个数据，曲线图见图4-86。

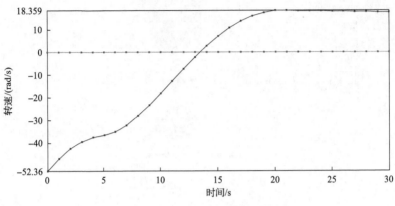

图4-86　水泵断电工况下转速曲线图

2)计算结果

各计算结果如图4-87～图4-93所示。

(1)总变形。

(2)等效应力。

(3)等效弹性应变。

(4)应变能。

3)结果分析

总变形最大值存在三个区域，分别是从初始状态到第5s变形减小，5～21s总变形先增加后减小，较为平滑，并于第11s达到最大，为33.9mm，在21s之后反复波动。最大部位出现在磁极外延部位，在该位置应采取相应措施抑制变形。

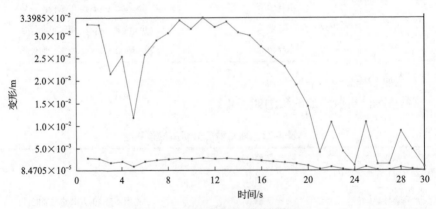

图4-87　瞬态分析总变形曲线图

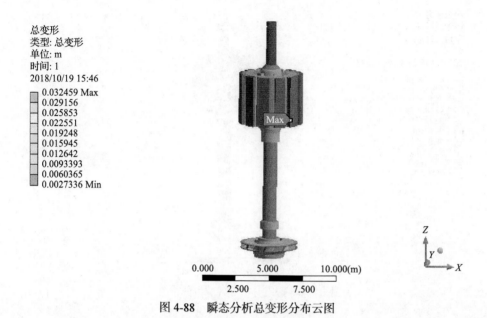

图 4-88　瞬态分析总变形分布云图

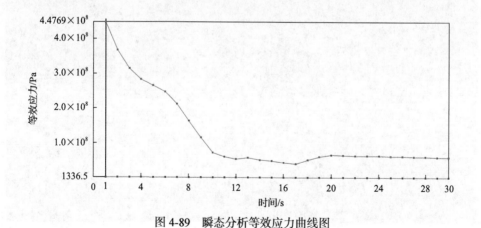

图 4-89　瞬态分析等效应力曲线图

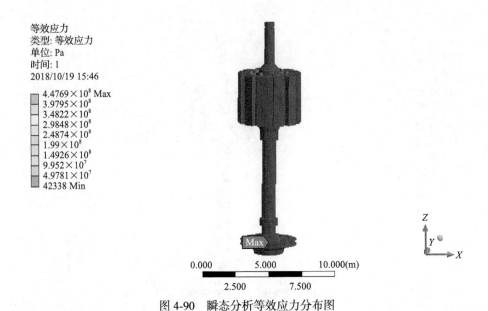

图 4-90　瞬态分析等效应力分布图

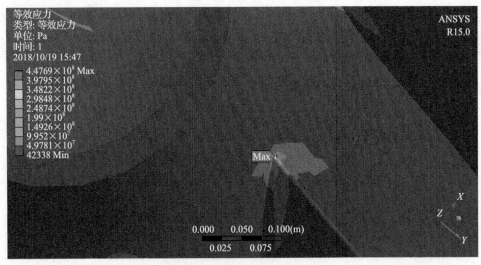

图 4-91　等效应力局部最大值

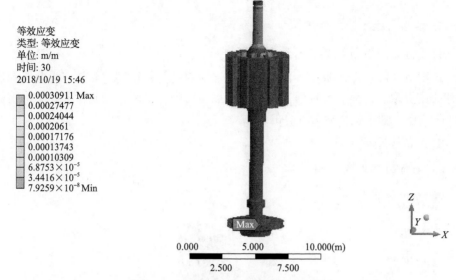

图 4-92　瞬态分析等效弹性应变分布图

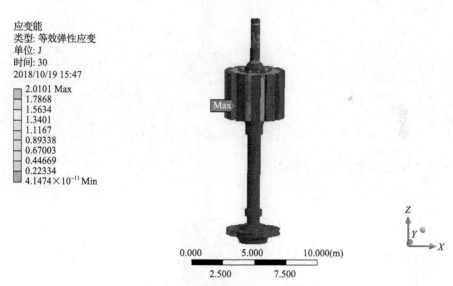

图 4-93　瞬态分析应变能分布图

根据应力分布图,得知主轴和电机部分应力较小,不超过 99.5MPa。最大应力集中在转轮叶片和上盖板交界处,最大等效应力是一个逐渐减小的过程,初始状态为 447.7MPa,小于转轮屈服强度,较为安全,但有可能产生疲劳损坏。等效弹性应变与应变能的变化规律大致与应力规律吻合,应变最大值也位于转轮叶片和上盖板交界处,这说明该位置极易发生屈服变形,应采取相应加固措施。

5. 轴系结构疲劳寿命计算

1) 载荷谱的编制与 S-N 曲线的绘制

运用 ANSYS 后处理模块 Fatigue Tools 对瞬态分析得到的等效应力曲线图进行载荷谱提取。材料 S-N 曲线图需进行现场疲劳强度试验，因此暂采用结构钢的S-N 曲线作为轴系整体疲劳计算的依据。

2) 计算结果

(1) 寿命分布如图 4-94 所示。

瞬态结构寿命
类型: 寿命
时间: 0
2018/6/9 10:00

5×10^8 Max
5×10^8 Min

0　　　5×10³　　　10⁴(mm)
2.5×10³　　7.5×10³

图 4-94　轴系结构水泵断电工况寿命分布

(2) 损伤分布如图 4-95 所示。

瞬态结构损伤
类型: 损伤
时间: 0
2018/6/9 10:00

2 Max
2 Min

0　　　5×10³　　　10⁴(mm)
2.5×10³　　7.5×10³

图 4-95　轴系结构水泵断电工况损伤分布

(3)雨流矩阵如图 4-96 所示。

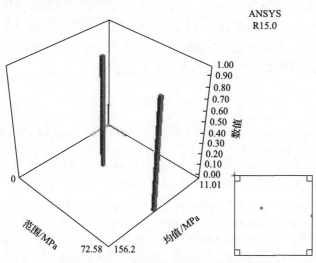

图 4-96　轴系结构水泵断电工况雨流矩阵

(4)损伤矩阵如图 4-97 所示。

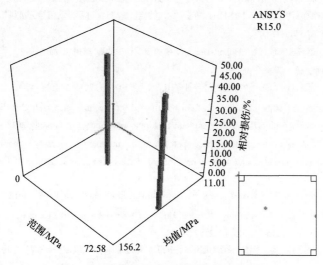

图 4-97　轴系结构水泵断电工况损伤矩阵

3)结果分析

根据后处理结果可知，所有部分的寿命均为 $5×10^8$ 次，根据机械疲劳理论，当材料达到 $1×10^7$ 次仍不被破坏时，就认为它可以承受无限次应力循环。因此，根据计算结果可以判定，水轮机轴系属于无限寿命，满足安全运行要求。疲劳损伤分布均为 2，即一个周期中存在的发现水泵断电工况的载荷谱只存在两点，对主轴疲劳寿命影响几乎无影响。根据雨流矩阵与损伤矩阵可知，载荷谱的采样点有两点，相对损伤概率都为 50%，这说明在对应均值与幅值下，出现的疲劳损伤的概率是相等的，但其强度远小于规定要求，这是因为水泵断电工况作为一个非常规突发性工况，对设备最大的影响往往是应力与应变的突变峰值，而不属于交变应力，因此水泵断电工况对轴系寿命无太大影响。

参 考 文 献

[1] Rashedi E, Nezamabadi-Pour H, Saryazdi S. GSA: A gravitational search algorithm[J]. Intelligent Information Management, 2012, 4(6): 390-395.

[2] 谢昶. 电网检修计划优化编制方法研究及应用[D]. 北京: 华北电力大学, 2013.

[3] 张丽佳. 引力搜索算法的改进研究[D]. 锦州: 渤海大学, 2017.

[4] Zhou J, Xu Y, Zheng Y, et al. Optimization of guide vane closing schemes of pumped storage hydro unit using an enhanced multi-objective gravitational search algorithm[J]. Energies, 2017, 10(7): 911.

[5] 齐央央, 张健, 李高会, 等. 抽水蓄能电站球阀联动——导叶滞后关闭规律研究[J]. 水电能源科学, 2009, 27(5): 176-178.

[6] 张健, 房玉厅, 刘徽, 等. 抽水蓄能电站可逆机组关闭规律研究[J]. 流体机械, 2004, 32(12): 14-18.

[7] 侯才水, 程永光. 高水头可逆式机组导叶与球阀的协联关闭[J]. 武汉大学学报(工学版), 2005, 38(3): 59-62.

[8] Gilles J. Empirical wavelet transform[J]. IEEE Transactions on Signal Processing, 2013, 61(16): 3999-4010.

[9] 杨华, 陈云良, 徐永, 等. 基于 VMD-HHT 方法的水电机组启动过渡过程振动信号分析研究[J]. 工程科学与技术, 2017, 49(2): 92-99.

[10] 康锋, 李文超, 赵海松, 等. 改进 Hilbert-Huang 变换的滚动轴承故障诊断[J]. 河南科技大学学报(自然科学版), 2018, 39(1): 16-22.

[11] 薛延刚, 王瀚. 基于 HHT 的水轮机空化信号研究[J]. 水力发电学报, 2015, 34(5): 147-151.

[12] Malik H. Wavelet and Hilbert Huang transform based wind turbine imbalance fault classification model using k-nearest neighbour algorithm[J]. International Journal of Renewable Energy Technology, 2018, 9(1/2): 66-83.

[13] Gilles J, Heal K. A parameterless scale-space approach to find meaningful modes in histograms—Application to image and spectrum segmentation[J]. International Journal of Wavelets Multiresolution and Information Processing, 2014, 12(6): 17.

[14] 宋学官, 蔡林, 张华. ANSYS 流固耦合分析与工程实例[M]. 北京: 水利水电出版社, 2012.

[15] Li J, Cao Y, Wang L, et al. Study of flow characteristics in the S-shaped region of a pumped storage power station[J]. Water Practice and Technology, 2015, 10(2): 242-249.

[16] 朱敏, 李小芹, 唐学林, 等. 混流式蓄能机组水轮机工况全流道流动数值模拟研究[J]. 水电站机电技术, 2017, 40(1): 1-7.

[17] 张蓝国, 周大庆, 陈会向. 抽蓄电站全过流系统水泵工况停机过渡过程 CFD 模拟[J]. 排灌机械工程学报, 2015, 33(8): 674-680.

[18] 张师帅. CFD 技术原理与应用[M]. 武汉: 华中科技大学出版社, 2016.

[19] Menter F R. Two-equation eddy-viscosity turbulence models for engineering applications[J]. Aiaa Journal, 2012, 32(8): 1598-1605.

[20] 杨金广, 吴虎. 双方程 $k\text{-}\omega SST$ 湍流模型的显式耦合求解及其在叶轮机械中的应用[J]. 航空学报, 2014, 35(1): 116-124.

[21] 黄剑峰, 张立翔, 何士华. 混流式水轮机全流道三维定常及非定常流数值模拟[J]. 中国电机工程学报, 2009, 29(2): 87-94.

[22] Bungartz H J. Fluid Structure Interaction: II: Modelling, Simulation, Optimization[M]. Berlin: Springer, 2006.

[23] 田相玉, 吴德志, 陈泽. 基于有限元分析的混凝土泵车臂架轴套连接强度计算方法[J]. 建筑机械, 2019(1): 48-52, 58.

第5章 抽水蓄能机组调节系统控制优化与性能评估系统开发

随着我国抽水蓄能电站的大力建设，抽水蓄能机组主辅设备的国有化进程得到快速推进，安徽响水涧抽水蓄能电站、江苏宜兴抽水蓄能电站的主机和辅机设备均为我国自主设计研发。为实现对机组各主要设备的实时运行状态监测、分析、故障预警和控制优化，开展机组在线监测和故障诊断系统的研究是推进运行维护一体化建设、完善智能化水电厂和水电设备状态检修体系结构不可或缺的重要环节。国内外关于抽水蓄能机组状态监测系统的研究取得了一定的成果，如日本东京电力公司和东芝公司共同开发的抽水蓄能发电机组自动监视系统、南瑞集团有限公司(国网电力科学研究院有限公司)研发的抽水蓄能机组监控系统、北京华科同安监控技术有限公司的 SJ9000 机组振动摆度保护系统、故障录波系统以及国网新源控股有限公司的生产实时系统，都已在抽水蓄能电站得到应用。抽水蓄能机组状态监测的研究理论上和方法上虽然取得了许多研究成果，并得到了一定程度的应用，但研究对象大都仅局限于机组主设备或电力设备，基本未见考虑抽水蓄能机组调节系统相关监测与状态评估功能的产品。综上所述，对于抽水蓄能机组调节系统在线监测技术与状态评估的研究尚处于起步阶段。因此，迫切需要结合实际工程需求，建立能够适应抽水蓄能机组不同运行方式并能准确地评估调节系统运行状态的监测平台，对系统的关键控制信号进行采集、记录，进而深入地开展调节系统状态评估、系统仿真与控制优化等相关研究。

本章在上述理论与技术研究成果的基础上，为实现可逆式抽水蓄能机组调节系统过渡过程计算、嵌入式仿真与测试、控制优化、故障诊断与性能评估等业务功能，研究软件系统的整体业务设计框架，设计开发抽水蓄能机组调节系统控制优化与性能评估系统，为抽水蓄能机组安全稳定运行提供有力的技术支撑。

5.1 系统逻辑架构

抽水蓄能机组调节系统控制优化与性能评估系统是一款包括数据采集、实时仿真、参数辨识、稳定性分析、控制优化、实时数据模块、故障书诊断、专家系统诊断、状态评估、趋势预测和报告管理 11 个模块的高级应用系统，其系统总体结构如图 5-1 所示。

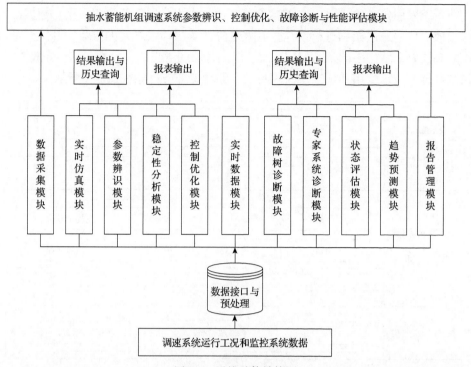

图 5-1　系统总体结构图

其中，数据采集模块采集抽水蓄能机组各工况运行状态监测数据，实时仿真模块通过设置电站运行工况，对抽水蓄能机组运行的暂态过程进行高精度仿真，并将仿真结果记录存储下来，供以后用户按时段查询；参数辨识模块为电站抽水蓄能机组提供调节系统模型参数辨识功能，能够根据运行工况确定具有复杂非线性特性的抽水蓄能机组调节系统的模型参数；稳定性分析模块提供调节系统控制运行状态下的系统稳定性判断功能；控制优化模块根据参数辨识模块记录的辨识结果，提供多种智能优化方法与高级控制策略并为控制性能优化提供建议；实时数据模块主要展示抽水蓄能机组的工况运行数据、调速器运行参数和油系统运行数据；故障树诊断模块是利用运行数据和建立的故障树推理模型对抽水蓄能机组调节系统进行故障诊断与预警；专家系统模块利用开发的专家系统工具对抽水蓄能机组调节系统进行故障分析；状态评估模块利用开发的模糊层次分析模型对抽水蓄能机组调节系统油系统性能、工况性能和历史性能进行评估，进而分析得到调节系统的整体性能状态；趋势预测模块依据开发的状态趋势预测模型预测得到未来时刻的机组调节系统性能状态；此外，本系统还对各模块的结果提供历史结果查询和报告输出的功能，报告管理模块将生成的报告进行统一管理。

　　系统采用典型的三层 B/S 架构设计方法，由表示层、业务逻辑层、数据访问层组成。按照三层架构进行设计，有效地降低了层与层之间的依赖，开发人员可以只关注整个结构中的某一层，有助于保证各层间逻辑的独立性，实现分散关注、松散耦合、逻辑复用和标准定义等目的。系统的业务框架如图 5-2 所示。

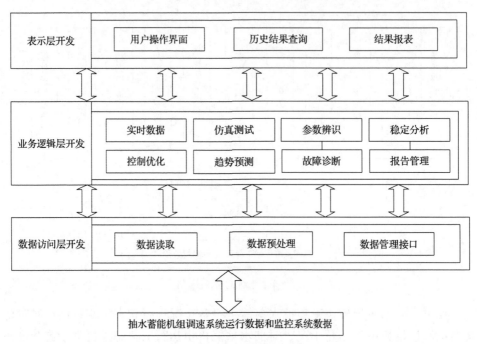

图 5-2　系统的业务框架

5.1.1　表示层

　　软件系统平台的表示层是基于 jQuery Easy UI 1.4 设计的，旨在丰富图形界面显示，提升用户体验指数，将工程应用以丰富多彩的形式展现给用户，使用户能够形象地理解系统所建议的工程应用方案[1]。

　　jQuery Easy UI 是一组基于 jQuery 的 UI 插件集合体，使开发者能更轻松地打造出功能丰富并且美观的 UI 界面，不需要编写复杂的 Javascript，也不需要对 css 样式有深入的了解，大大节省了开发产品的时间和资源。本系统采用了最新的 jQuery Easy UI 1.4 技术，在 jQuery Easy UI 1.3 的基础上提供了更新的图形插件，丰富了图形创建，优化了结构风格，提高了系统的跨平台支持能力和稳定性。

　　表示层将为用户提供信息发布、报告生成和打印、报告管理、数据与系统管理功能。表示层利用具有友好交互性的客户端和代码隐藏文件组成。根据用户的需求，可灵活方便地实现机组调节系统诊断、评估和趋势预测等功能。

5.1.2　业务逻辑层

软件系统平台的业务逻辑层包括模型包与应用算法包，模型包处理数学模型信息的查询更新事务，应用算法包则处理调节系统工况性能指标计算、油系统性能指标计算等模型计算事务。业务逻辑层主要完成核心业务操作的处理工作，该层通过调用服务层接口获得业务数据，对数据进行处理得到用户所需的数据并传送给服务层进行展示。业务逻辑层在三层体系结构中处于核心地位。业务逻辑层完全由 Java 代码实现。模型计算与界面交互统一使用 Struts2 管理，采用依赖注入与控制反转的方式，有效地降低模型与用户操作事务之间的耦合度，提升了应用程序的组建速度[2]。在业务逻辑与服务方面，系统采用面向切面的编程技术，使两者有效地分离开来，提高内聚性，使系统验证服务具有即插即用的特点。在此基础上，运用分布式远程数据通信技术，实现远端业务计算服务，将原本在客户端执行的业务操作转移到服务端，极大地缓解了客户端进行大规模数据计算的压力。

5.1.3　数据访问层

数据访问层通过建立抽水蓄能机组调节系统实测运行数据与模型计算结果数据之间的关联图，传递各层间信息的类和函数，进而为业务逻辑层提供数据支持服务。通过分析系统功能需求，本节提出抽水蓄能机组调节系统参数辨识、控制优化、状态评估与趋势预测等模型，并在此基础上分析系统体系架构，设计基于机组调节系统运行数据和电站监控系统数据的控制优化与性能评估系统总体框架，开发基于 Java 平台的可跨平台远程访问的调节系统控制优化与性能评估系统，构建高精度参数辨识、控制优化、故障诊断、状态评估及变步长的趋势预测算法包，开发面向不同源数据的库表、支持图表库联动的控件类以及各种功能的组件[3]。

5.2　系统功能模块

5.2.1　实时数据展示

实时数据模块用于展示抽水蓄能机组的工况运行数据、调速器运行数据与调速器油系统的实时数据。操作人员可以通过选择机组号查看电站相应机组的实时信息。抽水蓄能机组调节系统实时数据界面总体上可分为三个组成部分，如图 5-3 所示。

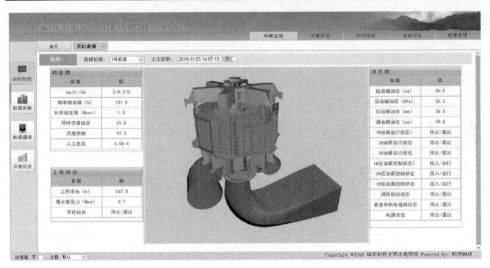

图 5-3　系统实时数据模块界面

（1）机组号选择部分：通过"选择机组"下拉框里的机组号，可以切换不同机组的运行参数的展示。

（2）运行参数显示部分：该部分分别实时显示工况运行参数、调速器运行参数和调速油系统数据。

（3）抽水蓄能机组物理模型显示部分：该部分显示抽水蓄能机组的物理模型，旨在方便用户直观地了解机组的结构。

5.2.2　实时数据采集与存储

故障诊断、趋势预测、状态评估等软件功能均需在运行数据的支撑下才能实现，所以实时数据的采集与存储就显得尤为关键。当系统检测到有采集设备连接时，首先通过设备名称来与设备进行对接，获取设备控制权限。然后，对设备进行初始化，设置设备的采样通道、通道采样频率、采样信号幅值、通道数据发送量。最后，通过开启不同的线程来实现系统的不同功能。采集的数据将存储于专为系统设计的数据库不同库表中，可随时查看历史数据，也为诊断评估提供了数据支持。

1. 实时数据采集

在数据采集线程开启之后，上位机以 Streaming AI 的传输方式从采集卡读取数据，即当每秒每通道的缓存存储到一定量的数据点后，设备发出间断信号，通知上位机读取数据。上位机软件接收到数据后发出数据读取成功信号，当处于等待状态的数据存储线程和数据画图显示线程接收到数据读取成功信号后，分别执行各自的既定操作，将数据存储入库的同时，在界面显示实时信号曲线。

抽水蓄能机组调节系统数据采集流程如图 5-4 所示。

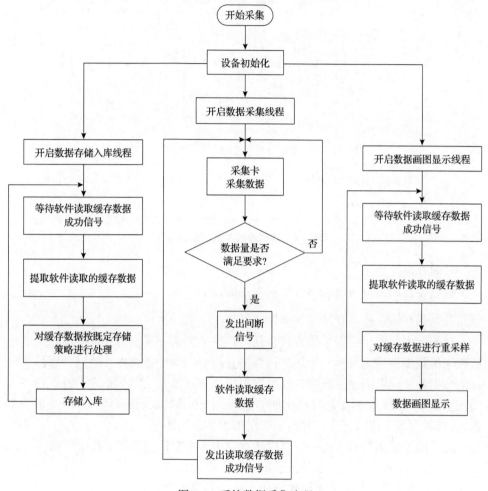

图 5-4　系统数据采集流程

抽水蓄能机组调节系统数据采集状态界面展示如图 5-5 所示。

2. 数据库设计及数据存储

为了降低数据存储冗余度，避免数据量过大造成溢出和提高检索速度，有选择地进行存储，通过设置实时库和历史库的智能化数据存储策略，来减少数据存储量，不仅节省存储空间，而且提高系统的响应速度。方便事后对关键参数的历史数据进行分析、统计，有效地降低了系统复杂性和运营成本。

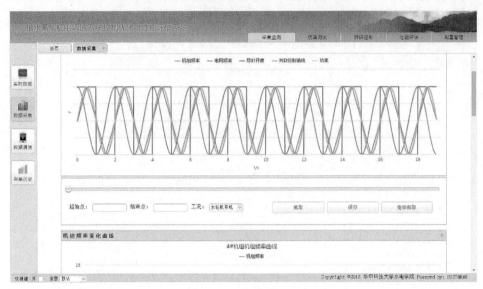

图 5-5　系统数据采集状态界面

1) 数据库选型

数据库管理系统采用 SQL SERVER 2008 R2。

2) 数据存储策略与存储过程设计

数据库中的原始数据采集方式包括监控系统通信和采集两种。从监控系统通信过来的数据频率为每秒一个点，该数据直接存到历史数据库；通过传感器采集到的数据为不间断的波形数据，此类数据先全部存放到实时数据库，并设置一定的预留期(一个月)。对于超过预留期的数据，计算其特征值或离散采样(每秒一个点)，然后存到历史数据库，并清空实时库中的超期数据。

除了原始采集数据，历史数据库的存储内容主要还包括如下几个方面。

(1)变工况暂态数据，如开机、甩负荷、停机等。

(2)试验数据，即调节系统进行相关试验时的数据。

(3)报警数据与异常数据，即调节系统的所有报警数据与变化明显的原始数据。

(4)各功能模块的输入与输出数据，包括：参数辨识模块、控制优化模块、故障诊断模块(故障树与专家系统)、性能评估模块(层次分析)、趋势预测模块(神经网络)、性能测试模块等。

(5)用户权限设置数据。

同时，系统在与监测和采集进行交互的过程中，涉及大量的数据存储，为提高系统的运行效率，在数据采集写数据库时均调用存储过程进行操作，缩短执行时间。

3) 数据表设计

本节依据功能模块对系统用到的所有数据表进行设计，如表 5-1～表 5-16 所示。

表 5-1　数据库功能模块表设计

功能模块	表设计
采集模块	实时表、历史表(过程量、开关量)
变工况数据存储	工况类型表、工况记录表
参数辨识模块	辨识结果表
优化控制模块	稳定性分析结果表、控制参数优化结果表
故障树诊断模块	故障信息表、故障树规则表、故障树诊断结果表、故障树诊断样本表
专家系统诊断模块	专家系统规则表、专家系统诊断结果表、专家系统诊断样本表
性能评估模块	评估指标信息表、评估指标打分表
用户权限配置模块	权限信息表
通道配置模块	通道配置信息表

表 5-2　数据采集表

HP_COLLECTOR		
COL_ID	int	序号
COL_START_TIME	varchar(255)	开始时间
COL_STOP_TIME	varchar(255)	结束时间
COL_SAMPLE_INTERVAL	float	采样间隔
COL_CHANNEL	varchar(1023)	通道名称
COL_DATA1	varbinary(MAX)	通道 1 数据
COL_DATA2	varbinary(MAX)	通道 2 数据
COL_DATA3	varbinary(MAX)	通道 3 数据
COL_DATA4	varbinary(MAX)	通道 4 数据
COL_DATA5	varbinary(MAX)	通道 5 数据
COL_UNIT_NO	int	机组号
COL_CONDITION	varchar(255)	工况名称
COL_DATA_SOURCE	varchar(127)	数据源名称

表 5-3 监控系统通信表

HP_JK_COMUNICATIN		
Time	varchar (255)	时间
setF	float	频率给定值
setP	float	功率给定值
setGuideVane	float	导叶开度给定值
guideLimit	float	开度限制
guideModel	float	导叶控制模式(自动/手动)
fModel	int	频率调节模式(1/0)
openingModel	int	开度调节模式
pModel	int	功率调节模式
workH	int	工作水头/扬程
draftP	int	尾水管出口压力
startFlag	int	开机标志
pressTankH	int	压油罐油位
pressTankP	float	压油罐油压
returnTankH	float	回油箱油位
drainTankH	float	漏油箱油位
oilPumpM1	float	1#油泵运行状态
oilPumpM2	float	2#油泵运行状态
oilPumpM3	int	3#油泵运行状态
pressOilPumpC1	int	1#压油泵控制状态
pressOilPumpC2	float	2#压油泵控制状态
pressOilPumpC3	float	3#压油泵控制状态
lockState	float	液压锁定状态
stopValveState	int	紧急停机电磁阀状态
powerMiss	int	电源是否消失

表 5-4 工况类型表

HP_WC_Type		
WC_Name	varchar (20)	工况枚举名称
WC_Status	Int	工况编号
WC_Describe	nvarchar (20)	工况描述
WC_Reserved	varchar (20)	保留

表 5-5　历史工况信息表

HP_WC_Time		
ID	int	编号
UnitNo	varchar(50)	机组编号
WC_StartTime	decimal(15, 0)	工况开始时间
WC_StopTime	decimal(15, 0)	工况结束时间
WC_Status	int	工况编号
WC_Reserved	varchar(100)	保留

表 5-6　故障信表

HP_FaultsFinal		
ID	int	编号
Name	varchar(50)	故障名称
Location	varchar(50)	故障部位
Description	varchar(MAX)	故障描述
Advice	varchar(MAX)	故障建议
Symptom1	varchar(MAX)	特征描述(保留)
Symptom2	varchar(MAX)	特征描述(保留)
Symptom3	varchar(MAX)	特征描述(保留)
Type	varchar(50)	故障类型

表 5-7　故障树诊断历史样本表

HP_FaultTree_History		
ID	int	编号
Time	datetime	时间
Symptom	varchar(MAX)	特征量
FaultID	int	故障 ID

表 5-8　故障树诊断结果记录表

HP_FaultTree_Result		
ID	int	编号
Result	varchar(MAX)	诊断结果
UnitNo	varchar(50)	机组编号
Time	datetime	时间

表 5-9　故障树规则表

HP_FaultTree_Rule		
ID	int	编号
Name	varchar(50)	名称
Feature	varchar(MAX)	特征向量
Thresholdrelation	varchar(50)	阈值关系[阈值/关系]
Description	varchar(MAX)	故障描述

表 5-10　专家系统规则表

HP_EX_Rule		
ID	int	规则 ID
Rank	int	规则级别
Name	nvarchar(50)	规则名称
Match	nvarchar(MAX)	特征匹配向量
Thresholdrelation	nvarchar(MAX)	阈值关系[阈值/关系]
ActionID	nvarchar(MAX)	执行操作
Credibility	float	可信度

表 5-11　专家系统诊断结果记录表

HP_EX_Result		
ID	int	编号
Result	varchar(MAX)	诊断结果
Unit_No	varchar(MAX)	机组编号
Time	datetime	时间

表 5-12　状态评价一级指标表

HP_AccessRank1		
ID	int	编号
Name	varchar(50)	一级评价指标名称
Weight	varchar(50)	一级指标权重
UnitNo	varchar(50)	机组编号

表 5-13　状态评价二级指标表

HP_AccessRank2		
id	int	编号
name	varchar(50)	指标名称
proid	int	所属 1 级指标
threshold	float	阈值
degree1	float	第一等级百分比
degree2	float	第二等级百分比
degree3	float	第三等级百分比
degree4	float	第四等级百分比
degree5	float	第五等级百分比
type	int	类型
weight	varchar(MAX)	权重

表 5-14　稳定性分析结果表

HP_StabilityAna_Result		
Time	datetime	时间
UnitNo	varchar(50)	机组编号
WC_Status	Int	工况编号
Head	float	水头
CriteriaType	varchar(50)	判据类型
StabilityDomain	varchar(100)	稳定域
Description	varchar(MAX)	分析结果说明

表 5-15　控制优化结果表

HP_OptiControl_Result		
Time	datetime	时间
UnitNo	varchar(50)	机组编号
WC_Status	Int	工况编号
Method	varchar(50)	辨识方法
OptiControlParams	varchar(MAX)	最优控制参数
OptiControlCurveF	varchar(MAX)	最优控制频率曲线
OptiControlCurveY	varchar(MAX)	最优控制开度曲线

表 5-16　辨识结果表

HP_Identify_Result		
Time	datetime	时间
UnitNo	varchar(50)	机组编号
WC_Status	Int	工况编号
Method	varchar(50)	辨识方法
LinearParams	varchar(MAX)	线性模型辨识结果
NonlinearParams	varchar(MAX)	非线性模型辨识结果
LinearCurveF	varchar(MAX)	线性模型最优频率曲线
LinearCurveY	varchar(MAX)	线性模型最优开度曲线
NonlinearCurveF	varchar(MAX)	非线性模型最优频率曲线
NonlinearCurveY	varchar(MAX)	非线性模型最优开度曲线

5.2.3　暂态过程仿真

考虑某抽水蓄能电站，其由上水库、下水库、输水系统、地下厂房洞室群和地面开关站等组成。过水系统主要包括：上库进/出水口、上库闸门井、上平洞、上游调压室、上竖井、中平洞、下竖井、下平洞、引水钢岔管、引水高压钢支管、尾水支管、尾水岔管、尾水调压室、尾水隧洞、下游闸门井、下库进/出水口等。抽水蓄能电站机组上游侧过水系统和下游侧尾水系统均采用一洞两机布置。过水系统结构图如图 5-6 所示。

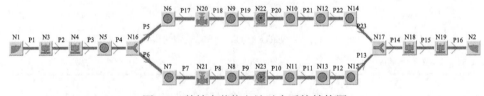

图 5-6　某抽水蓄能电站过水系统结构图

利用基于改进 Suter 变换、BP 神经网络和三元两点插值的综合方法建立可逆式水泵水轮机精细化全特性曲线模型，建模流程如图 5-7 所示。

系统算法包中实时仿真模块从特征线解法原理入手，建立包含上游长引水隧洞、引水调压井、压力管道、可逆式水泵水轮机、下游调压井和尾水管等边界条件的抽水蓄能机组过水系统数学模型，并根据机组的运行工况，利用特征线法求解抽水蓄能机组过水系统的过渡过程曲线。抽水蓄能机组调节系统界面仿真如图 5-8、图 5-9 所示。系统进行动态仿真后，界面下方会依次显示系统模型、特征参数表、调压室浪涌极值表、频率曲线图、开度曲线图、蜗壳压力曲线图和调压井水位变化曲线。

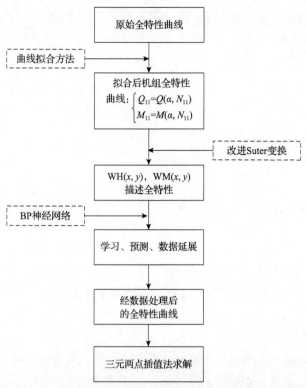

图 5-7　可逆式水泵水轮机模型建模流程

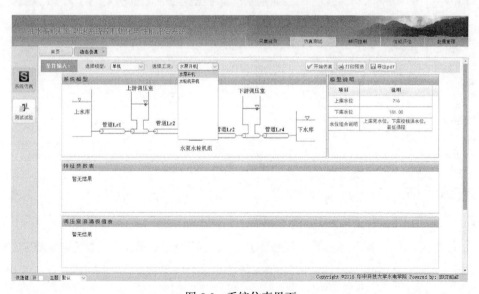

图 5-8　系统仿真界面

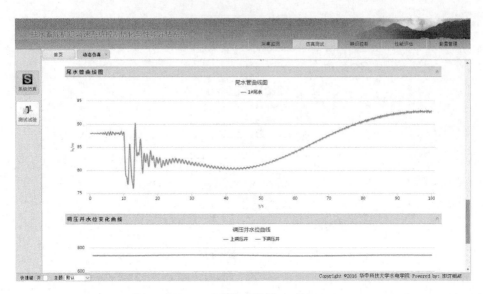

图 5-9　系统仿真结果显示界面

5.2.4　模型参数辨识

在抽水蓄能机组调节系统中选择参数辨识方法和待辨识波形，系统即可开始参数辨识，系统参数辨识结果显示界面如图 5-10 所示。

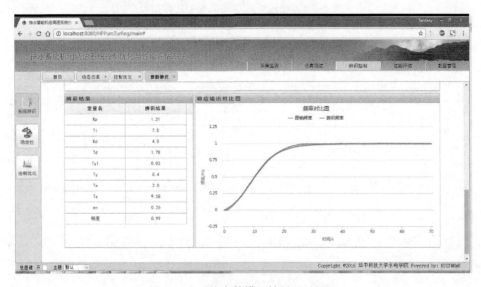

图 5-10　系统参数辨识结果显示界面

5.2.5　控制稳定性分析

建立完整的抽水蓄能机组控制系统数学模型后，可利用这些数学模型去分析控制系统的性能。抽水蓄能机组控制系统受到扰动后，经过调节过程，系统能逐渐恢复到所要求的工作状态，或者在这一状态的允许偏差范围内振荡，则称这个系统是稳定的。若调节过程环绕某一状态发生较大的不衰减振荡，或者系统越来越远地偏离所要求的状态时，称这个系统不稳定。对于可以准确地用常系数微分方程式来描述其运动的线性系统，若小扰动稳定，则大扰动也是稳定的。对于需用非线性微分方程式来描述其运动的非线性系统，若小扰动稳定，则大扰动也是稳定的。对需用非线性微分方程式来描述其运动的非线性系统，若小扰动能稳定，则大扰动不一定稳定。可逆式水泵水轮机控制系统是一个非线性系统。但由于小扰动稳定而大扰动不稳定情况很少，故主要研究小扰动稳定[4,5]。

抽水蓄能机组工作在水轮机方向时其闭环调节系统状态方程可表示为

$$
A = \begin{bmatrix}
-\dfrac{e_g - e_x}{T_a} & \dfrac{e_y}{T_a} & \dfrac{e_h}{T_a} & 0 & 0 \\[2mm]
-\dfrac{K_p}{T_y} & -\dfrac{1}{T_y} & 0 & \dfrac{1}{T_y} & \dfrac{K_p}{T_y} \\[2mm]
\dfrac{e_{qx}e_h}{e_{qh}T_a} + \dfrac{e_{qy}K_i}{e_h T_y} & \dfrac{e_{qy}T_a - e_y e_{qx}T_y}{e_{qh}T_y T_a} & -\dfrac{T_a + e_{qx}e_h T_w}{e_{qh}T_w T_a} & -\dfrac{e_{qy}}{e_{qh}T_y} & -\dfrac{e_{qy}}{e_{qh}T_y} \\[2mm]
-K_i & 0 & 0 & 0 & 0 \\[2mm]
\dfrac{K_d(e_g - e_x)}{T_d T_a} & -\dfrac{K_d e_y}{T_d T_a} & 0 & -\dfrac{1}{T_d} &
\end{bmatrix} \tag{5-1}
$$

通过计算矩阵 A 的最大特征根是否为负值，可判断机组的运行控制稳定性。

抽水蓄能机组调节系统稳定分析界面包含工况信息、控制器参数、额定参数、其他参数和结果显示 5 个部分。稳定性分析计算结束后，用户可在界面右下方的结果显示栏中查看机组的实时六参数取值、调速控制系统的闭环系统矩阵 A 最大特征值(即稳定性判据)和控制系统是否稳定的结论，如图 5-11 所示。

5.2.6　控制优化

抽水蓄能机组的水轮机工况开机过程控制中应用了调速器频率调节模式。当调速器在停机状态下接到开机令后，将导叶开度以一定速率开至启动开度 y_{st}，并保持这一开度不变，等待机组转速上升。当频率升至 45Hz(90%空载额定频率)附近，转入 PID 频率调节控制，使机组进入空载稳定运行状态以准备实现同期并网。

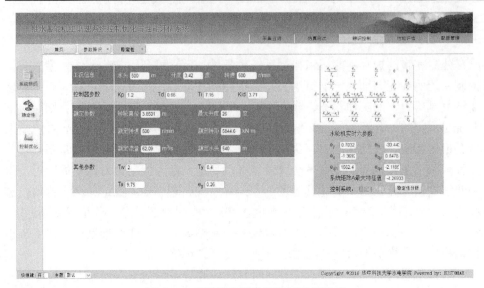

图 5-11　系统稳定性分析界面结果显示

抽水蓄能机组 PID 控制器结构图如图 5-12 所示。

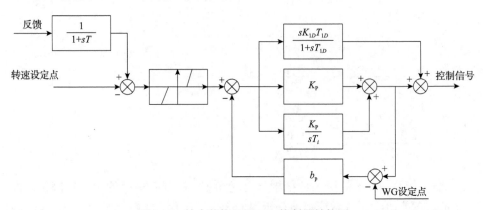

图 5-12　抽水蓄能机组 PID 控制器结构图

转速低于 90% 额定转速时，开机过程导叶开度线性增加规律如式(5-2)所示：

$$y = \begin{cases} 0, & t \leqslant t_{\text{start}} \\[2mm] \dfrac{t - t_{\text{start}}}{t_{\text{rise}}} y_{\text{st}}, & t_{\text{start}} < t \leqslant t_{\text{start}} + t_{\text{rise}} \\[2mm] y_{\text{st}}, & t > t_{\text{start}} + t_{\text{rise}} \end{cases} \tag{5-2}$$

转速达到 90% 额定转速后，调节系统进入 PID 频率调节模式，永态转差系数取为零。图 5-13 为可逆式水泵水轮机调节系统传递函数框图。

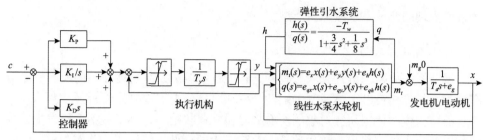

图 5-13　可逆式水泵水轮机调节系统传递函数框图

PID 控制器频率调节模式的控制率原理如式(5-3)所示：

$$u = K_{\mathrm{P}}(c_f - f) + K_{\mathrm{I}}\int (c_f - f)\mathrm{d}t + K_{\mathrm{D}}\frac{\mathrm{d}(c_f - f)}{\mathrm{d}t} \tag{5-3}$$

对抽水蓄能机组不同工况下的最优 PID 参数，本系统提供基于粒子群算法和引力搜索算法的参数优化方法。系统控制优化结果显示如图 5-14 所示。

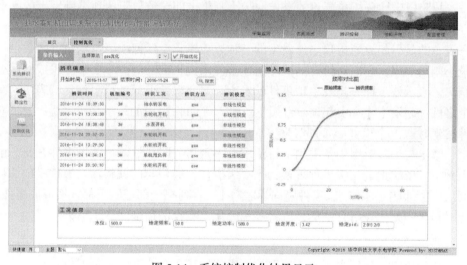

图 5-14　系统控制优化结果显示

5.2.7　故障树模型与故障诊断

为保障抽水蓄能机组调节系统的可靠性，本节研究调节系统早期故障预警技术，建立基于模型和基于数据驱动的调节系统故障树模型，实现调节系统早期潜在故障预警功能。对调节系统进行故障诊断，首先需要深入地分析调节系统运行状态和各监测参数的相关性，通过对监测数据进行傅里叶变换和经验小波变换，获取各监测参数的特征量和各部件运行状态的内在关联，确定运行状态关键指标量。在此基础上，本节针对抽水蓄能机组结构特点，结合故障典型案例，建立基于故障推理的调节系统故障树模型。

1. 故障树推理

调节系统故障树推理诊断过程中，首先针对调节系统可能存在的所有故障情况，建立故障树模型，然后基于定性分析和定量分析实现故障诊断。

故障树模型依据研究对象的所有故障建立树状结构，其中最不希望发生的故障状态为顶事件，找出直接导致这一故障发生的全部故障因素，并作为树的中间事件，再找出造成下一事件发生的全部直接因素，一直追查到无须再深究的因素，该无须再深究的事件为底事件。所有事件通过适当的逻辑门进行连接，进而反映出系统或设备的特定事件(不希望发生的事件)与它的各个子系统或各个部件故障事件之间的逻辑结构关系。在故障树推理过程中，主要包括三部分，即定性分析、定量分析和底事件概率确定。

1) 定性分析

故障树定性分析主要目的是求取最小割集，即导致故障树顶事件发生的底事件的组合。而最小割集是导致故障树顶事件发生的数目不可再少的底事件的组合。它表示的是引起故障树顶事件发生的一种故障模式。任何故障树均由有限数目的最小割集组成，它们对给定的故障树顶事件来说是唯一的。单个事件组成的最小割集，表示该事件一旦发生顶事件就发生。双重事件组成的最小割集，表示这两个事件一起发生才会引起顶事件发生。对 N 个事件组成的最小割集来说，要顶事件发生时这 N 个事件必须同时发生。

学术与工程应用中常采用下行法求最小割集，即从故障树的顶事件开始，由上到下，依次把上一级事件置换为下一级事件，遇到与门就将输入事件横向并列写出，遇到或门就将输入事件竖向串联写出，直到把全部逻辑门都置换成底事件，此时最后一列代表所有割集，再将割集简化，吸收得到全部最小割集。

2) 定量分析

故障树定量分析主要包括：失效概率分析和底事件重要度分析。

(1) 失效概率分析。失效概率分析通过自下而上的方法计算系统各个环节失效的概率。设故障树最小割集表达式为 $K_j(\boldsymbol{X})$，则最小割集结构函数为

$$\theta(\boldsymbol{X}) = \sum_{j=1}^{k} K_j(\boldsymbol{X}) \tag{5-4}$$

式中，k 为最小割集数；$K_j(\boldsymbol{X})$ 的定义为

$$K_j(\boldsymbol{X}) = \prod_{i \subset k_j} \boldsymbol{X}_i \tag{5-5}$$

求顶事件发生概率，即使 $\theta(\boldsymbol{X})=1$ 的概率，只要对式(5-5)两端取数学期望，左端为顶事件发生概率：

$$g = P_r\left\{\sum_{j=1}^{k} K_j(\boldsymbol{X}) = 1\right\} \tag{5-6}$$

令 E_i 为属于最小割集 K_j 的全部底事件均发生的事件，则顶事件发生的条件是 K 个 E 中至少有一个发生的事件，因此

$$g = P_r\left\{\sum_{j=1}^{k} E_i\right\} \tag{5-7}$$

如果将事件和概率写作 F_j，则

$$F_j = \sum_{1 < j_1 < \cdots < k} P_r\left\{E_{i1}\bigcap E_{i2}\bigcap \cdots \bigcap E_{ij}\right\} \tag{5-8}$$

由式(5-8)展开可得

$$g = \sum_{j=1}^{k}(-1)^{-1}F_i = \sum_{r=1}^{k}(-1)^{1-1}P_r\{E_r\} - \sum_{1 < k < j < K} P_i\left\{E_i\bigcap E_j\right\} + \cdots + (-1)^{k-1}P_r\left\{\bigcap_{r=1}^{k} E_r\right\} \tag{5-9}$$

通过上述方法，可完成顶事件失效概率分析。同时，还可以按照类似的方法，针对故障数的各个环节进行失效概率分析，类同方法在此不做赘述。

(2)底事件重要度分析。底事件重要度分析包括对底事件概率重要度、结构重要度和关键重要度分析。概率重要度的定义为系统处于部件 i 的临界状态(事件 i 失效时，导致系统失效的状态称为临界状态。在事件 i 失效的 $2n-1$ 种情形中，只有那些导致系统失效的情形才是部件 i 的临界状态)时，系统失效的概率称为概率重要度 $I_i^{P_r}(t)$。如果 $Q_i(t)$ 表示第 i 个底事件在 t 时刻的失效概率，$g[Q(t)]$ 表示顶事件在 t 时刻的失效概率，设 $g[1_i, Q(t)]$ 表示第 i 个底事件失效时顶事件在 t 时刻的失效概率，$g[0_i, Q(t)]$ 表示第 i 个底事件正常时顶事件在 t 时刻的失效概率。则概率重要度 $I_i^{P_r}(t)$ 为

$$I_i^{P_r}(t) = \frac{\partial g[Q(t)]}{\partial[Q_i(t)]} = g[1_i, Q(t)] - g[0_i, Q(t)] \tag{5-10}$$

结构重要度的定义为当底事件 i 从状态 0 变为 1 时，则底事件 i 的临界状态数在总状态数中的比例。在实际计算结构重要度时，常采用如下方法：在事件 i 的概率重要度表达式中，将所有底事件的失效概率置为 0.5。因此，结构重要度 $I_i^{St}(t)$

的有效计算为

$$I_i^{S(t)} = I_i^{P(t)}\Big|_{Q_k=0.5}, \quad k \neq i \tag{5-11}$$

关键重要度用系统故障概率的变化率对底事件 i 故障概率的变化率的相对值来反映底事件 i 触发系统发生故障的概率。其定义为

$$I_i^{C(t)}(t) = Q(t) \cdot I_i^{P_r(t)} / g(t) \tag{5-12}$$

对系统的故障诊断和检查而言，确定底事件的关键重要度具有非常重要的指导意义，因为一旦系统发生故障，维修人员有理由首先怀疑关键重要度最大的底事件触发了系统故障。

3）底事件概率确定

故障树的定量分析以底事件的发生概率为基础，因此底事件概率的确定对于整个分析来说至关重要。底事件发生概率确定主要可分为失效分布的确定、基于分布模型的分布参数估计和依据分布模型确定发生概率三步。实际中可根据在一个大修期内各个故障的发生情况，获得各个底事件的失效分布曲线，进而确定符合失效概率分布的标准概率分布模型。根据已得到的分布模型，利用参数辨识方法，获得底事件发生概率的分布曲线。利用该曲线，结合距离上次大修的时间，即可确定各个事件发生的概率。

系统诊断完成后，显示出故障诊断结果，同时故障树部分故障发生部位会有红色预警展示，系统故障树分析界面如图 5-15 所示。

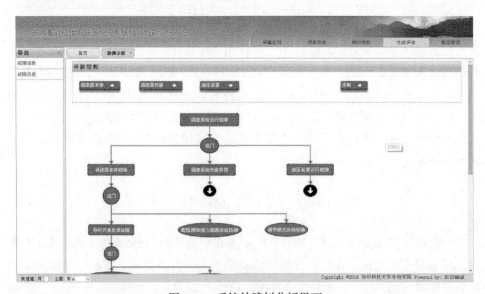

图 5-15　系统故障树分析界面

2. 故障树诊断

　　故障树诊断模块基于本节建立的抽水蓄能机组调节系统故障树推理模型，依据实测的调节系统运行数据，通过故障推理模型的树状结构，对故障进行深度和广度的搜索，完成故障推理并最终实现故障预警与诊断。本节建立的调节系统故障树模型结构如图 5-16 所示，系统故障树诊断逻辑架构如图 5-17 所示。

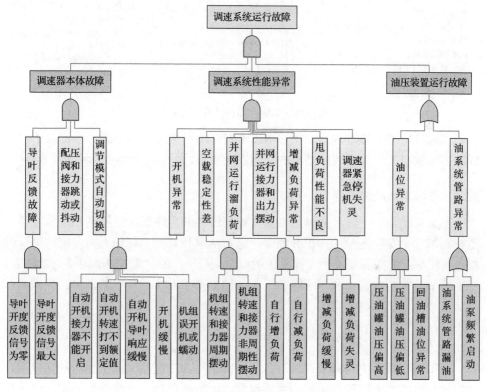

图 5-16　调节系统故障树模型结构

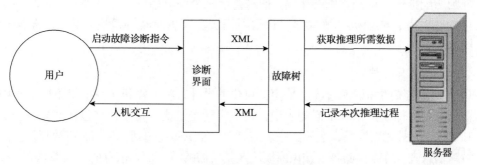

图 5-17　系统故障树诊断逻辑架构

本节基于构建的调节系统故障树模型，结合调节系统中调速器本体数据、机组运行数据和油压装置数据，采用设计的故障树诊断算法模型，对调节系统运行状态进行故障分析，主要包括：定性分析、定量分析和底事件概率确定等。最终，获得调节系统的故障信息、发生原因和维修建议。系统故障树诊断算法逻辑如图 5-18 所示。

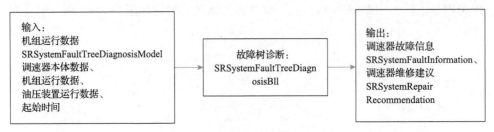

图 5-18　系统故障树诊断算法逻辑

完成故障树故障推理后，用户可以查看详细的故障诊断结果，系统以用户友好的方法输出各个推理故障结果的可能发生概率，页面显示故障的名称及其特征。

5.2.8　专家系统故障诊断

专家系统是一个具有大量的专门知识与经验的程序系统，根据抽水蓄能调节系统领域多个专家提供的知识和经验，进行推理和判断，模拟人类专家的决策过程，以便解决那些需要人类专家处理的复杂问题[6]。在建立了故障树模型基础上，根据调节系统结构特点和专家经验，本节建立基于专家系统诊断模型，为调节系统状态检修与智能维护提供技术支持。

1. 专家系统故障诊断

当采用专家系统对调节系统进行故障诊断时，首先建立基于规则的知识库，然后从后台监测系统读取运行信息并提取故障特征信息，再将其与专家知识进行规则匹配推理，得到诊断结果[7]。抽水蓄能机组调节系统故障诊断专家系统主要包括知识库、推理机、解释器、自学习模块、人机交互等模块，其系统架构如图 5-19 所示。

1) 知识库模块

专家系统的知识库总体上采用模块化的设计，将所需机组特征量不同的规则信息分别存储于数据库不同的表中，构成不同的模块。每个模块包括"规则表"和"规则—故障对应关系表"两张表。另外，知识库还包括：存储所有故障信息的故障信息表；总体存储各个知识库模块及其所需的特征量等信息的规则类总表；存储特征信号和实际故障的历史记录表。专家系统知识库结构图如图 5-20 所示。

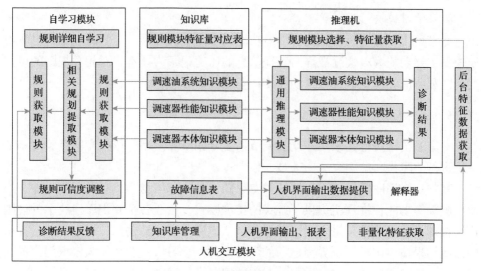

图 5-19　调节系统专家系统架构图

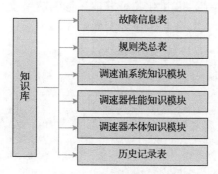

图 5-20　专家系统知识库结构图

2) 推理机模块

专家系统推理机模块的主要功能包括知识选择及特征获取模块、通用推理模块。其中知识选择及特征获取模块的主要功能就是根据用户所选择诊断对象的不同，选择相应的知识模块，并根据各个知识模块对于特征量的要求，获取相应特征量，为通用推理模块提供输入；通用推理模块根据所提供的知识模块信息，从相应表中读取规则，并从获取的特征量中提取有用部分，进行规则匹配，得出各个模块的诊断结果。

3) 解释器模块

专家系统解释器模块的主要功能为读取知识库中所有故障信息，包括故障名称、部位、描述、建议等；根据推理机给出的诊断结果，从故障信息中选出相关故障的所有信息，以文本的形式提供给人机交互模块；同时，将与诊断结果相关的规则推理过程提供给人机交互模块。

4）自学习模块

专家系统具有较为强大的自学习功能，不同于人工录入与修改规则，自学习模块的主要功能为以实际故障与特征信息的历史记录为样本，对相关规则的可信度、匹配特征等信息，进行自动修改，实现自学习功能。

2. 专家系统诊断

专家系统模块旨在采用建立的调节系统专家系统模型，依据专家经验对调节系统进行故障诊断。

其中：知识库模块用于存储各种专家知识及故障信息，具有通用性添加、修改、删除等功能；推理机提供了统一的推理模式，按照各个知识库模块中的规则进行推理，并完成结果融合；解释器获取知识库中的故障信息，根据推理机提供的诊断结果输出用于人机界面显示的各种信息；学习机主要功能为根据用户提交的实际故障结果反馈，对于误诊、漏诊的情况进行规则修改；人机交互模块主要提供结果输出、报告生成、非量化特征获取、诊断结果反馈、知识库管理等功能接口。专家系统条件输入与症状选择界面如图 5-21 所示。

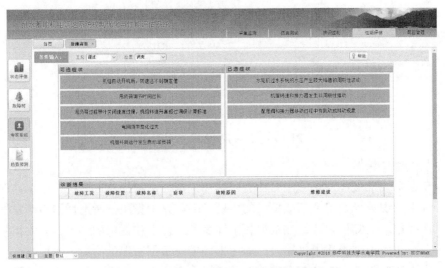

图 5-21　专家系统条件输入与症状选择界面

5.2.9　状态模糊层次综合评估与状态评估

目前，部分学者在抽水蓄能机组运行分析方面开展了卓有成效的研究，并取得了一定成果。尽管抽水蓄能机组故障分析的研究成果报道较多，但关于调节系统状态评估的研究尚未见报道。为填补此项行业应用空白，提升调节系统的运行可靠性，保障抽水蓄能机组的安全稳定运行，根据现场运行维护经验以及查阅大量文献，本节建立能够较好地反映调节系统性能状态的评估指标体系，并基于模糊层次分析法对调节系统的运行状态进行综合评估。

1. 状态模糊层次综合评估

　　根据现场运行维护经验，选取能够较好地反映抽水蓄能机组调节系统在各不同工况下典型性能状态的指标，建立调节系统性能状态综合评估指标体系。从调速油系统设备基本健康状态、调节系统工况转换性能以及历史运行状态三个方面多角度、多层次地对调节系统性能状态进行综合评估。调节系统状态综合评估指标体系如图 5-22 所示。

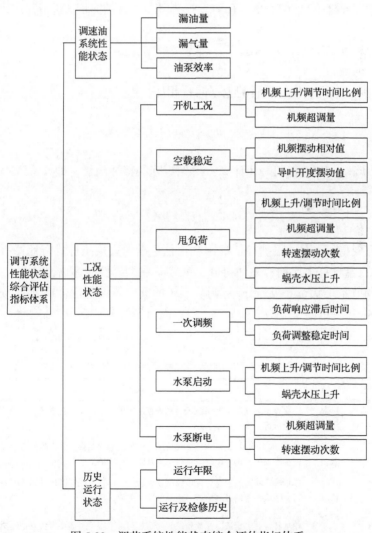

图 5-22　调节系统性能状态综合评估指标体系

层次分析法通过对问题的本质、影响因素及其内在关系等进行深入分析的基础上，将各种因素层次化、系统化，用较少的定量信息，将半定性半定量的复杂思维过程数学化，从而为多目标、多准则或无结构特性的复杂决策问题提供简便的决策方法。基于层次分析法的调节系统性能状态综合评估具体实现方法如下。

(1)构建调节系统状态性能评价指标体系层次关系，主要包括目标层和准则层。

(2)构建判断矩阵(一致性)，采用 9 标度法构建判断矩阵，对于底层指标进行两两比较，由下而上逐层完成。

(3)计算各事件权重，采用求根法计算各层指标权重。

第一步，n 阶的判断矩阵 $V = (a_{ij})_{n \times n}$，对其每一列的向量值进行归一化处理，即

$$\overline{a_{ij}} = a_{ij} \Big/ \sum_{i=1}^{n} a_{ij}, \qquad i, j = 1, 2, \cdots, n \tag{5-13}$$

第二步，将归一化处理后的数据同行相加，即

$$W_i = \sum_{i=1}^{n} \overline{a_{ij}}, \qquad i, j = 1, 2, \cdots, n \tag{5-14}$$

第三步，对 W_i 进行归一化计算，得到矩阵的特征向量，即

$$\overline{W_i} = W_i \Big/ \sum_{i=1}^{n} W_i, \qquad i, j = 1, 2, \cdots, n \tag{5-15}$$

(4)底层指标评估，根据评估准则和评估标准对底层指标进行评估打分，然后依据指标权重计算上层指标评估得分，最终获取系统性能评估得分。

(5)调节系统状态等级划分，将调节系统的健康等级进行合理分级，分为正常、注意、异常和严重四个等级，如表 5-17 所示。计算出调节系统性能状态的综合得分，然后根据调节系统状态评价标准，最终确定调速器所处的水平。

表 5-17 调节系统状态评价标准

状态评分状态	评价结果	状态描述
90~100	正常状态	二次设备各状态量处于稳定且在规程规定的警示值、注意值(标准限值)以内，可以正常运行
80~89	注意状态	单项(或多项)状态量或总体评价结果的变化趋势朝接近标准限值方向发展，但未超过标准限值，仍可以继续运行，应加强运行中的监视
70~79	异常状态	单项特征状态量或总体评价结果变化较大，已接近或略微超过标准限值，应监视运行，采取相应的处理措施，或适时安排停电定检
0~69	严重状态	单项特征状态量或总体评价结果严重超过标准限值，需要尽快安排停电定检

2. 状态评估

状态评估模块的功能是依据建立的能够较好地反映调节系统性能状态的评估指标体系，并基于模糊层次分析法对调节系统的运行状态进行全方位综合评估[8]。调节系统性能状态评估目标层如图 5-23 所示，包括调速油系统性能状态、工况性能状态与历史状态。

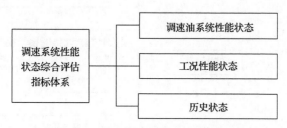

图 5-23　调节系统性能状态评估目标层

调速油系统是抽水蓄能电站重要辅助设备之一，其运行状态对保障机组安全经济运行具有重要影响，对其进行性能状态评估的指标包括油压、油量和油泵效率，如图 5-24 所示。工况性能评估能够直观地反映出调速设备的性能表现与可靠性，包括开机工况、空转稳定、正常停机、事故停机、一次调频、水泵断电等子目标，各子目标的评价指标如图 5-25 所示(其中，调节比例时间 $t_r = t_{SR}/t_{0.8}$，其中 t_{SR} 为机组启动开始至空转转速偏差小于同期带(−0.5%～+1%)的时间，$t_{0.8}$ 为与启动开始至机组转速达到 80%额定转速的时间)。对历史状态的评估有助于运行人员对设备的性能进行纵向对比，揭示潜在的安全风险，评价指标包括运行年限与运行状态检修历史，如图 5-26 所示。

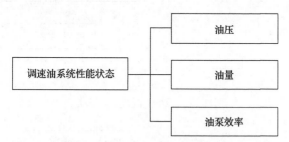

图 5-24　调速油系统性能状态指标

系统状态评估界面总体上可分为条件输入、状态评估得分结果和详细评估信息，后台对抽水蓄能机组调节系统进行状态评估，待评估完成后，状态评估得分结果部分显示出总体健康状况得分和分项评估结果(包括油系统性能、工况性能和历史性能得分)。同时详细评估信息表中会显示本次评估的各计算指标及其指标计算值,评估结果柱状图也显示出分项评估结果各组成部分的具体得分,如图 5-27所示。

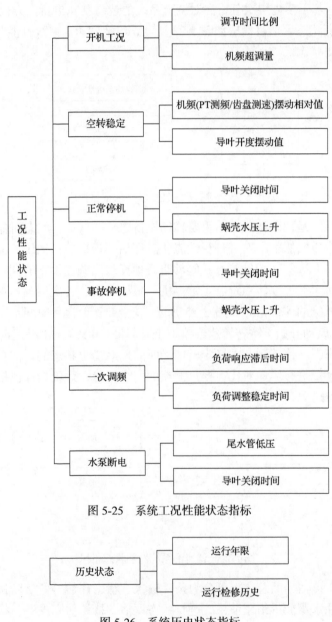

图 5-25　系统工况性能状态指标

图 5-26　系统历史状态指标

图 5-27　系统状态评估结果界面

5.2.10　状态趋势预测

抽水蓄能机组维修方式正在逐渐地从以时间为基础的定期预防性维修向以状态检测、故障预警为基础的预测性维修方式过渡。针对可逆式抽水蓄能机组设计参数复杂、运行工况多、启停频繁造成的其出现故障的概率比常规水电机组更大的特点，本节研究抽水蓄能机组调节系统早期的故障预警和状态趋势预测技术，建立了能多角度、多层次地对调节系统性能状态进行综合评估的状态模糊评估模型，为维护决策提供数据支持，对于抽水蓄能机组典型故障模式分析及预测有重要意义。并率先在国内单机 300MW 的立式混流式可逆式抽水蓄能机组实现了对调节系统的早期潜在故障预警、性能评估与状态趋势预测，提高调节系统自身安全性和可靠性。

1. 状态趋势预测分析

趋势预测又称为趋势分析，指自变量为时间，因变量为对应时间函数的分析模式。趋势预测法充分地考虑了时间序列的发展趋势，使预测结果更好地符合实际。在抽水蓄能机组状态监测技术中，趋势预测主要用于估计故障的传播及发展，并对有关设备的劣化趋势进行预报。趋势预测是事故预防和进行无破坏性检测的重要手段，有利于维修人员尽早发现异常，迅速查明故障原因，进而有针对性地进行状态或视情维修，延长检修周期，缩短检修时间，提高检修质量，减少备件储备，提高抽水蓄能机组维修的管理水平。近年来，国内外学者对趋势预测有关理论与方法进行了深入系统的研究，逐步形成了较为成熟的模型化预测方法，典型的有时间序列模型预测方法、特征参数的回归拟合方法和经济大修模型预测方法等。以下对时间序列模型预测方法进行具体介绍。

时间序列分析指采用参数模型对观测到的有序随机数据进行处理分析。时间序列模型反映了不同时刻观测值的相关性，从本质上体现出了设备运行状态的变化趋势。图 5-28 为时间序列预测方法的具体流程图。

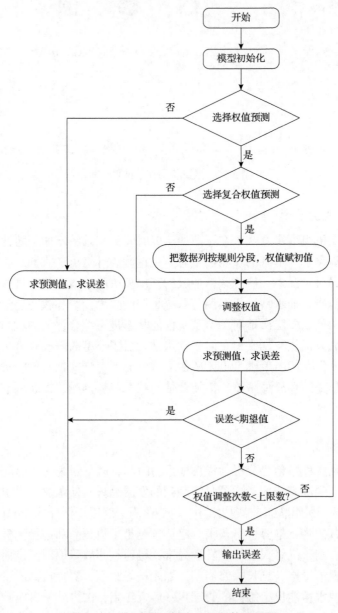

图 5-28　时间序列预测方法的具体流程图

1) 自回归滑动平均

ARMA 模型是时序分析中最基本、应用最广泛的参数模型。ARMA 模型的一般形式为

$$y_n = -\sum_{k=1}^{N} a_k y_{n-k} + \sum_{i=0}^{M} b_i W_{n-i} \tag{5-16}$$

式中，y_n 为按时间顺序排列的一系列信号观测(采样)值；W_{n-i} 为对应的观测噪声序列；a_k 为自回归系数；b_i 为滑动平均系数；M、N 为模型阶数。

若 $b_0 = 1$，$b_1 = 0$，$i = 1, 2, \cdots, M$，则

$$y_n = w_n - \sum_{k=1}^{N} a_k y_{n-k} \tag{5-17}$$

式 (5-17) 可以表述为观测值 y_n 可以表示成过去若干时刻观测值和当前时刻观测噪声的线性组合。当模型参数 M、N、a_k、b_i 确定后，可用当前及历史观测值对设备的未来状态进行预测。预报值可由式 (5-18) 计算得到

$$\hat{y}_{n+1} = -\sum_{k=1}^{N} a_k y_{n+1-k} \tag{5-18}$$

本节通过时间序列分析等预测方法获得的预测结果，对机组后续运行维护决策的制定具有极大的参考价值。

2) 支持向量回归

支持向量回归是一种经典的回归方法，被广泛地应用于预测和估计类问题，通过支持向量回归进行预测的关键在于建立区域中的样本映射关系，通过非线性映射 ϕ 关系，将区域样本数据映射到高维的特征空间，在高维空间中进行线性回归。给定的序列样本 $\{(x_1, y_1), \cdots, (x_n, y_n)\}$，支持向量回归的线性回归函数可以表示为

$$f(x) = w\phi(x) + b \tag{5-19}$$

式中，ϕ 表示样本空间到特征空间 G 的映射；$w \in G$；b 为偏置项。

设拟合误差为 ε，y_i 表示输入 x_i 的真实值，回归函数中最优参数 w、b 需满足：

$$\begin{cases} w\phi(x_i) + b - y_i \leqslant \varepsilon \\ y_i - w\phi(x_i) - b \leqslant \varepsilon \end{cases} \tag{5-20}$$

实际应用中上述约束条件难以同时满足，存在一定的拟合误差，因此引入松弛因子 ξ_i 和 ξ_i^*，则约束条件变为

$$\begin{cases} w\phi(x_i) + b - y_i \leqslant \varepsilon + \xi_i \\ y_i - w\phi(x_1) - b \leqslant \varepsilon + \xi_i^* \end{cases}, \quad \xi_i \geqslant 0, \quad \xi_i^* \geqslant 0 \tag{5-21}$$

在满足式(5-21)的条件下求解 SVR 的优化目标为

$$\min J = \frac{1}{2}|w|^2 + C\sum_{i=1}^{n}(\xi_i + \xi_i^*) \tag{5-22}$$

式中，C 为惩罚因子，利用对偶原理，引入拉格朗日乘子 α_i 与 α_i^* 和核函数，则式(5-19)可以表示为

$$\begin{cases} \max J = \dfrac{1}{2}\sum_{i,j=1}^{k}(\alpha_i - \alpha_i^*)(\alpha_j - \alpha_j^*)K(x_i, x_j) - \sum_{i=1}^{k}\alpha_i(y_i + \varepsilon) + \sum_{i=1}^{k}\alpha_i^*(y_i - \varepsilon) \\ \text{s.t.} \sum_{i=1}^{k}(\alpha_i - \alpha_i^*) = 0, \qquad 0 \leqslant \alpha_i, \alpha_i^* \leqslant C, i = 1,2,3,\cdots,k \end{cases} \tag{5-23}$$

式(5-20)为凸二次规划问题，求解可以得到非线性映射表示：

$$f(x) = \sum_{i=1}^{k}(\alpha_i - \alpha_i^*)K(x_i, x) + b \tag{5-24}$$

根据 KKT(Karush-Kuhn-Tucker)定理，可推出式(5-25)，求解得到偏置 b。

$$\begin{cases} \varepsilon - y_i + f(x_i) = 0, & \alpha_i \in (0, C) \\ \varepsilon + y_i - f(x_i) = 0, & \alpha_i^* \in (0, C) \end{cases} \tag{5-25}$$

3) 卷积神经网络

卷积神经网络(convolutional neural network，CNN)是一种包含卷积计算的前馈神经网络，由 Yann 于 1998 年提出。它的核心是卷积操作，通过一定大小的卷积核作用于局部数据，可以进行局部信息的特征提取，在特征学习与分类上表现优秀。随着人工智能技术和计算机硬件水平的发展，卷积神经网络在图像识别、数据挖掘等领域了发挥了巨大作用。本章预测模型采用的卷积神经网络主要结构包括以下几种。

(1)层次 1：卷积层。

卷积神经网络中，卷积核是一个权重矩阵，通过设置卷积核个数和滑动步数，实现局部特征提取，随着卷积层数增加，模型本身也能提取更高维的特征。常见 CNN 卷积可以分为一维卷积、二维卷积和多维卷积。不同卷积核维度的卷积层有着不同的用途，一维卷积大多用于序列数据处理，二维卷积则用于图像处理等方面。

(2)层次 2：激活层。

非线性激活函数是卷积神经网络中重要的组成部分，不同的激活函数不仅影响模型的非线性表征能力，也影响模型的训练效率。常见的激活函数包括双曲正

切函数(tanh)、整流线性单元(Relu)和 Sigmoid 函数等。本章预测模型主要采用
Relu 作为训练的激活函数，公式如下：

$$f(x) = \text{Relu}(x) = \begin{cases} x, & x > 0 \\ 0, & x \leqslant 0 \end{cases} \tag{5-26}$$

(3)层次 3：池化层。

池化层也称为降采样层，一般与卷积层相连。通过对上一卷积层的特征进行
抽样，可以降低维度，减小计算复杂度，起到了二次提取特征的作用。根据采样
方式不同，池化层包含了平均采样层、上采样层和下采样层等。

4)长短期记忆神经网络

长短期记忆神经网络(long short-term memory neural network，LSTM)是一种
特殊的神经网络，属于循环神经网络(recurrent neural network，RNN)的一个变种。
传统 RNN 在训练过程中存在梯度消失和梯度爆炸的问题，导致序列数据中长期
依赖特性无法被识别，训练结果较差。长短期记忆神经网络相较于传统的 RNN，
具有特殊的记忆结构和门控结构设计。

图 5-29 为传统 RNN 的循环单元结构，图 5-30 为经典的 LSTM 单元结构。

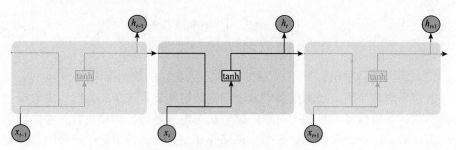

图 5-29　传统 RNN 的循环单元结构

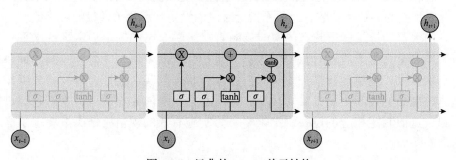

图 5-30　经典的 LSTM 单元结构

LSTM 的控制流程与 RNN 相似，它们都是在前向传播的过程中处理流经循环
单元的数据，不同之处在于 LSTM 中的结构单元和运算有所改变。本节通过在循

环单元结构中设计输入门、遗忘门和输出门来解决循环神经网络的长期依赖问题，使得 LSTM 对长期信息的记忆具有很好的序列准确率。

(1)遗忘门。主要用于控制历史信息流入当前循环单元，通过激活函数处理后，判断历史信息是否忘记。

$$f_t = \sigma\left(W_f\left[h_{t-1}, x_t\right] + b_f\right) \tag{5-27}$$

式中，f_t 为 t 时刻的激活值；h_{t-1} 为历史信息；x_t 为当前流入循环单元的信息；W_f 为遗忘门的权重矩阵；σ 为激活函数(这里取 Sigmoid)；b_f 为遗忘门的偏置项。

(2)输入门。输入门负责处理当前序列的位置输入，确定存入循环单元的信息。

$$\begin{cases} i_t = \sigma\left(W_i\left[h_{t-1}, x_t\right] + b_i\right) \\ \tilde{c}_t = \tanh\left(W_c\left[h_{t-1}, x_t\right] + b_c\right) \\ c_t = f_t^* c_{t-1} + i_t^* \tilde{c}_t \end{cases} \tag{5-28}$$

式中，i_t 为输入门的值；W_i 为输入门权重矩阵；$\tilde{c}_t$ 为候选状态值；c_t 为状态更新值。

(3)输出门。输出门控制流入隐含层的信息，以便下一时刻计算。

$$\begin{cases} o_t = \sigma\left(W_o \cdot \left[h_{t-1}, x_t\right] + b_o\right) \\ h_t = o_t^* \tanh(c_t) \end{cases} \tag{5-29}$$

式中，o_t 为输出门输出；W_o 为权重矩阵；h_t 为最后的输出结果。

本节采用神经网络预测模型对抽水蓄能机组调节系统状态指标历史数据进行趋势预测，评价设备今后某一时期的健康状态发展趋势。该模块首先根据抽水蓄能机组调节系统状态量的历史数据，训练并建立具有强鲁棒性的神经网络预测模型，然后选取特定长度的调节系统状态指标历史数据，并作为神经网络的输入，设置好预测的步长和步数后，预测指定时段内设备状态相关参数的可能值。

抽水蓄能机组运行状态的实时诊断直接影响全站的安全稳定运行水平、电力质量和电力生产成本等重要的经济效益指标。随着电站规模和监测辅助系统的不断扩大，现场运行维护人员对机组运行状态的实时监控、对设备故障作出迅速而准确的判断更加困难。因此，本节对抽水蓄能机组的运行状态趋势进行预测，进而制定相应的设备维护策略，为实施有效的视情维修决策奠定了必要的理论基础。

2. 趋势预测

趋势预测模块是利用建立的趋势预测模型，主要对机组调节系统总体性能状态、工况性能状态和油泵效率进行纵向的趋势预测分析，及时地发现异常趋势。

用户可以选择不同的预测步长，进而得到不同步长下的状态趋势预测值。系统趋势预测结果界面如图 5-31 所示。

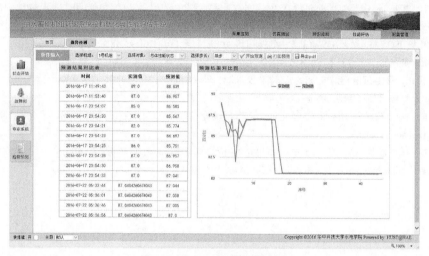

图 5-31　系统趋势预测结果界面

5.2.11　报告管理

除了上述 11 个主要模块，系统还向用户提供了强大的报告输出和管理功能，本系统支持 Word、PDF 常用文件的标准化输出，用户根据自身需求，选择故障诊断、性能评估、趋势预测、动态仿真、稳定性分析、控制优化相应输入条件和模型结果的报告输出。同时，系统还具备对用户输出的报告进行统一管理的功能，包括查看、删除、打印等。系统报告管理查询界面如图 5-32 所示。

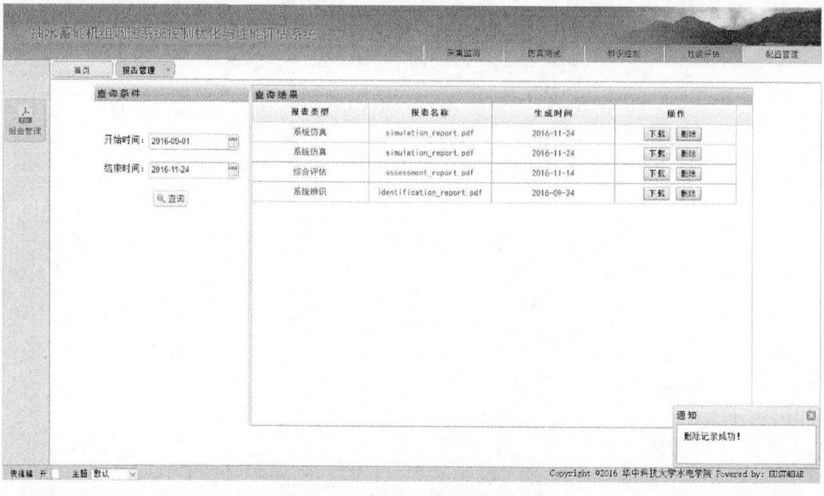

图 5-32　系统报告管理查询界面

参 考 文 献

[1] 苗洁. 基于 EasyUI 框架与 Spring MVC 框架的权限管理系统的设计与实现[J]. 电脑知识与技术, 2015, 11(15): 53-55.

[2] 龚建华. JSON 格式数据在 Web 开发中的应用[J]. 办公自动化, 2013(20): 46-48.

[3] 晏敏, 张昌期. 数据库技术在水轮机及其调速系统中的应用[J]. 水力发电, 1986(3): 37-39.

[4] 张健中. 一类连续化工生产过程的模型辨识及非线性预测控制研究[D]. 哈尔滨: 哈尔滨工业大学, 2010.

[5] 刘坦. 判断矩阵的一致性和权重向量的求解方法研究[D]. 曲阜: 曲阜师范大学, 2008.

[6] 周叶, 唐澍, 潘罗平. HM9000ES 水电机组故障诊断专家系统的设计与开发[J]. 中国水利水电科学研究院学报, 2014, 12(1): 104-108.

[7] 毛成, 刘洪文, 李小军, 等. 基于知识库的水电机组故障诊断专家系统[J]. 华电技术, 2015, 37: 25-28, 32, 78.

[8] 肖剑. 水电机组状态评估及智能诊断方法研究[D]. 武汉: 华中科技大学, 2014.

第6章 抽水蓄能机组调节系统在线监测与一体化装置设计及研发

抽水蓄能机组调节系统是电力系统自动发电控制的终端执行机构，主要由调速器、压力过水系统、可逆式水泵水轮机、同步发电电动机及负荷五部分构成[1]。精确的抽水蓄能机组调节系统模型不仅是抽水蓄能电站自动发电控制及电力系统自动发电控制研究的基础，而且对于电力系统的稳定性分析具有重要的作用[2]。抽水蓄能机组调节系统作为一类复杂的非线性系统，其参数种类繁多，各参数之间相互耦合，为机组稳定运行控制带来了巨大的困难[3]。抽水蓄能机组调节系统在线监测是获取抽水蓄能机组调节系统状态信息，实现抽水蓄能机组调节系统参数辨识、故障诊断、趋势预测与状态评估的关键[4]。抽水蓄能机组调节系统在线监测需从调速器、监控系统获取实时运行状态数据，多源异构数据的采集、通信存在一定的技术瓶颈，多机高速互联通信、多通道信号全阵列隔离、分布式集散监测数据融合等关键技术尚未解决[5]。

本章综合前面理论方法与技术研究成果，研发抽水蓄能机组调节系统在线监测、仿真试验与性能测试的一体化装置。本章考虑抽水蓄能机组调节系统采集、监测物理信号的典型特征和信息传递安全要求，研发放大、滤波、干扰抑制、多路转换等信号检测及预处理电路，设计完成抽水蓄能机组调节系统在线监测一体化装置的硬件体系结构、主控逻辑、接口电路、机柜及结构，并对在线监测、实时仿真、网络隔离等硬件设备和软件应用系统进行系统集成，实现抽水蓄能机组调节系统运行与试验数据获取、仿真试验、控制优化、故障诊断等功能，并在抽水蓄能电站开展调速器性能仿真测试和在线监测综合试验研究。

6.1 一体化装置与计算机监控系统通信

抽水蓄能机组调节系统在线监测一体化装置与抽水蓄能电站计算机监控系统通信是获取调节系统状态信息的关键，其采用标准的 Modbus RTU 协议进行通信，接口类型为 RS485[6]。抽水蓄能机组调节系统在线监测一体化装置与抽水蓄能电站计算机监控系统通信主要内容包括通信参数、工作方式、通信测点、通信过程、软件测试、现场调试等。

抽水蓄能机组调节系统在线监测一体化装置与抽水蓄能电站计算机监控系统通信接口位于机组现地屏柜，抽水蓄能机组调节系统在线监测一体化装置与抽水蓄能电站计算机监控系统通信流程如图 6-1 所示。

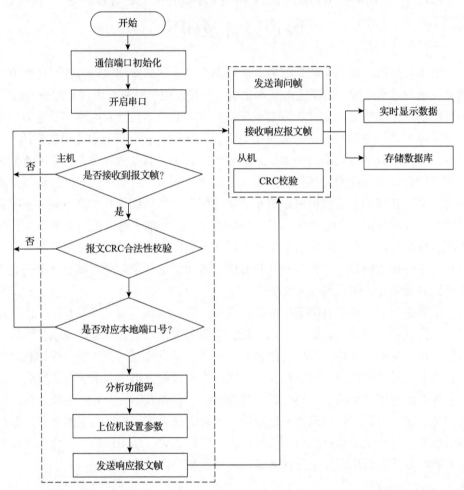

图 6-1　抽水蓄能机组调节系统在线监测一体化装置与抽水蓄能电站计算机监控系统通信流程

（1）通信参数：Modbus RTU 协议。波特率：9600。奇偶校验位：无。数据位：8。停止位：1。

（2）工作方式：与抽水蓄能电站计算机监控系统通信，遵照 Modbus RTU 协议，解析其传来的数据，Modbus RTU 协议对通信设备分为"主""从"两种工作方式，抽水蓄能机组调节系统在线监测一体化装置端采用"主"工作方式，向抽水蓄能电站监控系统 LCU（local control unit）请求数据。

(3)通信测点：抽水蓄能电站计算机监控系统向抽水蓄能机组调节系统在线监测一体化装置发送的通信测点如表 6-1 所示。

表 6-1　抽水蓄能电站计算机监控系统通信测点

序号	通道名称	单位	备注
1	频率给定值	/	包 1-通道 1
2	功率给定值	/	包 1-通道 2
3	导叶开度给定值	/	包 1-通道 3
4	开度限制	/	包 1-通道 4
5	导叶控制模式(自动/手动)	/	包 1-通道 5
6	频率调节模式(I/O)	/	包 1-通道 6
7	开度调节模式	/	包 1-通道 7
8	功率调节模式	/	包 1-通道 8
9	工作水头/扬程	/	包 1-通道 9
10	尾水管进口压力	/	包 1-通道 10
11	开机标志	/	包 1-通道 11
12	压油罐油位	/	包 1-通道 12
13	压油罐油压	/	包 1-通道 13
14	回油箱油位	/	包 1-通道 14
15	漏油箱油位	/	包 1-通道 15
16	1#油泵运行状态(启动/停止/误动)	/	包 1-通道 16
17	2#油泵运行状态(启动/停止/误动)	/	包 1-通道 17
18	3#油泵运行状态(启动/停止/误动)	/	包 1-通道 18
19	1#压油泵控制状态(自动/手动/备用)	/	包 1-通道 19
20	2#压油泵控制状态(自动/手动/备用)	/	包 1-通道 20
21	3#压油泵控制状态(自动/手动/备用)	/	包 1-通道 21
22	液压锁定状态	/	包 1-通道 22
23	紧急停机电磁阀状态	/	包 1-通道 23
24	电源是否消失	/	包 1-通道 24

(4)通信过程：通信过程如图 6-2 所示。

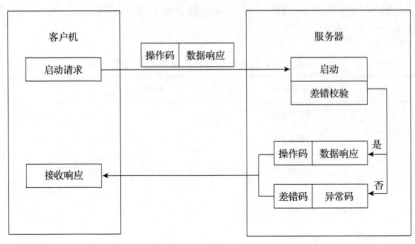

图 6-2　通信过程

①抽水蓄能机组调节系统在线监测一体化装置向抽水蓄能电站监控系统请求数据。表 6-2 为请求数据包。

表 6-2　请求数据包

参数	地址域	功能码	数据地址	读取的寄存器数量	校验码
字节数	1 Byte	1 Byte	2 Bytes	2 Bytes	2 Bytes

②抽水蓄能电站计算机监控系统向抽水蓄能机组调节系统在线监测一体化装置发送数据，格式如下（16 进制）。表 6-3 为响应数据包。

表 6-3　响应数据包

参数	从站地址(03)	功能码(10)	起始通道(1)	通道数 (n)	n 个数据	校验码(CRC)
字节数	1 Byte	1 Byte	2 Bytes	2 Bytes	$n \times 2$Bytes	2 Bytes
包1(前16通道)	/	/	01	16	32	2 字节
包2(后8通道)	/	/	17	8	16	2 字节

③抽水蓄能机组调节系统在线监测一体化装置收到数据并确认无误后作出应答。

(5)软件测试：采用 Modbus Slave 调试软件模拟监控系统，测试开发的 Modbus RTU 程序，在两台工控机上分别安装 Modbus Slave 调试软件和 Modbus RTU 程序，用 RS485 双绞线连接工控机，打开 Modbus Slave 软件，模拟 Modbus 从机，如图 6-3 所示，配置端口为 COM4，波特率为 9600，寄存器数为 24。

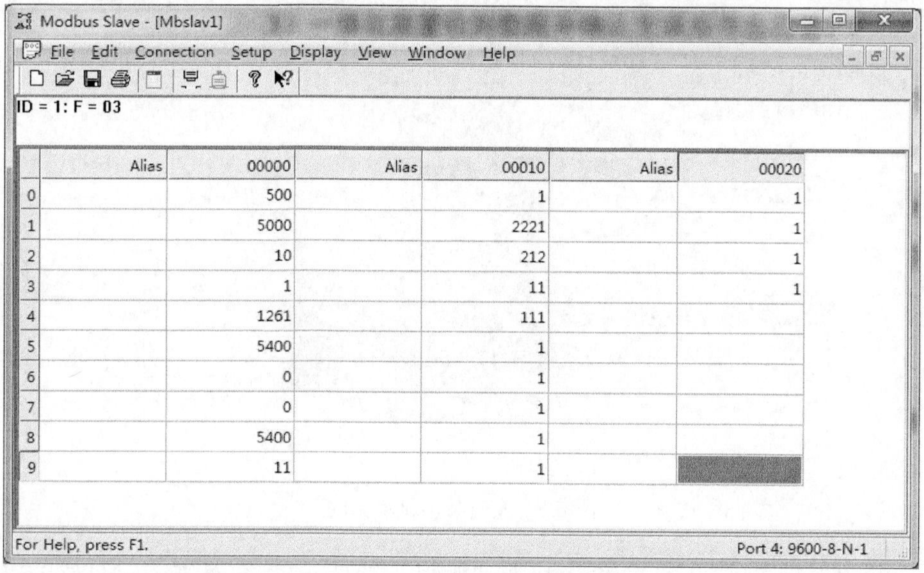

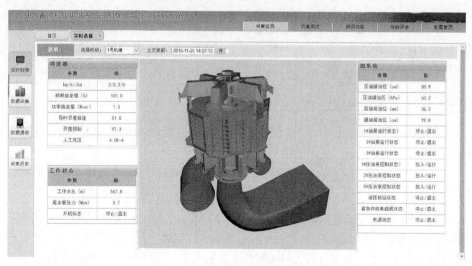

图 6-3　Modbus Slave 界面

打开软件系统，配置资源文件设置端口 COM3，波特率为 9600，Slave ID=1，开始实时获取"从机"数据，获取数据结果如图 6-4 所示。

图 6-4　实时数据显示测试

（6）现场测试：在工控机上安装实时数据通信软件系统，用 RS485 双绞线连接抽水蓄能机组调速器，如图 6-5 所示，配置端口为 COM4，波特率为 9600，寄存器数为 24。

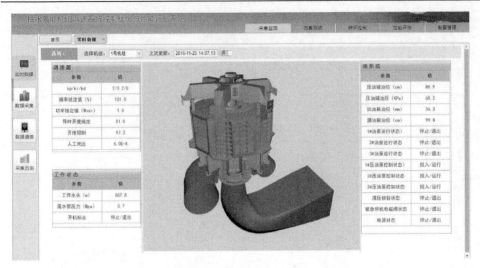

图 6-5　实时数据显示测试

打开软件系统，配置资源文件，设置端口 COM3，波特率为 9600，Slave ID=1，开始实时获取"从机"数据，获取数据结果如图 6-5 所示。

6.2　一体化装置与调节系统的通信协议

抽水蓄能机组调节系统在线监测一体化装置与调节系统可采用标准的 Modbus RTU 协议或 Modbus TCP 协议进行通信，系统提供两种协议通信方式，可以根据实际情况进行选择[7]。

6.2.1　Modbus RTU 协议

若采用标准 Modbus RTU 协议进行通信，通信接口在机组现地屏柜，接口类型为 RS485。

（1）通信参数：Modbus RTU 协议。波特率：9600。奇偶校验位：无。数据位：8。停止位：1。

（2）工作方式：与抽水蓄能机组调节系统通信，遵照 Modbus RTU 通信协议，解析其传来数据，Modbus 协议对通信设备分为"主""从"两种工作方式，一体化装置端采用"主"工作方式，向抽水蓄能机组调节系统 LCU 请求数据。

（3）通信测点：抽水蓄能机组调节系统向在线监测一体化装置发送的通信测点如表 6-4 所示。

（4）通信过程：通信过程和上述工控机与抽水蓄能电站计算机监控系统通信相似。

表 6-4　抽水蓄能机组调节系统通信测点

序号	通道名称	单位	备注
1	机组输出有功功率/输入有功功率	MW	包 1-通道 1
2	调速器控制器输出	/	包 1-通道 2
3	导叶主接力器行程	mm	包 1-通道 3
4	机组频率	Hz	包 1-通道 4
5	电网频率	Hz	包 1-通道 5

（5）软件测试：采用 Modbus Slave 调试软件模拟调节系统，测试开发的 Modbus RTU 通信程序。打开软件系统，配置资源文件，设置端口 COM3，波特率为 9600，Slave ID=1，开始实时获取"从机"数据，获取数据结果如图 6-6 所示。单击开始通信，开始从"从站"接收数据。

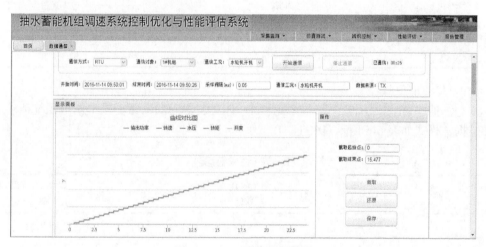

图 6-6　RTU 通信数据结果

（6）现场测试：本系统前期实现该功能，已经集成在系统中，但是，由于现场条件的限制，该功能作为备用功能。

6.2.2　Modbus TCP 协议

若采用标准的 Modbus TCP 协议进行通信，通信接口在机组现地屏柜，接口类型为 RJ45。

（1）通信参数：Modbus TCP 协议，100MB 以太网。

（2）工作方式：与抽水蓄能机组调节系统通信，遵照福伊特使用的通信协议，解析其传来数据，以太网连接需要使用网络单向隔离装置。为实现调速器电调柜与一体化装置通信，需在调速器原有的 PLC 程序中添加电调柜与一体化装置的通讯程序，考虑到福伊特采用了西门子 PLC，一种可能的操作步骤如下：①在 PLC 程序中修改网络配置，添加 Fetch/Write 通信，建立通信链路；②依据通信规约在 PLC 程序中开辟 DB 块用于同装置通信；③统计各上行数据的存储地址，添加 PLC 源程序并处理上行数据；④将数据处理部分添加到 PLC 执行顺序组织块中；⑤保存编译并试运。

(3)抽水蓄能机组调节系统向在线监测一体化装置发送的通信测点如表 6-5 所示。

表 6-5　抽水蓄能机组调节系统通信测点

序号	通道名称	单位	备注
1	机组输出有功功率/输入有功功率	MW	包 1-通道 1
2	调节器控制器输出	/	包 1-通道 2
3	导叶主接力器行程	mm	包 1-通道 3
4	机组频率	Hz	包 1-通道 4
5	电网频率	Hz	包 1-通道 5

(4)通信过程。

①抽水蓄能机组调节系统在线监测一体化装置向抽水蓄能机组调节系统请求数据，格式如表 6-6 所示(16 进制)。

表 6-6　请求数据包

参数	事务 ID 标识符	协议标识符	后续的 Byte 数量	单元标识符	功能码	起始地址	读取的寄存器数量
字节数	2 Bytes	2 Bytes	2 Bytes	1 Byte	1 Byte	2 Bytes	2 Bytes
包 1(前 5 通道)	/	00	06	0	3	00	30

②抽水蓄能机组调节系统向在线监测一体化装置发送数据，如表 6-7 所示。

表 6-7　响应数据包

参数	报文头 MBAP Header				PDU		
格式组成	事物 ID 标识符	协议标识	后续数据量的大小(n*Byte)	单元标识符	功能码	数据长度	接收数据
字节数	2 Bytes	2 Bytes	2 Bytes	1 Byte	1 Byte	1 Byte	nBytes
包 1	/	00	3F	0	03/16	3C	/

③抽水蓄能机组调节系统在线监测一体化装置收到数据并确认无误后作出应答。

通信过程流程如图 6-7 所示。

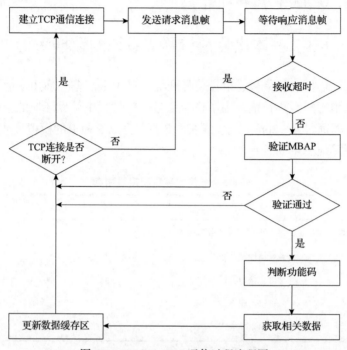

图 6-7　Modbus TCP 通信过程流程图

（5）软件测试：采用 Modbus Client Tester 调试软件模拟抽水蓄能机组调节系统，测试开发的 Modbus TCP 通信程序。配置 IP 地址为 127.0.0.1，端口为 502。单击开始通信，开始从"从站"接收数据，如图 6-8 所示。

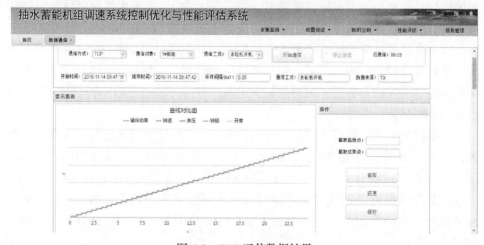

图 6-8　TCP 通信数据结果

(6)现场测试：本系统前期实现该功能，已经集成在系统中，但是，由于现场条件的限制，该功能作为备用功能。

6.3　一体化装置与调节系统的数据采集

传输信号包括电流信号、电压信号两类，其中电流信号适用于远距离传输，电压信号适用于短距离传输。为了避免信号传输过程中外界环境的干扰，一体化装置与调速器通过 4～20mA 硬接线获取数据，完成 5 通道的模拟量数据采集。一体化装置硬接线测点如表 6-8 所示。

表 6-8　一体化装置硬接线测点

序号	通道名称	单位	接入信号	时间间隔
1	机组输出有功功率/输入有功功率	MW		
2	调速器控制器输出	/		
3	导叶主接力器行程	mm	4～20mA	10～50ms
4	机组频率	Hz		
5	电网频率	Hz		

数据采集装置包括工业控制计算机、PCI1712L 高速采集卡、信号调理电路。与调速器相连的硬接线测点信号接入装置面板，经信号调理电路处理，接入高速采集卡，再经工业控制计算机上的上位机软件进行后续操作。采集卡具有 1MHz 转换速度的 12 位 A/D 转换器，提供 16 路单端或 8 路差分的模拟量输入，由于待测模拟信号带宽小于100Hz，根据香农采样定理可知,采集卡采样频率设置为1kHz 即可满足数据采集的需要[8]。

当上位机软件检测到有采集设备连接时，首先通过设备名称来与设备进行对接，获取设备控制权限。然后，对设备进行初始化，设置设备的采样通道、通道采样频率、采样信号幅值、通道数据发送量。最后，通过开启不同的线程来实现系统的不同功能。

在数据采集线程开启之后，上位机以 Streaming AI 的传输方式从采集卡读取数据，即当每秒每通道的缓存存储到一定量的数据点时，设备发出间断信号，通知上位机读取数据。上位机软件接收到数据后发出数据读取成功信号，当处于等待状态的数据存储线程和数据画图显示线程接收到数据读取成功信号时，分别执行各自的既定操作，将数据存储入库的同时，在界面画图显示实时信号曲线。

抽水蓄能机组调节系统数据采集流程如图 6-9 所示。

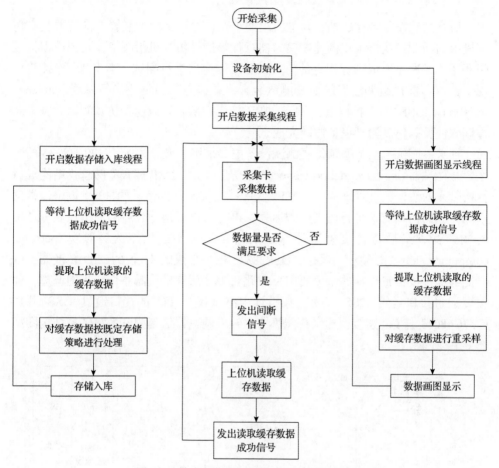

图 6-9　抽水蓄能机组调节系统数据采集流程

6.4　一体化装置硬件设计与实现

综合前面理论方法与技术手段，本节率先研发抽水蓄能机组调节系统在线监测、仿真试验与性能测试一体化装置。

6.4.1　一体化装置硬件设计

仿真测试及在线监测模块安装在 3U 箱体，内部安放抽水蓄能机组调节系统仿真测试设备和在线监测设备的相关电路，本节介绍仿真测试系统和在线监测系统的硬件体系结构、主控逻辑与接口电路设计。

1. 抽水蓄能机组调节系统仿真测试系统

仿真测试设备是完成抽水蓄能机组调节系统仿真试验的装置，该装置具有仿真机组的功能，通过采集调速器接力器行程等信号仿真机组频率，与调速器构成闭环系统，通过完成国标规定的仿真试验对调速器进行测试。李丰攀[9]设计与实现了抽水蓄能机组调速系统仿真测试装置，该装置通过通用串行总线(universal serial bus，USB)与工控机进行通信，在工控机中部署了调速器仿真测试软件，通过该软件控制仿真测试设备协同完成试验。

抽水蓄能机组调节系统仿真测试设备主要采用了型号为 TMS320F28335 的数字信号处理器(digital signal processor，DSP)[10]，该款 DSP 拥有哈佛总线结构等特性所带来的快速数据处理能力。DSP28335 既能控制外部信号的采集，也可以根据不同试验的仿真要求进行仿真模型运算。再将仿真模型计算后的输出控制量送出给调速器，最后将仿真模型计算后的仿真结果传送给个人计算机(personal computor，PC)实时显示、保存。DSP28335 内部集成的 12 位的 A/D 转换器，已经能够满足模拟量采样的精度要求。因此对于外部信号只需要作适当的调理，就可以通过接口送给 DSP 转换。在设计中测试仪与 PC 的接口通过 USB 芯片 CY7C68013 与 PC 连接。抽水蓄能机组水轮机调速器仿真测试系统体系结构图如图 6-10 所示。

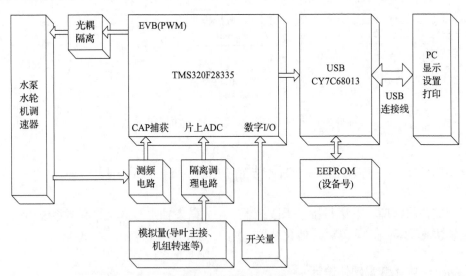

图 6-10　抽水蓄能机组水轮机调速器仿真测试系统体系结构图

抽水蓄能机组调节系统仿真测试设备主要模块电路设计如下所示。

抽水蓄能机组调节系统仿真测试系统中 DSP 外接 30MHz 有源晶振，通过片内锁相环 PLL 5 倍频以后，以 150MHz 的频率工作。DSP28335 的供电需要 3 种电源：数字 3.3V 电源(片上 I/O)、数字 1.8V 电源(CPU 内核)和模拟 3.3V 电源(片上 A/D 转换器)[11]。

(1)主板电源电路。系统设计将 DSP 的数字电源和模拟电源分开供电，由专用电源芯片 TPS767D318 将 5V 电压转换成 3.3V 和 1.8V 为 DSP 数字部分供电，再用线性稳压电源芯片 LT1086，将 5V 电源转换成 3.3V 为 DSP 模拟部分供电，在 DSP 上所有电源引脚上都加上 104 电容进行去耦，如图 6-11、图 6-12 所示。

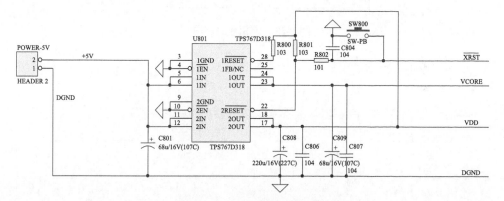

图 6-11　DSP 数字电源供电图

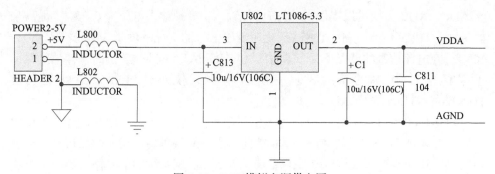

图 6-12　DSP 模拟电源供电图

(2)PLL 时钟电路。TMS320F28335 内部的时钟电路模块由晶振和锁相环构成，锁相环有 4 位倍频设置位，可以提供多种时钟信号[12]。时钟模块有两种操作模式，一种为外部时钟源，另一种为内部振荡器。本设备采用内部振荡器操作模式，外接 30MHz 晶振，通过倍频设置位，设置倍频系数为 5，即时钟频率为 150MHz。锁相环原理图和外接晶振电路图如图 6-13、图 6-14 所示。

(3)模拟量输入调理电路。TMS320F28335 有一个 12 位带流水线的模数转换

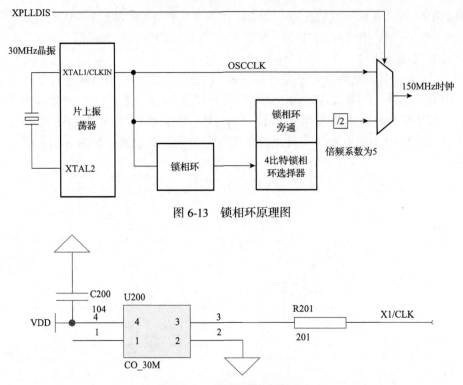

图 6-13　锁相环原理图

图 6-14　外接晶振电路图

器 ADC，ADC 模块可以提供 16 通道模拟输入，模拟输入电压为 0～3V，最高采样带宽为 12.5MSPS[①]。仿真测试系统在电压信号的情况下输入为 7 路信号（0～10V），在电流信号的情况下为 5 路信号（4～20mA）。同时 12 位的采样精度保证了采样信号 0.1% 的精度要求，所以本测试仪对信号的采集就是通过 TMS320F28335 的片上 ADC 完成的。

　　TMS320F28335 的 ADC 模块输入信号电平要求为 0～3V，因此上述各电压信号送入 TMS320F28335 的 ADC 模块之前，需要经过隔离、滤波，然后进行电平转换以达到 ADC 输入信号电平的要求。当仿真测试系统的信号输入类型为电流信号（4～20mA）时，需要经过一个 100Ω 的采样电阻将其转换为 0.4～2V 的电压信号，如图 6-15 所示。

图 6-15　模拟量调理模块图

---

① 百万抽样/秒（million samples per second, MSPS）

隔离放大器选用 ISO124,它采用双电源±15V 供电,双极性±10V 输出,供电电压为±4.5~±18V。50kHz 的信号带宽可满足系统最高 200Hz 信号带宽的要求。由于其采用变压器调制耦合隔离方式,功耗低且最大非线性误差仅为 0.01%,可以实现强弱电的无损隔离,防止串扰。ISO 隔离放大器电路图如图 6-16 所示。

其中,VIN0 为模拟信号输入端,原边电源为±Vs$_1$,由 A±15V 提供;输出端 VOUT0 连接至低通滤波器,输出侧电源为±Vs$_2$,由 A1515S 电源芯片提供的±15V 电源提供。

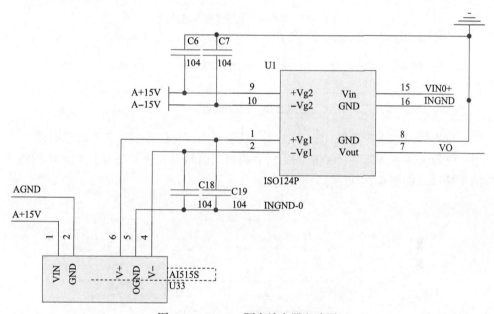

图 6-16　ISO124 隔离放大器电路图

将隔离放大器 ISO124 输出的信号送入滤波电路,本设计采用布朗公司的通用滤波器 UAF42,它可以对隔离放大器后输出的信号进行切比雪夫二阶低通滤波,截止频率和放大倍数可以直接调整外围电阻 R_{F1} 和 R_{F2} 来改变,UAF42 内部集成了一个独立的运算放大器,从 ISO124 输出的信号首先与 UAF42 内部的独立运算放大器接成跟随模式,然后经过电阻 R_G 与 R_Q 分压,最后输入 UAF42 的低通滤波通道。UAF42 低通滤波器电路图如图 6-17 所示。

(4)频率测量调理电路。抽水蓄能机组频率信号可以由两种测频的方式得到,其中齿盘测频得到的是峰峰值为 24V 的方波,残压测频得到的是 0.5~110V 的正弦信号。电网频率信号均为 110V 的正弦信号,频率测量电路要同时适应上述 3 种信号的要求[13,14]。本装置设计如下的测频电路,如图 6-18 所示。

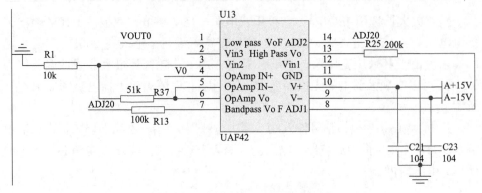

图 6-17　UAF42 低通滤波器电路图

图 6-18　测频模块图

首先经过电压变送器 PT(变比 1∶1)隔离原方与负方信号，然后选用适当电阻、电容值滤去高频段(1000Hz 以上)，再经过肖特基二极管削峰，变换成±0.7V 的小信号，如图 6-19 所示。

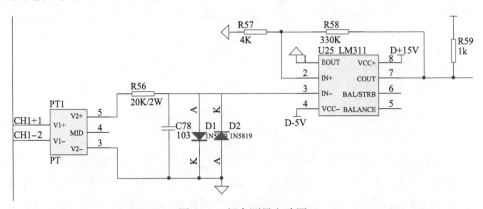

图 6-19　频率测量电路图

(5)开关量输入调理电路。开关量反映了相应节点是断开还是接通，一般有两种类型：有源或者无源节点。仿真测试系统的开关量信号为发电机出口断路器同期合闸令，有源节点的电压为 24～220V。本装置设计了四路开关量输入：断路器有源节点，断路器无源节点，同期合闸令有源节点，同期合闸令无源节点。

为了防止干扰和抖动的影响，必须经过光耦器件隔离，选择 TLP281-4 4 路集成光隔离器件。另外为了防止有源节点的信号反接，在前置电路上增加了方向保护二极管。光耦输出信号经上拉电阻输入 DSP 的 GPIO，如图 6-20 所示。

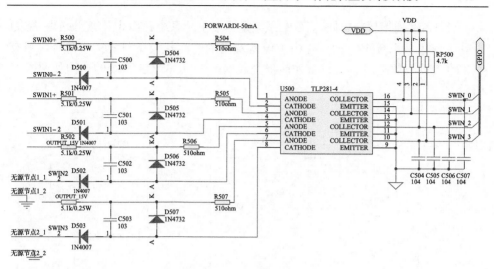

图 6-20　开关量输入电路图

　　(6)频率输出电路。在抽水蓄能机组调节系统仿真测试中，要求测试仪能够向调速器发送频率为 0~200Hz 的机频信号，且信号以方波形式出现，峰峰值为 24V。在 TMS320F28335 中，应用 EVB 模块通用定时器 T3 的比较寄存器产生频率信号，经过隔离放大和驱动后，就可以得到频率为 0~200Hz，电压为 0~3.3V 的方波信号，再经过电平转换为 0~24V 的电平信号输出。

　　光耦隔离器件选用 TLP550，当 EVB 的比较输出单元输出为低电平 0 时，光耦输出为 +15V 高电平，当 EVB 的比较输出单元输出为高电平 3.3V 时，光耦输出为 0V 低电平。上拉电阻设为 15kΩ，输出的 0~15V 的方波信号经过达林顿 ULN2804 功率放大管放大输出。频率输出电路图如图 6-21 所示。

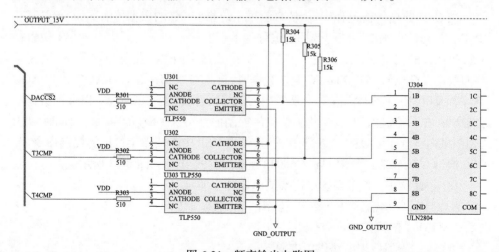

图 6-21　频率输出电路图

(7)USB 通信接口电路。USB 系统是一个主从系统，而非对等(peer-to-peer)系统。在主从系统中，命令是由主设备发出的，而从设备只能接收命令，只有在主设备读取数据时，从设备才能提交数据。CY7C68013 系统的结构如图 6-22所示。

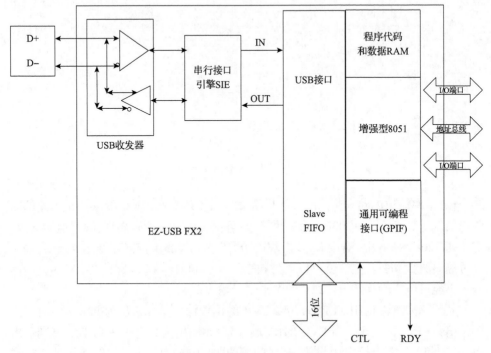

图 6-22　CY7C68013 接口图

在 USB 数据传输过程中，由仿真测试系统指向 PC 的数据传输称为上行通信，由 PC 指向仿真测试系统的数据传输称为下行通信。在上行通信中，在上位机打开接收线程的情况下，USB 芯片以固定的设置速率向 PC 发送 DSP 写入 USB 缓存的数据，DSP 通过 USB 向 PC 发送数据时，首先查看 FLAGA、FLAGB 和 FLAGC空、半满和满这三个状态信号，然后向 USB 写入适当大小的数据，以保证数据不会溢出；在下行通信中，PC 将上位机的控制命令写入 USB 的缓存中，同时 USB发出中断信号(连接 DSP 的外部中断 1)，使得 DSP 中断读取上位机的控制命令字。DSP 通过 XZCSC2 区域对 CY7C68013 进行片选操作，如图 6-23 所示。

(8)电源设计。整个系统中需要的电压如下所示。

A+24V：频率输出电压要求，输出 24V 电源。

A±15V：隔离前端电路供电。

±15V：隔离后端电路供电电源。

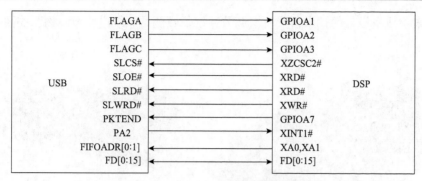

图 6-23　DSP 与 CY7C68013 的连接图

数字+3.3V：DSP 芯片 F2812 的 I/O 接口以及外设的数字供电电源。

数字+1.8V：DSP 内核供电电源。

模拟+3.3V：DSP 的模拟电路部分供电电源。

测试仪选择+5V/+24V 开关电源，±15V 开关电源作为整个系统主电源。其他电压由电源芯片获得。整个系统的电源芯片包括：①TPS767D318；②LT1086；③7815；④A1515S。开关电源+5V 为 TPS767D318 芯片供电，转换为 DSP 数字 3.3V 和 1.8V 输出，开关电源+5V 同时为 LT1086 芯片供电，转换为 DSP 模拟 3.3V 输出。电源设计结构图如图 6-24 所示。

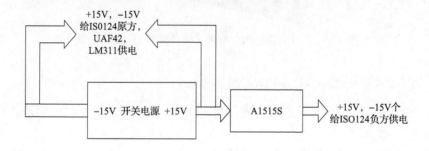

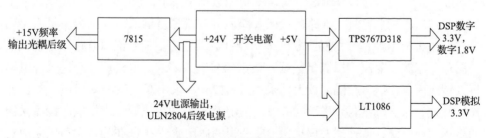

图 6-24　电源设计结构图

　　自主研发设计的抽水蓄能机组调节系统仿真测试系统电路板实物图如图 6-25 所示。

图 6-25　抽水蓄能机组调节系统仿真测试系统电路板实物图

2. 抽水蓄能机组调节系统在线监测系统

　　抽水蓄能机组调节系统与在线监测一体化装置与抽水蓄能机组调速器通过硬接线获取数据时，实际上是完成 5 通道 4～20mA 电流模拟量的数据采集，抽水蓄能机组调节系统在线监测设备由信号调理电路和安装在工控机内的 PCI 数据采集卡组成，采用 PCI-1712L 1MS/s 高速多功能数据采集卡，12 位 A/D 转换器，卡上带有 FIFO 缓冲器，提供 16 路单端或 8 路差分的模拟量输入，16 路数字量输出通道，以及 3 个 10MHz 时钟的 16 位多功能计数器通道。信号调理电路包含模拟信号调理、滤波、隔离，以满足数据采集卡信号输入要求。电流信号经过采样电阻将其转换为电压信号；隔离放大器采用 ISO124P，采用双电源 15V 供电，双极性 10V 输出，最大非线性误差为 0.01%，为达到较好的隔离效果，供电电源可采用两组不共地电源；低通滤波器采用 BB 公司的通用滤波器 UAF42，它可以完成对输入信号的切比雪夫低通滤波，截止频率和品质因素可以直接调整外围电阻 RF1

和 RF2 来改变。隔离和滤波电路的原理图如图 6-26 所示。

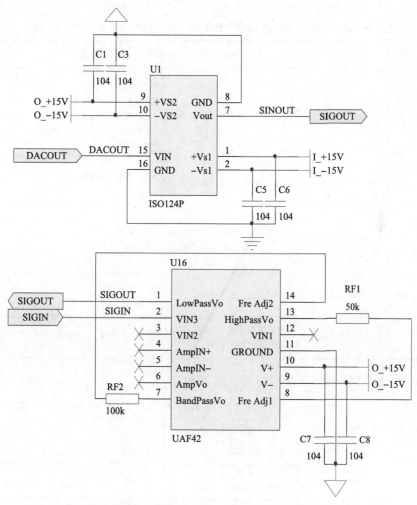

图 6-26 抽水蓄能机组调节系统在线监测设备模拟量输入调理电路

6.4.2 一体化装置硬件实现

装置系统结构采用便携式结构，具体布置方式如下：抽水蓄能机组调节系统与在线监测一体化装置全集成在可移动、高度约为 10U 的定制非标准工业机柜，其中数据/应用服务器的功能集成在一体化装置工控机中，集中完成软件应用系统的数据存储和 Web 发布，布置在地下厂房靠近抽水蓄能电站计算机监控系统和抽水蓄能机组调节系统 LCU 的位置。

装置从结构上划分为五个部分，自顶而下，盘柜槽位布置及层间连接如表 6-9 所示。

表 6-9 抽水蓄能机组调节系统在线监测一体化装置盘柜布置及层间连接

槽位	编码	类型	内容	层间连接	备注
1	A	工控机及电源模块	包含工控机及冗余电源	B-A：/ B-C：10168 线材、USB B-D：RS232*2、RJ45*1 B-E：USB*2、485*2、RJ45*1、Button*2	4U 层
2					
3					
4					
5	B	KVM 模块	RETON KVM 液晶键盘套件	A-B：VGA、USB A-E：AC 线材	标准件
6	C	监测与仿真测试装置	面板用于监测与仿真测试接线，内部包含相关电路板	C-B：/ C-E：AC 线材	3U 层
7					
8					
9	D	隔离装置	Syskeeper-2000	D-B：/ D-E：AC 线材、RJ45*1	标准件
10	E	拓展接口	包含电源开关、RS485、RJ45、USB 等接口	提供交流电源，为 B 提供 IO 接口	1U 层

盘柜布置示意图如图 6-27～图 6-32 所示。

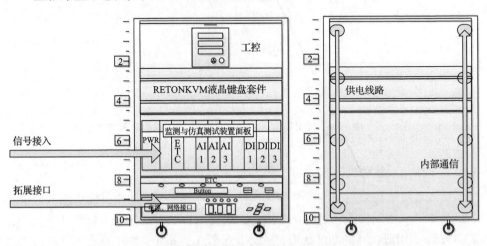

图 6-27 抽水蓄能机组调节系统在线监测一体化装置示意图

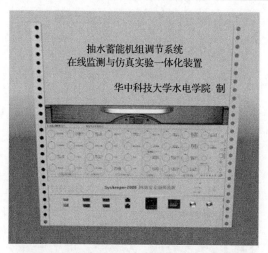

图 6-28   抽水蓄能机组调节系统在线监测一体化装置正视图

图 6-29   抽水蓄能机组调节系统在线监测一体化装置剖视图

图 6-30   抽水蓄能机组调节系统在线监测与仿真测试装置

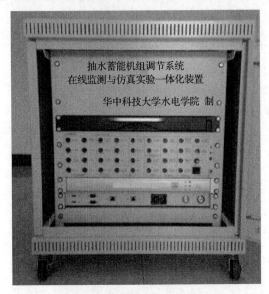

图 6-31　抽水蓄能机组调节系统在线监测一体化装置实物图

图 6-32　抽水蓄能机组调节系统在线监测一体化装置实物 KVM 展开图

参 考 文 献

[1] Xu Y, Zhou J, Xue X, et al. An adaptively fast fuzzy fractional order PID control for pumped storage hydro unit using improved gravitational search algorithm[J]. Energy Conversion and Management, 2016, 111: 67-78.

[2] 赵威. 抽水蓄能机组调速系统精细化建模与控制优化[D]. 武汉: 华中科技大学, 2016.

[3] 毛翼丰. 抽水蓄能机组的非线性广义预测控制研究[D]. 武汉: 华中科技大学, 2016.

[4] 王亚男. 基于模糊层次分析的抽水蓄能机组调速系统状态综合评估[D]. 武汉: 华中科技大学, 2016.

[5] 朱振华. 抽水蓄能机组调速系统在线监测数据采集平台设计[D]. 武汉: 华中科技大学, 2016.

[6] 颜廷举. 基于 Modbus RTU 协议的设施种植现场数据采集系统的构建[D]. 秦皇岛: 河北科技师范学院, 2019.

[7] 胡铭立, 黄熙. 关于西门子 S7-200 在工业以太网与 Modbus 网络同步通讯的应用[J]. 现代信息科技, 2019, 3(17): 58-60.

[8] 张健, 刘光斌. 多通道测试数据采集处理系统的设计与实现[J]. 计算机测量与控制, 2005, 13(10): 1143-1145.

[9] 李丰攀. 水轮机调速系统仿真测试仪研究与实现[D]. 武汉: 华中科技大学, 2010.

[10] 杨洪涛. 抽水蓄能机组调速系统仿真测试装置设计与实现[C]. 中国水力发电工程学会电网调峰与抽水蓄能专业委员会, 抽水蓄能电站工程建设文集. 中国水力发电工程学会电网调峰与抽水蓄能专业委员会, 杭州, 2016: 271-277.

[11] 张超. 水轮机调速系统仿真测试仪主控电路的升级改进[D]. 武汉: 华中科技大学, 2014.

[12] 刘陵顺, 高艳丽, 张树团. TMS320F28335DSP 原理及开发编程[M]. 北京: 北京航空航天大学出版社, 2011.

[13] 沈祖诒. 水轮机调节[M]. 北京: 水利电力出版社, 1988.

[14] 宋中喆, 裴东兴, 梁彦斌, 等. 基于 USB3.0 的数据采集系统在电力电子中的应用[J]. 电子器件, 2017, 40(3): 708-712.